Wolfgang Lück

Algebraische Topologie

Homologie und Mannigfaltigkeiten

vieweg studium
Aufbaukurs Mathematik

Herausgegeben von Martin Aigner, Peter Gritzmann, Volker Mehrmann und Gisbert Wüstholz

Martin Aigner
Diskrete Mathematik

Walter Alt
Nichtlineare Optimierung

Albrecht Beutelspacher und Ute Rosenbaum
Projektive Geometrie

Gerd Fischer
Ebene algebraische Kurven

Wolfgang Fischer und Ingo Lieb
Funktionentheorie

Otto Forster
Analysis 3

Klaus Hulek
Elementare Algebraische Geometrie

Horst Knörrer
Geometrie

Helmut Koch
Zahlentheorie

Ulrich Krengel
Einführung in die Wahrscheinlichkeitstheorie und Statistik

Wolfgang Kühnel
Differentialgeometrie

Ernst Kunz
Einführung in die algebraische Geometrie

Wolfgang Lück
Algebraische Topologie

Werner Lütkebohmert
Codierungstheorie

Reinhold Meise und Dietmar Vogt
Einführung in die Funktionalanalysis

Erich Ossa
Topologie

Jochen Werner
Numerische Mathematik I und II

Jürgen Wolfart
Einführung in die Zahlentheorie und Algebra

Gisbert Wüstholz
Algebra

vieweg

Wolfgang Lück

Algebraische Topologie

Homologie und Mannigfaltigkeiten

Bibliografische Information Der Deutschen Bibliothek
Die Deutsche Bibliothek verzeichnet diese Publikation in der Deutschen Nationalbibliografie; detaillierte bibliografische Daten sind im Internet über <http://dnb.ddb.de> abrufbar.

Prof. Dr. Wolfgang Lück
Universität Münster
Mathematisches Institut
Einsteinstraße 62
48149 Münster

E-Mail: lueck@math.uni-muenster.de

1. Auflage Januar 2005

Lektorat: Ulrike Schmickler-Hirzebruch / Petra Rußkamp

Der Vieweg Verlag ist ein Unternehmen von Springer Science+Business Media.
www.vieweg.de

Umschlaggestaltung: Ulrike Weigel, www.CorporateDesignGroup.de

Gedruckt auf säurefreiem und chlorfrei gebleichtem Papier.

ISBN-13: 978-3-528-03218-0 e-ISBN-13: 978-3-322-80241-5
DOI: 10.1007/978-3-322-80241-5

Einleitung

Dieses Buch behandelt und verbindet zwei Themen, (Ko-)Homologie und (Analysis auf) Mannigfaltigkeiten.

In den ersten acht Kapiteln wird der Begriff der Homologie und Kohomologie studiert. Homologie wird axiomatisch im Kapitel 1 eingeführt und die singuläre Homologie in Kapitel 2 konstruiert. Im Kapitel 3 werden CW-Komplexe definiert und beschrieben, wie man mit Hilfe des zellulären Kettenkomplexes Homologie berechnen kann. Die Euler-Charakteristik und die Lefschetz-Zahl, die nach Ansicht des Autors besonders schöne elementare Invarianten der algebraischen Topologie sind, werden im Kapitel 4 vorgestellt. Nachdem im Kapitel 5 Kohomologie eingeführt worden ist, werden in Kapitel 6 Grundlagen der homologischen Algebra mit universellen Koeffiziententheoremen als Ziel und im Kapitel 7 Produkte erklärt. In Kapitel 8 wird als Höhepunkt die Poincaré-Dualität diskutiert und bewiesen.

In den verbleibenden sieben Kapiteln werden glatte Mannigfaltigkeiten und die Analysis auf ihnen behandelt. In Kapitel 9 wird der Begriff einer glatten Mannigfaltigkeit und ihres Tangentialbündels erläutert. Nachdem im Kapitel 10 einige Begriffe aus der linearen Algebra zusammengestellt worden sind, wird in Kapitel 11 die parametrisierte Version davon präsentiert, d.h. Vektorraumbündel werden eingeführt. In Kapitel 12 werden Differentialformen erklärt. Kapitel 13 ist dem Satz von Stokes gewidmet. In Kapitel 14 wird die de Rham-Kohomologie studiert. Im Kapitel 15 wird als Höhepunkt der Satz von de Rham bewiesen, dass die de Rham-Kohomologie und die singuläre Kohomologie mit reellen Koeffizienten isomorph sind. Das liefert einen fundamentalen Zusammenhang zwischen der algebraischen Topologie und der Analysis auf Mannigfaltigkeiten.

In einem Anhang werden kurz einige Grundbegriffe aus der mengentheoretischen Topologie und Kategorientheorie zusammengestellt. Damit wird gewährleistet, dass als Voraussetzungen für das Buch nur die ersten beiden Anfänger-Vorlesungen der Analysis und der linearen Algebra sowie einige Teile der Algebra (Ringe und Moduln) benötigt werden.

Das Buch ist modular geschrieben und kann in verschiedener Weise verwendet werden. Man kann beispielsweise direkt mit Kapitel 9 beginnen und sich als Ziel den Beweis des Satzes von Stokes in Kapitel 13 stecken. Das würde sich im Rahmen einer Vorlesung Analysis III oder IV anbieten. Man kann sich aber auch auf die Kapitel 1 bis 8 konzentrieren und im 5. Semester als eine Einführung in die algebraische Topologie lesen. Eventell kann man noch die Verbindung zu der de Rahm-Kohomologie und dem Satz von de Rahm herstellen, wenn man die Kapitel 9 bis 13 voraussetzt, oder die Kapitel 9 bis 15 im Anschluss im nächsten Semester behandeln. Das Buch ist auch zum Selbststudium geeignet.

Ich möchte mich bei den Mitgliedern der Arbeitsgruppe Topologie, insbesondere bei Markus Meyer und Clara Strohm, für die vielen hilfreichen Verbesserungsvorschläge und Korrekturen bedanken.

Münster, im Oktober 2004 Wolfgang Lück

Inhaltsverzeichnis

1 Homologie

In diesem Kapitel führen wir den fundamentalen Begriff der Homologietheorie ein. Wir haben den axiomatischen Zugang gewählt, damit wir schnell zu Berechnungen und Anwendungen kommen und den Nutzen durch konkrete Anwendungen belegen können. Außerdem gibt es so viele verschiedene Homologietheorien, die dieselben Axiome erfüllen, dass es sinnvoll ist, sie alle gleichzeitig zu behandeln. Als Beispiele werden wir in Kapiteln 2 und 3 die vollständige Konstruktion der singulären und zellulären Homologie geben und die Konstruktion der Bordismustheorie skizzieren.

Ein gewisser Nachteil ist, dass dem Leser gleich das perfekte endgültige Bild geboten wird, ohne auf die geschichtliche Entwicklung einzugehen. Im Laufe des Studiums des Buches wird aber klar werden, welche Entwicklung und welche Motivation hinter dem Konzept der Homologie stehen und warum man die Axiome und Konstruktionen so durchführt, wie wir es beschreiben werden. Die grundlegende Idee ist, dass Homologie ein algebraisches Abbild der Geometrie ist, dessen Informationsgehalt so ausgewogen ist, dass man interessante Informationen über die Geometrie aus diesem Bild effizient herausziehen kann. In den meisten Anwendungen wird ein geometrisches Problem in ein algebraisches Problem umformuliert, das man durch algebraische Methoden lösen kann und dessen Lösung eine teilweise oder manchmal sogar vollständige Lösung des ursprünglichen geometrischen Problems impliziert.

Der Begriff der Homologie wurde im Rahmen der Topologie entwickelt. Er spielt heutzutage auch eine wesentliche Rolle in anderen Gebieten wie der Zahlentheorie, der algebraischen Geometrie oder der nicht-kommutativen Geometrie.

Im Folgenden werden wir unter einer Abbildung immer automatisch eine stetige Abbildung verstehen. Grundbegriffe wie der eines topologischen Raumes und einer stetigen Abbildung von topologischen Räumen werden im Anhang erklärt.

1.1 Die Axiome einer Homologietheorie

Sei R ein assoziativer kommutativer Ring mit Einselement, z.B. der Ring der ganzen Zahlen $\mathbb{Z}$, der Körper der rationalen Zahlen $\mathbb{Q}$, der Körper der reellen Zahlen $\mathbb{R}$ oder der Körper $\mathbb{F}_p$ mit p-Elementen für eine Primzahl p. Sei TOP^2 die Kategorie der Paare von topologischen Räumen. Sei $I\colon \mathsf{TOP}^2 \to \mathsf{TOP}^2$ der Funktor $(X,A) \mapsto (A,\emptyset)$. Sei $\mathbb{Z}$-$\mathsf{grad.}$-R-MODULN die Kategorie der $\mathbb{Z}$-graduierten R-Moduln. Objekte in dieser Kategorie sind Folgen $\{M_n \mid n \in \mathbb{Z}\}$ von R-Moduln indiziert durch $\mathbb{Z}$. Ein Morphismus $\{M_n \mid n \in \mathbb{Z}\} \to \{N_n \mid n \in \mathbb{Z}\}$ ist eine Folge von R-Homomorphismen $\{f_n\colon M_n \to N_n \mid n \in \mathbb{Z}\}$. Im Folgenden schreiben wir für das Paar $(X,\emptyset)$ kurz X.

Definition 1.1 (Homologietheorie). *Eine* Homologietheorie $\mathcal{H}_* = (\mathcal{H}_*, \partial_*)$ *mit Werten in R-Moduln ist ein kovarianter Funktor*

$$\mathcal{H}_*\colon \mathsf{TOP}^2 \to \mathbb{Z}\text{-}\mathsf{grad.}\text{-}R\text{-}\mathsf{MODULN}$$

zusammen mit einer natürlichen Transformation

$$\partial_*\colon \mathcal{H}_* \to \mathcal{H}_{*-1} \circ I,$$

wobei $\mathcal{H}_{*-1}$ *aus* $\mathcal{H}_*$ *durch die offensichtliche Indexverschiebung entsteht und folgende Axiome verlangt werden:*

- *Homotopieinvarianz*

  Seien $f, g\colon (X, A) \to (Y, B)$ *homotope Abbildungen von Paaren, d.h. es gibt eine Abbildung* $h\colon X \times [0,1] \to Y$ *derart, dass für alle* $t \in [0,1]$ *die Abbildung* $h_t\colon X \to Y,\quad x \mapsto h(x,t)$ *den Unterraum* A *nach* B *abbildet und* $h_0 = f$ *und* $h_1 = g$ *gilt. Dann gilt für alle* $n \in \mathbb{Z}$

  $$\mathcal{H}_n(f) = \mathcal{H}_n(g)\colon \mathcal{H}_n(X, A) \to \mathcal{H}_n(Y, B).$$

- *Lange exakte Sequenz von Paaren*

  Für jedes Paar (X, A) *ist folgende nach beiden Seiten unendlich lange Sequenz exakt*

  $$\ldots \xrightarrow{\partial_{n+1}(X,A)} \mathcal{H}_n(A) \xrightarrow{\mathcal{H}_n(i)} \mathcal{H}_n(X) \xrightarrow{\mathcal{H}_n(j)} \mathcal{H}_n(X, A)$$
  $$\ldots \xrightarrow{\partial_n(X,A)} \mathcal{H}_{n-1}(A) \xrightarrow{\mathcal{H}_{n-1}(i)} \mathcal{H}_{n-1}(X) \xrightarrow{\mathcal{H}_{n-1}(j)} \mathcal{H}_{n-1}(X, A) \xrightarrow{\partial_{n-1}(X,A)} \ldots,$$

  wobei $i\colon A \to X$ *und* $j\colon X = (X, \emptyset) \to (X, A)$ *die Inklusionen sind. Die Abbildung* $\partial_n(X, A)$ *heißt* verbindender Homomorphismus *oder* Randoperator.

- *Ausschneidung*

  Seien $A \subseteq B \subseteq X$ *Unterräume des Raums* X *derart, dass der Abschluss* $\overline{A}$ *von* A *im Inneren* B° *von* B *enthalten ist. Dann induziert die Inklusion* $i\colon (X - A, B - A) \to (X, B)$ *für alle* $n \in \mathbb{Z}$ *Isomorphismen*

  $$\mathcal{H}_n(i)\colon \mathcal{H}_n(X - A, B - A) \xrightarrow{\cong} \mathcal{H}_n(X, B).$$

Manchmal fordert man noch zusätzlich folgende Axiome:

- *Dimensionsaxiom*

  Für den Raum $\{\bullet\}$ *bestehend aus einem Punkt gilt*

  $$\mathcal{H}_n(\{\bullet\}) \cong \begin{cases} R, & n = 0, \\ \{0\}, & n \neq 0. \end{cases}$$

- *Disjunkte Vereinigung*

  Sei $\{X_i \mid i \in I\}$ *eine Familie von topologischen Räumen für eine beliebige Indexmenge* I. *Sei* $j_i\colon X_i \to \coprod_{i \in I} X_i$ *die kanonische Inklusion für* $i \in I$. *Dann ist die Abbildung*

  $$\bigoplus_{i \in I} \mathcal{H}_n(j_i)\colon \bigoplus_{i \in I} \mathcal{H}_n(X_i) \xrightarrow{\cong} \mathcal{H}_n\left(\coprod_{i \in I} X_i\right)$$

  für alle $n \in \mathbb{Z}$ *bijektiv.*

Hier ist eine kurze Erläuterung. Mehr Informationen findet man im Anhang. Kovarianter Funktor $\mathcal{H}_*\colon \mathsf{TOP}^2 \to \mathbb{Z}\text{-}\mathsf{grad.}\text{-}R\text{-}\mathsf{MODULN}$ bedeutet, dass jedem Paar (X, A) eine Familie von R-Moduln $\mathcal{H}_n(X, A)$, indiziert über $n \in \mathbb{Z}$, zugeordnet wird. Jeder Abbildung von Paaren $f\colon (X, A) \to (Y, B)$, d.h. jeder stetigen Abbildung $f\colon X \to Y$ mit $f(A) \subseteq B$, und jedem $n \in \mathbb{Z}$ wird ein R-Homomorphismus $\mathcal{H}_n(f)\colon \mathcal{H}_n(X, A) \to \mathcal{H}_n(Y, B)$ zugeordnet. Dabei soll $\mathcal{H}_n(\mathrm{id}) = \mathrm{id}$ und $\mathcal{H}_n(g \circ f) = \mathcal{H}_n(g) \circ \mathcal{H}_n(f)$ gelten. Eine natürliche Transformation $\partial_*\colon \mathcal{H}_* \to \mathcal{H}_{*-1} \circ I$ ordnet jedem Paar (X, A) und $n \in \mathbb{Z}$ einen R-Homomorphismus $\partial_n(X, A)\colon \mathcal{H}_n(X, A) \to \mathcal{H}_{n-1}(A)$ zu. Das Wort *natürlich* bedeutet immer, dass eine gewisse Konstruktion für Räume oder Paare mit Abbildungen in der offensichtlichen Weise verträglich ist. In dem Fall ∂_* heißt natürlich, dass für jede Abbildung $f\colon (X, A) \to (Y, B)$ von Paaren und jedes $n \in \mathbb{Z}$ folgendes Diagramm kommutiert

$$\begin{array}{ccc} \mathcal{H}_n(X, A) & \xrightarrow{\partial_n(X,A)} & \mathcal{H}_{n-1}(A) \\ {\scriptstyle \mathcal{H}_n(f)}\downarrow & & \downarrow{\scriptstyle \mathcal{H}_{n-1}(f|_A)} \\ \mathcal{H}_n(Y, B) & \xrightarrow[\partial_n(Y,B)]{} & \mathcal{H}_{n-1}(B) \end{array}$$

Eine Sequenz von R-Moduln $\ldots \to M_{n+1} \to M_n \to M_{n-1} \to \ldots$ heißt *exakt*, wenn der Kern eines jeden Homomorphismus genau das Bild des vorhergehenden ist. Eine kurze Sequenz von R-Moduln $0 \to M_2 \xrightarrow{j_2} M_1 \xrightarrow{j_1} M_0 \to 0$ ist genau dann exakt, wenn j_2 injektiv und j_1 surjektiv ist und $\ker(j_1) = \mathrm{Bild}(j_2)$ gilt. Eine solche kurze exakte Sequenz heißt *spaltend*, wenn es eine R-Abbildung $s\colon M_0 \to M_1$ mit $j_1 \circ s = \mathrm{id}_{M_0}$ gibt. Das ist äquivalent zu der Existenz einer R-Abbildung $r\colon M_1 \to M_2$ mit $r \circ j_2 = \mathrm{id}_{M_2}$. In diesem Fall erhalten wir R-Isomorphismen

$$\begin{aligned} s \oplus j_2\colon M_0 \oplus M_2 &\xrightarrow{\cong} M_1, \\ j_1 \oplus r\colon M_1 &\xrightarrow{\cong} M_0 \oplus M_2. \end{aligned}$$

1.2 Folgerungen aus den Axiomen

Folgendes Lemma werden wir häufig benutzen. Sein elementarer Beweis beruht auf der Technik der sogenannten *Diagrammjagd*, die immer wieder verwendet wird.

Lemma 1.2 (Fünfer-Lemma). *Folgendes Diagramm von R-Moduln sei kommutativ und habe exakte Zeilen*

$$\begin{array}{ccccccccc} M_1 & \xrightarrow{i_1} & M_2 & \xrightarrow{i_2} & M_3 & \xrightarrow{i_3} & M_4 & \xrightarrow{i_4} & M_5 \\ {\scriptstyle f_1}\downarrow & & {\scriptstyle f_2}\downarrow & & {\scriptstyle f_3}\downarrow & & {\scriptstyle f_4}\downarrow & & {\scriptstyle f_5}\downarrow \\ N_1 & \xrightarrow{j_1} & N_2 & \xrightarrow{j_2} & N_3 & \xrightarrow{j_3} & N_4 & \xrightarrow{j_4} & N_5 \end{array}$$

Sind f_2 und f_4 bijektiv, f_1 surjektiv und f_5 injektiv, dann ist f_3 bijektiv.

Beweis: Wir erläutern nur den Beweis der Injektivität, der der Surjektivität verläuft analog. Sei $x_3 \in \mathrm{Kern}(f_3)$ gegeben. Es ist $x_3 = 0$ zu zeigen. Sei x_4 das Bild von x_3 unter i_3. Dann ist

$$f_4(x_4) = f_4 \circ i_3(x_3) = j_3 \circ f_3(x_3) = j_3(0) = 0.$$

Da f_4 nach Voraussetzung injektiv ist, ist $x_4 = 0$. Da $\mathrm{Kern}(i_3) = \mathrm{Bild}(i_2)$ nach Voraussetzung gilt, gibt es $x_2 \in M_2$ mit $i_2(x_2) = x_3$. Sei $y_2 = f_2(x_2)$. Dann gilt

$$j_2(y_2) = j_2 \circ f_2(x_2) = f_3 \circ i_2(x_2) = f_3(x_3) = 0.$$

Da $\mathrm{Kern}(j_2) = \mathrm{Bild}(j_1)$ nach Voraussetzung gilt, gibt es $y_1 \in N_1$ mit $j_1(y_1) = y_2$. Da f_1 nach Voraussetzung surjektiv ist, gibt es $x_1 \in M_1$ mit $f_1(x_1) = y_1$. Aus

$$f_2(x_2 - i_1(x_1)) = f_2(x_2) - f_2 \circ i_1(x_1) = y_2 - j_1 \circ f_1(x_1) = y_2 - j_1(y_1) = y_2 - y_2 = 0$$

und der Injektivität von f_2 folgt $x_2 = i_1(x_1)$. Das impliziert

$$x_3 = i_2(x_2) = i_2 \circ i_1(x_1) = 0.$$

Das Resultat der Diagrammjagd auf x_3 ist die Folge der Elemente x_4, x_2, y_2, y_1, x_1, und schließlich wird x_3 erlegt, das sich dann aus Erschöpfung als Null zu erkennen gibt. □

Sei $\mathcal{H}_* = (\mathcal{H}_*, \partial_*)$ eine Homologietheorie mit Werten in R-Moduln.

Lemma 1.3. *Sei (X, B, A) ein Tripel, d.h. X ist ein topologischer Raum und seien $A \subseteq B \subseteq X$ Teilräume. Dann gibt es eine natürliche exakte Tripel-Sequenz*

$$\ldots \xrightarrow{\partial_{n+1}(X,B,A)} \mathcal{H}_n(B, A) \xrightarrow{\mathcal{H}_n(i)} \mathcal{H}_n(X, A) \xrightarrow{\mathcal{H}_n(j)} \mathcal{H}_n(X, B)$$
$$\ldots \xrightarrow{\partial_n(X,B,A)} \mathcal{H}_{n-1}(B, A) \xrightarrow{\mathcal{H}_{n-1}(i)} \mathcal{H}_{n-1}(X, A) \xrightarrow{\mathcal{H}_{n-1}(j)} \mathcal{H}_{n-1}(X, B) \xrightarrow{\partial_{n-1}(X,B,A)} \ldots,$$

wobei $i\colon (B, A) \to (X, A)$ und $j\colon (X, A) \to (X, B)$ die Inklusionen sind.

Beweis: Definiere den verbindenden Homomorphismus $\partial_n(X, B, A)$ als die Komposition

$$\partial_n(X, B, A)\colon \mathcal{H}_n(X, B) \xrightarrow{\partial_n(X,B)} \mathcal{H}_{n-1}(B) \xrightarrow{\mathcal{H}_{n-1}(k)} \mathcal{H}_{n-1}(B, A),$$

wobei $k\colon B \to (B, A)$ die Inklusion ist. Die Komposition $\mathcal{H}_n(B, A) \to \mathcal{H}_n(X, A) \to \mathcal{H}_n(X, B)$ ist die Nullabbildung, da sie sich als die Komposition $\mathcal{H}_n(B, A) \to \mathcal{H}_n(B, B) \to \mathcal{H}_n(X, B)$ schreiben lässt und $\mathcal{H}_n(B, B) = 0$ aus der langen exakten Sequenz des Paares (B, B) folgt. Die Exaktheit der langen exakten Sequenzen der Paare (X, B), (X, A) und (B, A) und eine Diagrammjagd im folgenden Zopf

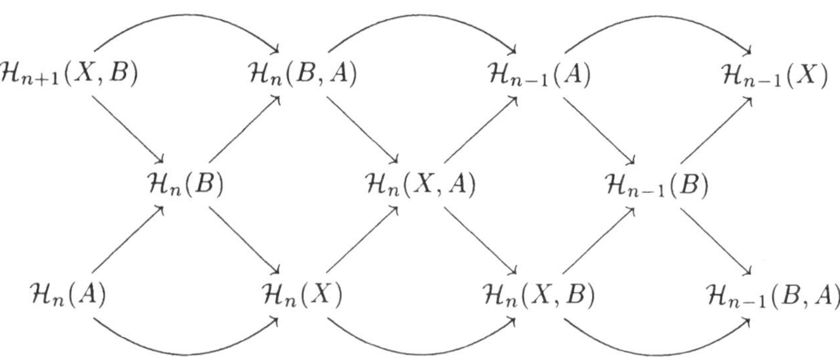

liefert die Exaktheit der Tripel-Sequenz. Die Natürlichkeit von $\partial_n(X, B, A)$ folgt aus der Natürlichkeit von $\partial_n(X, B)$. □

Satz 1.4 (Mayer-Vietoris-Sequenz). *Sei* $(X; X_1, X_2)$ *eine* excisive Triade, *d.h.* X *ist ein topologischer Raum mit Unterräumen* X_1 *und* X_2 *und* $X_0 = X_1 \cap X_2$ *derart, dass die Inklusion* $l\colon (X_1, X_0) \to (X, X_2)$ *einen Isomorphismus* $\mathcal{H}_n(l)\colon \mathcal{H}_n(X_1, X_0) \xrightarrow{\cong} \mathcal{H}_n(X, X_2)$ *für alle* $n \in \mathbb{Z}$ *induziert. (Diese Bedingung ist immer erfüllt, wenn* X_1 *und* X_2 *offen in* X *sind und* $X = X_1 \cup X_2$ *gilt). Sei* $A \subseteq X_0$ *ein Unterraum.*

Dann gibt es eine natürliche exakte lange Sequenz, die sogenannte Mayer-Vietoris-Sequenz

$$\begin{aligned} \ldots \xrightarrow{\partial_{n+1}(X;X_1,X_2)} \mathcal{H}_n(X_0, A) &\xrightarrow{\mathcal{H}_n(i_1)\oplus\mathcal{H}_n(i_2)} \mathcal{H}_n(X_1, A) \oplus \mathcal{H}_n(X_2, A) \\ &\xrightarrow{\mathcal{H}_n(j_1)-\mathcal{H}_n(j_2)} \mathcal{H}_n(X, A) \xrightarrow{\partial_n(X;X_1,X_2)} \mathcal{H}_{n-1}(X_0, A) \\ &\xrightarrow{\mathcal{H}_{n-1}(i_1)\oplus\mathcal{H}_{n-1}(i_2)} \mathcal{H}_{n-1}(X_1, A) \oplus \mathcal{H}_{n-1}(X_2, A) \xrightarrow{\mathcal{H}_{n-1}(j_1)-\mathcal{H}_{n-1}(j_2)} \ldots, \end{aligned}$$

wobei $i_k\colon (X_0, A) \to (X_k, A)$ *und* $j_k\colon (X_k, A) \to (X, A)$ *die Inklusionen für* $k = 1, 2$ *sind.*

Beweis: Definiere den Randoperator $\partial_n(X; X_1, X_2)$ als die Komposition

$$\begin{aligned} \partial_n(X; X_1, X_2)\colon \mathcal{H}_n(X, A) \xrightarrow{\mathcal{H}_n(k)} \mathcal{H}_n(X, X_2) &\xrightarrow{\mathcal{H}_n(l)^{-1}} \mathcal{H}_n(X_1, X_0) \\ &\xrightarrow{\partial_n(X_1,X_0,A)} \mathcal{H}_{n-1}(X_0, A), \end{aligned}$$

wobei $k\colon X = (X, A) \to (X, X_2)$ die Inklusion und $\partial_n(X_1, X_0, A)$ der zu dem Tripel (X_1, X_0, A) gehörige Randoperator ist. Die Exaktheit der Mayer-Vietoris-Sequenz folgt nun aus einer Diagrammjagd in folgendem kommutativen Diagramm

$$\begin{array}{ccccccccccc} \cdots \longrightarrow & \mathcal{H}_{n+1}(X_0, A) & \longrightarrow & \mathcal{H}_{n+1}(X_1, A) & \longrightarrow & \mathcal{H}_{n+1}(X_1, X_0) & \longrightarrow & \mathcal{H}_n(X_0, A) & \longrightarrow \cdots \\ & \downarrow & & \downarrow & & \downarrow \cong & & \downarrow & \\ \cdots \longrightarrow & \mathcal{H}_{n+1}(X_2, A) & \longrightarrow & \mathcal{H}_{n+1}(X, A) & \longrightarrow & \mathcal{H}_{n+1}(X, X_2) & \longrightarrow & \mathcal{H}_n(X_2, A) & \longrightarrow \cdots \end{array}$$

dessen Zeilen exakte Sequenzen von Tripeln (siehe Lemma 1.3) sind. □

Bemerkung 1.5. (Mayer-Vietoris-Prinzip). Die Mayer-Vietoris-Sequenz ist ein typisches Beispiel für ein grundlegendes Prinzip der Homologietheorie. Mit Hilfe der Mayer-Vietoris-Sequenz kann man die Homologie eines Raumes X berechnen, wenn man sie für offene Teilmengen $U, V \subseteq X$ und ihren Durchschnitt kennt und $X = U \cup V$ ist. Man versucht zur Berechnung der Homologie eines topologischen Raumes, ihn in kleine Bausteine zu zerlegen, für die man bereits Informationen über die Homologie hat. Das funktioniert besonders gut, wenn man den Raum durch Verkleben solcher Bausteine aufgebaut hat. Dieses Verkleben wird im folgenden Begriff des Pushouts mathematisch exakt definiert.

Definition 1.6. (Pushout). *Ein Diagramm*

$$\begin{array}{ccc} X_0 & \xrightarrow{i_2} & X_2 \\ {\scriptstyle i_1}\downarrow & & \downarrow{\scriptstyle j_2} \\ X_1 & \xrightarrow[j_1]{} & X \end{array}$$

von topologischen Räumen heißt Pushout, *falls es folgende universelle Eigenschaft hat: Zu jedem topologischen Raum Y und Abbildungen $f_k\colon X_k \to Y$ für $k = 0, 1, 2$ mit $f_1 \circ i_1 = f_2 \circ i_2 = f_0$ gibt es genau eine Abbildung $f\colon X \to Y$ mit $f \circ j_k = f_k$ für $k = 1, 2$.*

Man konstruiert zu gegebenen $i_k\colon X_0 \to X_k$ für $k = 1, 2$ das zugehörige Pushout, indem man auf $X_1 \amalg X_2$ die von $i_1(x_0) \sim i_2(x_0)$ für alle $x_0 \in X_0$ erzeugte Äquivalenzrelation betrachtet und X als die Menge der Äquivalenzklassen mit der Quotiententopologie bezüglich der kanonischen Projektion $p\colon X_1 \amalg X_2 \to X$ definiert. Die Abbildungen j_k definiert man als die Einschränkung von p auf X_k für $k = 1, 2$. Aufgrund der universellen Eigenschaft ist das Pushout bis auf Homöomorphie eindeutig. Falls $i_1\colon X_0 \to X_1$ eine Inklusion ist, stellt man sich das entsprechende Pushout so vor, dass man X_1 und X_2 verklebt, indem man für jeden Punkt $x_0 \in X_0$ die Punkte $i_1(x_0) \in X_1$ und $i_2(x_1) \in X_2$ identifiziert.

Figur 1.7. (Pushout).

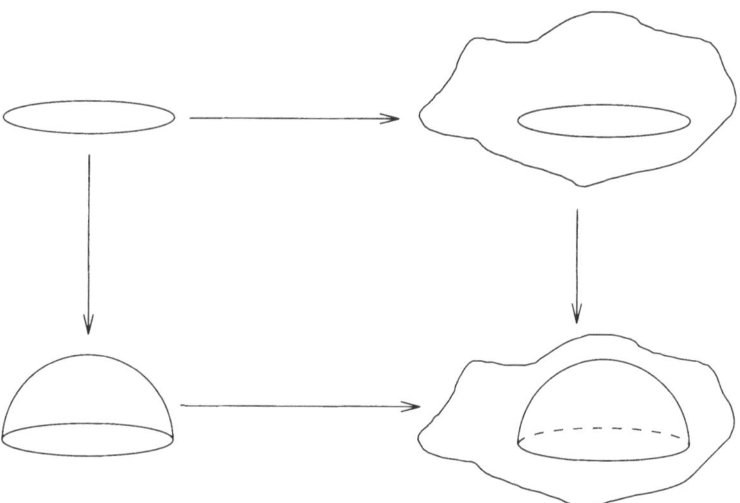

Sei (X, A) ein topologisches Paar und $i\colon A \to X$ die Inklusion. Eine *Retraktion* von X auf A ist eine Abbildung $r\colon X \to A$ mit $r \circ i = \mathrm{id}_A$. Solch eine Retraktion heißt *Deformationsretraktion*, falls $i \circ r$ zur Identität id_X relativ A homotop ist, d.h. es existiert eine Homotopie $h\colon X \times [0, 1] \to X$ mit $h_0 = \mathrm{id}_X$, $h_1 = i \circ r$ und $h_t|_A = \mathrm{id}_A$ für alle $t \in [0, 1]$. Falls eine Retraktion bzw. Deformationsretraktion r für (X, A) existiert, so nennen wir A einen *Retrakt* bzw. *Deformationsretrakt* von X. Wir nennen A einen *Umgebungsdeformationsretrakt* von X, falls es eine offene Umgebung U von A in X derart gibt, dass das Paar (U, A) ein Deformationsretrakt ist.

Die Mayer-Vietoris-Sequenz wird meistens in folgender Situation benötigt.

Satz 1.8 (Mayer-Vietoris-Sequenz von Pushouts). *Betrachte folgendes Pushout*

$$\begin{array}{ccc} X_0 & \xrightarrow{i_2} & X_2 \\ {\scriptstyle i_1}\downarrow & & \downarrow{\scriptstyle j_2} \\ X_1 & \xrightarrow[j_1]{} & X \end{array}$$

in dem $i_1 \colon X_0 \to X_1$ *die Inklusion eines abgeschlossenen Unterraumes und* (X_1, X_0) *ein Umgebungsdeformationsretrakt ist. Dann ist* $j_2 \colon X_2 \to X$ *die Inklusion eines abgeschlossenen Unterraumes,* (X, X_2) *ein Umgebungsdeformationsretrakt, die Abbildung*

$$\mathcal{H}_n(j_1, i_2) \colon \mathcal{H}_n(X_1, X_0) \xrightarrow{\cong} \mathcal{H}_n(X, X_2)$$

für alle $n \in \mathbb{Z}$ *bijektiv und man hat für jeden Teilraum* $A \subseteq X_0$ *eine natürliche exakte lange* Mayer-Vietoris-Sequenz

$$\begin{aligned} \ldots \xrightarrow{\partial_{n+1}} \mathcal{H}_n(X_0, A) &\xrightarrow{\mathcal{H}_n(i_1) \oplus \mathcal{H}_n(i_2)} \mathcal{H}_n(X_1, A) \oplus \mathcal{H}_n(X_2, A) \\ &\xrightarrow{\mathcal{H}_n(j_1) - \mathcal{H}_n(j_2)} \mathcal{H}_n(X, A) \xrightarrow{\partial_n} \mathcal{H}_{n-1}(X_0, A) \\ &\xrightarrow{\mathcal{H}_{n-1}(i_1) \oplus \mathcal{H}_{n-1}(i_2)} \mathcal{H}_{n-1}(X_1, A) \oplus \mathcal{H}_{n-1}(X_2, A) \xrightarrow{\mathcal{H}_{n-1}(j_1) - \mathcal{H}_{n-1}(j_2)} \ldots \end{aligned}$$

Beweis: Dass (X_1, X_0) ein Umgebungsdeformationsretrakt ist, heißt per Definition, dass es eine offene Umgebung U von X_0 in X_1, eine Retraktion $r \colon U \to X_0$ und eine Homotopie $h \colon U \times [0,1] \to U$ relativ X_0 zwischen id_U und $i_1' \circ r$ gibt, wobei $i_1' \colon X_0 \to U$ die Inklusion ist. Sei $V \subseteq X$ die Vereinigung $j_1(U) \cup j_2(X_2)$. Dann ist $j_2 \colon X_2 \to X$ die Inklusion eines abgeschlossenen Unterraums und V ist eine offene Umgebung von X_2 in X. Sei $j_2' \colon X_2 \to V$ die von j_2 induzierte Inklusion. Wir erhalten Pushouts

$$\begin{array}{ccc} X_0 & \xrightarrow{i_2} & X_2 \\ {\scriptstyle i_1'} \downarrow & & \downarrow {\scriptstyle j_2'} \\ U & \xrightarrow[j_1']{} & V \end{array}$$

und

$$\begin{array}{ccc} X_0 \times [0,1] & \xrightarrow{i_2 \times \mathrm{id}_{[0,1]}} & X_2 \times [0,1] \\ {\scriptstyle i_1' \times \mathrm{id}_{[0,1]}} \downarrow & & \downarrow {\scriptstyle j_2' \times \mathrm{id}_{[0,1]}} \\ U \times [0,1] & \xrightarrow[j_1' \times \mathrm{id}_{[0,1]}]{} & V \times [0,1] \end{array}$$

Die Abbildungen $i_2 \circ r \colon U \to X_2$, und $\mathrm{id} \colon X_2 \to X_2$ definieren aufgrund des ersten Pushouts eine Retraktion $\overline{r} \colon V \to X_2$ von $j_2' \colon X_2 \to V$. Die Abbildungen $j_1' \circ h \colon U \times [0,1] \to V$ und $X_2 \times [0,1] \xrightarrow{\mathrm{pr}} X_2 \xrightarrow{j_2'} V$ definieren aufgrund des zweiten Pushouts eine Homotopie $H \colon V \times [0,1] \to V$. Aufgrund der Abbildungen $\overline{r}$ und H ist (V, X_2) eine Deformationsretraktion und (X, X_2) eine Umgebungsdeformationsretraktion. Insbesondere sind die Inklusionen $i_1' \colon X_0 \to U$ und $j_2' \colon X_2 \to V$ Homotopieäquivalenzen. Die lange exakte Sequenz von Paaren und das Fünfer-Lemma (siehe Lemma 1.2) zeigen, dass die Abbildungen

$$\begin{aligned} \mathcal{H}_n(\mathrm{id}_{X_1}, i_1') \colon \mathcal{H}_n(X_1, X_0) &\xrightarrow{\cong} \mathcal{H}_n(X_1, U), \\ \mathcal{H}_n(\mathrm{id}_X, j_2') \colon \mathcal{H}_n(X, X_2) &\xrightarrow{\cong} \mathcal{H}_n(X, V), \end{aligned}$$

für alle $n \in \mathbb{Z}$ bijektiv sind. Die von $j_1 \colon X_1 \to X$ und $j_2' \colon U \to V$ induzierten Abbildungen $j_1'' \colon X_1 - X_0 \to X - X_2$ und $j_1''' \colon U - X_0 \to V - X_2$ sind bijektive Identifizierungen und daher Homöomorphismen. Also sind die Abbildungen

$$\mathcal{H}_n(j_1''): \mathcal{H}_n(X_1 - X_0) \xrightarrow{\cong} \mathcal{H}_n(X - X_2),$$
$$\mathcal{H}_n(j_1'''): \mathcal{H}_n(U - X_0) \xrightarrow{\cong} \mathcal{H}_n(V - X_2),$$

für alle $n \in \mathbb{Z}$ bijektiv. Wegen der langen exakten Sequenz von Paaren und des Fünfer-Lemmas (siehe Lemma 1.2) ist die Abbildung

$$\mathcal{H}_n(j_1'', j_1'''): \mathcal{H}_n(X_1 - X_0, U - X_0) \xrightarrow{\cong} \mathcal{H}_n(X - X_2, V - X_2)$$

für alle $n \in \mathbb{Z}$ bijektiv. Aufgrund des Ausschneidungsaxioms sind die von den offensichtlichen Inklusionen k und l induzierten Abbildungen

$$\mathcal{H}_n(k): \mathcal{H}_n(X_1 - X_0, U - X_0) \xrightarrow{\cong} \mathcal{H}_n(X_1, U),$$
$$\mathcal{H}_n(l): \mathcal{H}_n(X - X_2, V - X_2) \xrightarrow{\cong} \mathcal{H}_n(X, V),$$

für alle $n \in \mathbb{Z}$ bijektiv. Da folgendes Diagramm kommutiert

$$\begin{array}{ccccc}
\mathcal{H}_n(X_1, X_0) & \xrightarrow[\cong]{\mathcal{H}_n(\mathrm{id}_{X_1}, i_1')} & \mathcal{H}_n(X_1, U) & \xleftarrow[\cong]{\mathcal{H}_n(k)} & \mathcal{H}_n(X_1 - X_0, U - X_0) \\
\downarrow{\scriptstyle \mathcal{H}_n(j_1, i_2)} & & \downarrow{\scriptstyle \mathcal{H}_n(j_1, j_1')} & & \downarrow{\scriptstyle \mathcal{H}_n(j_1'', j_1''')}\,\cong \\
\mathcal{H}_n(X, X_2) & \xrightarrow[\cong]{\mathcal{H}_n(\mathrm{id}_X, j_2')} & \mathcal{H}_n(X, V) & \xleftarrow[\cong]{\mathcal{H}_n(l)} & \mathcal{H}_n(X - X_2, V - X_2)
\end{array}$$

und wir bereits gezeigt haben, dass die mit $\cong$ markierten Abbildungen bijektiv sind, ist die Abbildung

$$\mathcal{H}_n(j_1, i_2): \mathcal{H}_n(X_1, X_0) \xrightarrow{\cong} \mathcal{H}_n(X, X_2)$$

für alle $n \in \mathbb{Z}$ bijektiv. Der Rest des Beweises von Satz 1.8 ist nun völlig analog zu dem von Satz 1.4. □

Sei X ein topologischer Raum. Definiere den *Kegel* $\mathrm{Keg}(X)$ von X als den Quotienten

$$\mathrm{Keg}(X) = (X \times [0,1])/(X \times \{1\})$$

und die *Einhängung* ΣX als den Quotienten von $X \times [-1,1]$ unter der Äquivalenzrelation, die von $(x,i) \sim (y,i)$ für $x, y \in X$ und $i = -1, 1$ erzeugt wird.

Figur 1.9 (Kegel und Einhängung).

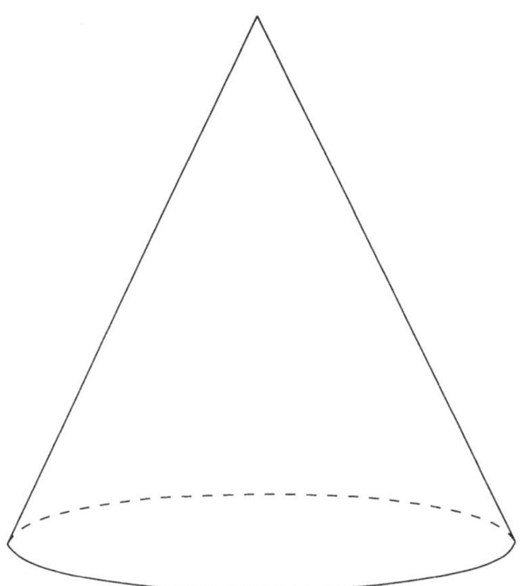

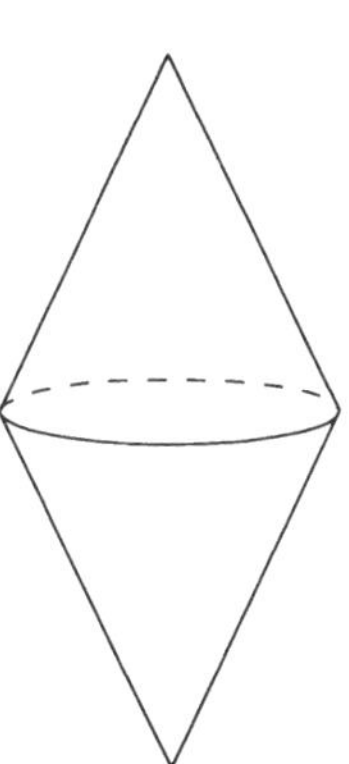

Im Folgenden identifizieren wir X mit dem Unterraum $X \times \{0\}$ in $\text{Keg}(X)$ und ΣX. Falls X einen Grundpunkt $x \in X$ hat, versehen wir $\text{Keg}(X)$ und ΣX mit dem entsprechenden Grundpunkt, den wir ebenfalls mit x bezeichnen. Eine Abbildung $f\colon X \to Y$ induziert Abbildungen $\text{Keg}(f)\colon \text{Keg}(X) \to \text{Keg}(Y)$ und $\Sigma f\colon \Sigma X \to \Sigma Y$.

Satz 1.10 (Einhängungsisomorphismus). *Sei (X, x) ein punktierter Raum. Dann gibt es einen natürlichen Isomorphismus, den sogenannten* Einhängungsisomorphismus,

$$\sigma_n(X)\colon \mathcal{H}_n(X, \{x\}) \xrightarrow{\cong} \mathcal{H}_{n+1}(\Sigma X, \{x\}).$$

Beweis: Die Einhängung ΣX haben wir als Quotienten von $X \times [-1, 1]$ definiert. Wir können ΣX auch als das Pushout $\text{Keg}_+(X) \cup_X \text{Keg}_-(X)$ schreiben, d.h.

$$\begin{array}{ccc} X & \longrightarrow & \text{Keg}_+(X) \\ \downarrow & & \downarrow \\ \text{Keg}_-(X) & \longrightarrow & \Sigma X \end{array}$$

wobei wir X mit dem durch $X \times \{0\}$ definierten Teilraum von ΣX identifizieren und $\text{Keg}_+(X)$ das Bild von $X \times [0, 1]$ bzw. $\text{Keg}_-(X)$ das Bild von $X \times [-1, 0]$ in ΣX ist. Die Inklusionen $\{x\} \to \text{Keg}_+(X)$ und $\{x\} \to \text{Keg}_-(X)$ sind Homotopieäquivalenzen. Daher sind $\mathcal{H}_n(\text{Keg}_+(X), \{x\})$ und $\mathcal{H}_n(\text{Keg}_-(X), \{x\})$ für alle $n \in \mathbb{Z}$ trivial. Aufgrund der Mayer-Vietoris-Sequenz aus Satz 1.8 ist der natürliche Randoperator

$$\partial_{n+1}\colon \mathcal{H}_{n+1}(\Sigma X, \{x\}) \xrightarrow{\cong} \mathcal{H}_n(X, \{x\})$$

ein Isomorphismus für alle $n \in \mathbb{Z}$. □

1.3 Elementare Berechnungen

Sei S^d die *d-dimensionale Sphäre*, d.h. die Menge der Punkte im $(d+1)$-dimensionalen Euklidischen Raum $\mathbb{R}^{d+1}$ der Norm 1. Dabei soll $S^{-1} = \emptyset$ sein. Es gibt einen Homöomorphismus $\Sigma S^{d-1} \xrightarrow{\cong} S^d$.

Figur 1.11. (Zwei-dimensionale Sphäre S^2).

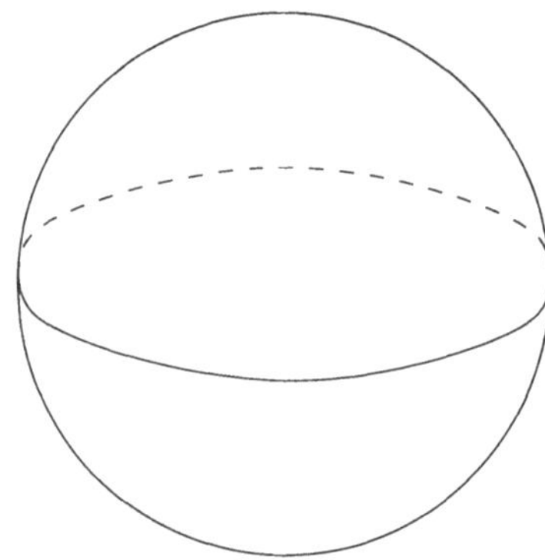

Für jeden wegweise zusammenhängenden Raum X und jeden Basispunkt $x \in X$ induzieren die offensichtlichen Abbildungen $X = (X, \emptyset) \to (X, \{x\})$ und $X \to \{\bullet\}$ für alle $n \in \mathbb{Z}$ einen Isomorphismus

$$\mathcal{H}_n(X) \xrightarrow{\cong} \mathcal{H}_n(\{\bullet\}) \oplus \mathcal{H}_n(X, \{x\}). \tag{1.12}$$

Die Bijektivität folgt aus der Exaktheit der langen exakten Sequenz des Paares $(X, \{x\})$ und der Tatsache, dass die Komposition $\mathcal{H}_n(\{x\}) \to \mathcal{H}_n(X) \to \mathcal{H}_n(\{\bullet\})$ ein Isomorphismus ist. Daher impliziert der Einhängungsisomorphismus aus Satz 1.10, dass für alle $n, d \in \mathbb{Z}, d \geq 0$

$$\mathcal{H}_n(S^d) \cong \mathcal{H}_n(\{\bullet\}) \oplus \mathcal{H}_{n-d}(\{\bullet\}). \tag{1.13}$$

Falls $\mathcal{H}_*$ das Dimensionsaxiom erfüllt, erhält man für $n, d \in \mathbb{Z}, d \geq 1$

$$\mathcal{H}_n(S^d) \cong \begin{cases} R & n = 0, d, \\ \{0\} & \text{sonst.} \end{cases} \tag{1.14}$$

Sei $\{X_i \mid i \in I\}$ eine Familie von topologischen Räumen zu einer endlichen Indexmenge I. Dann induzieren die Inklusionen $j_i \colon X_i \to \coprod_{i \in I} X_i$ einen Isomorphismus

$$\bigoplus_{i \in I} \mathcal{H}_n(j_i) \colon \bigoplus_{i \in I} \mathcal{H}_n(X_i) \xrightarrow{\cong} \mathcal{H}_n\left(\coprod_{i \in I} X_i\right). \tag{1.15}$$

Dies beweist man per Induktion über die Mächtigkeit von I. Es genügt, den Fall $I = \{0, 1\}$ zu betrachten. Dann folgt (1.15) aus der Mayer-Vietoris Sequenz aus Satz 1.4 angewandt auf die Triade $(X_0 \coprod X_1, X_0, X_1)$, die aufgrund des Ausschneidungsaxioms excisiv ist. Man beachte, dass dieser Beweis nur für endliche Indexmengen I funktioniert. Im Falle einer unendlichen Indexmenge I muss man das Axiom über die disjunkte Vereinigung fordern, das nicht aus den anderen Axiomen folgt.

Lemma 1.16. *Für einen topologischen Raum X und ein $d \in \mathbb{Z}$, $d \geq 0$ erhält man für alle $n \in \mathbb{Z}$ einen natürlichen Isomorphismus*

$$\mathcal{H}_n(\mathrm{pr}) \times u_n \colon \mathcal{H}_n(S^d \times X) \to \mathcal{H}_n(X) \times \mathcal{H}_{n-d}(X),$$

wobei $\mathrm{pr}\colon S^d \times X \to X$ *die Projektion ist.*

Beweis: Sei $S^d_\pm \subseteq S^d$ die obere bzw. untere Hemisphäre in S^d. Dann ist $S^{d-1} = S^d_+ \cap S^d_-$. Wir erhalten folgendes Pushout

$$\begin{array}{ccc} S^{d-1} \times X & \longrightarrow & S^d_+ \times X \\ \downarrow & & \downarrow \\ S^d_- \times X & \longrightarrow & S^d \times X \end{array}$$

Sei $s \in S^d$ der Grundpunkt $(1, 0, \ldots, 0)$. Analog zum Beweis von Satz 1.10 erhalten wir einen natürlichen Isomorphismus

$$u_n^d \colon \mathcal{H}_n((S^d, s) \times X) \xrightarrow{\cong} \mathcal{H}_{n-1}((S^{d-1}, s) \times X).$$

Die Inklusion $X \to (S^0, s) \times X$ induziert Isomorphismen $\mathcal{H}_n(X) \to \mathcal{H}_n((S^0, s) \times X)$. Das liefert einen natürlichen Isomorphismus

$$u_n \colon \mathcal{H}_n((S^d, s) \times X) \xrightarrow{\cong} \mathcal{H}_{n-d}(X).$$

Da die Komposition

$$\mathcal{H}_n(X) \to \mathcal{H}_n(S^d \times X) \xrightarrow{\mathcal{H}_n(\mathrm{pr})} \mathcal{H}_n(X)$$

die Identität ist, induziert die lange Homologiesequenz des Paares $(S^d, s) \times X$ eine kurze exakte spaltenden Sequenz $0 \to \mathcal{H}_n(X) \to \mathcal{H}_n(X \times S^d) \to \mathcal{H}_n((S^d, s) \times X) \to 0$. □

Sei $T^d = \prod_{i=1}^d S^1$ der *d-dimensionale Torus.*

Figur 1.17. (Zwei-dimensionaler Torus).

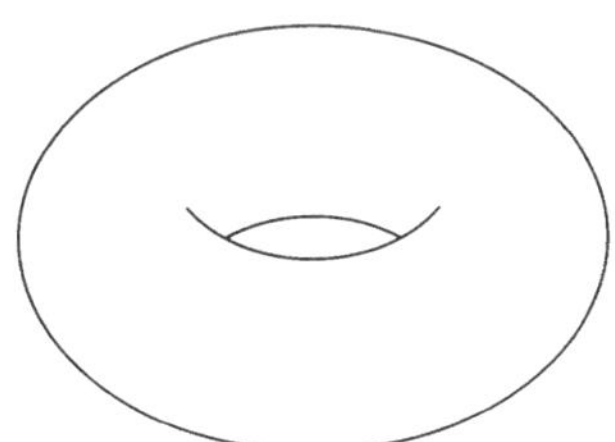

Dann folgt aus Lemma 1.16

$$\mathcal{H}_n(T^d) \quad = \quad \bigoplus_{i=0}^{d} \left(\bigoplus_{j=1}^{\binom{d}{i}} \mathcal{H}_{n-i}(\{\bullet\}) \right). \tag{1.18}$$

Falls $\mathcal{H}_*$ das Dimensionsaxiom erfüllt, erhalten wir

$$\mathcal{H}_n(T^d) = \begin{cases} R^{\binom{d}{n}}, & 0 \leq n \leq d, \\ \{0\}, & \text{sonst}, \end{cases} \tag{1.19}$$

und speziell für $d = 2$

$$\mathcal{H}_n(T^2) = \begin{cases} R, & n = 0, 2, \\ R^2, & n = 1, \\ \{0\}, & \text{sonst}. \end{cases} \tag{1.20}$$

Definition 1.21 (Ein-Punkt-Vereinigung). *Seien (X, x_0) und (Y, y_0) zwei punktierte Räume. Die* Ein-Punkt-Vereinigung

$$X \vee Y = X \amalg Y / \sim$$

ist der Quotientenraum von $X \amalg Y$, den man erhält, wenn man x_0 und y_0 zu einem Punkt identifiziert. Man kann $X \vee Y$ auch als Teilraum $\{(x, y) \in X \times Y \mid x = x_0 \text{ oder } y = y_0\}$ von $X \times Y$ auffassen und definiert das Smash-Produkt

$$X \wedge Y := X \times Y / X \vee Y.$$

Lemma 1.22. *Falls $\mathcal{H}_*$ das Dimensionsaxiom erfüllt, so gilt:*

(a) Für $n \in \mathbb{Z}$ sei $f_n \colon S^1 \to S^1$ die Abbildung, die einer komplexen Zahl $z \in S^1$ ihre n-te Potenz $z^n \in S^1$ zuordnet. Dann ist $\mathcal{H}_1(f_n) \colon \mathcal{H}_1(S^1) \to \mathcal{H}_1(S^1)$ Multiplikation mit $n \in \mathbb{Z}$.

(b) Sei $A \in GL(d + 1, \mathbb{R})$ eine invertierbare Matrix mit Einträgen in $\mathbb{R}$ für $d \in \mathbb{Z}$, $d \geq 1$. Sie induziert eine Abbildung

$$f_A \colon S^d \to S^d, \qquad x \mapsto \frac{Ax}{||Ax||}.$$

Dann ist die Abbildung $\mathcal{H}_d(f_A) \colon \mathcal{H}_d(S^d) \to \mathcal{H}_d(S^d)$ Multiplikation mit $\frac{\det(A)}{|\det(A)|}$.

(c) Sei $A \in GL(d, \mathbb{R})$ eine invertierbare Matrix mit Einträgen in $\mathbb{R}$ für $d \in \mathbb{Z}$, $d \geq 1$. Sie induziert eine Abbildung

$$L_A \colon (\mathbb{R}^d, \mathbb{R}^d - \{0\}) \to (\mathbb{R}^d, \mathbb{R}^d - \{0\}), \qquad x \mapsto Ax.$$

Dann ist die Abbildung $\mathcal{H}_d(L_A) \colon \mathcal{H}_d(\mathbb{R}^d, \mathbb{R}^d - \{0\}) \to \mathcal{H}_d(\mathbb{R}^d, \mathbb{R}^d - \{0\})$ Multiplikation mit $\frac{\det(A)}{|\det(A)|}$.

Beweis: (a) Offensichtlich induziert $f_1 = \mathrm{id}$ Multiplikation mit 1. Als nächstes zeigen wir, dass f_{-1} Multiplikation mit (-1) induziert. Die Triade $(S^1; S^1 - \{(0, -1)\}, S^1 - \{(0, 1)\})$ ist aufgrund des Ausschneidungsaxioms excisiv. Unter den offensichtlichen Identifikationen

$$\mathcal{H}_0(S^0) = \mathcal{H}_0(\{(0, 1)\}) \oplus \mathcal{H}_0(\{(0, -1)\}) = R \oplus R$$

und

$$\mathcal{H}_0\left(S^1 - \{(0, -1)\}\right) \oplus \mathcal{H}_0(S^1 - \{(0, 1)\}) = \mathcal{H}_0\left(\{(0, 1)\}\right) \oplus \mathcal{H}_0(\{(0, -1)\}) = R \oplus R$$

liefert die zugehörige Mayer-Vietoris-Sequenz aus Satz 1.4 ein kommutatives Diagramm mit exakten Zeilen

$$\begin{array}{ccccccc}
0 & \longrightarrow & \mathcal{H}_1(S^1) & \longrightarrow & R\oplus R & \xrightarrow{\begin{pmatrix} 1 & 1 \\ 1 & 1 \end{pmatrix}} & R\oplus R \\
 & & \downarrow {\scriptstyle \mathcal{H}_1(f_{-1})} & & \downarrow \begin{pmatrix} 0 & 1 \\ 1 & 0 \end{pmatrix} & & \downarrow \begin{pmatrix} 1 & 0 \\ 0 & 1 \end{pmatrix} \\
0 & \longrightarrow & \mathcal{H}_1(S^1) & \longrightarrow & R\oplus R & \xrightarrow[\begin{pmatrix} 1 & 1 \\ 1 & 1 \end{pmatrix}]{} & R\oplus R
\end{array}$$

Daraus folgt $\mathcal{H}_1(f_{-1}) = -\operatorname{id}$.

Offensichtlich faktorisiert f_0 durch $\{\bullet\}$ und induziert daher die triviale Abbildung auf $\mathcal{H}_1(S^1)$, da $\mathcal{H}_1(\{\bullet\}) = \{0\}$ gilt. Da $f_{-1} \circ f_n = f_{-n}$ gilt, genügt es für $n \in \mathbb{Z}$, $n \geq 2$ zu zeigen, dass $\mathcal{H}_1(f_n)$ Multiplikation mit n induziert. Sei $\bigvee_{i=1}^n S^1$ die Ein-Punkt-Vereinigung von n Kopien von S^1 zum Grundpunkt $\exp(0) = (1,0)$. Sei $\operatorname{pr}_k \colon \bigvee_{i=1}^n S^1 \to S^1$ die Projektion auf den k-ten Summanden für $k \in \{1, 2, \ldots, n\}$. Mit Hilfe der Mayer-Vietoris-Sequenz aus Satz 1.8 zeigt man, dass die Abbildung

$$\prod_{k=1}^n \mathcal{H}_1(\operatorname{pr}_k) \colon \mathcal{H}_1\left(\bigvee_{i=1}^n S^1\right) \xrightarrow{\cong} \prod_{k=1}^n \mathcal{H}_1(S^1)$$

bijektiv ist. Sei

$$\nabla_n \colon S^1 \quad \to \quad \bigvee_{i=1}^n S^1 \tag{1.23}$$

die Abbildung, die $\exp(2\pi i t)$ auf $\exp(2\pi i(nt-k+1))$ im k-ten Summanden S^1 in $\bigvee_{i=1}^n S^1$ abbildet, falls $nt \in [k-1, k]$ für $k \in \{1, 2, \ldots, n\}$ liegt. Dann ist $\operatorname{pr}_k \circ \nabla_n$ homotop zur Identität auf S^1 und $f_n = (\bigvee_{i=1}^n \operatorname{id}_{S^1}) \circ \nabla_n$. Es ist $\mathcal{H}_1(f_n)$ gleich der Komposition

$$\mathcal{H}_1(f_n) \colon \mathcal{H}_1(S^1) \xrightarrow{\mathcal{H}_1(\nabla_n)} \mathcal{H}_1\left(\bigvee_{i=1}^n S^1\right) \xrightarrow{\prod_{k=1}^n \mathcal{H}_1(\operatorname{pr}_k)} \prod_{k=1}^n \mathcal{H}_1(S^1) \xrightarrow{(1,1,\ldots,1)} \mathcal{H}_1(S^1).$$

Daraus folgt, dass $\mathcal{H}_1(f_n)$ für alle $n \in \mathbb{Z}, n \geq 1$ und damit für alle $n \in \mathbb{Z}$ Multiplikation mit n ist.

(b) Die Gruppe $GL(d+1, \mathbb{R})$ erbt als Teilraum von dem Raum aller $(d+1, d+1)$-Matrizen, der dasselbe wie $\mathbb{R}^{(d+1)^2}$ ist, eine Topologie. Die Abbildung

$$GL(d+1, \mathbb{R}) \to \{\pm 1\}, \qquad A \mapsto \frac{\det(A)}{|\det(A)|}$$

ist stetig. Mit Hilfe (elementarer) linearer Algebra zeigt man, dass sie eine Bijektion von Mengen

$$\pi_0(GL(d+1, \mathbb{R})) \xrightarrow{\cong} \{\pm 1\}$$

induziert, wobei $\pi_0(X)$ für einen topologischen Raum X die *Menge der Wegekomponenten* bezeichnet. Da für zwei Elemente A und A' in $GL(d+1, \mathbb{R})$, die in derselben Wegekomponenten liegen, die Abbildungen f_A und $f_{A'}$ homotop sind, genügt es die Behauptung für $A = I_{d+1}$ und für $A = B \oplus I_{d-1}$ zu zeigen, wobei B die $(2,2)$-Matrix

$$B = \begin{pmatrix} 1 & 0 \\ 0 & -1 \end{pmatrix}$$

ist und I_d die Einheitsmatrix bezeichnet. Da $f_{I_{d+1}}$ die Identität ist, folgt die Behauptung in diesem Fall. Die Abbildung $f_{B \oplus I_{d-1}}$ ist die $(d-1)$-fache Einhängung $\Sigma^{d-1} f_B$ von der Abbildung $f_B \colon S^1 \to S^1$ unter der Identifikation $S^d = \Sigma^{d-1} S^1$. Aufgrund des Einhängungsisomorphismus aus Satz 1.10 genügt es die Behauptung für f_B zu beweisen. Da f_B mit der Abbildung f_{-1} aus der bereits bewiesenen Aussage (a) übereinstimmt, folgt Aussage (b).

(c) Der Beweis dieser Aussage ist eine Modifikation des Beweises der Aussage (b). □

1.4 Elementare Anwendungen

Wir nehmen an, dass $\mathcal{H}_*$ eine Homologietheorie mit Werten in $\mathbb{Z}$-Moduln ist und das Dimensionsaxiom erfüllt. Wir werden später die Existenz von $\mathcal{H}_*$ beweisen.

Lemma 1.24. *Folgende Aussagen sind für $d, e \in \mathbb{Z}$, $d, e \geq 0$ äquivalent:*

(a) $\mathbb{R}^d$ und $\mathbb{R}^e$ sind homöomorph,

(b) S^{d-1} und S^{e-1} sind homotopieäquivalent,

(c) $d = e$.

Beweis: (a) ⇒ (b) Sei $f \colon \mathbb{R}^d \xrightarrow{\cong} \mathbb{R}^e$ ein Homöomorphismus. Für $x \in \mathbb{R}^d$ induziert f einen Homöomorphismus $\mathbb{R}^d - \{x\} \xrightarrow{\cong} \mathbb{R}^e - \{f(x)\}$. Da $\mathbb{R}^d - \{x\}$ bzw. $\mathbb{R}^e - \{f(x)\}$ homotopieäquivalent zu S^{d-1} bzw. S^{e-1} ist, sind S^{d-1} und S^{e-1} homotopieäquivalent.
(b) ⇒ (c) Falls S^{d-1} und S^{e-1} homotopieäquivalent sind, gilt $\mathcal{H}_n(S^{d-1}) \cong \mathcal{H}_n(S^{e-1})$ für alle $n \in \mathbb{Z}$. Aus (1.14) folgt $d = e$.
(c) ⇒ (a) ist offensichtlich. □

Satz 1.25 (Fundamentalsatz der Algebra). *Sei $p(z)$ ein Polynom vom Grad $n \geq 1$ mit komplexen Koeffizienten. Dann hat p eine komplexe Nullstelle, d.h. es gibt eine komplexe Zahl z_0 mit $p(z_0) = 0$.*

Beweis: Nehmen wir an, dass p keine Nullstelle hat. Dann ist p eine Abbildung $p \colon \mathbb{C} \to \mathbb{C} - \{0\}$. Betrachte die stetige Abbildung

$$H \colon S^1 \times [0, \infty) \to S^1, \qquad (z, t) \mapsto \frac{p(tz)}{|p(tz)|}.$$

Sei $p(z) = \sum_{i=0}^{n} a_i \cdot z^i$. Wir können ohne Einschränkung der Allgemeinheit $a_n = 1$ annehmen, andernfalls betrachte p/a_n.Für $T > 0$ setze $q(z,T) = T^{-n} \cdot \sum_{i=0}^{n-1} a_i \cdot (zT)^i$. Wähle $T > 0$ derart, dass $|q(z,T)| < 1/4$ für alle $z \in S^1$ gilt. Dann gilt

$$\begin{aligned}
|z^n - H_T(z)| &= \left| z^n - \frac{z^n + q(z,T)}{|z^n + q(z,T)|} \right| \\
&= \left| \frac{z^n \cdot (|z^n + q(z,T)| - 1) - q(z,T)}{|z^n + q(z,T)|} \right| \\
&= \frac{|z^n \cdot (|z^n + q(z,T)| - 1) - q(z,T)|}{|z^n + q(z,T)|} \\
&\leq \frac{||z^n + q(z,T)| - 1| + |q(z,T)|}{1 - |q(z,T)|} \\
&\leq \frac{|q(z,T)| + |q(z,T)|}{1 - |q(z,T)|} \\
&\leq \frac{1/4 + 1/4}{1 - 1/4} = \frac{2}{3}.
\end{aligned}$$

Daraus folgt, dass für alle $t \in [0,1]$ und $z \in S^1$ die komplexe Zahl $(1-t) \cdot H_T(z) + t \cdot z^n$ von Null verschieden ist. Definiere die Homotopie

$$K\colon S^1 \times [0,1] \to S^1, \qquad (z,t) \mapsto \frac{(1-t) \cdot H_T(z) + t \cdot z^n}{|(1-t) \cdot H_T(z) + t \cdot z^n|}.$$

Dann liefern $H|_{S^1 \times [0,T]}$ und K eine Homotopie zwischen der konstanten Abbildung $H_0\colon S^1 \to S^1$ und der Abbildung $K_1\colon S^1 \to S^1$, $z \mapsto z^n$. Das ist ein Widerspruch zu $n \geq 1$ wegen Lemma 1.22 (a). □

Sei $D^d := \{x \in \mathbb{R}^d \mid \sum_{i=0}^{d-1} x_i^2 \leq 1\}$ die *d-dimensionale Einheitskugel* oder *Kreisscheibe.*

Lemma 1.26. *Sei $n \geq 1$. Es gibt keine Abbildung $f\colon D^n \to S^{n-1}$, deren Einschränkung auf S^{n-1} die Identität ist.*

Beweis: Angenommen, so eine Abbildung f existiert. Sei $i\colon S^{n-1} \to D^n$ die Inklusion. Da $\mathrm{id}_{S^{n-1}} = f \circ i$ gilt, folgt aus der Funktorialität von $\mathcal{H}_*$, dass die Komposition

$$\mathcal{H}_{n-1}(S^{n-1}) \xrightarrow{\mathcal{H}_{n-1}(i)} \mathcal{H}_{n-1}(D^n) \xrightarrow{\mathcal{H}_n(f)} \mathcal{H}_{n-1}(S^{n-1})$$

gleich der Identität ist. Falls $n \geq 2$, ist $H_{n-1}(S^{n-1}) \cong \mathbb{Z}$ und $\mathcal{H}_{n-1}(D^n) \cong \{0\}$. Falls $n = 1$ ist, ist $\mathcal{H}_{n-1}(S^{n-1}) \cong \mathbb{Z}^2$ und $\mathcal{H}_{n-1}(D^n) \cong \mathbb{Z}$. Daraus ergibt sich in beiden Fällen ein Widerspruch, denn die Identität auf $\mathbb{Z}$ bzw. $\mathbb{Z}^2$ kann nicht durch $\{0\}$ bzw. $\mathbb{Z}$ faktorisieren. □

Bemerkung 1.27 (Grundprinzip der algebraischen Topologie). Der Beweis des obigen Lemmas 1.26 spiegelt ein Grundprinzip der algebraischen Topologie wieder. Man will ein geometrisches Problem in der Kategorie der topologischen Räume studieren, nämlich ob man eine Abbildung f konstruieren kann, die folgendes Diagramm kommutativ macht

$$\begin{array}{ccc}
 & & D^n \\
 & \overset{i}{\nearrow} & \downarrow f \\
S^{n-1} & \xrightarrow{\mathrm{id}} & S^{n-1}
\end{array}$$

Darauf wendet man nun den Funktor $(n-1)$-te Homologie an und erhält ein Diagramm von abelschen Gruppen

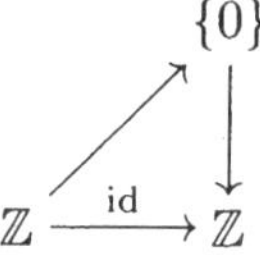

das es offensichtlich nicht geben kann. Also gibt es auch die Abbildung f nicht.

Die Situation in der Kategorie der topologischen Räume ist so kompliziert, dass man erst einmal die Existenz von f nicht ausschließen kann. Beim Übergang zur Algebra verliert man einiges an Informationen, wodurch sich die Situation so vereinfacht, dass man die Existenz der entsprechenden Abbildung leicht ausschließen kann. Die Kunst dabei ist, nur soviel Informationen in die Algebra hinüber zu bringen, dass man die Datenmenge noch handhaben und trotzdem das gestellte Problem noch entscheiden kann.

Das entspricht der Idee einer Straßenkarte. Sie ist ein Funktor von der Kategorie, die als Objekte Punkte in einer Stadt oder in einem Land und als Morphismen Wege zwischen ihnen hat, in die Kategorie, die als Objekte Punkte auf der Karte und als Morphismen Verbindungslinien zwischen diesen Punkten hat. Man verliert Informationen, zum Beispiel über den Belag der Straße oder die Verkehrsschilder. Aber man hat genügend Informationen, um von einem Ort zum anderen Ort zu kommen.

Satz 1.28 (Brouwerscher Fixpunktsatz). *Jede Abbildung $f\colon D^n \to D^n$ hat mindestens einen Fixpunkt $x \in D^n$, d.h. $f(x) = x$.*

Beweis: Nehmen wir an, dass die Abbildung $f\colon D^n \to D^n$ keinen Fixpunkt hat. Definieren wir eine neue Abbildung $g\colon D^n \to D^n$, indem wir $x \in D^n$ den Schnittpunkt des Strahles ausgehend von $f(x)$ durch x mit S^{n-1} zuordnen. Diese Abbildung g induziert auf S^{n-1} die Identität. Daraus ergibt sich ein Widerspruch zu Lemma 1.26. □

Ein *Vektorfeld* v auf S^d ist eine Abbildung $v\colon S^d \to \mathbb{R}^{d+1}$ mit der Eigenschaft, dass für alle $x \in S^d$ die Vektoren x und $v(x)$ senkrecht zueinander stehen, d.h. $\langle x, v(x)\rangle = 0$. Es verschwindet nirgends, falls $v(x) \neq 0$ für alle $x \in S^d$ gilt.

Satz 1.29 (Nirgends verschwindende Vektorfelder auf Sphären). *Es gibt ein auf S^d nirgends verschwindendes Vektorfeld genau dann, wenn d ungerade ist.*

Beweis: Falls $d = 2n-1$ gilt, erhält man ein nirgends verschwindendes Vektorfeld v durch

$$v(x_1, x_2, \ldots, x_{2n}) \;=\; (x_2, -x_1, x_4, -x_3, \ldots, x_{2n}, -x_{2n-1}).$$

Sei v ein nirgends verschwindendes Vektorfeld auf S^d. Definiere die Homotopie

$$h\colon S^d \times [0,1] \to S^d, \quad (x,t) \mapsto \cos(\pi t)\cdot x + \sin(\pi t)\cdot \frac{v(x)}{||v(x)||}.$$

Also induziert h_1 auf $\mathcal{H}_d(S^d)$ dieselbe Abbildung wie $h_0 = \mathrm{id}$, nämlich die Identität. Aufgrund von Lemma 1.22 induziert h_1 auf $\mathcal{H}_d(S^d) \cong \mathbb{Z}$ Multiplikation mit $(-1)^{d+1}$. Aus $(-1)^{d+1} = 1$ folgt, dass d ungerade ist. □

Lemma 1.30. *Seien $x \in \mathbb{R}^m$ und $y \in \mathbb{R}^n$ Punkte. Es gebe Umgebungen $U \subseteq \mathbb{R}^m$ von x und $V \subseteq \mathbb{R}^n$ von y zusammen mit einem Homöomorphismus $(U,x) \xrightarrow{\cong} (V,y)$. Dann gilt $m = n$.*

Beweis: Sei $\mathcal{H}_*$ eine Homologietheorie, die das Dimensionsaxiom erfüllt. Dann gilt wegen Ausschneidung, Homotopieinvarianz und wegen des Einhängungsisomorphismus aus Satz 1.10

$$\mathcal{H}_k(\mathbb{R}^m, \mathbb{R}^m - \{x\}) \cong \mathcal{H}_k(U, U - \{x\}) \cong \mathcal{H}_k(V, V - \{y\}) \cong \mathcal{H}_k(\mathbb{R}^n, \mathbb{R}^n - \{y\})$$

für $k \in \mathbb{Z}$ und

$$\begin{aligned}\mathcal{H}_k(\mathbb{R}^m, \mathbb{R}^m - \{x\}) &\cong \mathcal{H}_k(S^m, S^m - \{x\}) \cong \mathcal{H}_k(S^m, \{\bullet\}) \\ &\cong \mathcal{H}_{k-m}(S^0, \{\bullet\}) \cong \begin{cases} \mathbb{Z} & k = m, \\ \{0\}, & k \neq m. \end{cases}\end{aligned}$$ □

Definition 1.31 (Topologische Mannigfaltigkeit). *Eine* d-dimensionale topologische Mannigfaltigkeit M *ist ein Hausdorff-Raum, der eine abzählbare Basis der Topologie besitzt und lokal Euklidisch ist, d.h. zu jedem Punkt* $x \in M$ *gibt es eine offene Umgebung von* x *in* M*, die homöomorph zu einer offenen Teilmenge des* $\mathbb{R}^d$ *ist.*

Obiges Lemma 1.30 beweist, dass die Dimension einer topologischen Mannigfaltigkeit nur vom Homöomorphietyp von M abhängt.

1.5 Aufgaben

1.1 Sei $\mathcal{H}_*$ eine Homologietheorie mit Werten in $\mathbb{Z}$-Moduln. Zeige, dass $\mathbb{Q} \otimes_{\mathbb{Z}} \mathcal{H}_*$ eine Homologietheorie mit Werten in $\mathbb{Q}$-Moduln ist.

Falls $\mathcal{H}_*$ das Dimensionsaxiom erfüllt, zeige, dass $\mathbb{Z}/n \otimes_{\mathbb{Z}} \mathcal{H}_*$ für kein $n \in \mathbb{Z}, n \geq 2$ eine Homologietheorie mit Werten in $\mathbb{Z}/n$-Moduln ist.

1.2 Sei $f\colon X \to Y$ eine Abbildung. Definiere ihren *Abbildungskegel* $\operatorname{Keg}(f)$ als das Pushout

$$\begin{array}{ccc} X \times \{0\} \coprod X \times \{1\} & \xrightarrow{f \coprod \mathrm{pr}} & Y \coprod \{z\} \\ {\scriptstyle i}\big\downarrow & & \big\downarrow \\ X \times [0,1] & \longrightarrow & \operatorname{Keg}(f) \end{array}$$

wobei i die Inklusion ist. Sei $\mathcal{H}_*$ eine Homologietheorie. Zeige, dass $\mathcal{H}_p(f)$ genau dann ein Isomorphismus für alle $p \in \mathbb{Z}$ ist, wenn $\mathcal{H}_p(\operatorname{Keg}(f), \{z\}) = 0$ für alle $p \in \mathbb{Z}$ gilt.

1.3 Sei $f\colon S^n \to S^n$ eine Abbildung ohne Fixpunkte für ein $n \in \mathbb{Z}, n \geq 1$. Es erfülle die Homologietheorie $\mathcal{H}_*$ das Dimensionsaxiom. Beweise $\mathcal{H}_n(f) = (-1)^n \cdot \mathrm{id}$.

1.4 Sei $p(z)$ ein Polynom mit komplexen Koeffizienten, das keine Nullstellen auf $S^1 = \{z \in \mathbb{C} \mid ||z|| = 1\}$ und m Nullstellen (gezählt mit Multiplizität) auf $\{z \in \mathbb{C} \mid ||z|| < 1\}$ hat. Sei $f\colon S^1 \to S^1$ die Abbildung $z \mapsto \frac{p(z)}{||p(z)||}$. Sei $\mathcal{H}_*$ eine Homologietheorie, die das Dimensionsaxiom erfüllt.

Beweise, dass $\mathcal{H}_1(f)$ Multiplikation mit m auf $\mathcal{H}_1(S^1)$ induziert.

1.5 Seien x und y Punkte in $\mathbb{R}^n_+ = \{(x_1, x_2, \ldots, x_n) \in \mathbb{R}^n \mid x_1 \geq 0\}$, die Umgebungen U und V besitzen, für die es einen Homöomorphismus $(U, x) \xrightarrow{\cong} (V, y)$ gibt. Zeige, dass entweder beide Punkte x und y auf dem Rand $\{(x_1, x_2, \ldots, x_n) \in \mathbb{R}^n \mid x_1 = 0\}$ liegen oder beide Punkte x und y im Inneren $\{(x_1, x_2, \ldots, x_n) \in \mathbb{R}^n \mid x_1 > 0\}$ liegen.

1.6 Seien (X, x) und (Y, y) punktierte Räume derart, dass $\{x\} \subseteq X$ und $\{y\} \subseteq Y$ abgeschlossen und Umgebungsdeformationsretraktionen sind. Sei $\mathcal{H}_*$ eine Homologietheorie. Konstruiere für alle $n \in \mathbb{Z}$ natürliche Isomorphismen

$$\begin{aligned} \mathcal{H}_n(X, \{x\}) \oplus \mathcal{H}_n(Y, \{y\}) &\xrightarrow{\cong} \mathcal{H}_n(X \vee Y, \{z\}), \\ \mathcal{H}_n(X, \{x\}) \oplus \mathcal{H}_n(Y, \{y\}) \oplus \mathcal{H}_n(X \wedge Y, \{z\}) &\xrightarrow{\cong} \mathcal{H}_n(X \times Y, \{(x, y)\}), \end{aligned}$$

wobei jeweils z der offensichtliche Grundpunkt ist.

1.7 Sei $\mathcal{H}_*$ eine Homologietheorie. Zeige, dass $\mathcal{H}_n(S^1 \vee S^1 \vee S^2) \cong \mathcal{H}_n(T^2)$ für alle $n \in \mathbb{Z}$ gilt. Zeige, dass $S^1 \vee S^1 \vee S^2$ und T^2 nicht-isomorphe Fundamentalgruppen haben und daher nicht homotopieäquivalent sind.

1.8 Zeige, dass S^d für $d \in \mathbb{Z}$, $d \geq 0$ eine d-dimensionale topologische Mannigfaltigkeit ist. Beweise, dass $S^d \vee S^d$ für $d \in \mathbb{Z}$, $d \geq 1$ keine topologische Mannigfaltigkeit ist.

2 Singuläre Homologie

In diesem Kapitel konstruieren wir die singuläre Homologie, eine Homologietheorie, die das Dimensionsaxiom und das Axiom über disjunkte Vereinigungen erfüllt. Dazu benötigen wir zunächst einige grundlegende Definitionen und Konstruktionen über Kettenkomplexe. Kettenkomplexe sind nicht nur für die Topologie, sondern auch für andere Bereiche der Mathematik von grundlegender Bedeutung.

2.1 Kettenkomplexe

Sei R ein assoziativer kommutativer Ring mit Eins.

Definition 2.1 (Kettenkomplex). *Ein* R-Kettenkomplex $C_* = (C_*, c_*)$ *ist ein* $\mathbb{Z}$*-graduierter* R*-Modul* C_* *mit einer Familie von* R*-Homomorphismen* $c_n\colon C_n \to C_{n-1}$ *für* $n \in \mathbb{Z}$ *mit der Eigenschaft, dass* $c_n \circ c_{n+1} = 0$ *für alle* $n \in \mathbb{Z}$ *gilt. Man nennt* c_n *das* n*-te* Differential. *Eine* Kettenabbildung *oder* Abbildung von R-Kettenkomplexen $f_*\colon C_* \to D_*$ *ist eine Familie* $f_n\colon C_n \to D_n$ *von* R*-Homomorphismen für* $n \in \mathbb{Z}$ *mit der Eigenschaft, dass* $f_n \circ c_{n+1} = d_{n+1} \circ f_{n+1}$ *für alle* $n \in \mathbb{Z}$ *gilt.*

Definition 2.2 (Typen von Kettenkomplexen). *Ein Kettenkomplex* C_* *heißt* endlich erzeugt *bzw.* projektiv *bzw.* frei *bzw.* endlich erzeugt projektiv *bzw.* endlich erzeugt frei, *falls jeder Kettenmodul* C_n *endlich erzeugt bzw. projektiv bzw. frei bzw. endlich erzeugt projektiv bzw. endlich erzeugt frei ist. Er heißt* d-dimensional *falls* $C_n = \{0\}$ *für alle* $n \in \mathbb{Z}$, $|n| > d$ *gilt. Er heißt* endlich dimensional *falls er* d*-dimensional für ein* $d \in \mathbb{Z}$ *ist. Wir nennen* C_* endlich *falls er sowohl endlich erzeugt als auch endlich dimensional ist, d.h. jeder* R*-Modul* C_n *ist endlich erzeugt und für ein geeignetes* $d \in \mathbb{Z}$ *gilt* $C_n = \{0\}$ *für* $|n| > d$. *Wir nennen* C_* positiv *falls* $C_n = \{0\}$ *für alle* $n \leq -1$ *gilt.*

Definition 2.3 (Homologie). *Sei* C_* *ein* R*-Kettenkomplex. Definiere seine* n-te Homologie $H_n(C_*)$ *als den* R*-Modul*

$$H_n(C_*) \quad := \quad \mathrm{Kern}(c_n)/\,\mathrm{Bild}(c_{n+1}).$$

Ein Element $u \in C_n$ *heißt* Zykel, *falls* $c_n(u) = 0$ *gilt, und* Rand, *falls* $u = c_{n+1}(v)$ *für ein* $v \in C_{n+1}$ *gilt. Zwei Zykeln* a *und* b *in* C_n *heißen* homolog, *wenn* $a - b$ *ein Rand ist. Die zu einem Zykel* $u \in C_n$ *gehörige Homologieklasse wird mit* $\overline{u} \in H_n(C_*)$ *bezeichnet.*

Obige Definition macht Sinn, da $\mathrm{Bild}(c_{n+1}) \subseteq \mathrm{Kern}(c_n)$ wegen $c_n \circ c_{n+1} = 0$ gilt. Die n-te Homologie von C_* misst die Abweichung von C_* dazu, an der Stelle C_n exakt zu sein. Eine Kettenabbildung $f_*\colon C_* \to D_*$ induziert eine Abbildung von R-Moduln

$$H_n(f_*)\colon H_n(C_*) \to H_n(D_*), \quad \overline{u} \mapsto \overline{f_*(u)},$$

da $f_n(\mathrm{Bild}(c_{n+1})) \subseteq \mathrm{Bild}(d_{n+1})$ und $f_n(\mathrm{Kern}(c_n)) \subseteq \mathrm{Kern}(d_n)$ aus der Bedingung $f_n \circ c_{n+1} = d_{n+1} \circ f_{n+1}$ folgt.

Definition 2.4 (Kettenhomotopie). *Seien f_* und g_* Kettenabbildungen $C_* \to D_*$. Eine* Kettenhomotopie $h_*\colon f_* \simeq g_*$ *von f_* nach g_* ist eine Familie von R-Homomorphismen $h_n\colon C_n \to D_{n+1}$ für $n \in \mathbb{Z}$ mit der Eigenschaft, dass $d_{n+1} \circ h_n + h_{n-1} \circ c_n = f_n - g_n$ für alle $n \in \mathbb{Z}$ gilt. Wir nennen f_* und g_** homotop, *falls es solch eine Kettenhomotopie h_* gibt.*

Lemma 2.5. *Seien f_* und g_* Kettenabbildungen $C_* \to D_*$. Falls sie homotop sind, gilt $H_n(f_*) = H_n(g_*)$ für alle $n \in \mathbb{Z}$.*

Beweis: Sei $x \in \mathrm{Kern}(c_n)$ und $\overline{x} \in H_n(C_*)$ die zugehörige Klasse in der Homologie. Dann gilt für eine Kettenhomotopie $h_*\colon f_* \simeq g_*$

$$f_n(x) - g_n(x) = d_{n+1} \circ h_n(x) + h_{n-1} \circ c_n(x) = d_{n+1} \circ h_n(x).$$

Daraus folgt $\overline{f_n(x)} - \overline{g_n(x)} = 0$ in $H_n(D_*)$, d.h. $H_n(f_*)(\overline{x}) = H_n(g_*)(\overline{x})$. □

Seien f_*, f'_* und f''_* Kettenabbildungen $C_* \to D_*$. Dann gelten die Implikationen $f_* \simeq f'_*, f'_* \simeq f''_* \Rightarrow f_* \simeq f''_*$ und $f_* \simeq f'_* \Rightarrow f'_* \simeq f_*$ und $f_* \simeq f_*$, d.h. Kettenhomotopie definiert eine Äquivalenzrelation. Mit $[f_*]$ bezeichnen wir die Kettenhomotopieklasse einer Kettenabbildung f_*. Seien f_* und f'_* homotope Kettenabbildungen $C_* \to D_*$ und seien g_* und g'_* homotope Kettenabbildungen $D_* \to E_*$. Dann sind die Kettenabbildungen $g_* \circ f_*$ und $g'_* \circ f'_*$ homotop.

Eine Sequenz von R-Kettenkomplexen $0 \to C_* \xrightarrow{i_*} D_* \xrightarrow{q_*} E_* \to 0$ heißt *exakt*, falls für alle $n \in \mathbb{Z}$ die Sequenz von R-Moduln $0 \to C_n \xrightarrow{i_n} D_n \xrightarrow{q_n} E_n \to 0$ exakt ist.

Satz 2.6 (Lange Homologiesequenz). *Sei $0 \to C_* \xrightarrow{i_*} D_* \xrightarrow{q_*} E_* \to 0$ eine kurze exakte Sequenz von R-Kettenkomplexen. Dann gibt es eine natürliche lange exakte Homologiesequenz*

$$\ldots \xrightarrow{\partial_{n+1}} H_n(C_*) \xrightarrow{H_n(i_*)} H_n(D_*) \xrightarrow{H_n(q_*)} H_n(E_*) \xrightarrow{\partial_n} H_{n-1}(C_*)$$
$$\xrightarrow{H_{n-1}(i_*)} H_{n-1}(D_*) \xrightarrow{H_{n-1}(q_*)} H_{n-1}(E_*) \xrightarrow{\partial_{n-1}} \ldots$$

Beweis: Betrachte folgendes Diagramm mit exakten Zeilen

$$\begin{array}{ccccccccc}
0 & \longrightarrow & C_{n+2} & \xrightarrow{i_{n+2}} & D_{n+2} & \xrightarrow{q_{n+2}} & E_{n+2} & \longrightarrow & 0 \\
 & & \downarrow{\scriptstyle c_{n+2}} & & \downarrow{\scriptstyle d_{n+2}} & & \downarrow{\scriptstyle e_{n+2}} & & \\
0 & \longrightarrow & C_{n+1} & \xrightarrow{i_{n+1}} & D_{n+1} & \xrightarrow{q_{n+1}} & E_{n+1} & \longrightarrow & 0 \\
 & & \downarrow{\scriptstyle c_{n+1}} & & \downarrow{\scriptstyle d_{n+1}} & & \downarrow{\scriptstyle e_{n+1}} & & \\
0 & \longrightarrow & C_n & \xrightarrow{i_n} & D_n & \xrightarrow{q_n} & E_n & \longrightarrow & 0 \\
 & & \downarrow{\scriptstyle c_n} & & \downarrow{\scriptstyle d_n} & & \downarrow{\scriptstyle e_n} & & \\
0 & \longrightarrow & C_{n-1} & \xrightarrow{i_{n-1}} & D_{n-1} & \xrightarrow{q_{n-1}} & E_{n-1} & \longrightarrow & 0
\end{array}$$

Zunächst definieren wir den verbindenden Homomorphismus $\partial_{n+1}\colon H_{n+1}(E_*) \to H_n(C_*)$. Sei $x \in \mathrm{Kern}(e_{n+1})$ und $\overline{x} \in H_{n+1}(E_*)$ die zugehörige Klasse in der Homologie. Wähle $y \in D_{n+1}$ mit $q_{n+1}(y) = x$. Dann gilt

$$q_n \circ d_{n+1}(y) = e_{n+1} \circ q_{n+1}(y) = e_{n+1}(x) = 0.$$

Also gibt es $z \in C_n$ mit $i_n(z) = d_{n+1}(y)$. Da i_n injektiv ist, ist z dadurch eindeutig festgelegt. Es gilt

$$i_{n-1} \circ c_n(z) = d_n \circ i_n(z) = d_n \circ d_{n+1}(y) = 0.$$

Da i_{n-1} injektiv ist, folgt $z \in \mathrm{Kern}(c_n)$. Sei $\overline{z} \in H_n(C_*)$ die zugehörige Homologieklasse. Definiere

$$\partial_{n+1}(\overline{x}) := \overline{z}.$$

Eine einfache Diagrammjagd zeigt, dass diese Definition von den verschiedenen Wahlen, nämlich des Repräsentanten x von $\overline{x}$ und des Elementes y mit $q_{n+1}(y) = x$ unabhängig ist. Man überprüft leicht, dass ∂_{n+1} eine R-Homomorphismus ist. Mittels einer Diagrammjagd zeigt man die Exaktheit der langen Homologiesequenz. Ihre Natürlichkeit ist offensichtlich. □

Sei $\{C_*[i] \mid i \in I\}$ eine Familie von R-Kettenkomplexen. Man definiert die *direkte Summe* $\bigoplus_{i\in I} C_*[i]$ und das *direkte Produkt* $\prod_{i\in I} C_*[i]$, indem man als n-ten Kettenmodul die direkte Summe bzw. das direkte Produkt der einzelnen Kettenmoduln $C_n[i]$ nimmt und das n-te Differential entsprechend definiert. Die kanonischen Inklusionen $j_*[i]\colon C_*[i] \to \bigoplus_{i\in I} C_*[i]$ und die kanonischen Projektionen $p_*[i]\colon \prod_{i\in I} C_*[i] \to C_*[i]$ sind Kettenabbildungen und induzieren für alle $n \in \mathbb{Z}$ Isomorphismen

$$\bigoplus_{i\in I} H_n(j_*[i])\colon \bigoplus_{i\in I} H_n(C_*[i]) \xrightarrow{\cong} H_n\left(\bigoplus_{i\in I} C_*[i]\right), \qquad (2.7)$$

$$\prod_{i\in I} H_n(p_*[i])\colon H_n\left(\prod_{i\in I} C_*[i]\right) \xrightarrow{\cong} \prod_{i\in I} H_n(C_*[i]). \qquad (2.8)$$

2.2 Konstruktion der singulären Homologie

Sei X ein topologischer Raum. Das *Standard-n-Simplex* Δ_n für $n \in \mathbb{Z}$, $n \geq 0$ ist der Unterraum vom $\mathbb{R}^{n+1}$

$$\Delta_n \quad := \quad \left\{(x_1, x_2, \ldots, x_{n+1}) \;\middle|\; x_i \in \mathbb{R}, x_i \geq 0, \sum_{i=1}^{n+1} x_i = 1\right\}. \qquad (2.9)$$

Dies ist die konvexe Hülle der Standardbasis $\{e_1, e_2, \ldots, e_{n+1}\}$ des $\mathbb{R}^{n+1}$, deren i-ter Vektor e_i an der i-ten Stelle 1 und sonst 0 als Einträge hat. Für $k \in \{1, 2, \ldots, n+1\}$ sei $i_k^n\colon \Delta_{n-1} \to \Delta_n$ die Abbildung

$$(x_1, x_2, \ldots, x_n) \mapsto \begin{cases} (0, x_1, \ldots, x_n) & k = 1, \\ (x_1, \ldots, x_{k-1}, 0, x_k, x_{k+1}, \ldots, x_n) & 2 \leq k \leq n, \\ (x_1, x_2, \ldots, x_n, 0) & k = n+1. \end{cases}$$

Man bezeichnet das Bild von i_k^n auch als die *k-te Seite* von Δ_n. Die k-te Seite ist die Seite in Δ_n, die dem k-ten Element der Einheitsbasis des $\mathbb{R}^{n+1}$ gegenüber liegt.

Figur 2.10. (Standard-3-Simplex und seine Seiten).

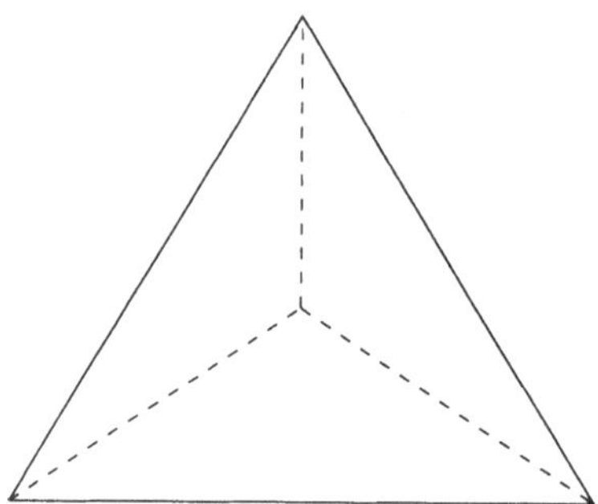

Ein *singuläres n-Simplex in X* ist eine (stetige) Abbildung $\sigma\colon \Delta_n \to X$. Sei $S_n(X)$ die Menge der singulären n-Simplices X für $n \in \mathbb{Z}$, $n \geq 0$. Sei $C_n^{\text{sing}}(X;R)$ der freie R-Modul mit der Menge $S_n(X)$ als Basis für $n \in \mathbb{Z}, n \geq 0$ und der triviale Modul $\{0\}$ für $n \in \mathbb{Z}, n < 0$. Ein Element in $C_n^{\text{sing}}(X;R)$ ist also eine formale Summe $\sum_{\sigma \in S_n(X)} r_\sigma \cdot \sigma$, in der nur endlich viele der Koeffizienten $r_\sigma \in R$ von Null verschieden sind, und heißt *singuläre Kette*.

Definiere das n-te Differential

$$c_n^{\text{sing}}\colon C_n^{\text{sing}}(X;R) \quad \to \quad C_{n-1}^{\text{sing}}(X;R) \tag{2.11}$$

für $n \in \mathbb{Z}, n > 0$ als den R-Homomorphismus, der dem Basiselement $\sigma\colon \Delta_n \to X$ das Element $\sum_{k=1}^{n+1}(-1)^{k+1} \cdot \sigma \circ i_k^n$ zuordnet und für $n \in \mathbb{Z}, n \leq 0$ als die Nullabbildung. Als nächstes zeigen wir, dass $c_n^{\text{sing}} \circ c_{n+1}^{\text{sing}} = 0$ gilt. Es gelten folgende Vertauschungsrelationen für $n \geq 1$, $k \in \{1, 2, \ldots, n\}$ und $l \in \{1, 2, \ldots, n+1\}$

$$i_l^n \circ i_k^{n-1} \quad = \quad \begin{cases} i_k^n \circ i_{l-1}^{n-1} & k < l, \\ i_{k+1}^n \circ i_l^{n-1} & k \geq l. \end{cases} \tag{2.12}$$

Daraus folgt für jedes Basiselement $\sigma\colon \Delta_{n+1} \to X$ von $C_{n+1}^{\text{sing}}(X)$:

$$\begin{aligned}
& c_n^{\text{sing}} \circ c_{n+1}^{sing}(\sigma) \\
= \quad & c_n^{\text{sing}}\left(\sum_{l=1}^{n+2}(-1)^{l+1} \cdot \sigma \circ i_l^{n+1}\right) \\
= \quad & \sum_{k=1}^{n+1}(-1)^{k+1} \cdot \left(\sum_{l=1}^{n+2}(-1)^{l+1} \cdot \sigma \circ i_l^{n+1} \circ i_k^n\right) \\
= \quad & \sum_{k=1}^{n+1}\sum_{l=1}^{n+2}(-1)^{k+l} \cdot \sigma \circ i_l^{n+1} \circ i_k^n \\
= \quad & \sum_{1 \leq k < l \leq n+2} (-1)^{k+l} \cdot \sigma \circ i_l^{n+1} \circ i_k^n + \sum_{1 \leq l \leq k \leq n+1} (-1)^{k+l} \cdot \sigma \circ i_l^{n+1} \circ i_k^n \\
= \quad & \sum_{1 \leq k < l \leq n+2} (-1)^{k+l} \cdot \sigma \circ i_k^{n+1} \circ i_{l-1}^n + \sum_{1 \leq l \leq k \leq n+1} (-1)^{k+l} \cdot \sigma \circ i_l^{n+1} \circ i_k^n \\
= \quad & - \sum_{1 \leq k \leq l \leq n+1} (-1)^{k+l} \cdot \sigma \circ i_k^{n+1} \circ i_l^n + \sum_{1 \leq k \leq l \leq n+1} (-1)^{k+l} \cdot \sigma \circ i_k^{n+1} \circ i_l^n \\
= \quad & 0.
\end{aligned}$$

Damit erhalten wir einen positiven Kettenkomplex $C_*^{\text{sing}}(X;R) = (C_*^{\text{sing}}(X;R), c_*^{\text{sing}})$. Eine Abbildung $f\colon X \to Y$ induziert durch Komposition eine Abbildung $S_n(X) \to S_n(Y)$ für alle $n \in \mathbb{Z}$ und damit eine Kettenabbildung $C_*^{\text{sing}}(f;R)\colon C_*^{\text{sing}}(X;R) \to C_*^{\text{sing}}(Y;R)$. Sei (X,A) ein Paar von topologischen Räumen. Sei $i\colon A \to X$ die Inklusion. Sie induziert eine injektive Abbildung $C_*^{\text{sing}}(i;R)\colon C_*^{\text{sing}}(A;R) \to C_*^{\text{sing}}(X;R)$. Definiere $C_*^{\text{sing}}(X,A;R)$ als den Kokern von $C_*^{\text{sing}}(i;R)$. Dann erhalten wir eine kurze exakte Sequenz von R-Kettenkomplexen

$$0 \to C_*^{\text{sing}}(A;R) \xrightarrow{C_*^{\text{sing}}(i;R)} C_*^{\text{sing}}(X;R) \xrightarrow{q_*} C_*^{\text{sing}}(X,A;R) \to 0. \tag{2.13}$$

Eine Abbildung $f\colon (X,A) \to (Y,B)$ induziert für alle $n \in \mathbb{Z}$ eine Kettenabbildung

$$C_*^{\text{sing}}(f;R)\colon C_*^{\text{sing}}(X,A;R) \to C_*^{\text{sing}}(Y,B;R)$$

und damit eine Abbildung von R-Moduln

$$H_n^{\text{sing}}(f;R)\colon H_n^{\text{sing}}(X,A;R) \to H_n^{\text{sing}}(Y,B;R).$$

Definition 2.14 (Singulärer Kettenkomplex und singuläre Homologie). *Der Kettenkomplex* $C_*^{\text{sing}}(X,A;R) = (C_*^{\text{sing}}(X,A;R), c_*^{\text{sing}})$ *heißt* singulärer Kettenkomplex von (X,A) mit Koeffizienten in R. *Die n-te Homologie von* $C_*^{\text{sing}}(X,A;R)$ *heißt die n-te* singuläre Homologie von X mit Koeffizienten in R *und wird mit* $H_n^{\text{sing}}(X,A;R)$ *bezeichnet. Falls $R = \mathbb{Z}$ ist, schreiben wir kurz* $H_n^{\text{sing}}(X,A)$.

Sei (X,A) ein Paar von topologischen Räumen. Wir erhalten aus der langen Homologiesequenz (siehe Satz 2.6) zu der kurzen exakten Sequenz (2.13) natürliche Abbildungen

$$\partial_n^{\text{sing}}\colon H_n(X,A;R) \to H_{n-1}(A;R).$$

Satz 2.15 (Singuläre Homologie). *Die singuläre Homologie definiert einen kovarianten Funktor*

$$H_*^{\text{sing}}\colon \mathsf{TOP}^2 \to \mathbb{Z}\text{-}\mathsf{grad.}\text{-}R\text{-}\mathsf{MODULN}$$

und ∂_*^{sing} *definiert eine natürliche Transformation*

$$\partial_*\colon H_*^{\text{sing}} \to H_{*-1}^{\text{sing}} \circ I.$$

Das Paar $(H_*^{\text{sing}}, \partial_*^{\text{sing}})$ *ist eine Homologietheorie mit Werten in R-Moduln, die das Dimensionsaxiom und das Axiom der disjunkten Vereinigung erfüllt (siehe Definition 1.1).*

Der Rest dieses Abschnitts und die Abschnitte 2.3 und 2.4 beschäftigen sich mit dem Beweis des obigen Satzes 2.15. Offensichtlich ist H_*^{sing} ein kovarianter Funktor und ∂_*^{sing} ein natürliche Transformation.

Das Axiom der langen Homologiesequenz folgt direkt aus Satz 2.6.

Für $X = \{\bullet\}$ besteht $S_n(\{\bullet\})$ aus einem Element und $C_n^{\text{sing}}(\{\bullet\}) = R$ für $n \in \mathbb{Z}$, $n \geq 0$. Das n-te Differential c_n^{sing} ist $\mathrm{id}\colon R \to R$ für gerade positive n und $0\colon R \to R$ für ungerade positive n. Daraus folgt $H_n^{\text{sing}}(\{\bullet\}) = R$ für $n = 0$ und $H_n^{\text{sing}}(\{\bullet\}) = \{0\}$ für $n \neq 0$, d.h. das Dimensionsaxiom ist erfüllt.

Sei $\{X_i \mid i \in I\}$ eine Familie von topologischen Räumen. Da Δ_n zusammenhängend ist, induzieren die Inklusionen $j_i\colon X_i \to \coprod_{i\in I} X_i$ Isomorphismen von R-Kettenkomplexen

$$\bigoplus_{i\in I} C_*^{\text{sing}}(j_i)\colon \bigoplus_{i\in I} C_*^{\text{sing}}(X_i) \xrightarrow{\cong} C_*^{\text{sing}}\left(\coprod_{i\in I} X_i\right)$$

und daher wegen (2.7) Isomorphismen von R-Moduln

$$\bigoplus_{i\in I} H_n^{\text{sing}}(j_i)\colon \bigoplus_{i\in I} H_n^{\text{sing}}(X_i) \xrightarrow{\cong} H_n^{\text{sing}}\left(\coprod_{i\in I} X_i\right)$$

für alle $n \in \mathbb{Z}$. Also ist das Axiom über disjunkte Vereinigungen erfüllt. Es bleibt zu zeigen, dass das Axiom über Homotopieinvarianz und das Ausschneidungsaxiom erfüllt sind.

2.3 Beweis der Homotopieinvarianz für singuläre Homologie

Wir wollen in diesem Abschnitt zeigen:

Lemma 2.16. *Seien $f_0, f_1\colon (X, A) \to (Y, B)$ Abbildungen von Paaren, die als solche homotop sind. Dann gilt $H_n^{\text{sing}}(f_0; R) = H_n^{\text{sing}}(f_1; R)$ für alle $n \in \mathbb{Z}$.*

Beweis: Per Definition ist $\Delta_n \subseteq \mathbb{R}^{n+1}$ und $[0,1] \subseteq \mathbb{R}$. Also ist $\Delta_n \times [0,1]$ in offensichtlicher Weise eine Teilmenge von $\mathbb{R}^{n+2} = \mathbb{R}^{n+1} \times \mathbb{R}$. Für $m+1$ Punkte $v_1, v_2, \ldots, v_{m+1}$ im $\mathbb{R}^{n+2}$ sei

$$[v_1, v_2, \ldots, v_{m+1}]\colon \Delta_m \to \mathbb{R}^{n+2} \tag{2.17}$$

die affine Abbildung, die das j-te Element der Standardbasis $\{e_1, e_2, \ldots, e_{m+1}\}$ vom $\mathbb{R}^{m+1}$ auf v_j abbildet, in Formeln

$$(x_1, x_2, \ldots, x_{m+1}) \mapsto \sum_{j=1}^{m+1} x_j \cdot v_j.$$

Sei $\delta_n \in S_n(\Delta_n)$ das durch $\mathrm{id}\colon \Delta_n \to \Delta_n$ gegebene (kanonische) singuläre n-Simplex. Definiere eine singuläre $(n+1)$-Kette in $C_{n+1}^{\text{sing}}(\Delta_n \times [0,1])$ durch

$$h_n(\Delta_n)(\delta_n) := \sum_{i=1}^{n+1} (-1)^i \cdot [(e_1, 0), \ldots, (e_i, 0), (e_i, 1), \ldots, (e_{n+1}, 1)].$$

Sei X ein topologischer Raum. Dann definieren wir eine R-lineare Abbildung

$$h_n(X)\colon C_n^{\text{sing}}(X) \to C_{n+1}^{\text{sing}}(X \times [0,1]),$$

indem wir einem Basiselement $\sigma\colon \Delta_n \to X$ das Element $C_{n+1}^{\text{sing}}(\sigma \times \mathrm{id}_{[0,1]})(h_n(\Delta_n)(\delta_n))$ zuordnen. Offensichtlich sind diese Abbildungen $h_n(X)$ natürlich in X und obige Formel ist die einzige Möglichkeit, solche natürliche Abbildungen $h_n(X)$ zu konstruieren, wenn man den Wert von $h_n(\Delta_n)$ auf δ_n festgelegt hat.

Für $t \in [0,1]$ definiere $i_t(X)\colon X \to X \times [0,1]$ durch $x \mapsto (x, t)$. Wir wollen als nächstes die Gleichung

$$c_{n+1}^{\text{sing}}(X \times [0,1]) \circ h_n(X) + h_{n-1}(X) \circ c_n^{\text{sing}}(X) = C_n^{\text{sing}}(i_0(X)) - C_n^{\text{sing}}(i_1(X)) \quad (2.18)$$

für alle topologischen Räume X beweisen. Bevor wir dies tun, erklären wir, warum daraus die Behauptung folgt. Die Gleichung (2.18) zeigt, dass die Kettenabildungen $C_n^{\text{sing}}(i_0(X))$ und $C_n^{\text{sing}}(i_1(X))$ homotop sind. Das impliziert, dass für jeden topologischen Raum X und jedes $n \in \mathbb{Z}$ gilt

$$H_n^{\text{sing}}(i_0(X); R) = H_n^{\text{sing}}(i_1(X); R).$$

Da die Konstruktion der Kettenhomotopie natürlich ist, ergibt sich aus der Definition von $C_*^{\text{sing}}(X, A)$, dass diese Gleichung auch für die Abbildungen $i_t(X, A)\colon (X, A) \to (X, A) \times [0,1]$ von Raumpaaren gilt. Sei nun $h\colon (X, A) \times [0,1] \to (Y, B)$ eine Homotopie von Abbildungen $f_0, f_1 : (X, A) \to (Y, B)$. Da $f_k = h \circ i_k(X, A)$ für $k = 0, 1$ gilt, folgt

$$\begin{aligned} H_n^{\text{sing}}(f_0; R) &= H_n^{\text{sing}}(h \circ i_0(X, A); R) = H_n^{\text{sing}}(h; R) \circ H_n^{\text{sing}}(i_0(X, A); R) \\ &= H_n^{\text{sing}}(h; R) \circ H_n^{\text{sing}}(i_1(X, A); R) = H_n^{\text{sing}}(h \circ i_1(X, A); R) = H_n^{\text{sing}}(f_1; R). \end{aligned}$$

Die Gleichung(2.18) muss nur auf den Basiselementen $\sigma\colon \Delta_n \to X$ geprüft werden. Da alle in (2.18) involvierten Abbildung in X natürlich sind und $C_n^{\text{sing}}(\sigma)\colon C_n(\Delta_n) \to C_n(X)$ das Element δ_n auf das Element σ abbildet, genügt es zu zeigen, dass

$$\begin{aligned} & c_{n+1}^{\text{sing}}(\Delta_n \times [0,1]) \circ h_n(\Delta_n)(\delta_n) + h_{n-1}(\Delta_n) \circ c_{n-1}^{\text{sing}}(\Delta_n)(\delta_n) \\ & \qquad = C_n^{\text{sing}}(i_0(\Delta_n))(\delta_n) - C_n^{\text{sing}}(i_1(\Delta_n))(\delta_n). \quad (2.19) \end{aligned}$$

Es gilt, wobei die mit einem Dach gekennzeichneten Elemente weggelassen werden sollen:

$$\begin{aligned} & c_{n+1}^{\text{sing}}(\Delta_n \times [0,1]) \circ h_n(\Delta_n)(\delta_n) \\ &= c_{n+1}^{\text{sing}}(\Delta_n \times [0,1]) \left(\sum_{i=1}^{n+1} (-1)^i \cdot [(e_1,0), \ldots, (e_i,0), (e_i,1), \ldots, (e_{n+1},1)] \right) \\ &= \sum_{j=1}^{n+2} (-1)^{j+1} \cdot \sum_{i=1}^{n+1} (-1)^i \cdot [(e_1,0), \ldots, (e_i,0), (e_i,1), \ldots, (e_{n+1},1)] \circ i_j^{n+1} \\ &= \sum_{i=1}^{n+1} \sum_{j=1}^{i} (-1)^{i+j+1} \cdot [(e_1,0), \ldots, \widehat{(e_j,0)}, \ldots, (e_i,0), (e_i,1), \ldots, (e_{n+1},1)] \\ & \quad + \sum_{i=1}^{n+1} \sum_{j=i+1}^{n+2} (-1)^{i+j+1} \cdot [(e_1,0), \ldots, (e_i,0), (e_i,1), \ldots, \widehat{(e_{j-1},1)}, \ldots, (e_{n+1},1)] \end{aligned}$$

$$
\begin{aligned}
&= \sum_{i=2}^{n+1}\sum_{j=1}^{i-1}(-1)^{i+j+1}\cdot[(e_1,0),\ldots,\widehat{(e_j,0)},\ldots,(e_i,0),(e_i,1),\ldots,(e_{n+1},1)]\\
&\qquad+\sum_{i=1}^{n+1}(-1)^{i+i+1}\cdot[(e_1,0),\ldots,(e_{i-1},0),(e_i,1),\ldots,(e_{n+1},1)]\\
&\qquad+\sum_{i=1}^{n+1}(-1)^{i+i+1+1}\cdot[(e_1,0),\ldots,(e_i,0),(e_{i+1},1),\ldots,(e_{n+1},1)]\\
&\qquad+\sum_{i=1}^{n}\sum_{j=i+2}^{n+2}(-1)^{i+j+1}\cdot[(e_1,0),\ldots,(e_i,0),(e_i,1),\ldots,\widehat{(e_{j-1},1)},\ldots,(e_{n+1},1)]\\
&= -\sum_{i=2}^{n+1}\sum_{j=1}^{i-1}(-1)^{i+j}\cdot[(e_1,0),\ldots,\widehat{(e_j,0)},\ldots,(e_i,0),(e_i,1),\ldots,(e_{n+1},1)]\\
&\qquad-[(e_1,1),\ldots,(e_{n+1},1)]+[(e_1,0),\ldots,(e_{n+1},0)]\\
&\qquad-\sum_{i=1}^{n}\sum_{j=i+1}^{n+1}(-1)^{i+j+1}\cdot\\
&\qquad\qquad[(e_1,0),\ldots,(e_i,0),(e_i,1),\ldots,\widehat{(e_j,1)},\ldots,(e_{n+1},1)] \qquad (2.20)
\end{aligned}
$$

und

$$
\begin{aligned}
&h_{n-1}(\Delta_n)\circ c_{n-1}^{\text{sing}}(\Delta_n)(\delta_n)\\
&= h_{n-1}(\Delta_n)\left(\sum_{j=1}^{n+1}(-1)^{j+1}\cdot i_j^n\right)\\
&= \sum_{j=1}^{n+1}(-1)^{j+1}\cdot h_{n-1}(\Delta_n)(i_j^n)\\
&= \sum_{j=1}^{n+1}(-1)^{j+1}\cdot C_n^{\text{sing}}(i_j^n\times \mathrm{id}_{[0,1]})\,(h_{n-1}(\Delta_{n-1})(\delta_{n-1}))\\
&= \sum_{j=1}^{n+1}(-1)^{j+1}\cdot C_n^{\text{sing}}(i_j^n\times \mathrm{id}_{[0,1]})\left(\sum_{i=1}^{n}(-1)^i\cdot[(e_1,0),\ldots,(e_i,0),(e_i,1),\ldots,(e_n,1)]\right)\\
&= \sum_{i=1}^{n}\sum_{j=1}^{i}(-1)^{i+j+1}\cdot C_n^{\text{sing}}(i_j^n\times \mathrm{id}_{[0,1]})\,([(e_1,0),\ldots,(e_i,0),(e_i,1),\ldots,(e_n,1)])\\
&\qquad+\sum_{i=1}^{n}\sum_{j=i+1}^{n+1}(-1)^{i+j+1}\cdot C_n^{\text{sing}}(i_j^n\times \mathrm{id}_{[0,1]})\,([(e_1,0),\ldots,(e_i,0),(e_i,1),\ldots,(e_n,1)])\\
&= \sum_{i=1}^{n}\sum_{j=1}^{i}(-1)^{i+j+1}\cdot[(e_1,0),\ldots,\widehat{(e_j,0)},\ldots,(e_{i+1},0),(e_{i+1},1),\ldots,(e_{n+1},1)]\\
&\qquad+\sum_{i=1}^{n}\sum_{j=i+1}^{n+1}(-1)^{i+j+1}\cdot[(e_1,0),\ldots,(e_i,0),(e_i,1),\ldots,(e_{n+1},1)]
\end{aligned}
$$

$$= \sum_{i=2}^{n+1}\sum_{j=1}^{i-1}(-1)^{i+j}\cdot[(e_1,0),\ldots,\widehat{(e_j,0)},\ldots,(e_i,0),(e_i,1),\ldots,(e_{n+1},1)]$$
$$+\sum_{i=1}^{n}\sum_{j=i+1}^{n+1}(-1)^{i+j+1}\cdot[(e_1,0),\ldots,(e_i,0),(e_i,1),\ldots,\widehat{(e_j,1)},\ldots,(e_{n+1},1)]. \quad (2.21)$$

Es gilt

$$C_n^{\text{sing}}(i_0(\Delta_n))(\delta_n) - C_n^{\text{sing}}(i_1(\Delta_n))(\delta_n)$$
$$= -[(e_1,1),\ldots,(e_{n+1},1)] + [(e_1,0),\ldots,(e_{n+1},0)]. \quad (2.22)$$

Nun folgt (2.19) und damit auch (2.18) aus (2.20), (2.21) und (2.22). Damit ist Lemma 2.16 bewiesen. □

2.4 Beweis der Ausschneidung für singuläre Homologie

In diesem Abschnitt wollen wir beweisen:

Lemma 2.23. *Seien $A \subseteq B \subseteq X$ Unterräume des Raums X mit $\overline{A} \subseteq B^\circ$. Dann induziert die Inklusion $i\colon (X-A, B-A) \to (X,B)$ für alle $n \in \mathbb{Z}$ Isomorphismen*

$$H_n^{\text{sing}}(i)\colon H_n^{\text{sing}}(X-A,B-A) \xrightarrow{\cong} H_n^{\text{sing}}(X,B).$$

Die Grundidee des Beweises ist die *Methode der kleinen Simplices.* Sei ein Element in der n-ten singulären Homologie von (X,A) gegeben. Wähle einen Zykel $\sum_{i=1}^r r_i \cdot \sigma_i\colon \Delta_n \to X$, der es repräsentiert. Durch simpliziale Unterteilung kann man den Zykel so ändern, dass er immer noch dasselbe Element repräsentiert, aber das Bild jedes singulären Simplices σ_i in $X-A$ oder B liegt. Das bedeutet aber, dass dieser Zykel bereits in $(X-A,B-A)$ lebt und damit ein Element in $H_n^{\text{sing}}(X-A,B-A)$ definiert, das unter $H_n^{\text{sing}}(i)$ das gegebene Element in $H_n^{\text{sing}}(X,B)$ trifft. Das beweist Surjektivität. Ein analoges Argument angewandt auf ein berandendes singuläres $(n+1)$-Simplex liefert die Injektivität.

Um den genauen Beweis zu erklären, bedarf es einiger Vorbereitungen. Sei $\sigma\colon \Delta_p \to \Delta_q$ ein affines singuläres p-Simplex d.h. von der Gestalt $[v_1,v_2,\ldots,v_{p+1}]$ im Sinne von (2.17). Für $v \in \Delta_q$ sei $v\sigma$ das affine singuläre $(p+1)$-Simplex $[v,v_1,\ldots,v_{p+1}]$. Sei $A_p(\Delta_q;R) \subseteq C_p^{\text{sing}}(\Delta_q;R)$ der von den affinen singulären p-Simplices $\Delta_p \to \Delta_q$ erzeugte R-Untermodul. Dann induziert $\sigma \mapsto v\sigma$ einen R-Homomorphismus $v\colon A_p(\Delta_q;R) \to A_{p+1}(\Delta_q;R)$. Man rechnet für ein affines singuläres p-Simplex σ leicht nach, dass $\partial(v\sigma) = \sigma - v(\partial(\sigma))$ und insbesondere $\partial(v\sigma) \in A_p(\Delta_q;R)$ gilt. Der *Schwerpunkt* von σ ist der Punkt

$$\sigma^s := \frac{1}{p+1}\cdot\sum_{i=1}^{p+1} v_i$$

in Δ_q. Induktiv über p definieren wir den R-linearen *baryzentrischen Unterteilungsoperator*

$$B_p\colon A_p(\Delta_q;R) \to A_p(\Delta_q;R), \tag{2.24}$$

indem wir $B_p(\sigma) := \sigma^s\,(B_{p-1} \circ \partial(\sigma))$ für $p \geq 1$ und $B_p(\sigma) := \sigma$ für $p = 0$ setzen.

Figur 2.25. (Baryzentrische Unterteilung).

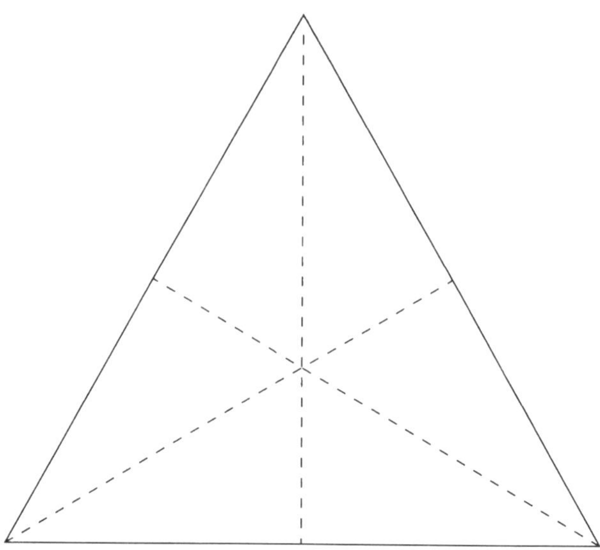

Induktiv über p definiert man R-lineare Abbildungen

$$H_p\colon A_p(\Delta_q;R) \to A_{p+1}(\Delta_q;R), \tag{2.26}$$

durch $H_p(\sigma) := \sigma^s\,(B_p(\sigma) - \sigma - H_{p-1} \circ \partial(\sigma))$ für $p \geq 1$ und durch $H_p := 0$ für $p = 0$. Den elementaren Beweis des folgendes Lemmas überlassen wir dem Leser.

Lemma 2.27. *Es ist B_* eine Kettenabbildung und H_* eine Kettenhomotopie $B_* \simeq \mathrm{id}$.*

Man erweitert diese Operatoren durch Natürlichkeit auf den singulären Kettenkomplex eines topologischen Raumes X, d.h. man definiert für jeden topologischen Raum X eine Kettenabbildung $B(X)_*\colon C_*^{\mathrm{sing}}(X;R) \to C_*^{\mathrm{sing}}(X;R)$ und eine Kettenhomotopie $H(X)_*\colon C_*^{\mathrm{sing}}(X;R) \to C_{*+1}^{\mathrm{sing}}(X;R)$ von $B(X)_*$ zur Identität derart, dass

$$\begin{aligned} B(Y)_* \circ C_*^{\mathrm{sing}}(f;R) &= C_*^{\mathrm{sing}}(f;R) \circ B(X)_*, \\ H(Y)_* \circ C_*^{\mathrm{sing}}(f;R) &= C_{*+1}^{\mathrm{sing}}(f;R) \circ H(X)_* \end{aligned}$$

für jede Abbildung $f\colon X \to Y$ gilt. Durch die letzte Bedingung sind diese Operatoren festgelegt, da für jedes singuläre Simplex $\sigma\colon \Delta_p \to X$ die Gleichung $C_p^{\mathrm{sing}}(f;R)([\mathrm{id}\colon \Delta_p \to \Delta_p]) = [\sigma\colon \Delta_p \to X]$ in $C_p^{\mathrm{sing}}(X;R)$ gilt. Wir überlassen es dem Leser zu zeigen, dass diese Definition Sinn macht und sich Lemma 2.27 auf alle topologische Räume überträgt.

Die elementaren Beweise der folgenden beiden Lemmas überlassen wir dem Leser.

Lemma 2.28. *Ist σ ein affines singuläres p-Simplex in Δ_q, dann hat jedes affine singuläre p-Simplex der Kette $B_p(\sigma)$ als Durchmesser höchstens das $\frac{p}{p+1}$-fache des Durchmessers von σ.*

Lemma 2.29. *Sei $\mathcal{U} = \{U_i \mid i \in I\}$ eine offene Überdeckung von X. Sei σ ein singuläres n-Simplex. Dann gibt es eine positive ganze Zahl k derart, dass jedes singuläre p-Simplex der Kette $(B_p)^k(\sigma)$ in einer der Mengen U_i enthalten ist.*

Figur 2.30. (Baryzentrische Unterteilung und offene Überdeckung).

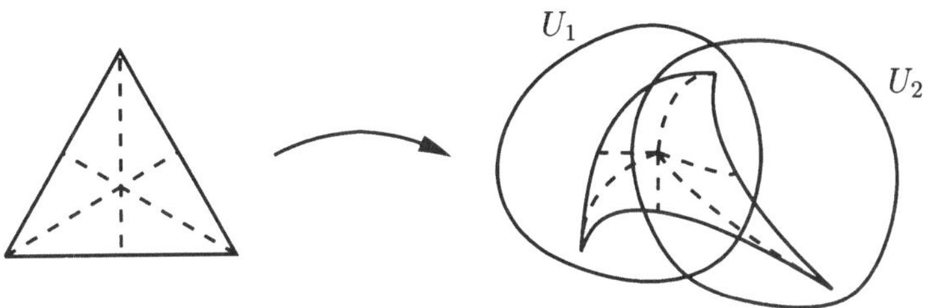

Sei $\mathcal{U} = \{U_i \mid i \in I\}$ eine Überdeckung von X derart, dass $\{U_i{}^\circ \mid i \in I\}$ eine offene Überdeckung von X ist. Ein singuläres p-Simplex heißt *$\mathcal{U}$-klein,* falls sein Bild in einer der Mengen U_i enthalten ist. Die von $\mathcal{U}$-kleinen singulären Simplices aufgespannten R-Untermoduln liefern einen R-Unterkettenkomplex $C_*^{\mathcal{U}}(X;R) \subseteq C_*^{\text{sing}}(X;R)$.

Lemma 2.31. *Die Inklusion $i_* \colon C_*^{\mathcal{U}}(X;R) \to C_*^{\text{sing}}(X;R)$ induziert Bijektionen $H_n(i_*)$ für alle $n \geq 0$.*

Beweis: Zunächst zeigen wir die Injektivität. Sei $a \in C_n^{\mathcal{U}}(X;R)$ ein Zykel, dessen Klasse $[a] \in H_n(C_*^{\mathcal{U}}(X;R))$ im Kern von $H_n(i_*)$ liegt. Wähle $b \in C_{p+1}^{\text{sing}}(X;R)$ mit $a = c_{n+1}^{\text{sing}}(b)$. Nach Lemma 2.29 gibt es eine positive ganze Zahl k mit $B_{n+1}^k(b) \in C_{n+1}^{\mathcal{U}}(X;R)$. Es gilt

$$B_{n+1}^k(b) - b \;=\; H[k]_n \circ c_{n+1}^{\text{sing}}(b) + c_{n+2}^{\text{sing}} \circ H[k]_{n+1}(b) \;=\; H[k]_n(a) - c_{n+2}^{\text{sing}} \circ H[k]_{n+1}(b),$$

wobei die Kettenhomotopie $H[k]_*$ durch $\sum_{i=0}^{k-1} B_{*+1}^i \circ H_*$ gegeben ist. Daraus folgt

$$c_{n+1}^{\text{sing}} \circ B_{n+1}^k(b) - c_{n+1}^{\text{sing}}(b) = c_{n+1}^{\text{sing}} \circ H[k]_n(a),$$

und damit

$$a = c_{n+1}^{\text{sing}}(b) = c_{n+1}^{\text{sing}}(B_{n+1}^k(b) - H[k]_n(a)).$$

Die Natürlichkeit der Homotopie $H[k]$ impliziert $H[k]_n(a) \in C_{n+1}^{\mathcal{U}}(X;R)$. Daraus folgt $B_{n+1}^k(b) - H[k]_n(a) \in C_{n+1}^{\mathcal{U}}(X;R)$. Das beweist $[a] = 0$ in $H_n(C_*^{\mathcal{U}}(X;R))$.

Nun zeigen wir die Surjektivität. Sei $a \in C_n^{\text{sing}}(X;R)$ ein Zykel. Nach Lemma 2.29 gibt es eine positive ganze Zahl k mit $B_n^k(a) \in C_n^{\mathcal{U}}(X;R)$. Dann gilt

$$B_n^k(a) - a = H[k]_{n-1} \circ c_n^{\text{sing}}(a) + c_{n+1}^{\text{sing}} \circ H[k]_n(a) = c_{n+1}^{\text{sing}} \circ H[k]_n(a).$$

Also ist a homolog zu dem Zykel $B_n^k(a)$, der in $C_n^{\mathcal{U}}(X)$ liegt, d.h. $[a] = H_n(i_*)([B_n^k(a)])$. □

Sei $A \subseteq X$ ein Unterraum. Sei $\mathcal{U} \cap A$ die Überdeckung $\{U_i \cap A \mid i \in I\}$ von A. Definiere $C_*^{\mathcal{U}}(X,A)$ als den Quotienten $C_*^{\mathcal{U}}(X)/C_*^{\mathcal{U}\cap A}(A)$. Dann folgt aus dem Fünfer-Lemma (siehe Lemma 1.2) und der langen Homologiesequenz (siehe Satz 2.6), dass auch die Inklusion von R-Kettenkomplexen $i_* \colon C^{\mathcal{U}}(X,A) \to C_*^{\text{sing}}(X,A)$ Bijektionen $H_n(i_*)$ für alle n induziert. Nun können wir Lemma 2.23 beweisen.

Beweis: Sei $\mathcal{U}$ die Überdeckung $\{A, X - B\}$. Nach Voraussetzung ist $\{A^\circ, (X - B)^\circ\}$ eine offene Überdeckung von X. Nach Definition gilt

$$C_n^{\mathcal{U}}(X) = C_n^{\text{sing}}(A) + C_n^{\text{sing}}(X - B) \subseteq C_n^{\text{sing}}(X)$$

und

$$C_n^{\text{sing}}(A - B) = C_n^{\text{sing}}(A) \cap C_n^{\text{sing}}(X - B) \subseteq C_n^{\text{sing}}(X).$$

Daher induziert die Inklusion $C_*^{\text{sing}}(X - B) \to C_*^{\text{sing}}(X)$ einen Isomorphismus von R-Kettenkomplexen

$$C_*^{\text{sing}}(X - B)/C_*^{\text{sing}}(A - B) \xrightarrow{\cong} C_*^{\mathcal{U}}(X)/C^{\text{sing}}(A).$$

Da

$$C_*^{\mathcal{U}}(X)/C_*^{\mathcal{U}\cap A}(A) = C_*^{\mathcal{U}}(X)/C_*^{\text{sing}}(A) \to C_*^{\text{sing}}(X)/C_*^{\text{sing}}(A)$$

nach dem bereits Bewiesenen einen Isomorphismus auf allen Homologiegruppen induziert, gilt dasselbe auch für $C_*^{\text{sing}}(X-B)/C_*^{\text{sing}}(A-B) \to C_*^{\text{sing}}(X)/C_*^{\text{sing}}(A)$. Damit ist Lemma 2.23 bewiesen. □

Damit haben wir auch den Beweis von Satz 2.15 zu Ende geführt, dass die singuläre Homologie eine Homologietheorie mit Werten in R-Moduln ist, die das Dimensionsaxiom und das Axiom der disjunkten Vereinigung erfüllt.

2.5 Skizze der Konstruktion von Bordismustheorie

Es gibt viele verschiedene und wichtige Homologietheorien, die das Axiom über die disjunkte Vereinigung erfüllen, aber nicht das Dimensionsaxiom. Wir wollen die Konstruktion der (orientierten) Bordismustheorie zumindestens skizzieren, weil sie sehr geometrisch und intuitiv ist.

Ausblick 2.32 (Bordismustheorie). Sei X ein topologischer Raum. Eine *singuläre n-Mannigfaltigkeit* (M, f) besteht aus einer geschlossenen glatten n-dimensionalen Mannigfaltigkeit M zusammen mit einer Abbildung $f\colon M \to X$. Zwei solche singuläre n-Mannigfaltigkeiten (M_0, f_0) und (M_1, f_1) heißen *bordant*, wenn es einen *singulären Bordismus* $(W, \partial_0 W, \partial_1 W, u_0, u_1)$ von (M_0, f_0) nach (M_1, f_1) gibt, d.h. eine kompakte $(n+1)$-dimensionale Mannigfaltigkeit W, eine Abbildung $F\colon W \to X$, eine disjunkte Zerlegung des Randes $\partial W = \partial_0 W \amalg \partial_1 W$ und Diffeomorphismen $u_i\colon M_i \to \partial_i W$ für $i = 0, 1$ mit $F \circ u_i = f_i$ für $i = 0, 1$.

Figur 2.33. (Bordismus).

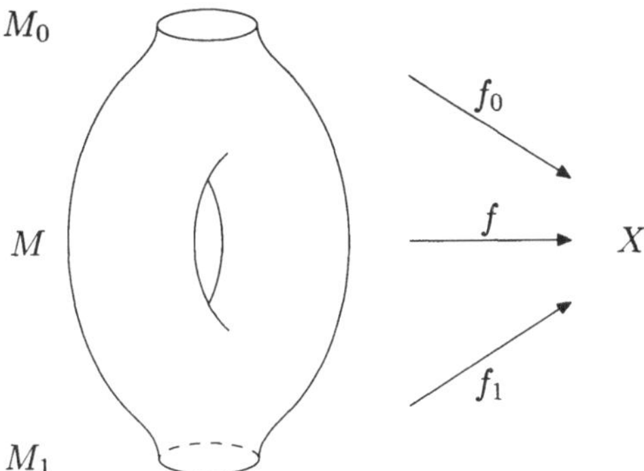

Dies ist in der Tat eine Äquivalenzrelation, Transitivität zeigt man durch Zusammenkleben von Bordismen. Sei $N_n(X)$ die Menge der Bordismusklassen $[M, f]$ von singuären n-Mannigfaltigkeiten (M, f). Die disjunkte Summe induziert die Struktur einer abelschen Gruppe:

$$[M_0, f_0] + [M_1, f_1] \ := \ [M_0 \amalg M_1, f_0 \amalg f_1].$$

Das neutrale Element ist durch $[\emptyset \to X]$ gegeben. Das Inverse zu $[M, f]$ ist $[M, f]$ selbst, es liefert $M \times [0, 1]$ den gewünschten Bordismus. Es ist $N_n(X)$ sogar ein Vektorraum über dem Körper $\mathbb{F}_2$ mit zwei Elementen. Man kann eine entsprechende Konstruktion auch für ein Paar (X, A) durchführen, wobei eine singuläre n-Mannigfaltigkeit (M, f) aus einer kompakten Mannigfaltigkeit mit Rand ∂M und einer Abbildung $(f, \partial f)\colon (M, \partial M) \to (X, A)$ besteht, und die Bordismusrelation ensprechend modifiziert werden muss.

Eine Abbildung $g\colon (X, A) \to (Y, B)$ induziert einen Homomorphismus von $\mathbb{F}_2$-Moduln $N_n(X, A) \to N_n(Y, B)$ durch Komposition. Aufgrund der Bordismusrelation ist es nicht schwer zu beweisen, dass $N_n(g)$ nur von der Homotopieklasse von g abhängt, verwende wieder das Produkt $M \times [0, 1]$. Einschränkung auf den Rand liefert einen $\mathbb{F}_2$-Homomorphismus $N_n(X, A) \to N_{n-1}(A)$. Man überprüft leicht anhand der geometrischen Definition, dass die lange Sequenz des Paares exakt ist. Das Ausschneidungsaxiom beweist man mit Hilfe eines Transversalitätsargumentes und des Satzes von Sard. Auf diese Weise erhält man eine Homologietheorie, die *unorientierte Bordismustheorie* N_* mit Werten in $\mathbb{F}_2$-Moduln, die das Axiom der disjunkten Vereinigung erfüllt, aber nicht das Dimensionsaxiom. Es gilt $N_n(X, A) = 0$ für $n \leq -1$. Weitere Details zu dieser Konstruktion findet man beispielsweise in [38, VIII.13].

Falls man überall eine Orientierung einbaut, erhält man eine Homologietheorie, die *orientierte Bordismustheorie* Ω_* mit Werten in $\mathbb{Z}$-Moduln, die das Axiom der disjunkten Vereinigung erfüllt, aber nicht das Dimensionsaxiom. Es ist $\Omega_n = \{0\}$ für $n \leq -1$. Die ersten neun Gruppen Ω_n sehen folgendermaßen aus:

n	0	1	2	3	4	5	6	7	8	9
Ω_n	$\mathbb{Z}$	0	0	0	$\mathbb{Z}$	$\mathbb{Z}/2$	0	0	$\mathbb{Z} \oplus \mathbb{Z}$	$\mathbb{Z}/2 \oplus \mathbb{Z}/2$

(2.34)

Die *(komplexe) K-Homologie* K_* ist eine Homologietheorie mit Werten in $\mathbb{Z}$-Moduln, die das Axiom der disjunkten Vereinigung und $K_{2n}(\{\bullet\}) \cong \mathbb{Z}$ und $K_{2n+1}(\{\bullet\}) \cong \{0\}$ für $n \in \mathbb{Z}$ erfüllt.

2.6 Die erste singuläre Homologie und die Fundamentalgruppe

In diesem Abschnitt setzen wir voraus, dass der Leser den Begriff der Fundamentalgruppe und seine elementaren Eigenschaften kennt. Eine Einführung in die Fundamentalgruppe findet man beispielsweise in [2], [12], [14], [27], [32] und [38].

Satz 2.35 (Die erste singuläre Homologie und die Fundamentalgruppe). *Sei X ein wegweise zusammenhängender Raum mit Grundpunkt $x \in X$. Der* Hurewicz-Homomorphismus

$$h\colon \pi_1(X,x) \to H_1^{\text{sing}}(X)$$

ordnet der Klasse einer Schleife $w\colon (S^1,1) \to (X,x)$ das Element $H_1(w)([S^1])$ zu, wobei $[S^1] \in H_1(S^1) \cong \mathbb{Z}$ ein fest gewählter Erzeuger ist. Dies ist eine wohldefinierte Abbildung von Gruppen und induziert einen Isomorphismus

$$\overline{h}\colon \pi_1(X,x)/[\pi_1(X,x),\pi_1(X,x)] \xrightarrow{\cong} H_1^{\text{sing}}(X),$$

wobei $[\pi_1(X,x),\pi_1(X,x)]$ die Kommutatoruntergruppe ist.

Beweis: Als Abbildungen von Mengen ist h offensichtlich wohldefiniert. Sei $\nabla_2\colon S^1 \to S^1 \vee S^1$ die Abbildung aus (1.23). Seien $w_0, w_1 : (S^1,1) \to (X,x)$ Schleifen zum Grundpunkt x. Dann repräsentiert $S^1 \xrightarrow{\nabla_2} S^1 \vee S^1 \xrightarrow{w_0 \vee w_1} X$ das Element $[w_0]\cdot[w_1] \in \pi_1(X,x)$. Da die Verknüpfung von ∇_2 mit beiden Projektionen $S^1 \vee S^1 \to S^1$ die Identität ist, folgt $h([w_0]\cdot[w_1]) = h([w_0]) + h([w_1])$. Das Inverse der Klasse $[w_0]$ in $\pi_1(X,x)$ wird durch die Komposition von w_0 mit der Abbildung $S^1 \to S^1$, $z \mapsto z^{-1}$ repräsentiert. Aus Lemma 1.22 (a) folgt $h([w_0]^{-1}) = -h([w_0])$. Demnach ist h ein Gruppenhomomorphismus. Er faktorisiert über die Projektion $\pi_1(X,x) \to \pi_1(X,x)/[\pi_1(X,x),\pi_1(X,x)]$ in einen Homomorphismus $\overline{h}$ von abelschen Gruppen, da $H_1^{\text{sing}}(X)$ abelsch ist,

Sei $a \in H_1^{\text{sing}}(X)$ gegeben. Sei $z = \sum_{i=1}^{s} r_i \cdot \sigma_i$ ein 1-Zykel in $C_1^{\text{sing}}(X)$ mit $r_i \in \mathbb{Z}$ und $\sigma_i\colon \Delta_1 \to X$, der a repräsentiert. Im Folgenden identifizieren wir Δ_1 mit $[0,1]$ mit Hilfe der affinen Abbildung, die e_1 auf 0 und e_2 auf 1 abbildet. Es gilt

$$0 = c_1^{\text{sing}}(z) = \sum_{i=1}^{s} r_i \cdot (\sigma_i(1) - \sigma_i(0)).$$

Für jeden Punkt y in X wähle einen Weg $u(y)$ von x nach y, wobei $u(x)$ der konstante Weg sei. Sei v_i die Schleife $u(\sigma_i(0)) * \sigma_i * u(\sigma_i(1))^-$ zum Grundpunkt x, wobei $u(\sigma_i(1))^-$ der zu $u(\sigma_i(1))$ inverse Weg sei. Dann gilt $z = \sum_{i=1}^{s} r_i \cdot (u(\sigma_i(0)) + \sigma_i - u(\sigma_i(1)))$ und $u(\sigma_i(0)) + \sigma_i - u(\sigma_i(1))$ ist ein Zykel in $C_1^{\text{sing}}(X)$, dessen Klasse in $H_1^{\text{sing}}(X)$ gleich $h([v_i])$ ist. Daraus folgt

$$h\left(\prod_{i=1}^{s} [v_i]^{r_i}\right) = a.$$

Das beweist die Surjektivität von h und damit auch die von $\overline{h}$. Es bleibt die Injektivität von $\overline{h}$ zu beweisen.

Sei w eine Schleife zum Grundpunkt x mit $h([w]) = 0$. Wir bezeichnen mit $\overline{w}$ das singuläre 1-Simplex $[0,1] \to X$, das durch die Komposition von w mit der Abbildung $[0,1] \to S^1$, $t \mapsto \exp(2\pi i t)$ gegeben ist. Also gibt es ein Element $\sum_{i=1}^{s} r_i \cdot \sigma_i$ in $C_2^{\text{sing}}(X)$ mit $\overline{w} = \partial(\sum_{i=1}^{s} r_i \cdot \sigma_i)$. Wir schreiben $\partial(\sigma_i) = \tau_{i,0} + \tau_{i,1} + \tau_{i,2}$, wobei $\tau_{i,k}$ die Einschränkungen von σ_i auf die Seiten von Δ_2 sind und wieder als Abbildungen auf $\Delta_1 = [0,1]$ aufgefasst werden. Da $\tau_{i,0}(0) = \tau_{i,2}(1)$, $\tau_{i,1}(0) = \tau_{i,0}(1)$ und $\tau_{i,2}(0) = \tau_{i,1}(1)$ gelten, können wir folgende Schleifen zum Grundpunkt x definieren

$$\begin{aligned} v_{i,0} &= u(\tau_{i,0}(0)) * \tau_{i,0} * u(\tau_{i,1}(0))^-, \\ v_{i,1} &= u(\tau_{i,1}(0)) * \tau_{i,1} * u(\tau_{i,2}(0))^-, \\ v_{i,2} &= u(\tau_{i,2}(0)) * \tau_{i,2} * u(\tau_{i,0}(0))^-. \end{aligned}$$

Figur 2.36. (Fundamentalgruppe und $H_1(X)$).

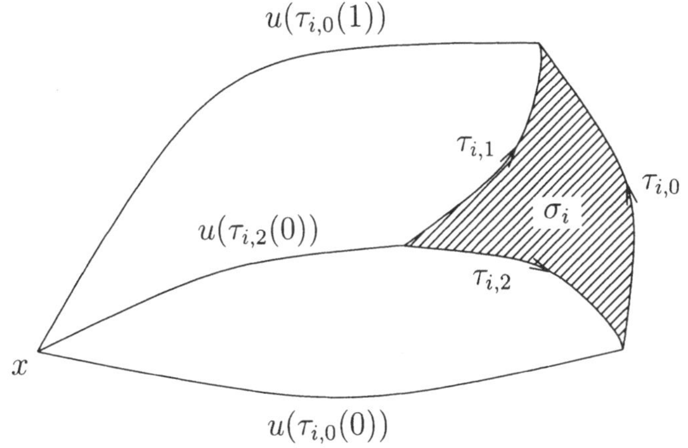

Setze $v_i := v_{i,0} * v_{i,1} * v_{i,2}$. Dann gilt

$$v_i \simeq u(\tau_{i,0}(0)) * \tau_{i,0} * \tau_{i,1} * \tau_{i,2} * u(\tau_{i,0}(0))^- \simeq u(x),$$

wobei $\simeq$ homotop relativ zum Grundpunkt x bedeutet. Daraus folgt die Gleichung $\prod_{i=1}^{s} [v_i]^{r_i} = 1$ in $\pi_1(X,x)$. Falls $\mathrm{pr}\colon \pi_1(X,x) \to \pi_1(X,x)/[\pi_1(X,x), \pi_1(X,x)]$ die Projektion ist, so gilt $\sum_{i=1}^{s} r_i \cdot \mathrm{pr}([v_i]) = 0$ in $\pi_1(X,x)/[\pi_1(x,x), \pi_1(X,x)]$. Aus der Gleichung $\overline{w} = \sum_{i=1}^{s} r_i \cdot (\tau_{i,0} + \tau_{i,1} + \tau_{i,2})$ in $C_1^{\text{sing}}(X)$ folgt in $\pi_1(X,x)/[\pi_1(X,x), \pi_1(X,x)]$

$$\mathrm{pr}([w]) = \sum_{i=1}^{s} r_i \cdot \mathrm{pr}([v_i]).$$

Das impliziert $\mathrm{pr}([w]) = 0$. □

2.7 Aufgaben

2.1 Betrachte das kommutative Diagramm von R-Moduln mit exakten Zeilen

$$\begin{array}{ccccccccc} 0 & \longrightarrow & L & \xrightarrow{i} & M & \xrightarrow{p} & N & \longrightarrow & 0 \\ & & {\scriptstyle f}\big\downarrow & & {\scriptstyle g}\big\downarrow & & {\scriptstyle h}\big\downarrow & & \\ 0 & \longrightarrow & L & \xrightarrow{i} & M & \xrightarrow{p} & N & \longrightarrow & 0 \end{array}$$

Das sogenannte *Schlangenlemma* besagt, dass es eine natürliche lange exakte Sequenz von R-Moduln

$$0 \to \operatorname{Kern}(f) \to \operatorname{Kern}(g) \to \operatorname{Kern}(h) \to \operatorname{Kokern}(f) \to \operatorname{Kokern}(g) \to \operatorname{Kokern}(h) \to 0$$

gibt. Beweise das Schlangenlemma.

2.2 Sei X ein topologischer Raum. Sei $\pi_0(X)$ die Menge der Wegekomponenten und $R\pi_0(X)$ der freie R-Modul mit $\pi_0(X)$ als Basis. Konstruiere einen in X natürlichen R-Isomorphismus

$$H_0^{\text{sing}}(X;R) \xrightarrow{\cong} R\pi_0(X).$$

2.3 Der *Warschauer Kreis* $W \subseteq \mathbb{R}^2$ ist die Vereinigung der Teilmengen $\{(t, \sin(\frac{\pi}{2t})) \mid t \in (0,1]\}$, $\{(0,t) \mid t \in [-2,1]\}$, $\{(t,-2) \mid t \in [0,1]\}$ und $\{(1,t) \mid t \in [-2,1]\}$. Zeige, dass W einfach zusammenhängend ist und $H_p^{\text{sing}}(W) = 0$ für $p \in \mathbb{Z}$, $p \geq 1$ gilt, aber W nicht kontraktibel ist.

2.4 Sei $\{(X_i, x_i) \mid i \in I\}$ eine Famile von punktierten Räumen. Für jedes $i \in I$ gebe es eine offene Umgebung U_i von x_i in X_i derart, dass $H_k^{\text{sing}}(U_i, \{x_i\}; R) \to H_k^{\text{sing}}(X_i, \{x_i\}; R)$ die Nullabbildung für alle $k \in \mathbb{Z}$ ist. Dann induzieren die Inklusionen $j_i\colon (X_i, x_i) \to (\bigvee_{i\in I} X_i, x)$ Isomorphismen

$$\bigoplus_{i\in I} H_k^{\text{sing}}(j_i;R)\colon \bigoplus_{i\in I} H_k^{\text{sing}}(X_i,\{x_i\};R) \xrightarrow{\cong} H_k^{\text{sing}}\left(\coprod_{i\in I} X_i, \{x\}; R\right)$$

für alle $k \in \mathbb{Z}$ und den offensichtlichen Grundpunkt $x \in \coprod_{i\in I} X_i$.

2.5 Konstruiere einen topologischen Raum X mit der Eigenschaft, dass $H_p^{\text{sing}}(X;\mathbb{Z}) \otimes_{\mathbb{Z}} R \cong_R H_p^{\text{sing}}(X;R)$ für alle $p \in \mathbb{Z}$ gilt, falls $R = \mathbb{Q}$ ist, aber nicht, falls $R = \mathbb{F}_2$ ist.

2.6 Gibt es einen topologischen Raum X mit $\pi_1(X) \cong S_5$ und $H_1^{\text{sing}}(X) = 0$, wobei S_5 die symmetrische Gruppe der Permutationen der Menge aus 5 Elementen ist? Was passiert, wenn man S_5 durch die Untergruppe A_5 der geraden Permutationen ersetzt?

3 CW-Komplexe

In diesem Kapitel behandeln wir CW-Komplexe. Diese Räume sind hinreichend allgemein, um viele interessante Beispiele zu enthalten. Wir führen zelluläre Homologie ein und zeigen, dass es auf der Kategorie der CW-Paare nur eine einzige Homologietheorie mit Werten in R-Moduln gibt, die das Dimensionsaxiom und das Axiom über disjunkte Vereinigungen erfüllt, nämlich die zelluläre Homologie. Insbesondere stimmen für CW-Paare zelluläre und singuläre Homologie überein. In der Regel ist die zelluläre Homologie viel leichter auszurechnen als die singuläre Homologie.

3.1 CW-Komplexe

Definition 3.1 (CW-Komplex). *Sei (X,A) ein Paar von topologischen Räumen, von denen A ein Hausdorff-Raum ist. Eine* relative CW-Struktur *auf (X,A) ist eine Filtrierung*

$$A = X_{-1} \subseteq X_0 \subseteq X_1 \subseteq X_2 \subseteq \dots$$

mit folgenden Eigenschaften

- *Zellenstruktur*
  Zu jedem $n \in \mathbb{Z}$, $n \geq 0$ existiert ein Pushout von topologischen Räumen

$$\begin{array}{ccc} \coprod_{i\in I_n} S^{n-1} & \xrightarrow{\coprod_{i\in I_n} q_i^n} & X_{n-1} \\ {\scriptstyle \coprod_{i\in I_n} j_i}\downarrow & & \downarrow{\scriptstyle k_n} \\ \coprod_{i\in I_n} D^n & \xrightarrow[\coprod_{i\in I_n} Q_i^n]{} & X_n \end{array}$$

  wobei $j_i\colon S^{n-1} \to D^n$ und $k_n\colon X_{n-1} \to X_n$ die Inklusionen sind.

- *Direkte-Limes-Topologie*
  Es ist $X = \bigcup_{n\geq -1} X_n$ und X hat die Direkte-Limes-Topologie bezüglich der Filtrierung $\{X_n \mid n \geq -1\}$.

Wir nennen (X,A) auch relativen CW-Komplex. *Falls $A = \emptyset$ ist, so nennen wir X einen* CW-Komplex. *Eine Abbildung $f\colon (X,A) \to (Y,B)$ von relativen CW-Komplexen heißt* zellulär, *falls $f(X_n) \subseteq Y_n$ für alle $n \in \mathbb{Z}$, $n \geq -1$ gilt.*

Wir geben einige Erläuterungen zu dieser Definition.
Falls (X,A) ein relativer CW-Komplex ist, ist X automatisch Hausdorffsch.

Die *Direkte-Limes-Topologie* (oder auch manchmal *schwache Topologie* genannt) auf X bezüglich der Filtrierung $\{X_n \mid n \in \mathbb{Z}, n \geq -1\}$ ist dadurch definiert, dass $C \subseteq X$ genau dann abgeschlossen ist, wenn $C \cap X_n \subseteq X_n$ für alle $n \in \mathbb{Z}, n \geq 0$ abgeschlossen ist. Man schreibt dann auch $X = \operatorname{dirlim}_{n \to \infty} X_n$ und bezeichnet X als den *direkten Limes*. Er hat die folgende universelle Eigenschaft: Zu jedem System von Abbildungen $f_n \colon X_n \to Y$ für $n \in \mathbb{Z}, n \geq 0$ in einen topologischen Raum Y mit der Eigenschaft, dass $f_{n+1}|_{X_n} = f_n$ für alle $n \in \mathbb{Z}, n \geq 0$ gilt, gibt es genau eine Abbildung $f \colon X \to Y$ mit $f|_{X_n} = f_n$ für alle $n \in \mathbb{Z}, n \geq 0$.

Man beachte, dass nur die Existenz solch eines Pushouts in Definition 3.1 gefordert wird, das Pushout selbst ist nicht Teil der Struktur und es gibt in der Tat verschiedene Möglichkeiten, das Pushout zu wählen.

Man nennt X_n das *n-Gerüst*. Es ist $X_n \subseteq X$ abgeschlossen. Eine Wegekomponente $e \in \pi_0(X_n - X_{n-1})$ heißt *(offene) n-Zelle*. Ihr topologischer Abschluss $\overline{e}$ heißt die zu e gehörige *abgeschlossene n-Zelle* und $\partial e := \overline{e} - e$ heißt der zu e gehörige *Rand*.

Nehmen wir an, dass wir ein Pushout wie in Definition 3.1 gewählt haben. Dann induziert $\coprod_{i \in I_n} Q_i^n$ einen Homöomorphismus

$$\coprod_{i \in I_n} D^n - S^{n-1} \xrightarrow{\cong} X_n - X_{n-1}$$

und damit eine Bijektion zwischen I_n und der Menge $\pi_0(X_n - X_{n-1})$ der offenen n-Zellen von X. Im Folgenden sei e_i^n die zu $i \in I_n$ gehörige n-Zelle. Da $D^n - S^{n-1}$ dicht in D^n ist und D^n kompakt ist, gilt $Q_i^n(D^n - S^{n-1}) = e_i^n$, $Q_i^n(D^n) = \overline{e_i^n}$ und $q_i^n(S^{n-1}) = \partial e_i^n$ und jede abgeschlossene Zelle $\overline{e_i^n}$ ist kompakt. Eine offene n-Zelle e ist offen in X_n, aber im Allgemeinen nicht offen in X selbst.

Wir nennen Q_i^n die *charakteristische Abbildung* der abgeschlossenen n-Zelle $\overline{e_i^n}$, die zu $i \in I_n$ gehört. Es heißt $q_i^n \colon S^{n-1} \to X_{n-1}$ die zu e_i gehörige *anklebende Abbildung*.

Ein *Isomorphismus von CW-Komplexen* $f \colon X \to Y$ ist eine zelluläre Abbildung, zu der es eine zelluläre Abbildung $g \colon Y \to X$ mit $g \circ f = \mathrm{id}_X$ und $f \circ g = \mathrm{id}_Y$ gibt. Das ist dasselbe wie ein zellulärer Homöomorphismus. Insbesondere ist die Anzahl der n-Zellen von X und Y gleich.

Die Bezeichnung *CW*-Komplex wurde von Whitehead 1949 in der in Aufgabe 3.2 beschriebenen Weise eingeführt. Die Buchstaben C und W beziehen sich auf letzen beiden Axiome. Es steht C für closure finite (hüllenendlich) und W für weak topology (= schwache Topologie).

Beispiel 3.2 (Verschiedene *CW*-Strukturen auf S^d). Ein topologischer Raum kann zwei nicht-isomorphe *CW*-Strukturen tragen. Eine *CW*-Struktur auf S^d für $d \geq 1$ ist beispielsweise durch die Filtrierung

$$(S^d)_{-1} = \emptyset \subseteq (S^d)_0 = \{(1, 0, \ldots, 0)\} = (S^d)_1 = \ldots = (S^d)_{d-1} \subseteq (S^d)_d = S^d$$

gegeben. Man hat genau eine 0-Zelle und genau eine d-Zelle und sonst keine weiteren Zellen. Man überlegt sich leicht, dass ein topologischer Raum, der eine *CW*-Struktur mit genau zwei Zellen zuläßt, homöomorph zu S^d für ein geeignetes $d \in \mathbb{Z}, d \geq 0$ ist.

Eine zweite nicht isomorphe *CW*-Struktur auf S^d für $d \geq 1$ ist dadurch gegeben, dass man als das n-Gerüst den Unterraum S^n definiert. In dieser *CW*-Struktur gibt es genau zwei Zellen in jeder Dimension n mit $0 \leq n \leq d$. Man kann als die geforderten Pushouts beispielsweise

$$\begin{array}{ccc} S^{n-1} \coprod S^{n-1} & \xrightarrow{\mathrm{id} \coprod \mathrm{id}} & S^{n-1} \\ \downarrow & & \downarrow \\ D^n \coprod D^n & \xrightarrow[Q_+^n \coprod Q_-^n]{} & S^n \end{array}$$

wählen, wobei $q_\pm^n$ durch die Identität gegeben ist und Q_+^n und Q_-^n die offensichtlichen „Ausbeulungs-Homöomorphismen" von D^n auf die obere und untere Hemisphäre in S^n sind, d.h.

$$Q_\pm^n(x_1, \ldots, x_n) = \left(x_1, \ldots, x_n, \pm \sqrt{1 - \sum_{i=1}^n x_i^2} \right).$$

Figur 3.3. (CW-Strukturen auf S^2).

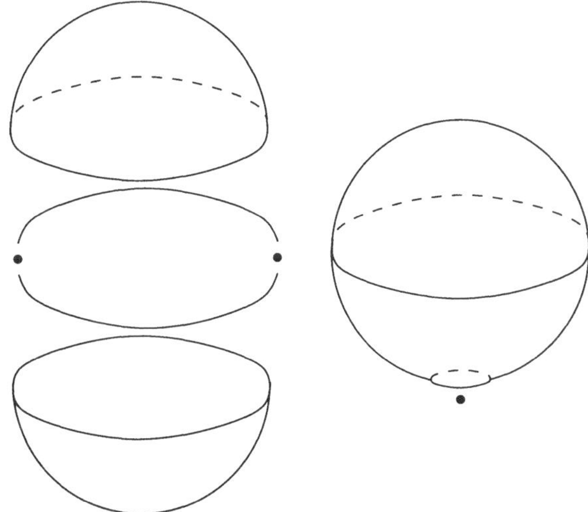

Den Beweis des folgenden Lemmas überlassen wir dem Leser. Eine elementare Einführung in die Theorie der Überlagungen findet man beispielsweise in [2], [12], [14], [27], [32] und [38].

Lemma 3.4. *(a) Sei X ein CW-Komplex. Auf X operiere die (diskrete) Gruppe G. Für alle $g \in G$ sei die Abbildung $l_g\colon X \to X$, $x \mapsto gx$ zellulär. Für jedes $g \in G$ und jede offene n-Zelle e mit $l_g(e) \cap e \neq \emptyset$ gelte $gx = x$ für alle $x \in e$. Dann erbt der Quotientenraum $G\backslash X$ eine CW-Struktur durch die Filtrierung $\{G\backslash X_n \mid n \in \mathbb{Z}, n \geq -1\}$.*

(b) Sei $p\colon X \to Y$ eine Überlagerung. Sei $\{Y_n \mid n \in \mathbb{Z}, n \geq -1\}$ eine CW-Struktur auf Y. Dann erbt X eine CW-Struktur durch $\{p^{-1}(Y_n) \mid n \in \mathbb{Z}, n \geq -1\}$.

Beispiel 3.5 (CW-Strukturen auf projektiven Räumen). Sei $\mathbb{RP}^d$ der *d-dimensionale reelle projektive Raum.* Als Menge besteht er aus den 1-dimensionalen reellen Untervektorräumen von $\mathbb{R}^{d+1}$. Als topologischen Raum definiert man ihn als den Quotientenraum von S^d unter der $\mathbb{Z}/2$-Operation, die durch die antipodische Abbildung $a\colon S^d \to S^d$, $x \mapsto -x$ gegeben ist. Dabei entspricht einem Punkt im Quotientenraum, der durch $\{x, a(x)\}$ für $x \in S^d$ gegeben ist, der 1-dimensionale von x erzeugte Untervektorraum von $\mathbb{R}^{d+1}$. Die zweite CW-Struktur auf S^d aus Beispiel 3.2 zusammen mit Lemma 3.4 (a) liefert eine CW-Struktur auf $\mathbb{RP}^d$. Die zugehörige Filtrierung von $\mathbb{RP}^d$ hat als n-Gerüst den Unterraum $\mathbb{RP}^n$ für $n = 0, 1, \ldots, d$. Man hat für $n = 0, 1, \ldots, d$ genau eine n-Zelle. Als zugehöriges Pushout kann man

$$\begin{array}{ccc} S^{n-1} & \xrightarrow{q^n} & \mathbb{RP}^{n-1} \\ \downarrow & & \downarrow \\ D^n & \xrightarrow[Q^n]{} & \mathbb{RP}^n \end{array}$$

wählen, wobei die anklebende Abbildung $q^n\colon S^{n-1} \to \mathbb{RP}^{n-1}$ die kanonische Projektion und Q^n die Komposition des offensichtlichen Homöomorphismus $D^n \to S^n_+$ auf die obere Hemisphäre S^n_+ mit der Einschränkung der kanonischen Projektion $S^n \to \mathbb{RP}^n$ auf S^n_+ ist.

Sei $\mathbb{RP}^\infty$ die Menge der 1-dimensionalen reellen Unterräume in $\bigoplus_{n=1}^\infty \mathbb{R}$. Offensichtlich ist $\mathbb{RP}^\infty = \bigcup_{n=1}^\infty \mathbb{RP}^n$. Die Teilraumtopologie von $\mathbb{RP}^k \subseteq \mathbb{RP}^n$ für $k \leq n$ stimmt mit der gegebenen Topologie auf $\mathbb{RP}^k$ überein. Wir versehen $\mathbb{RP}^\infty$ mit der Direkte-Limesopologie bezüglich der Filtrierung $\mathbb{RP}^1 \subseteq \mathbb{RP}^2 \subseteq \ldots$. Wir nennen $\mathbb{RP}^\infty$ den *unendlich dimensionalen reellen projektiven Raum.* Die Filtrierung $\mathbb{RP}^1 \subseteq \mathbb{RP}^2 \subseteq \ldots$ definiert die Struktur eines CW-Komplexes auf $\mathbb{RP}^\infty$.

Sei $\mathbb{CP}^d$ der *komplexe d-dimensionale projektive Raum.* Als Menge besteht er aus den 1-dimensionalen komplexen Untervektorräumen von $\mathbb{C}^{d+1}$. Als topologischen Raum definiert man ihn als den Quotientenraum von S^{2d+1} unter der S^1-Operation, die durch komplexe Multiplikation gegeben ist, wobei wir $S^1 \subseteq \mathbb{C}$ und $S^{2d+1} \subseteq \mathbb{C}^{d+1}$ auffassen. Einem Element $S^1\backslash x$ im Quotientraum $S^1\backslash S^{2d+1}$ entspricht der von x erzeugte 1-dimensionale komplexe Untervektorraum von $\mathbb{C}^{d+1}$.

Eine CW-Struktur auf $\mathbb{CP}^d$ ist durch die Filtrierung

$$(\mathbb{CP}^d)_{2n} = (\mathbb{CP}^d)_{2n+1} := \mathbb{CP}^n$$

gegeben. Man hat für jedes $n \in \{0, 1, \ldots, d\}$ genau eine $2n$-dimensionale Zelle und keine weiteren Zellen. Als zugehörige Pushouts kann man

$$\begin{array}{ccc} S^{2n-1} & \xrightarrow{q^{2n}} & \mathbb{CP}^{n-1} \\ \downarrow & & \downarrow \\ D^{2n} & \longrightarrow & \mathbb{CP}^n \end{array}$$

wählen, wobei die anklebende Abbildung $q^{2n}\colon S^{2n-1} \to \mathbb{CP}^{n-1}$ die kanonische Projektion ist.

Der *unendlich dimensionale komplexe projektive Raum* $\mathbb{CP}^\infty = \bigcup_{n=1}^\infty \mathbb{CP}^n$ wird analog zu $\mathbb{RP}^\infty$ defniert. Er besitzt eine CW-Struktur, dessen $2n$- und $(2n+1)$-Gerüst $\mathbb{CP}^n$ ist.

Sei X ein CW-Komplex mit n-Gerüst X_n. Sei $A \subseteq X$ ein Unterraum. Es heißt A ein *Unter-CW-Komplex*, falls $\overline{e} \subseteq A$ für jede offene n-Zelle e von X mit $e \cap A \neq \emptyset$ gilt. Insbesondere erbt A eine CW-Struktur von X durch $\{A \cap X_n \mid n \in \mathbb{Z}, n \geq -1\}$. Wir nennen in diesem Fall das Paar (X, A) ein *CW-Paar*. Falls X ein CW-Komplex ist, so ist jedes n-Gerüst X_n ein Unterkomplex von X. Ein CW-Paar ist insbesondere ein relativer CW-Komplex, die Umkehrung gilt im Allgemeinen nicht.

Definition 3.6 (Typen von CW-Komplexen). *Ein CW-Komplex X heißt* endlich, *falls er nur endlich viele Zellen besitzt. Wir nennen ihn* vom endlichen Typ, *falls jedes n-Gerüst endlich ist. Er heißt* n-dimensional, *wenn $X = X_n$ gilt. Er heißt* endlich dimensional, *wenn $X = X_n$ für ein $n \in \mathbb{Z}$ gilt und andernfalls* unendlich dimensional. *Entsprechend definiert man für einen relativen CW-Komplex (X, A) die Begriffe* relativ endlich, relativ vom endlichen Typ, *und* relativ endlich dimensional.

Lemma 3.7. *(a) Eine Teilmenge $C \subseteq X$ eines CW-Komplexes X ist genau dann abgeschlossen, wenn der Durchschnitt $C \cap \overline{e}$ für jede Zelle e kompakt ist.*

(b) Eine Teilmenge $C \subseteq X$ eines CW-Komplexes X ist genau dann kompakt, wenn C abgeschlossen ist und nur endlich viele offene Zellen trifft.

(c) Eine Teilmenge $C \subseteq X$ eines CW-Komplexes X ist genau dann kompakt, wenn C abgeschlossen ist und in einem endlichen Unter-CW-Komplex enthalten ist.

(d) Ein CW-Komplex X ist genau dann kompakt, wenn er endlich ist.

Beweis: (a) Sei $C \subseteq X$ abgeschlossen. Dann ist $C \cap \overline{e} \subseteq \overline{e}$ eine abgeschlossene Teilmenge einer kompakten Menge und daher selbst kompakt.

Sei für die Teilmenge $C \subseteq X$ der Durchschnitt $C \cap \overline{e}$ für jede offene Zelle e kompakt. Um zu zeigen, dass C in X abgeschlossen ist, genügt es zu zeigen, dass $C \cap X_n \subseteq X_n$ für alle $n \in \mathbb{Z}$, $n \geq -1$ abgeschlossen ist. Das zeigen wir induktiv über n. Der Induktionsbeginn $n = -1$ ist trivial wegen $X_{-1} = \emptyset$. Für den Induktionsschritt von $n-1$ auf $n \geq 0$ wähle ein Pushout

$$\begin{array}{ccc} \coprod_{i \in I_n} S^{n-1} & \xrightarrow{\coprod_{i \in I_n} q_i^n} & X_{n-1} \\ {\scriptstyle \coprod_{i \in I_n} j_i} \downarrow & & \downarrow {\scriptstyle k_n} \\ \coprod_{i \in I_n} D^n & \xrightarrow[\coprod_{i \in I_n} Q_i^n]{} & X_n \end{array}$$

Dann ist

$$k_n \amalg \left(\coprod_{i \in I_n} Q_i^n \right) : X_{n-1} \amalg \left(\coprod_{i \in I_n} D^n \right) \to X_n$$

eine Identifizierung, wobei k_n die Inklusion ist. Es ist zu zeigen, dass $k_n^{-1}(C \cap X_n) \subseteq X_{n-1}$ und $(Q_i^n)^{-1}(C \cap X_n) \subseteq D^n$ für alle $i \in I_n$ abgeschlossen sind. Für $k_n^{-1}(C \cap X_n) = C \cap X_{n-1}$ folgt das aus der Induktionsvoraussetzung. Da $C \cap Q_i^n(D^n)$ in $Q_i^n(D^n) = \overline{e_i^n}$ nach Voraussetzung abgeschlossen ist, ist das Urbild $(Q_i^n)^{-1}(C \cap X_n)$ in D^n abgeschlossen.

(b) Sei $K \subseteq X$ die Vereinigung der abgeschlossenen Zellen $\overline{e}$ von X, für die $e \cap C \neq \emptyset$ gilt. Falls C nur endlich viele offene Zellen trifft, ist K als endliche Vereinigung kompakter Teilmengen kompakt und daher $C \subseteq K$ als abgeschlossene Teilmenge einer kompakten Menge selber kompakt.

Sei C kompakt. Dann ist C als kompakter Teilraum des Hausdorff-Raums X in X abgeschlossen. Wir müssen zeigen, dass C nur endlich viele offene Zellen trifft. Nehmen wir das Gegenteil an. Dann können wir eine unendliche Folge von paarweise verschiedenen offenen Zellen $e_{i_k}^{n_k}$ und Punkten $x_k \in C \cap e_{i_k}^{n_k}$ für $k = 1, 2, \ldots$ derart finden, dass $n_1 \leq n_2 \leq n_3 \leq \ldots$ gilt. Sei $M := \{x_k \mid k = 1, 2, \ldots\}$.

Betrachten wir zunächst den Fall $\lim_{k\to\infty} n_k = \infty$. Sei $N \subseteq M$ irgendeine Teilmenge. Wir können ohne Einschränkung der Allgemeinheit annehmen, dass $n_1 < n_2 < n_3 < \ldots$ gilt, andernfalls betrachte eine geeignete unendliche Teilfolge. Sei e irgendeine offene Zelle von X. Dann gilt $\overline{e} \subseteq X_n$ für ein geeignetes n. Daraus folgt, dass $\overline{e}$ nur endlich viele Elemente von M und damit nur endlich viele Elemente von N trifft. Also ist $N \cap \overline{e}$ abgeschlossen. Aufgrund von Aussage (a) ist $N \subset X$ abgeschlossen. Da jede Teilmenge $N \subseteq M$ in X abgeschlossen ist, ist M eine diskrete Teilmenge von X. Da $C \subseteq X$ nach Voraussetzung abgeschlossen ist, ist $M \subseteq C$ eine diskrete Teilmenge der kompakten Menge C und daher endlich, ein Widerspruch.

Betrachten wir nun den Fall, dass die Folge der $\{n_k \mid k = 1, 2, \ldots\}$ beschränkt ist. Ohne Einschränkung der Allgemeinheit können wir annehmen, dass $n_1 = n_2 = n_3 = \ldots$ gilt, andernfalls betrachte eine geeignete unendliche Teilfolge. Sei $N \subseteq M$ irgendeine Teilmenge. Es gilt $N \subseteq M \subseteq X_{n_1} - X_{n_1-1}$. Für jede offene Zelle e von X_n besteht der Durchschnitt von N mit $\overline{e}$ aus höchstens einem Punkt und ist daher abgeschlossen in $\overline{e}$. Aufgrund von Aussage (a) ist $N \subset X_{n_1}$ abgeschlossen. Also ist $M \subset X_{n_1}$ eine diskrete Teilmenge. Da $C \cap X_{n_1}$ kompakt ist, ist $M \subseteq C \cap X_{n_1}$ eine diskrete Teilmenge einer kompakten Menge und damit endlich, ein Widerspruch.

(c) folgt aus (a), denn eine endliche Vereinigung von offenen Zellen liegt in einem endlichen Unter-*CW*-Komplex.

(d) folgt aus (b) angewandt auf $C = X$. □

Ausblick 3.8 (*CW*-Strukturen auf glatten Mannigfaltigkeiten). Sei M eine zusammenhängende glatte Mannigfaltigkeit, eventuell mit Rand ∂M. Dann besitzt M eine glatte Triangulierung und damit das Paar $(M, \partial M)$ die Struktur eines *CW*-Paares, das als *CW*-Paar dieselbe Dimension hat wie M als Mannigfaltigkeit.

Lemma 3.9. *Sei (X, A) ein relativer CW-Komplex. Dann ist (X, A) ein Umgebungsdeformationsretrakt.*

Beweis: Wir konstruieren zunächst induktiv für $n = 0, 1, 2, \ldots$ Teilräume $U[n] \subseteq X_n$ und Abbildungen $r[n]\colon U[n] \to U[n-1]$ und $h[n]\colon U[n] \times [0,1] \to U[n]$ mit folgenden Eigenschaften: Die Teilmenge $U[n]$ von X_n ist offen in X_n und $U[n-1] = U[n] \cap X_{n-1}$. Es ist $r[n] \circ k[n-1] = id_{U[n-1]}$, wobei $k[n-1]\colon U[n-1] \to U[n]$ die Inklusion ist. Es ist $h[n]$ eine Homotopie relativ $U[n-1]$ von $\mathrm{id}_{U[n]}$ nach $k[n-1] \circ r[n]$.

Setze $U[-1] := A$. Man konstruiert $U[n]$, $r[n]$ und $h[n]$ aus $U[n-1]$ wie folgt. Wähle ein Pushout

$$\begin{array}{ccc}
\coprod_{i\in I_n} S^{n-1} & \xrightarrow{\coprod_{i\in I_n} q_i^n} & X_{n-1} \\
{\scriptstyle \coprod_{i\in I_n} j_i}\downarrow & & \downarrow{\scriptstyle k_n} \\
\coprod_{i\in I_n} D^n & \xrightarrow[\coprod_{i\in I_n} Q_i^n]{} & X_n
\end{array}$$

wobei $j_i\colon S^{n-1} \to D^n$ die Inklusion ist. Definiere

$$U[n] := \coprod_{i \in I_n} \{r \cdot x \mid r \in (1/2, 1], x \in (q_i^n)^{-1}(U[n-1])\}.$$

Offensichtlich ist das Paar $\left(\{r \cdot x \mid r \in (1/2,1], x \in (q_i^n)^{-1}(U[n-1])\}, (q_i^n)^{-1}(U[n-1])\right)$ ein Deformationsretrakt. Nun konstruiert man $U[n]$, $r[n]$ und $h[n]$ analog zum Beweis von Satz 1.8.

Sei $U \subseteq X$ die Vereinigung der $U[n]$. Dann ist U eine offene Teilmenge von X, die A als abgeschlossene Teilmenge enthält. Setze $R[-1] := \mathrm{id}_A$. Definiere induktiv über $n \in \mathbb{Z}$, $n \geq -1$ die Abbildungen

$$R[n] \colon U[n] \to A$$

als die Komposition $U[n] \xrightarrow{r[n]} U[n-1] \xrightarrow{R[n-1]} A$. Seien $I[n] \colon A \to U[n]$ und $J[n] \colon U[n] \to X$ die Inklusionen. Es gilt $R[n] \circ I[n] = \mathrm{id}_A$. Sei $H[-1] \colon A \times [0,1] \to U$ die Abbildung $(a,t) \mapsto a$. Definiere induktiv über $n \in \mathbb{Z}$, $n \geq 0$ die Homotopie

$$H[n] \colon U[n] \times [0,1] \to U, \quad (x,t) \mapsto \begin{cases} x, & t \in [0, 2^{-n-1}], \\ h[n](x, 2^{-n-1} \cdot (t - 2^{-n-1})), & t \in [2^{-n-1}, 2^{-n}], \\ H[n-1](r[n](x), t), & t \in [2^{-n}, 1]. \end{cases}$$

Da $U = \mathrm{dirlim}_{n \to \infty} U[n]$ und $U \times [0,1] = \mathrm{dirlim}_{n \to \infty} U[n] \times [0,1]$ ist und $R[n]|_{U[n-1]} = R[n-1]$ und $H[n]|_{U[n-1] \times [0,1]} = H[n-1]$ gelten, erhalten wir Abbildungen $R \colon U \to A$ und $H \colon U \times [0,1] \to U$. Aufgrund dieser Abbildungen ist (U, A) ein Deformationsretrakt und (X, A) eine Umgebungsdeformationsretrakt. □

Den elementaren Beweis des folgenden Lemmas überlassen wir dem Leser.

Lemma 3.10. *Sei $j \colon X_0 \to X_2$ eine Inklusion eines CW-Unterkomplexes in einen CW-Komplex und sei X_1 ein CW-Komplex. Sei $f \colon X_0 \to X_1$ eine zelluläre Abbildung. Sei*

$$\begin{array}{ccc} X_0 & \xrightarrow{f} & X_1 \\ {\scriptstyle j}\downarrow & & \downarrow{\scriptstyle \bar{j}} \\ X_2 & \xrightarrow[\bar{f}]{} & X \end{array}$$

ein Pushout.

Dann erbt X die Struktur eines CW-Komplexes durch

$$X_n := \bar{f}((X_2)_n) \cup \bar{j}((X_1)_n),$$

und es gilt für die Menge der offenen n-Zellen von X

$$I_n(X) = I_n(X_1) \coprod (I_n(X_2) - I_n(X_0)).$$

Definition 3.11 (Zelluläres Pushout). *Wir nennen ein Pushout von CW-Komplexen wie es in dem obigen Lemma 3.10 auftaucht ein* zelluläres Pushout.

Satz 3.12 (Mayer-Vietoris-Sequenz für zelluläre Pushouts). *Sei*

$$\begin{array}{ccc} X_0 & \xrightarrow{f} & X_1 \\ {\scriptstyle j}\downarrow & & \downarrow{\scriptstyle \bar{j}} \\ X_2 & \xrightarrow[\bar{f}]{} & X \end{array}$$

ein zelluläres Pushout. Dann erhalten wir für jede Homologietheorie $\mathcal{H}_*$ eine lange exakte Mayer-Vietoris-Sequenz

$$\begin{aligned}\ldots \xrightarrow{\partial_{n+1}} \mathcal{H}_n(X_0) &\xrightarrow{\mathcal{H}_n(f)\oplus\mathcal{H}_n(j)} \mathcal{H}_n(X_1)\oplus\mathcal{H}_n(X_2)\\ &\xrightarrow{\mathcal{H}_n(\bar{j})-\mathcal{H}_n(\bar{f})} \mathcal{H}_n(X) \xrightarrow{\partial_n} \mathcal{H}_{n-1}(X_0)\\ &\xrightarrow{\mathcal{H}_{n-1}(f)\oplus\mathcal{H}_{n-1}(j)} \mathcal{H}_{n-1}(X_1)\oplus\mathcal{H}_{n-1}(X_2) \xrightarrow{\mathcal{H}_{n-1}(\bar{j})-\mathcal{H}_{n-1}(\bar{f})} \ldots\end{aligned}$$

Beweis: Dies folgt aus Satz 1.8 und und Lemma 3.9. □

Lemma 3.13. *Seien X und Y zwei CW-Komplexe. Sei X oder Y lokal kompakt. Dann erbt $X \times Y$ eine CW-Struktur durch die Filtrierung*

$$(X\times Y)_n := \bigcup_{i+j=n} X_i \times Y_j$$

und man erhält eine Bijektion

$$\coprod_{p+q=n} I_p(X)\times I_q(Y) \xrightarrow{\cong} I_n(X\times Y), \qquad (e_i^p, e_j^q)\mapsto e_i^p \times e_j^q,$$

wobei $I_p(X)$ die Menge der offenen p-Zellen von X ist, und analog für $I_q(Y)$ und $I_n(X \times Y)$.

Beweis: Die einzige wirkliche Schwierigkeit in dem Beweis betrifft die Topologie. Seien $Q(X)_i^m\colon D^m \to X$ für $i \in I(X)_m$ und $Q(Y)_j^n\colon D^n \to Y$ für $j \in I(Y)_n$ die charakteristischen Abbildungen der abgeschlossenen Zellen von X und Y. Dann sind die Abbildungen

$$\coprod_{m\geq 0}\coprod_{i\in I(X)_m} Q(X)_i^m\colon \coprod_{m\geq 0}\coprod_{i\in I(X)_m} D^m \to X,$$
$$\coprod_{n\geq 0}\coprod_{j\in I(Y)_n} Q(Y)_j^n\colon \coprod_{n\geq 0}\coprod_{j\in I(Y)_n} D^n \to Y.$$

Identifizierungen und man hat zu zeigen, dass ihr kartesisches Produkt wieder eine Identifizierung ist. Dies folgt aus den Tatsachen, dass für eine Identifizierung ihr Produkt mit der Identität auf einem lokal-kompakten Raum eine Identifizierung, die Komposition von Identifizierungen eine Identifizierung und die Räume $\coprod_{m\geq 0}\coprod_{i\in I(X)_m} D^m$ und Y bzw. die Räume X und $\coprod_{n\geq 0}\coprod_{j\in I(Y)_n} D^n$ lokal kompakt sind. □

Bemerkung 3.14 (Kompakt erzeugte Räume). Die einzige Schwierigkeit im Beweis von Lemma 3.13 betrifft die Topologie. Letzten Endes beruht der Beweis auf dem Lemma, dass für eine Identifizierung $p\colon X \to Y$ und einen lokal kompakten Raum Z das Produkt $f \times \mathrm{id}\colon X \times Z \to Y \times Z$ wieder eine Identifizierung ist. Das gilt nicht für beliebiges Z.

Solche Probleme kann man vermeiden, wenn man in der sehr bequemen Kategorie der kompakt erzeugten Räume arbeitet. Einzelheiten dazu findet man in [35], [40, Abschnitt I.4]. Ein topologischer Raum X heißt *kompakt erzeugt*, wenn er ein Hausdorff-Raum ist und eine Teilmenge $A \subseteq X$ genau dann abgeschlossen ist, wenn ihr Durchschnitt $A \cap C$ mit jeder kompakten Teilmenge $C \subseteq X$ kompakt ist. Jeder metrische Raum und jeder CW-Komplex ist kompakt erzeugt.

Es gibt eine funktorielle Konstruktion, die einem topologischen Hausdorff-Raum X einen kompakt erzeugten Raum $c(X)$ zusammen mit einer Abbildung $i(X)\colon c(X) \to X$ zuordnet, wobei X und $c(X)$ dieselben zugrunde liegenden Mengen haben und $i(X)$ auf singulärer Homologie (und allen Homotopiegruppen) eine Bijektion induziert. Jede topologische Konstruktion wie das kartesische Produkt $X \times Y$ oder der Abbildungsraum $\operatorname{abb}(X, Y)$ mit der kompakt-offenen Topologie, die a priori aus der Kategorie der kompakt erzeugten Räume herausführt, wird mit Hilfe dieser Konstruktion wieder in einen kompakt erzeugten Raum verwandelt. Der Vorteil ist, dass nun das Produkt zweier beliebiger Identifizierungen immer wieder eine ist, dass die sogenannte Exponentialabbildung

$$\operatorname{abb}(X \times Y, Z) \to \operatorname{abb}(X, \operatorname{abb}(Y, Z))$$

immer ein Homöomorphismus ist und das Lemma 3.13 ohne die Bedingung, dass X oder Y lokal kompakt ist, gilt.

Beispiel 3.15 (CW-Strukturen auf Tori). Sei T^d der d-dimensionale Torus. Er ist das Produkt von d-Kopien von S^1. Versehen wir S^1 mit der CW-Struktur mit genau einer 0-Zelle und genau einer 1-Zelle, so erhält T^d eine CW-Struktur aufgrund von Lemma 3.13 mit genau $\binom{d}{k}$ vielen k-Zellen für $k = 0, 1, \ldots, d$.

Wir erwähnen den folgenden Satz. Er zeigt im Wesentlichen, dass es keine Rolle spielt, ob man zelluläre Abbildungen oder allgemeiner Abbildungen von CW-Komplexen betrachtet. Seinen Beweis findet man beispisweise in [2], [12], [14], [27], [32], [36], [38] und [40].

Satz 3.16 (Zellulärer Approximationsatz). *Sei $f\colon (X, A) \to (Y, B)$ eine Abbildung von Paaren von CW-Komplexen, deren Einschränkung auf A eine zelluläre Abbildung $A \to B$ induziert. Dann gibt es eine zelluläre Abbildung $g\colon (X, A) \to (Y, B)$, deren Einschränkung auf A mit f übereinstimmt, und eine Homotopie $h\colon (X, A) \times [0, 1] \to (Y, B)$ von f nach g, die auf A stationär ist.*

3.2 Abbildungen zwischen Sphären und ihre Abbildungsgrade

Definition 3.17 (Grad einer Selbstabbildung von Sphären). *Sei $f\colon S^n \to S^n$ eine Selbstabbildung der Sphäre S^n für $n \geq 1$. Definiere ihren* Abbildungsgrad *als die ganze Zahl* $\operatorname{Grad}(f) \in \mathbb{Z}$, *für die $H_n^{\mathrm{sing}}(f)\colon H_n^{\mathrm{sing}}(S^n) \to H_n^{\mathrm{sing}}(S^n)$ Multiplikation mit* $\operatorname{Grad}(f)$ *ist.*

Diese Definition macht Sinn, da $H_n^{\mathrm{sing}}(S^n)$ eine unendliche zyklische Gruppe ist wegen (1.14) und Satz 2.15. Offensichtlich haben homotope Abbildungen $S^n \to S^n$ denselben Abbildungsgrad. Es gilt $\operatorname{Grad}(\mathrm{id}_{S^n}) = 1$ und $\operatorname{Grad}(g \circ f) = \operatorname{Grad}(f) \cdot \operatorname{Grad}(g)$.

Für zwei topologische Räume X und Y bezeichnen wir mit $[X, Y]$ die Menge der Homotopieklassen von Abbildungen von X nach Y. Für eine Abbildung $f\colon X \to Y$ bezeichnet $[f] \in [X, Y]$ die Homotopieklasse von f. Im Folgenden identifizieren wir ΣS^{n-1} und S^n mittels des Homöomorphismus

$$v_n\colon \Sigma S^{n-1} \xrightarrow{\cong} S^n, \tag{3.18}$$

der von der Abbildung

$$S^{n-1} \times [-1,1] \to S^n, \quad (x_1, x_2, \ldots, x_n, t) \mapsto (\cos(\pi t/2) \cdot x_1, \ldots, \cos(\pi t/2) \cdot x_n, \sin(\pi t/2)).$$

induziert wird. Es bildet v_n die offensichtlichen Kopien von S^{n-1} in ΣS^{n-1} und S^n identisch aufeinander ab.

Lemma 3.19. *(a) Die Einhängung induziert für $d \in \mathbb{Z}, d \geq 1$ eine Bijektion*

$$\Sigma\colon [S^d, S^d] \xrightarrow{\cong} [S^{d+1}, S^{d+1}], \qquad [f] \mapsto [\Sigma f].$$

(b) Sei $f_n\colon S^1 \to S^1$ die Abbildung $z \mapsto z^n$. Folgende Abbildungen sind für $d \geq 1$ zueinander inverse Bijektionen.

$$\begin{aligned} \mathrm{Grad}\colon [S^d, S^d] &\xrightarrow{\cong} \mathbb{Z}, \\ \mathbb{Z} &\xrightarrow{\cong} [S^d, S^d], \qquad n \mapsto [\Sigma^{d-1} f_n], \end{aligned}$$

wobei Σ^{d-1} die $(d-1)$-fache Einhängung ist.

(c) Sei $f\colon S^n \to S^n$ eine Abbildung mit $\mathrm{Grad}(f) = 0$*. Dann ist f nullhomotop.*

(d) Sei $\mathcal{H}_*$ eine Homologietheorie mit Werten in R-Moduln, die das Dimensionsaxiom erfüllt. Sei $f\colon S^d \to S^d$ eine Abbildung für $d \in \mathbb{Z}$, $d \geq 1$. Dann ist die induzierte Abbildung $\mathcal{H}_d(f)\colon \mathcal{H}_d(S^d) \to \mathcal{H}_d(S^d)$ Multiplikation mit $\mathrm{Grad}(f)$.

Beweis: (a) Diese Aussage kann man mit elementaren Methoden der Homotopietheorie beweisen, ohne dass man Homologie kennen muss (siehe zum Beispiel [38, III.3 und III.4]).
(b) Es folgt $\mathrm{Grad}(\Sigma^{d-1} f_n) = n$ aus Lemma 1.22 (a), dem Einhängungsisomorphismus aus Satz 1.10 und der Tatsache, dass H_*^{sing} das Dimensionsaxiom erfüllt. Wegen der Aussage (a) genügt es zu zeigen, dass es zu jedem Element $[f] \in [S^1, S^1]$ ein $n \in \mathbb{Z}$ mit $[f] = [f_n]$ gibt. Das folgt mittels elementarer Überlagerungstheorie (siehe beispielsweise [2], [12], [14], [27], [32] und [38]) angewandt auf die universelle Überlagerung

$$e\colon \mathbb{R} \to S^1, \qquad r \mapsto \exp(2\pi i r).$$

Man kann f so homotop abändern, dass $f(e(0)) = e(0)$ gilt. Sei $\overline{f}\colon \mathbb{R} \to \mathbb{R}$ die eindeutige Liftung von f, d.h. $e \circ \overline{f} = f \circ e$, mit $\overline{f}(0) = 0$. Sei $n \in \mathbb{Z}$ die ganze Zahl mit $\overline{f}(1) = n$. Betrachte folgende Homotopie

$$\overline{h}\colon \mathbb{R} \times [0,1] \to \mathbb{R}, \qquad (r,t) \mapsto tnr + (1-t) \cdot \overline{f}(r).$$

Aus der Eindeutigkeit von punktierten Liftungen folgt, dass $\overline{f}(r+k) = \overline{f}(r) + nk$ für alle $r \in \mathbb{R}$ und $k \in \mathbb{Z}$ gilt. Daraus folgt $\overline{h}(r+k,t) = \overline{h}(r,t) + nk$ für alle $(r,t) \in \mathbb{R} \times [0,1]$ und $k \in \mathbb{Z}$. Also gibt es genau eine Homotopie

$$h\colon S^1 \times [0,1] \to S^1$$

mit $e \circ \overline{h} = h \circ (e \times \mathrm{id}_{[0,1]})$. Es ist h eine Homotopie von f nach f_n.

(c) folgt aus (b).

(d) folgt aus (b) und Lemma 1.22 (a). □

Bemerkung 3.20. (Beweis des Satzes von Freudenthal). Falls es dem Leser, der das Buch studiert oder anhand des Buches eine Vorlesung hält, nicht gefällt, dass Lemma 3.19 (a) nicht bewiesen wird, bietet sich folgende Alternative an. Man kann das Lemma 3.19 (c) rein differentialtopologisch beweisen [38, Satz 10.1 in VIII auf Seite 284]). Dann kann man den Beweis von Lemma 3.19 leicht so umschreiben, dass Lemma 3.19 (a) folgt. Für den Rest dieses Buches ist aber eigentlich nur Lemma 3.19 (d) von Bedeutung. Falls man voraussetzt, dass jede Abbildung $S^n \to S^n$ zu einer glatten Abbildung homotop ist und jede glatte Abbildung einen regulären Wert hat, muss man nur zeigen, dass man den Abbildungsgrad als die Summe der lokalen differentialtopologischen Grade schreiben kann, was mit Hilfe von Lemma 1.22 (b) leicht ist und in Ausblick 8.21 erläutert wird.

3.3 Der zelluläre Kettenkomplex assoziiert zu einer Homologietheorie

Sei $\mathcal{H}_*$ eine Homologietheorie mit Werten in R-Moduln.

Definition 3.21. (Zellulärer Kettenkomplex assoziert zu einer Homologietheorie). *Sei (X, A) ein relativer CW-Komplex. Der* zu $\mathcal{H}_*$ assoziierte zelluläre Kettenkomplex $C_*^{\mathcal{H}_*}(X, A)$ *hat als n-ten Kettenmodul $\mathcal{H}_n(X_n, X_{n-1})$. Sein n-tes Differential ist der Randoperator des Tripels (X_n, X_{n-1}, X_{n-2}) (siehe Lemma 1.3)*

$$\partial_n(X_n, X_{n-1}, X_{n-2})\colon \mathcal{H}_n(X_n, X_{n-1}) \to \mathcal{H}_{n-1}(X_{n-1}, X_{n-2}).$$

Die Homologie $H_n(C_*^{\mathcal{H}_*}(X, A))$ wird mit $H_n^{\mathcal{H}_*}(X, A)$ bezeichnet und heißt die zu $\mathcal{H}_*$ assoziierte zelluläre Homologie.

Das Differential erfüllt $c_n^{\mathcal{H}_*} \circ c_{n+1}^{\mathcal{H}_*} = 0$, da die Komposition

$$\mathcal{H}_n(X_n) \to \mathcal{H}_n(X_n, X_{n-1}) \xrightarrow{\partial_n(X_n, X_{n-1})} \mathcal{H}_{n-1}(X_{n-1})$$

als Teil der langen exakten Sequenz des Paares (X_n, X_{n-1}) trivial ist.

Satz 3.22 (Homologie und der zelluläre Kettenkomplex). *Sei $\mathcal{H}_*$ eine Homologietheorie mit Werten in R-Moduln, die das Dimensionsaxiom erfüllt.*

(a) Für jeden relativen CW-Komplex (X, A) mit endlich vielen Zellen gibt es für alle $n \in \mathbb{Z}$ einen in (X, A) natürlichen Isomorphismus

$$\mu_n(X, A)\colon H_n^{\mathcal{H}_*}(X, A) \xrightarrow{\cong} \mathcal{H}_n(X, A).$$

(b) Falls $\mathcal{H}_*$ auch das Axiom über disjunkte Vereinigungen erfüllt, so gibt es für jeden relativen CW-Komplex (X, A) und für alle $n \in \mathbb{Z}$ einen in (X, A) natürlichen Isomorphismus

$$\mu_n(X, A)\colon H_n^{\mathcal{H}_*}(X, A) \xrightarrow{\cong} \mathcal{H}_n(X, A).$$

Beweis: (a) Sei $n \in \mathbb{Z}$. Wähle ein Pushout

$$\begin{array}{ccc} \coprod_{i\in I_n} S^{n-1} & \xrightarrow{\coprod_{i\in I_n} q_i^n} & X_{n-1} \\ {\scriptstyle \coprod_{i\in I_n} j_i}\downarrow & & \downarrow{\scriptstyle k_n} \\ \coprod_{i\in I_n} D^n & \xrightarrow[\coprod_{i\in I_n} Q_i^n]{} & X_n \end{array}$$

wobei $j_i \colon S^{n-1} \to D^n$ die Inklusion ist. Satz 1.8 liefert für alle $k \in \mathbb{Z}$ einen Isomorphismus

$$\mathcal{H}_k\left(\coprod_{i\in I_n} Q_i^n, \coprod_{i\in I_n} q_i^n\right) : \mathcal{H}_k\left(\coprod_{i\in I_n} D^n, \coprod_{i\in I_n} S^{n-1}\right) \xrightarrow{\cong} \mathcal{H}_k(X_n, X_{n-1}). \quad (3.23)$$

Da nach Voraussetzung (X, A) nur aus endlich vielen Zellen besteht, ist I_n eine endliche Indexmenge und aus dem Ausschneidungsaxiom folgt, dass die Abbildung

$$\bigoplus_{i\in I_n} \mathcal{H}_k(l_i) \colon \bigoplus_{i\in I_n} \mathcal{H}_k(D^n, S^{n-1}) \xrightarrow{\cong} \mathcal{H}_k\left(\coprod_{i\in I_n} D^n, \coprod_{i\in I_n} S^{n-1}\right) \quad (3.24)$$

bijektiv ist, wobei $l_i \colon (D^n, S^{n-1}) \to \left(\coprod_{j\in I_n} D^n, \coprod_{j\in I_n} S^{n-1}\right)$ die kanonische Inklusion ist. Definiere die Abbildung

$$u_n \colon D^n \to S^n \quad (3.25)$$

durch $u_n(x) := \left(\frac{x_1\cdot \sin(\pi||x||)}{||x||}, \ldots, \frac{x_n\cdot \sin(\pi||x||)}{||x||}, -\cos(\pi||x||)\right)$ für $x = (x_1, x_2, \ldots, x_n) \in D^n$, $x \neq 0$ und $u_n(x) := (0, 0, \ldots, 0, -1)$ für $x = 0$. Geometrisch hat sie folgende Bedeutung. Sei $x \in D^n$, $x \neq 0$, gegeben. Betrachte den Großhalbkreisbogen auf S^n von $(0, 0, \ldots, -1)$ nach $(0, 0, \ldots, 1)$, der durch $\left(\frac{x_1}{||x||}, \ldots, \frac{x_n}{||x||}, 0\right)$ geht. Wenn man ihn durch $[0, \pi]$ in der offensichtlichen Weise parametrisiert, so entspricht $u_n(x)$ dem Parameterwert $\pi \cdot ||x||$. Die Abbildung u_n induziert einen Homöomorphismus

$$\overline{u_n} \colon D^n/S^{n-1} \xrightarrow{\cong} S^n. \quad (3.26)$$

Aufgrund des Pushouts

$$\begin{array}{ccc} S^{n-1} & \xrightarrow{q} & \{\bullet\} \\ {\scriptstyle j}\downarrow & & \downarrow \\ D^n & \xrightarrow[u_n]{} & S^n \end{array}$$

und des Satzes 1.8 erhalten wir einen Isomorphismus für $n \in \mathbb{Z}$

$$\mathcal{H}_k(u_n) \colon \mathcal{H}_k(D^n, S^{n-1}) \xrightarrow{\cong} \mathcal{H}_k(S^n, \{\bullet\}). \quad (3.27)$$

Das Ausschneidungsaxiom und der Einhängungsisomorphismus (siehe Satz 1.10) liefern den Isomorphismus

$$\sigma_n \colon \mathcal{H}_{k-n}(\{\bullet\}) \xrightarrow{\cong} \mathcal{H}_{k-n}(S^0, \{\bullet\}) \xrightarrow{\cong} \mathcal{H}_k(S^n, \{\bullet\}). \quad (3.28)$$

Aus (3.23), (3.24), (3.27) und (3.28) erhalten wir den Isomorphismus

$$\nu_n \colon \bigoplus_{i \in I_n} \mathcal{H}_0(\{\bullet\}) \quad \xrightarrow{\cong} \quad \mathcal{H}_n(X_n, X_{n-1}) \tag{3.29}$$

und für $k \neq n$

$$\mathcal{H}_k(X_n, X_{n-1}) \quad = \quad \{0\}. \tag{3.30}$$

Induktiv folgt aus der langen exakten Sequenz des Paares (X_n, X_{n-1})

$$\mathcal{H}_k(X_n) \quad = \quad 0 \qquad \text{für } k > n. \tag{3.31}$$

Betrachte folgendes kommutatives Diagramm

$$\begin{array}{ccccc}
 & & \mathcal{H}_n(X_n) & & \\
 & \overset{\partial_{n+1}(X_{n+1},X_n)}{\nearrow} & \downarrow{\scriptstyle \mathcal{H}_n(i_n)} & & \\
\mathcal{H}_{n+1}(X_{n+1}, X_n) & \xrightarrow{\partial_{n+1}(X_{n+1},X_n,X_{n-1})} & \mathcal{H}_n(X_n, X_{n-1}) & \xrightarrow{\partial_n(X_n,X_{n-1},X_{n-2})} & \mathcal{H}_{n-1}(X_{n-1}, X_{n-2}) \\
 & & \downarrow{\scriptstyle \partial_n(X_n,X_{n-1})} & \overset{\mathcal{H}_{n-1}(i_{n-1})}{\nearrow} & \\
 & & \mathcal{H}_{n-1}(X_{n-1}) & &
\end{array}$$

wobei $i_n \colon X_n \to (X_n, X_{n-1})$ die Inklusion ist. Die Abbildungen $\mathcal{H}_n(i_n)$ und $\mathcal{H}_{n-1}(i_{n-1})$ sind injektiv, denn $\mathcal{H}_n(X_{n-1})$ und $\mathcal{H}_{n-1}(X_{n-2})$ verschwinden wegen (3.31). Eine einfache Diagrammjagd zeigt, dass

$$\mathcal{H}_n(i_n) \colon \mathcal{H}_n(X_n) \to \mathcal{H}_n(X_n, X_{n-1})$$

einen Isomorphismus

$$\begin{aligned}
\text{Kokern}\,(\partial_{n+1}(X_{n+1}, X_n)) &\xrightarrow{\cong} H_n^{\mathcal{H}_*}(X, A) \\
&:= \quad \text{Kern}\,(\partial_n(X_n, X_{n-1}, X_{n-2})) \,/\, \text{Bild}\,(\partial_{n+1}(X_{n+1}, X_n, X_{n-1}))
\end{aligned} \tag{3.32}$$

induziert. Sei $k_n \colon X_n \to X_{n+1}$ die Inklusion. Da $\mathcal{H}_n(X_{n+1}, X_n) = 0$ wegen (3.30) gilt und wir die lange exakte Sequenz des Paares (X_{n+1}, X_n) haben, induziert $\mathcal{H}_n(k_n)$ einen Isomorphismus

$$\overline{\mathcal{H}_n(k_n)} \colon \text{Kokern}\,(\partial_{n+1}(X_{n+1}, X_n)) \quad \xrightarrow{\cong} \quad \mathcal{H}_n(X_{n+1}). \tag{3.33}$$

Da (X, A) nur aus endlich vielen Zellen aufgebaut ist, folgt aus (3.30) induktiv, dass die Inklusion $l_{n+1} \colon X_{n+1} \to X$ einen Isomorphismus

$$\mathcal{H}_n(l_{n+1}) \colon \mathcal{H}_n(X_{n+1}) \quad \xrightarrow{\cong} \quad \mathcal{H}_n(X) \tag{3.34}$$

induziert. Nun ergibt sich der gewünschte Isomorphismus

$$\mu_n(X, A) \colon H_n^{\mathcal{H}_*}(X, A)) \xrightarrow{\cong} \mathcal{H}_n(X, A)$$

aus den bereits konstruierten Isomorphismen (3.32), (3.33) und (3.34).

(b) Falls (X, A) endlich dimensional ist, d.h. $X = X_n$ für ein $n \in \mathbb{Z}$, dann ist der Beweis von (b) analog zu dem von (a). Um den allgemeinen Fall zu behandeln, muss man noch beweisen, dass die Inklusion $j_n \colon X_n \to X$ für $k < n$ einen Isomorphismus

$$\mathcal{H}_k(j_n)\colon \mathcal{H}_k(X_n) \xrightarrow{\cong} \mathcal{H}_k(X)$$

induziert. Das ist leicht im Falle singulärer Homologie, da für jedes Simplex $\sigma\colon \Delta_p \to X$ sein Bild in einem q-Gerüst liegen muss (siehe Lemma 3.7 (c)). Für eine beliebige Homologietheorie $\mathcal{H}_*$, die das Dimensionsaxiom und das Axiom über disjunkte Vereinigungen erfüllt, folgt die Behauptung aus allgemeineren Vertauschungssätzen von direkten Limiten (siehe z.B. [38, Satz 11.1 in IV auf Seite 149]). □

Als nächstes berechnen wir den Kettenkomplex $C_*^{\mathcal{H}_*}(X,A)$ für einen relativen *CW*-Komplex (X,A). Wir wählen für jedes $n \in \mathbb{Z}$ ein Pushout

$$\begin{array}{ccc} \coprod_{i\in I_n} S^{n-1} & \xrightarrow{\coprod_{i\in I_n} q_i^n} & X_{n-1} \\ {\scriptstyle \coprod_{i\in I_n} j_i}\downarrow & & \downarrow{\scriptstyle k_n} \\ \coprod_{i\in I_n} D^n & \xrightarrow[\coprod_{i\in I_n} Q_i^n]{} & X_n \end{array}$$

Für $n \in \mathbb{Z}, n \geq 2$, $i \in I_n$ und $j \in I_{n-1}$ definiere die *Inzidenzzahl*

$$\mathrm{inz}_{i,j}^n \quad \in \quad \mathbb{Z} \tag{3.35}$$

als den Abbildungsgrad der Komposition

$$S^{n-1} \xrightarrow{q_i^n} X_{n-1} \xrightarrow{\mathrm{pr}} X_{n-1}/(X_{n-1} - e_j^{n-1}) \xrightarrow{\overline{Q_j^{n-1}}^{-1}} D^{n-1}/S^{n-2} \xrightarrow{\overline{u_{n-1}}} S^{n-1}$$

wobei pr die kanonische Projektion, $\overline{Q_i^{n-1}}\colon D^{n-1}/S^{n-2} \xrightarrow{\cong} X_{n-1}/(X_{n-1} - e_j^{n-1})$ der von Q_i^{n-1} induzierte Homöomorphismus und $\overline{u_{n-1}}\colon D^{n-1}/S^{n-2} \to S^{n-1}$ der Standardhomöomorphismus aus (3.26) ist. Für $n = 1$, $i \in I_n$ und $j \in I_{n-1}$ definieren wir

$$\mathrm{inz}_{i,j}^1 \quad = \quad \begin{cases} 1, & \text{falls } q_i^1((1,0)) = e_j^0 \text{ und } q_i^1((-1,0)) \neq e_j^0, \\ -1, & \text{falls } q_i^1((-1,0)) = e_j^0 \text{ und } q_i^1((1,0)) \neq e_j^0, \\ 0, & \text{sonst.} \end{cases}$$

Lemma 3.36. *Folgendes Diagramm kommutiert*

$$\begin{array}{ccc} \bigoplus_{i\in I_n} \mathcal{H}_0(\{\bullet\}) & \xrightarrow{\mathrm{INZ}_n} & \bigoplus_{i\in I_{n-1}} \mathcal{H}_0(\{\bullet\}) \\ {\scriptstyle \nu_n}\downarrow{\scriptstyle \cong} & & {\scriptstyle \nu_{n-1}}\downarrow{\scriptstyle \cong} \\ C_n^{\mathcal{H}_*}(X,A) & \xrightarrow{c_n^{\mathcal{H}_*}} & C_{n-1}^{\mathcal{H}_*}(X,A) \end{array}$$

wobei ν_n und ν_{n-1} die Isomorphismen aus (3.29) *sind und* INZ_n *die Matrix ist, deren Eintrag zu $i \in I_n$ und $j \in I_{n-1}$ die Inzidenzzahl* $\mathrm{inz}_{i,j}^n$ *aus* (3.35) *ist.*

Beweis: Wir behandeln nur den Fall $n \geq 2$, der Fall $n = 1$ geht analog. Betrachte das kommutative Diagramm

$$
\begin{array}{ccc}
\bigoplus_{i\in I_n} \mathcal{H}_n(D^n,S^{n-1}) & \xrightarrow[\cong]{\bigoplus_{i\in I_n} \mathcal{H}_n(Q_i^n,q_i^n)} & \mathcal{H}_n(X_n,X_{n-1}) \\
{\scriptstyle \partial_n(D^n,S^{n-1})}\downarrow{\scriptstyle\cong} & & \downarrow{\scriptstyle \partial(X_n,X_{n-1})} \\
\bigoplus_{i\in I_n} \mathcal{H}_{n-1}(S^{n-1}) & \xrightarrow{\bigoplus_{i\in I_n} \mathcal{H}_n(q_i^n)} & \mathcal{H}_{n-1}(X_{n-1}) \\
 & & \downarrow{\scriptstyle \mathcal{H}_{n-1}(\iota)} \\
\bigoplus_{i\in I_{n-1}} \mathcal{H}_{n-1}(D^{n-1},S^{n-2}) & \xrightarrow[\cong]{\bigoplus_{i\in I_{n-1}} \mathcal{H}_{n-1}(Q_j^{n-1},q_j^{n-1})} & \mathcal{H}_{n-1}(X_{n-1},X_{n-2}) \\
{\scriptstyle \mathrm{pr}_j}\downarrow & & \downarrow{\scriptstyle \mathcal{H}_{n-1}(\iota)} \\
\mathcal{H}_{n-1}(D^{n-1},S^{n-2}) & \xrightarrow[\cong]{\mathcal{H}_{n-1}(Q_j^{n-1},q_j^{n-1})} & \mathcal{H}_{n-1}(X_{n-1},X_{n-1}-e_j^{n-1}) \\
{\scriptstyle \mathcal{H}_{n-1}(\mathrm{pr})}\downarrow{\scriptstyle\cong} & & {\scriptstyle \mathcal{H}_{n-1}(\mathrm{pr})}\downarrow{\scriptstyle\cong} \\
\mathcal{H}_{n-1}(D^{n-1}/S^{n-2},\{\bullet\}) & \xrightarrow[\cong]{\mathcal{H}_{n-1}(\overline{Q_j^{n-1}})} & \mathcal{H}_{n-1}(X_{n-1}/(X_{n-1}-e_j^{n-1}),\{\bullet\}) \\
{\scriptstyle \mathcal{H}_{n-1}(\iota)}\uparrow{\scriptstyle\cong} & & {\scriptstyle \mathcal{H}_{n-1}(\iota)}\uparrow{\scriptstyle\cong} \\
\mathcal{H}_{n-1}(D^{n-1}/S^{n-2}) & \xrightarrow[\cong]{\mathcal{H}_{n-1}(\overline{Q_j^{n-1}})} & \mathcal{H}_{n-1}(X_{n-1}/(X_{n-1}-e_j^{n-1})) \\
{\scriptstyle \mathcal{H}_{n-1}(\overline{u_{n-1}})}\downarrow{\scriptstyle\cong} & & \\
\mathcal{H}_{n-1}(S^{n-1}) & &
\end{array}
$$

wobei ι jeweils Inklusionen und pr Projektionen von topologischen Räumen bezeichnet und pr_j die Projektion auf den j-ten Summanden ist. Wenn wir in diesem Diagramm von dem Eintrag in der ersten Spalte und zweiten Zeile $\bigoplus_{i\in I_n} \mathcal{H}_{n-1}(S^{n-1})$ zu dem Eintrag $\mathcal{H}_{n-1}(S^{n-1})$ in der letzten Zeile laufen und dies auf den i-ten Summanden $\mathcal{H}_{n-1}(S^{n-1})$ in $\bigoplus_{i\in I_n} \mathcal{H}_{n-1}(S^{n-1})$ einschränken, erhalten wir die Abbildung $\mathcal{H}_{n-1}(S^{n-1}) \to \mathcal{H}_{n-1}(S^{n-1})$, die durch Multiplikation mit $\mathrm{inz}_{i,j}^n$ gegeben ist. Das folgt aus der Definition von $\mathrm{inz}_{i,j}^n$ aus (3.35) und Lemma 3.19 (d).

Sei

$$
\mu_n \colon \mathcal{H}_0(\{\bullet\}) \xrightarrow{\cong} \mathcal{H}_n(D^n,S^{n-1}) \tag{3.37}
$$

die Komposition $\mathcal{H}_n(u_n)^{-1} \circ \sigma_n$, wobei $\mathcal{H}_n(u_n)$ in (3.27) und σ_n in (3.28) eingeführt worden sind. Folgendes Diagramm kommutiert

$$
\begin{array}{ccc}
\mathcal{H}_n(D^n,S^{n-1}) & \xrightarrow[\cong]{\partial_n(D^n,S^{n-1})} & \mathcal{H}_{n-1}(S^{n-1}) \\
{\scriptstyle \mathcal{H}_n(u_n)}\downarrow{\scriptstyle\cong} & & {\scriptstyle\cong}\downarrow{\scriptstyle \mathcal{H}_{n-1}(\iota)} \\
\mathcal{H}_n(S^n,\{\bullet\}) & \xleftarrow[\cong]{\sigma_{n-1}} & \mathcal{H}_{n-1}(S^{n-1},\{\bullet\})
\end{array}
$$

wobei σ_{n-1} der Einhängungsisomorphismus aus Satz 1.10 ist und wir ΣS^{n-1} und S^n durch den Homöomorphismus v_n aus (3.18) identifizieren. Daher stimmt die Komposition

$$
\mathcal{H}_0(\{\bullet\}) \xrightarrow{\mu_n} \mathcal{H}_n(D^n,S^{n-1}) \xrightarrow{\partial_n(D^n,S^{n-1})} \mathcal{H}_{n-1}(S^{n-1})
$$

mit der Komposition von $\mu_{n-1}\colon \mathcal{H}_0(\{\bullet\}) \to \mathcal{H}_{n-1}(D^{n-1}, S^{n-1})$ und der Abbildung

$$\mathcal{H}_{n-1}(D^{n-1}, S^{n-1}) \xrightarrow{\mathcal{H}_{n-1}(\mathrm{pr})} \mathcal{H}_{n-1}(D^{n-1}/S^{n-2}, \{\bullet\}) \xrightarrow{\mathcal{H}_{n-1}(\iota)^{-1}} \mathcal{H}_{n-1}(D^{n-1}/S^{n-2}) \xrightarrow{\mathcal{H}_{n-1}(\overline{u_{n-1}})} \mathcal{H}_{n-1}(S^{n-1})$$

überein. Die letzte Abbildung taucht in der ersten Spalte des obigen Diagramms auf. Der Isomorphismus

$$\nu_n\colon \bigoplus_{i \in I_n} \mathcal{H}_0(\{\bullet\}) \xrightarrow{\cong} \mathcal{H}_n(X_n, X_{n-1})$$

aus (3.29) ist die Komposition

$$\bigoplus_{i \in I_n} \mathcal{H}_0(\{\bullet\}) \xrightarrow{\bigoplus_{i \in I_n} \mu_n} \bigoplus_{i \in I_n} \mathcal{H}_n(D^n, S^{n-1}) \xrightarrow{\bigoplus_{i \in I_n} \mathcal{H}_n(Q_i^n, q_i^n)} \mathcal{H}_n(X_n, X_{n-1})$$

und analog für $(n-1)$. Nun folgt Lemma 3.36 aus dem obigen großen kommutativen Diagramm. □

3.4 Homologische Berechnungen mit Hilfe des zellulären Kettenkomplexes

Die Kombination von Satz 3.22 und Lemma 3.36 ergibt eine sehr effektive Methode, die Homologie eines CW-Komplexes zu berechnen, was wir an einigen Beispielen illustrieren wollen. Die Strategie ist, den Kettenkomplex

$$\ldots \xrightarrow{\mathrm{INZ}_{n+1}} \bigoplus_{i \in I_n} \mathcal{H}_0(\{\bullet\}) \xrightarrow{\mathrm{INZ}_n} \bigoplus_{i \in I_{n-1}} \mathcal{H}_0(\{\bullet\}) \xrightarrow{\mathrm{INZ}_{n-1}} \ldots$$

auszurechnen und dann seine n-te Homologie zu bestimmen, die isomorph zu $\mathcal{H}_n(X)$ ist. Im Wesentlichen läuft das auf die Berechnung von Abbildungsgraden von Selbstabbildungen von Sphären hinaus.

Sei in diesem Abschnitt $\mathcal{H}_*$ eine Homologietheorie mit Werten in R-Moduln, die das Dimensionsaxiom erfüllt, beispielsweise singuläre Homologie.

Beispiel 3.38 (Zellulärer Kettenkomplex von S^d). Sei S^d die d-dimensionale Sphäre für $d \in \mathbb{Z}$, $d \geq 1$. Wir versehen sie mit der CW-Struktur, die genau zwei Zellen hat, nämlich eine 0-Zelle und eine d-Zelle (siehe Beispiel 3.2). Dann hat der zu $\mathcal{H}_*$ assoziierte zelluläre Kettenkomplex $C_*^{\mathcal{H}_*}(S^d)$ die Gestalt

$$\ldots \to \{0\} \to \mathcal{H}_0(\{\bullet\}) \to \{0\} \to \ldots \to \{0\} \to \mathcal{H}_0(\{\bullet\}) \to \{0\} \to \ldots$$

wobei die nicht-trivialen R-Kettenmoduln in Dimensionen 0 und d sitzen. Falls $d \geq 2$ ist, müssen alle Differentiale verschwinden. Falls $d = 1$ ist, kann nur das erste Differential von Null verschieden sein. Da S^d nur eine 0-Zelle hat, muss auch das erste Differential trivial sein. Daraus folgt

$$\mathcal{H}_n(S^d) \cong H_n(C_*^{\mathcal{H}_*}(S^d)) \cong \begin{cases} \mathcal{H}_0(\{\bullet\}) & n = 0, d, \\ \{0\} & \text{sonst.} \end{cases}$$

Das ist konsistent mit (1.14).

Wir versehen nun S^d mit der CW-Strukur, in der es für $n = 0, 1, 2 \ldots, d$ genau zwei n-Zellen gibt (siehe Beispiel 3.2). Dann hat der zu $\mathcal{H}_*$ assoziierte zelluläre Kettenkomplex $C_*^{\mathcal{H}_*}(S^d)$ die Gestalt

$$\ldots \to \{0\} \to \mathcal{H}_0(\{\bullet\}) \oplus \mathcal{H}_0(\{\bullet\}) \xrightarrow{c_d} \mathcal{H}_0(\{\bullet\}) \oplus \mathcal{H}_0(\{\bullet\})$$
$$\ldots \xrightarrow{c_1} \mathcal{H}_0(\{\bullet\}) \oplus \mathcal{H}_0(\{\bullet\}) \xrightarrow{c_0} \{0\} \to \ldots$$

wobei die von Null verschiedenen Kettenmoduln in den Dimensionen $0, 1, \ldots, d$ sitzen. Wir wählen die Pushouts wie in Beispiel 3.2. Im obigen Kettenkomplex entspreche der erste bzw. zweite Summand in $\mathcal{H}_0(\{\bullet\}) \oplus \mathcal{H}_0(\{\bullet\})$ der durch die obere bzw. untere Hemisphäre gegebene Zelle. Wir müssen die Differentiale ausrechnen. Für das erste Differential ergibt sich die Matrix $\begin{pmatrix} 1 & -1 \\ 1 & -1 \end{pmatrix}$. Um die anderen Differentiale in Dimensionen $2 \leq n \leq d$ auszurechnen, müssen wir den Abbildungsgrad der folgenden Abbildungen bestimmen

$$f_+ \colon S^{n-1} \xrightarrow{\mathrm{pr}} S^{n-1}/S^{n-1}_- \xrightarrow{(\overline{Q^{n-1}_+})^{-1}} D^{n-1}/S^{n-2} \xrightarrow{\overline{u_{n-1}}} S^{n-1}$$

und

$$f_- \colon S^{n-1} \xrightarrow{\mathrm{pr}} S^{n-1}/S^{n-1}_+ \xrightarrow{(\overline{Q^{n-1}_-})^{-1}} D^{n-1}/S^{n-2} \xrightarrow{\overline{u_{n-1}}} S^{n-1}$$

wobei $\overline{Q^n_\pm}$ der von $Q^n_\pm$ induzierte Homöomorphismus ist. Es gilt für $x = (x_1, \ldots, x_n)$

$$f_+(x) = \begin{cases} \left(\frac{x_1 \cdot \sin(\pi \cdot \sqrt{1-x_n^2})}{\sqrt{1-x_n^2}}, \ldots, \frac{x_{n-1} \cdot \sin(\pi \cdot \sqrt{1-x_n^2})}{\sqrt{1-x_n^2}}, -\cos(\pi \cdot \sqrt{1-x_n^2})\right), & 0 < x_n < 1, \\ (0, \ldots, 0, -1) & x_n = 1, \\ (0, \ldots, 0, 1) & x_n \leq 0. \end{cases}$$

und

$$f_-(x) = \begin{cases} \left(\frac{x_1 \cdot \sin(\pi \cdot \sqrt{1-x_n^2})}{\sqrt{1-x_n^2}}, \ldots, \frac{x_{n-1} \cdot \sin(\pi \cdot \sqrt{1-x_n^2})}{\sqrt{1-x_n^2}}, -\cos(\pi \cdot \sqrt{1-x_n^2})\right), & -1 < x_n < 0, \\ (0, \ldots, 0, -1) & x_n = -1, \\ (0, \ldots, 0, 1) & x_n \geq 0. \end{cases}$$

Die Abbildung f_- ist homotop zur Identität auf S^d. Das kann man sich an Bildern veranschaulichen und durch die Angabe einer expliziten Homotopie beweisen. Wir bezeichnen mit arccos: $(-1, 1) \to (0, \pi)$ den Arkus-Kosinus. Eine Homotopie $h \colon S^{n-1} \times [0, 1] \to S^{n-1}$ ist dadurch gegeben, dass man $(x_1, x_2, \ldots, x_n, t)$ zuordnet

$$\begin{aligned} &\Bigg(\frac{x_1 \cdot \sin(t\pi\sqrt{1-x_n^2} + (1-t)\arccos(-x_n))}{\sqrt{1-x_n^2}}, \ldots, \frac{x_{n-1} \cdot \sin(t\pi\sqrt{1-x_n^2} + (1-t)\arccos(-x_n))}{\sqrt{1-x_n^2}}, \\ &\qquad -\cos(t\pi\sqrt{1-x_n^2} + (1-t)\arccos(-x_n))\Bigg) \quad -1 < x_n < 0, \\ &\Bigg(\frac{x_1 \cdot \sin(t\pi + (1-t)\arccos(-x_n))}{\sqrt{1-x_n^2}}, \ldots, \frac{x_{n-1} \cdot \sin(t\pi + (1-t)\arccos(-x_n))}{\sqrt{1-x_n^2}}, \\ &\qquad -\cos(t\pi + (1-t)\arccos(-x_n))\Bigg), \quad x_n \geq 0, \\ &(0, \ldots, 0, -1), \quad x_n = -1. \end{aligned}$$

Die Abbildung f_+ ist die Komposition der Abbildung f_- mit der Abbildung $S^{n-1} \to S^{n-1}$ die $(x_1, x_2, \ldots, x_n)$ auf $(x_1, x_2, \ldots, -x_n)$ abbildet. Aus Lemma 1.22 (b) folgt, dass $\text{Grad}(f_-) = 1$ und $\text{Grad}(f_+) = -1$ ist. Also ist das n-te Differential durch die Matrix $\begin{pmatrix} -1 & 1 \\ -1 & 1 \end{pmatrix}$ gegeben. Man rechnet nun leicht nach, dass wiederum gilt

$$\mathcal{H}_n(S^d) \cong H_n(C_*^{\mathcal{H}_*}(S^d)) \cong \begin{cases} \mathcal{H}_0(\{\bullet\}), & n = 0, d, \\ \{0\}, & \text{sonst.} \end{cases}$$

Bemerkung 3.39 (Triviale Differentiale). Sei X ein endlicher CW-Komplex. Falls alle Inzidenzzahlen $\text{inz}_{i,j}^n$ für $n \in \mathbb{Z}$, $n \geq 0$, $i \in I_n, j \in I_{n-1}$ verschwinden, sind alle Differentiale von $C_*^{\mathcal{H}_*}(X)$ trivial und es folgt

$$\mathcal{H}_n(X) \cong \bigoplus_{i \in I_n} \mathcal{H}_0(\{\bullet\}).$$

(Falls $\mathcal{H}_*$ das Axiom über disjunkte Vereinigungen erfüllt, so gilt dies für alle CW-Komplexe X.) Die Bedingung über die Inzidenzzahlen ist trivialerweise erfüllt, falls X nur Zellen in geraden Dimensionen hat. Das ist beispielsweise für den komplexen projektiven Raum $\mathbb{CP}^d$ für $d \in \mathbb{Z}$, $d \geq 0$ oder $d = \infty$ der Fall (siehe Beispiel 3.5). Daraus folgt

$$\mathcal{H}_n(\mathbb{CP}^d) \cong \begin{cases} \mathcal{H}_0(\{\bullet\}), & 0 \leq n \leq 2d \text{ und } n \text{ gerade}, \\ \{0\}, & \text{sonst.} \end{cases}$$

Beispiel 3.40. (Zelluläre Kettenkomplex von $\mathbb{RP}^d$). Sei $\mathbb{RP}^d$ der reelle projektive Raum für $d \in \mathbb{Z}$, $d \geq 0$ oder $d = \infty$. Wir versehen ihn mit der CW-Struktur, für die es für jedes $n \in \{0, 1, \ldots, d\}$ genau eine n-Zelle und keine weiteren Zellen gibt (siehe Beispiel 3.5). Also hat der zelluläre Kettenkomplex die Gestalt

$$\ldots 0 \to \mathcal{H}_0(\{\bullet\}) \xrightarrow{c_d} \mathcal{H}_0(\{\bullet\}) \xrightarrow{c_{d-1}} \ldots \xrightarrow{c_1} \mathcal{H}_0(\{\bullet\}) \to \{0\} \to \ldots$$

wobei die nicht-trivialen Kettenmoduln in den Dimensionen $0, 1, \ldots, d$ sitzen. Das erste Differential c_1 verschwindet, da es nur eine 0-Zelle gibt. Das Differential c_n für $n \geq 2$ ist Multiplikation mit dem Grad der folgenden Abbildung

$$g_n \colon S^{n-1} \xrightarrow{\text{pr}} \mathbb{RP}^{n-1} \xrightarrow{\text{pr}} \mathbb{RP}^{n-1}/\mathbb{RP}^{n-2} \xrightarrow{\overline{(Q^{n-1})}^{-1}} D^{n-1}/S^{n-2} \xrightarrow{\overline{u_{n-1}}} S^{n-1}$$

falls für die folgenden Abbildungen

$$f \colon D^n \to S^n, \qquad (x_1, x_2 \ldots, x_n) \mapsto \left(x_1, x_2 \ldots, x_n, \sqrt{1 - \sum_{i=1}^n x_i^2}\right)$$

und

$$Q^{n-1} \colon D^{n-1} \xrightarrow{f} S^{n-1} \xrightarrow{\text{pr}} \mathbb{RP}^{n-1}$$

die Abbildung $\overline{Q^{n-1}}$ der von Q^{n-1} induzierte Homöomorphismus ist und pr jeweils die offensichtliche Projektion bezeichnet. Für $x = (x_1, x_2, \ldots, x_n) \in S^{n-1}$ berechnet sich $g_n(x_1, \ldots, x_n)$ als

$$\begin{cases} \left(\frac{x_1 \cdot \sin(\pi\sqrt{1-x_n^2})}{\sqrt{1-x_n^2}}, \ldots, \frac{x_{n-1} \cdot \sin(\pi\sqrt{1-x_n^2})}{\sqrt{1-x_n^2}}, -\cos(\pi\sqrt{1-x_n^2})\right), & \text{falls } 0 \leq x_n < 1, \\ \left(\frac{-x_1 \cdot \sin(\pi\sqrt{1-x_n^2})}{\sqrt{1-x_n^2}}, \ldots, \frac{-x_{n-1} \cdot \sin(\pi\sqrt{1-x_n^2})}{\sqrt{1-x_n^2}}, -\cos(\pi\sqrt{1-x_n^2})\right), & \text{falls } -1 < x_n \leq 0, \\ (0, 0, \ldots, 1), & \text{falls } x_n = -1, 1. \end{cases}$$

Durch Konstruktion einer Homotopie ähnlich zu der aus Beispiel 3.38 zeigt man, dass g_n zu der folgenden Komposition homotop ist

$$S^{n-1} \xrightarrow{\nabla} S^{n-1} \vee S^{n-1} \xrightarrow{\mathrm{id} \vee s_n} S^{n-1}$$

wobei $s_n \colon S^{n-1} \to S^{n-1}$ die Abbildung $(x_1, \ldots, x_n) \mapsto (-x_1, \ldots, -x_n)$ ist, die Einpunkt-Vereinigung $S^{n-1} \vee S^{n-1}$ bezüglich des Basispunktes $(0, 0, \ldots, 0, 1)$ genommen wird und ∇ die Komposition von der Projektion $S^{n-1} \to S^{n-1}/S^{n-2}$ mit dem offensichtlichen Homöomorphismus $S^{n-1}/S^{n-2} \xrightarrow{\cong} S^{n-1} \vee S^{n-1}$ ist. Falls $\mathrm{pr}_k \colon S^{n-1} \vee S^{n-1} \to S^{n-1}$ die Projektion auf den k-ten Summanden ist, so ist die Komposition $\mathrm{pr}_k \circ \nabla$ homotop zur Identität. Daraus folgt, dass $\mathrm{Grad}(g_n) = \mathrm{Grad}(\mathrm{id}) + \mathrm{Grad}(s_n)$ gilt. Da $\mathrm{Grad}(s_n) = (-1)^n$ aus Lemma 1.22 (b) folgt, ist das Differential c_n gleich Null für ungerade n und Multiplikation mit 2 für gerade n. Daraus folgt

$$\mathcal{H}_n(\mathbb{RP}^d) \cong \begin{cases} \mathcal{H}_0(\{\bullet\}), & n = 0 \text{ oder } (n = d \text{ und } n \text{ ungerade}), \\ \mathrm{Kern}\left(2 \cdot \mathrm{id}_{\mathcal{H}_0(\{\bullet\})}\right), & 0 \leq n \leq d, \text{ und } n \text{ gerade}, \\ \mathrm{Kokern}\left(2 \cdot \mathrm{id}_{\mathcal{H}_0(\{\bullet\})}\right), & 0 \leq n \leq d, \text{ und } n \text{ ungerade}, \\ \{0\}, & n < 0 \text{ oder } n > d. \end{cases}$$

Falls $R = \mathbb{Z}$ ist, erhalten wir

$$\mathcal{H}_n(\mathbb{RP}^d) \cong \begin{cases} \mathbb{Z}, & n = 0 \text{ oder } (n = d \text{ und } n \text{ ungerade}), \\ \mathbb{Z}/2, & 0 \leq n \leq d-1, \ n \text{ ungerade}, \\ \{0\}, & n < 0 \text{ oder } n > d \text{ oder } n \text{ gerade}. \end{cases}$$

Falls $R = \mathbb{F}_2$ gilt, erhalten wir

$$\mathcal{H}_n(\mathbb{RP}^d) \cong \begin{cases} \mathbb{F}_2, & 0 \leq n \leq d, \\ \{0\}, & \text{sonst}. \end{cases}$$

Falls $R = \mathbb{Q}$ ist, erhalten wir

$$\mathcal{H}_n(\mathbb{RP}^d) \cong \begin{cases} \mathbb{Q}, & n = 0 \text{ oder } (n = d \text{ und } n \text{ ungerade}), \\ \{0\}, & \text{sonst}. \end{cases}$$

Beispiel 3.41 (Homologie von Flächen). Sei M eine kompakte zusammenhängende Fläche ohne Rand. Die Klassifikation von solchen Räumen besagt, dass sie entweder homöomorph zu S^2 ist oder sie sich genau durch ein Wort der folgenden Gestalt beschreiben läßt:

$$\begin{array}{ll} a_1 a_2 a_1^{-1} a_2^{-1} \ldots a_{2g-1} a_{2g} a_{2g-1}^{-1} a_{2g}^{-1} & g \geq 1, \\ a_1 a_1 a_2 a_2 \ldots a_g a_g & g \geq 1. \end{array}$$

Diese Beschreibung ist folgendermaßen zu verstehen.

Figur 3.42. (Beschreibung einer Fläche durch ein Wort).

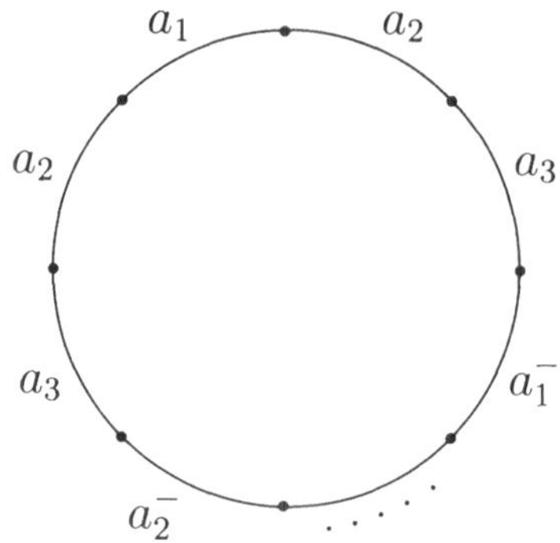

Man unterteile den Rand S^1 der Kreisscheibe D^2 in $2n$ Bögen der gleichen Länge, wobei $n = 2g$ im ersten und $n = g$ im zweiten Fall ist. Die Teilungspunkte in komplexen Koordinaten sind also $\exp(0)$, $\exp(\pi i/n)$, $\exp(2\pi i/n)$, ..., $\exp((2n-1)\pi i/n)$. Wir wollen paarweise die Bögen auf dem Rand durch Homöomorphismen identifizieren. Wir durchlaufen S^1 entegen dem Uhrzeigersinn beginnend mit dem Bogen von $\exp(0)$ nach $\exp(\pi i/n)$. Wir bezeichnen die Bögen mit Buchstaben $a_1, a_2, \ldots, a_n$, solange der Bogen nicht mit einem bereits durchlaufenden Bogen identifiziert werden soll. Falls wir nun einen Bogen treffen, der mit a_i verheftet werden soll, so bezeichnen wir diesen Bogen mit a_i^{-1} oder a_i, je nachdem, ob bei der Identifizierung die Durchlaufrichtung geändert wird oder nicht. Die Identifizierung geschieht durch Homöomorphismen der Gestalt

$$\exp((k+t)\cdot \pi i/n) \mapsto \exp((l+t)\cdot \pi i/n)$$

oder

$$\exp((k+t)\cdot \pi i/n) \mapsto \exp((l+1-t)\cdot \pi i/n)$$

für $t \in [0,1]$ und feste Werte $k, l \in \{1, 2, \ldots, 2n\}, k \neq l$. In diesem Sinne beschreiben die obigen Worte, wie man die Bögen paarweise identifiziert, um die zugehörige Fläche zu erhalten.

Wir bezeichnen im Folgenden mit F_0^+ die Sphäre S^2, mit F_g^+ die Fläche zum Wort $a_1 a_2 a_1^{-1} a_2^{-1} \ldots a_{2g-1} a_{2g} a_{2g-1}^{-1} a_{2g}^{-1}$ und mit F_g^- die Fläche zum Wort $a_1 a_1 b_1 b_1 \ldots a_g a_g$. Wir nennen F_g^+ die *orientierbare geschlossene Fläche vom Geschlecht* $g \geq 1$ und F_g^- die *nicht-orientierbare geschlossene Fläche vom Geschlecht* $g \geq 1$. Wir nennen $F_0^+ = S^2$ auch die orientierbare geschlossene Fläche vom Geschlecht 0. Der Torus T^2 ist homöomorph zu F_1^+, der 2-dimensionale reelle projektive Raum $\mathbb{RP}^2$ ist homöomorph zu F_1^- und der 1-dimensionale komplexe projektive Raum $\mathbb{CP}^1$ ist homöomorph zu $F_0^+ = S^2$. Die Fläche F_2^- heißt auch *kleinsche Flasche.* Die Klassifikation von zusammenhängenden geschlossenen 2-dimensionalen Mannigfaltigkeiten besagt, dass jeder solcher Raum zu einem der Modelle F_g^+ für $g \in \mathbb{Z}, g \geq 0$ oder F_g^- für $g \in \mathbb{Z}, g \geq 1$ homöomorph ist (siehe [38, Satz 4.9 in II auf Seite 75]).

Figur 3.43. (Orientierbare Fläche vom Geschlecht g).

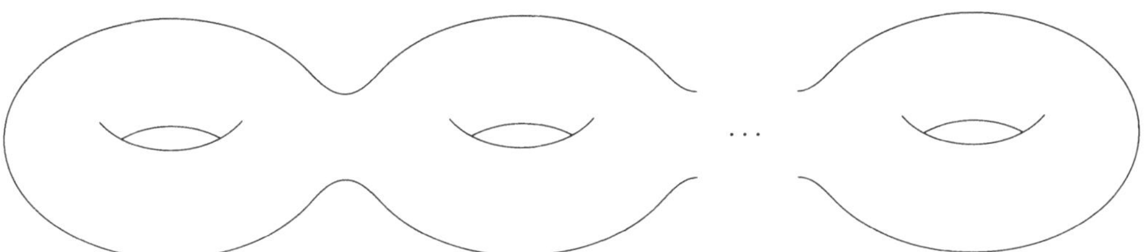

Wir wollen die Homologie einer solchen Fläche berechnen. Dazu überlegt man sich, dass die Beschreibung durch ein Wort eine spezielle CW-Struktur auf F_g^+ und F_g^- liefert. Wir definieren zu dem Wort $w = a_1 a_2 a_1^{-1} a_2^{-1} \ldots a_{2g-1} a_{2g} a_{2g-1}^{-1} a_{2g}^{-1}$ bzw. zu dem Wort $w = a_1 a_1 a_2 a_2 \ldots a_g a_g$ folgendermaßen eine Abbildung $q_w \colon S^1 \to \bigvee_{j=1}^{2g} S^1$ bzw. $q_w \colon S^1 \to \bigvee_{j=1}^{g} S^1$. Betrachten wir den Bogen von $\exp((k-1)\pi i/4g)$ nach $\exp(k\pi i/4g)$ bzw. den Bogen von $\exp((k-1)\pi i/2g)$ nach $\exp(k\pi i/2g)$. Sei $a_l^{\varepsilon_l}$ für $\varepsilon_l \in \{\pm 1\}$ der zugehörige Buchstabe. Dann bilden wir den Bogen auf den l-ten Summanden S^1 in $\bigvee_{j=1}^{2g} S^1$ bzw. $\bigvee_{j=1}^{g} S^1$ ab, und zwar indem wir $\exp((k-1+t)\pi i/4g)$ bzw. $\exp((k-1+t)\pi i/2g)$ auf $\exp\left((2\pi(\varepsilon t + (1-\varepsilon)/2))\right)$ schicken. Dann ist offensichtlich F_g^+ bzw. F_g^- durch folgendes Pushout gegeben

$$\begin{array}{ccc} S^1 & \xrightarrow{q_w} & \bigvee_{j=1}^{2g} S^1 \\ \downarrow & & \downarrow \\ D^2 & \longrightarrow & F_g^+ \end{array}$$

bzw.

$$\begin{array}{ccc} S^1 & \xrightarrow{q_w} & \bigvee_{j=1}^{g} S^1 \\ \downarrow & & \downarrow \\ D^2 & \longrightarrow & F_g^- \end{array}$$

Das beschreibt eine CW-Struktur auf F_g^+ bzw. F_g^- mit einer 0-Zelle, $2g$ bzw. g vielen 1-Zellen und einer 2-Zelle. Man rechnet leicht nach, dass im Fall F_g^+ die Komposition von f_w mit der Projektion $\mathrm{pr}_k \colon \bigvee_{j=1}^{2g} S^1 \to S^1$ auf den k-ten Summanden homotop zu einer konstanten Abbildung ist und daher den Abbildungsgrad 0 hat und dass im Fall F_g^- die Komposition von q_w mit der Projektion $\mathrm{pr}_k \colon \bigvee_{j=1}^{g} S^1 \to S^1$ auf den k-ten Summanden homotop zur Abbildung $S^1 \to S^1$, $z \mapsto z^2$ ist und daher den Abbildungsgrad 2 hat. Also hat der zelluläre Kettenkomplex $C_*^{\mathcal{H}_*}(F_g^+)$ die Gestalt

$$\ldots \to \{0\} \to \mathcal{H}_0(\{\bullet\}) \xrightarrow{0} \bigoplus_{j=1}^{2g} \mathcal{H}_0(\{\bullet\}) \xrightarrow{0} \mathcal{H}_0(\{\bullet\}) \to 0 \to \ldots$$

und der zelluläre Kettenkomplex $C_*^{\mathcal{H}_*}(F_g^-)$ die Gestalt

$$\ldots \to \{0\} \to \mathcal{H}_0(\{\bullet\}) \xrightarrow{(2,2,\ldots,2)} \bigoplus_{j=1}^{g} \mathcal{H}_0(\{\bullet\}) \xrightarrow{0} \mathcal{H}_0(\{\bullet\}) \to 0 \to \ldots$$

Daraus folgt zusammen mit der Berechnung der Homologie von S^2 aus (1.14) für $g \in \mathbb{Z}$, $g \geq 0$

$$\mathcal{H}_n(F_g^+) \cong \begin{cases} \mathcal{H}_0(\{\bullet\}), & n = 0, 2, \\ \bigoplus_{j=1}^{2g} \mathcal{H}_0(\{\bullet\}) & n = 1, \\ \{0\}, & \text{sonst.} \end{cases}$$

und für $g \in \mathbb{Z}, g \geq 1$

$$\mathcal{H}_n(F_g^-) \cong \begin{cases} \mathcal{H}_0(\{\bullet\}), & n = 0, \\ \text{Kokern}\left(2 \cdot \mathrm{id}_{\mathcal{H}_0(\{\bullet\})}\right) \oplus \bigoplus_{j=1}^{g-1} \mathcal{H}_0(\{\bullet\}), & n = 1, \\ \{0\}, & \text{sonst.} \end{cases}$$

Diese Berechnung impliziert, dass die Räume F_g^+ und F_g^- paarweise nicht homotopieäquivalent und erst recht nicht homöomorph sind. Insbesondere sind zwei kompakte 2-dimensionale Mannigfaltigkeiten ohne Rand genau dann homöomorph, wenn sie homotopieäquivalent sind. Die entsprechende Aussage gilt nicht mehr für n-dimensionale geschlossene Mannigfaltigkeiten, falls $n \geq 3$ ist.

3.5 Eindeutigkeit der Homologie für *CW*-Komplexe

In diesem Abschnitt zeigen wir, dass es für *CW*-Komplexe nur genau eine Homologietheorie $\mathcal{H}_*$ mit Werten in R-Moduln gibt, die das Dimensionsaxiom und das Axiom über disjunkte Vereinigungen erfüllt, falls man den R-Modul $\mathcal{H}_0(\{\bullet\})$ vorschreibt. Im Grunde genommen haben wir schon alles dazu Notwendige konstruiert, wir müssen uns nur noch mit der Auswahl der zellulären Pushouts beschäftigen, die ja nicht zur Struktur eines *CW*-Komplexes gehört.

Sei (X, A) ein Paar von *CW*-Komplexen. Eine *Zellenorientierung* $\mathcal{O} = \mathcal{O}(X, A)$ ist eine Auswahl von Homotopieklassen $[P_i^n]$ von Homotopieäquivalenzen $P_i^n \colon S^n \to \overline{e_i^n}/\partial e_i^n$ für jede offene Zelle e_i^n der Dimension $n \geq 1$ in $X - A$.

Sei eine Zellenorientierung $\mathcal{O}$ gegeben. Nehmen wir an, dass wir für jedes $n \in \mathbb{Z}$, $n \geq 0$ ein Pushout

$$\begin{array}{ccc} \coprod_{i \in I_n} S^{n-1} & \xrightarrow{\coprod_{i \in I_n} q_i^n} & X_{n-1} \\ {\scriptstyle \coprod_{i \in I_n} j_i}\downarrow & & \downarrow{\scriptstyle k_n} \\ \coprod_{i \in I_n} D^n & \xrightarrow[\coprod_{i \in I_n} Q_i^n]{} & X_n \end{array}$$

gewählt haben. Wir nennen diese Auswahl ***kompatibel mit*** $\mathcal{O}$, falls die Komposition der Abbildung $P_i^n \colon S^n \to \overline{e_i^n}/\partial e_i^n$ mit dem Standardhomöomorphismus $\overline{u_n} \colon D^n/S^{n-1} \to S^n$ aus (3.26) homotop zu dem Homöomorphismus $Q_i^n/q_i^n \colon D^n/S^{n-1} \to \overline{e_i^n}/\partial e_i^n$ ist. Man überprüft nun leicht, dass die Abbildungen $\nu_n \colon \bigoplus_{i \in I_n} \mathcal{H}_0(\{\bullet\}) \xrightarrow{\cong} \mathcal{H}_n(X_n, X_{n-1})$ aus (3.29) nur von $\mathcal{O}$, aber nicht von der Wahl der Pushouts abhängen. Die Abhängigkeit von $\mathcal{O}$ sieht folgendermaßen aus.

Seien $\mathcal{O} = \{[P_i^n]\}$ und $\overline{\mathcal{O}} = \{[\overline{P}_i^n]\}$ zwei Zellenorientierungen von (X, A). Für eine offene Zelle e_i^n der Dimension $n \geq 1$ sei $\varepsilon_i^n(\mathcal{O}, \overline{\mathcal{O}}) \in \{\pm 1\}$ der Grad der Abbildung $(\overline{P}_i^n)^{-1} \circ P_i^n \colon S^n \to S^n$ für irgendein Homotopieinverses $(\overline{P}_i^n)^{-1}$ von $\overline{P}_i^n$. Setze $\varepsilon_i^n(\mathcal{O}, \overline{\mathcal{O}}) := 1$ für $n = 0$. Dann gilt für alle $n \in \mathbb{Z}, n \geq 0$ und $i \in I_n$

$$\nu_n(\overline{\mathcal{O}}) \quad = \quad \nu_n(\mathcal{O}) \circ \bigoplus_{i \in I_n} \varepsilon_i^n(\mathcal{O}, \overline{\mathcal{O}}) \cdot \mathrm{id}_{\mathcal{H}_0(\{\bullet\})} \,. \tag{3.44}$$

Aus Lemma 3.36 angewandt auf den Fall $\mathcal{H}_* = H_*^{\mathrm{sing}}(-;R)$ folgt, dass die Inzidenzzahlen $\mathrm{inz}_{i,j}^n$ aus (3.35) nur von $\mathcal{O}$, aber nicht von der Wahl der Pushouts abhängen. Die Abhängigkeit von $\mathcal{O}$ sieht folgendermaßen aus. Es gilt für alle $n \geq 1$, $i \in I_n$ und $j \in I_{n-1}$

$$\varepsilon_i^n(\mathcal{O}, \overline{\mathcal{O}}) \cdot \varepsilon_j^{n-1}(\mathcal{O}, \overline{\mathcal{O}}) \cdot \mathrm{inz}_{i,j}^n(\mathcal{O}) \quad = \quad \mathrm{inz}_{i,j}^n(\overline{\mathcal{O}}). \tag{3.45}$$

Definiere nun für das Paar (X, A) nach Wahl einer Zellenorientierung $\mathcal{O}$ den zellulären Kettenkomplex $C_*^{\mathrm{cell}}(X, A; R, \mathcal{O})$ durch

$$C_n^{\mathrm{cell}}(X, A; R, \mathcal{O}) := \bigoplus_{i \in I_n} R$$

und als n-tem Differential die Abbildung aus Lemma 3.36

$$\bigoplus_{i \in I_n} R \xrightarrow{\mathrm{INZ}_n} \bigoplus_{i \in I_{n-1}} R.$$

Aus Lemma 3.36 angewandt auf den Fall $\mathcal{H}_* = H_*^{\mathrm{sing}}(-;R)$ folgt, dass dies in der Tat ein R-Kettenkomplex ist.

Sei nun $\mathcal{H}_*$ eine Homologietheorie mit Werten in R-Moduln, die das Dimensionsaxiom und das Axiom über die disjunkte Vereinigung erfüllt. Aus Satz 3.22 (b) und Lemma 3.36 erhalten wir einen in (X, A) natürlichen Isomorphismus

$$\omega_n(X, A; \mathcal{H}_0(\{\bullet\}), \mathcal{O}) \colon H_n\left(C_*^{\mathrm{cell}}(X, A; R, \mathcal{O}) \otimes_R \mathcal{H}_0(\{\bullet\})\right) \quad \xrightarrow{\cong} \quad \mathcal{H}_n(X, A). \tag{3.46}$$

Falls $\overline{\mathcal{O}}$ eine zweite Zellenorientierung ist, definiere den Kettenisomorphismus

$$\tau_*(X, A; R, \mathcal{O}, \overline{\mathcal{O}}) \colon C_*(X, A; R, \mathcal{O}) \quad \xrightarrow{\cong} \quad C_*(X, A; R, \overline{\mathcal{O}}) \tag{3.47}$$

durch

$$\tau_*(X, A; R, \mathcal{O}, \overline{\mathcal{O}}) = \bigoplus_{i \in I_n} \varepsilon_i^n(\mathcal{O}, \overline{\mathcal{O}}) \cdot \mathrm{id}_R \,.$$

Dies ist mit den Differentialen wegen (3.45) verträglich. Zudem folgt aus (3.44)

$$\begin{aligned} \omega_n(X, A; \mathcal{H}_0(\{\bullet\}), \overline{\mathcal{O}}) \circ H_n\left(\tau_*(X, A; R, \mathcal{O}, \overline{\mathcal{O}}) \otimes_R \mathcal{H}_0(\{\bullet\})\right) & \\ = \omega_n(X, A; \mathcal{H}_0(\{\bullet\}), \mathcal{O}). & \end{aligned} \tag{3.48}$$

Nun organisieren wir die verschiedenen R-Kettenkomplexe $C_*(X, A; R, \mathcal{O})$ in einen von der Auswahl von $\mathcal{O}$ unabhängigen R-Kettenkomplex mit Hilfe der Kettenisomorphismen $\tau_*(X, A; R, \mathcal{O}, \overline{\mathcal{O}})$. Sei $ZO(X, A)$ die Menge der Zellenorientierungen auf (X, A). Betrachte für $n \in \mathbb{Z}$ die Menge $\coprod_{\mathcal{O} \in ZO(X,A)} C_n^{\mathrm{cell}}(X, A; R, \mathcal{O})$. Darauf definieren wir die Äquivalenzrelation $\sim$, indem wir für $x \in C_n^{\mathrm{cell}}(X, A; R, \mathcal{O})$ und $y \in C_n^{\mathrm{cell}}(X, A; R, \overline{\mathcal{O}})$ definieren

$$x \sim y \Leftrightarrow y = \tau_*(X, A; R, \mathcal{O}, \overline{\mathcal{O}})(x).$$

Dies ist in der Tat eine Äquivalenzrelation, denn es gilt

$$\tau_*(X,A;R,\mathcal{O},\overline{\mathcal{O}}) \circ \tau_*(X,A;R,\overline{\mathcal{O}},\overline{\overline{\mathcal{O}}}) \;=\; \tau_*(X,A;R,\mathcal{O},\overline{\overline{\mathcal{O}}})$$

und

$$\tau_*(X,A;R,\mathcal{O},\mathcal{O}) = \mathrm{id}\,.$$

Definiere die Menge

$$C_n^{\mathrm{cell}}(X,A;R) \;:=\; \coprod_{\mathcal{O}\in ZO(X,A)} C_n^{\mathrm{cell}}(X,A;R,\mathcal{O}) \,/\sim .$$

Man überprüft nun leicht, dass die R-Kettenkomplexstrukturen auf den einzelnen R-Kettenkomplexen $C_*^{\mathrm{cell}}(X,A;R,\mathcal{O})$ eine R-Kettenkomplexstruktur auf $C_*(X,A;R)$ definieren. Beachte, dass $C_*^{\mathrm{cell}}(X,A;R)$ nur von der CW-Struktur auf (X,A) abhängt. Wir haben die Abhängigkeit von der Zellenorientierung eliminiert, indem wir alle Möglichkeiten inklusive deren Transformationsverhalten gleichzeitig betrachten, wir haben sozusagen über alle Wahlen integriert.

Definition 3.49 (Zellulärer Kettenkomplex). *Wir nennen* $C_*^{\mathrm{cell}}(X,A;R)$ *den* zellulären R-Kettenkomplex von (X,A) *und* $H_n^{\mathrm{cell}}(X,A;R) := H_n(C_*^{\mathrm{cell}}(X,A;R))$ *die* zelluläre R-Homologie von (X,A).

Oftmals schreiben wir nur $H_n(X,A;R)$ *anstelle von* $H_n^{\mathrm{cell}}(X,A;R)$. *Im Fall* $R=\mathbb{Z}$ *schreiben wir auch* $H_n(X,A)$ *anstelle von* $H_n^{\mathrm{cell}}(X,A;\mathbb{Z})$.

Eine zelluläre Abbildung $g\colon (X,A)\to(Y,B)$ induziert offensichtlich eine Kettenabbildung $C_*^{\mathcal{H}_*}(g)\colon C_*^{\mathcal{H}_*}(X,A)\to C_*^{\mathcal{H}_*}(X,A)$. Zu einer offenen n-Zelle e_i^n zu $i\in I_n(X,A)$ und einer offenen n-Zelle f_j^n zu $j\in I_n(Y,B)$ definiere man die Inzidenzzahl

$$\mathrm{inz}_{i,j}^n(g) \;\in\; \mathbb{Z} \tag{3.50}$$

für $n\geq 1$ als den Abbildungsgrad der Komposition

$$S^n \xrightarrow{(u_n)^{-1}} D^n/S^{n-1} \xrightarrow{Q_i^n(X)/q_i^n(X)} X_n/X_{n-1} \xrightarrow{g|_{X_n}/g|_{X_{n-1}}} Y_n/Y_{n-1}$$
$$\xrightarrow{\mathrm{pr}} Y_n/(Y_n-f_j^n) \xrightarrow{(Q_j^n(Y)/q_j^n(Y))^{-1}} D^n/S^{n-1} \xrightarrow{\overline{u_n}} S^n$$

und für $n=0$ als 1, falls $g(e_i^0)=f_j^0$ ist, und als 0, falls $g(e_i^0)\neq f_j^0$ gilt. Analog zu Lemma 3.36 beweist man

Lemma 3.51. *Folgendes Diagramm kommutiert*

$$\begin{array}{ccc}
\bigoplus_{i\in I_n(X,A)}\mathcal{H}_0(\{\bullet\}) & \xrightarrow{\mathrm{INZ}_n(g)} & \bigoplus_{j\in I_n(Y,B)}\mathcal{H}_0(\{\bullet\}) \\
\nu_n\downarrow\cong & & \nu_n\downarrow \\
C_n^{\mathcal{H}_*}(X,A) & \xrightarrow{C_n^{\mathcal{H}_*}(g)} & C_n^{\mathcal{H}_*}(Y,B)
\end{array}$$

wobei ν_n *der Isomorphismus aus* (3.29) *ist und* $\mathrm{INZ}_n(g)$ *die Matrix ist, deren Eintrag zu* $i\in I_n(X,A)$ *und* $j\in I_n(Y,B)$ *die Inzidenzzahl* $\mathrm{inz}_{i,j}^n(g)$ *aus* (3.50) *ist.*

Wegen des obigen Lemmas 3.51 liefert g eine Kettenabildung $C_*^{\mathrm{cell}}(g)\colon C_*^{\mathrm{cell}}(X,A)\to$ ${}^{\mathrm{cell}}(Y,B)$.

Definition 3.52 (Äquivalenz von Homologietheorien). *Seien $\mathcal{H}_*$ und $\mathcal{K}_*$ zwei Homologietheorien mit Werten in R-Moduln, die auf* TOP^2 *oder auf der Kategorie der Paare von CW-Komplexen mit zellulären Abbildungen als Morphismen* $\mathsf{CW\text{-}Komplexe}^2$ *definiert sind. Eine* natürliche Transformation von Homologietheorien

$$\omega_*\colon \mathcal{H}_* \to \mathcal{K}_*$$

ordnet jedem topologischen Paar bzw. jedem Paar von CW-Komplexen (X, A) und jedem $n \in \mathbb{Z}$ einen R-Homomorphismus

$$\omega_n(X, A)\colon \mathcal{H}_n(X, A) \to \mathcal{K}_n(X, A)$$

derart zu, dass Natürlichkeit in (X, A) und Kompatibilität mit den Randoperatoren der langen exakten Homologiesequenz von Paaren gilt.

Es ist ω_* eine natürliche Äquivalenz von Homologietheorien, *falls jedes $\omega_n(X, A)$ ein R-Isomorphismus ist.*

Aus den obigen Konstruktionen folgt:

Satz 3.53 (Zelluläre Homologie und Eindeutigkeit von Homologie).

(a) Es ist $H_*(X, A; R)$ eine Homologietheorie mit Werten in R-Moduln auf der Kategorie $\mathsf{CW\text{-}Komplexe}^2$ *der Paare von CW-Komplexen, die das Dimensionsaxiom und das Axiom über disjunkte Vereinigungen erfüllt. Es gibt eine kanonische Identifizierung $H_0(\{\bullet\}; R) \xrightarrow{\cong} R$.*

(b) Sei $\mathcal{H}_*$ eine Homologietheorie mit Werten in R-Moduln auf der Kategorie der Paare von CW-Komplexen, die das Dimensionsaxiom und das Axiom über disjunkte Vereinigungen erfüllt. Dann gibt es eine natürliche Äquivalenz von Homologietheorien

$$\omega_*\colon H_*(-; \mathcal{H}_0(\{\bullet\})) \xrightarrow{\cong} \mathcal{H}_*$$

derart, dass $\omega_0(\{\bullet\})\colon H_*(\{\bullet\}; \mathcal{H}_0(\{\bullet\})) = \mathcal{H}_0(\{\bullet\}) \xrightarrow{\cong} \mathcal{H}_0(\{\bullet\})$ die Identität ist.

(c) Seien $\mathcal{H}_*$ und $\mathcal{K}_*$ zwei Homologietheorien mit Werten in R-Moduln auf der Kategorie $\mathsf{CW\text{-}Komplexe}^2$*, die das Dimensionsaxiom und das Axiom über disjunkte Vereinigungen erfüllen. Sei $f\colon \mathcal{H}_0(\{\bullet\}) \to \mathcal{K}_0(\{\bullet\})$ ein R-Homomorphismus. Dann gibt es eine natürliche Transformation*

$$\omega_*^f\colon \mathcal{H}_* \to \mathcal{K}_*$$

derart, dass $\omega_0^f(\{\bullet\}) = f\colon \mathcal{H}_0(\{\bullet\}) \to \mathcal{K}_0(\{\bullet\})$ gilt. Falls f ein Isomorphismus ist, dann ist ω_*^f eine natürliche Äquivalenz von Homologietheorien.

Bemerkung 3.54. (Rolle des Dimensionsaxioms und des Axioms über disjunkte Vereinigungen). In Satz 3.53 (b) und (c) kann man nicht auf das Dimensionsaxiom verzichten. Folgende Version von Satz 3.53 (c) ist aber noch richtig. Sei $\omega_*\colon \mathcal{H}_* \to \mathcal{K}_*$ eine Transformation von Homologietheorien mit Werten in R-Moduln auf der Kategorie $\mathsf{CW\text{-}Komplexe}^2$, die das Axiom über disjunkte Vereinigungen erfüllen. Falls $\omega_n(\{\bullet\})\colon \mathcal{H}_n(\{\bullet\}) \to \mathcal{H}_n(\{\bullet\})$ für alle $n \in \mathbb{Z}$ ein Isomorphismus ist, dann ist ω_* eine natürliche Äquivalenz. Es ist (ohne das Dimensionsaxiom) im Allgemeinen nicht richtig, dass es zu einer Familie von Isomorphismen $\mu_n\colon \mathcal{H}_n(\{\bullet\}) \xrightarrow{\cong} \mathcal{K}_n(\{\bullet\})$ eine natürliche Äquivalenz $\omega_*\colon \mathcal{H}_* \to \mathcal{K}_*$ mit $\omega_n(\{\bullet\}) = \mu_n$ für alle $n \in \mathbb{Z}$ gibt.

Falls man in Satz 3.53 (b) und (c) auf die Bedingung verzichten will, dass die Homologietheorien das Axiom über disjunkte Vereinigungen erfüllt, muss man sich auf die Kategorie der Paare von endlichen CW-Komplexen beschränken.

Ausblick 3.55 (Homologischer Chern-Charakter). Sei $\mathcal{H}_*$ eine Homologietheorie mit Werten in R-Moduln auf der Kategorie $\mathsf{CW\text{-}Komplexe}^2$, die das Axiom über disjunkte Vereinigungen erfüllt. Es sei vorausgesetzt, dass der Ring R die rationalen Zahlen $\mathbb{Q}$ enthält. Dann erhalten wir eine Homologietheorie mit Werten in R-Moduln auf der Kategorie $\mathsf{CW\text{-}Komplexe}^2$, die das Axiom über disjunkte Vereinigungen erfüllt, indem wir $n \in \mathbb{Z}$ den R-Modul

$$\bigoplus_{p+q=n} H_p(X,A;R) \otimes_R \mathcal{H}_q(\{\bullet\})$$

zuordnen. Es ist offensichtlich, wie man den Randoperator der langen Homologiesequenz des Paares definiert. Dann gibt es eine natürliche Äquivalenz von Homologietheorien, den *homologischen Chern-Charakter* auf $\mathsf{CW\text{-}Komplexe}^2$

$$\mathrm{Chern}_n : \bigoplus_{p+q=n} H_p(X,A;R) \otimes_R \mathcal{H}_q(\{\bullet\}) \xrightarrow{\cong} \mathcal{H}_n(X,A).$$

Konstruiert wurde sie von Dold [6] mit Hilfe stabiler Homotopietheorie und des Satzes von Serre [17], [33] dass die Hurewicz-Abbildung einen Isomorphismus

$$R \otimes_{\mathbb{Z}} \pi_n^s(X) \xrightarrow{\cong} H_n(X,A;R)$$

induziert, falls $\mathbb{Q} \subseteq R$ gilt.

Die Bedingung $\mathbb{Q} \subseteq R$ ist essentiell. Falls man $R = \mathbb{Z}$ wählt, existiert Chern_* nicht, und man muss die Atiyah-Hirzebruch-Spektralsequenz verwenden, um $\mathcal{H}_n(X,A)$ aus $H_p(X,A;\mathbb{Z})$ und $\mathcal{H}_q(\{\bullet\})$ zu berechnen. Für $\mathbb{Q} \subseteq R$ besagt die Existenz des Chern-Charakters gerade, dass diese Spektralsequenz kollabiert.

Bemerkung 3.56. Es gibt Homologietheorien $\mathcal{H}_*$ und $\mathcal{K}_*$ mit Werten in R-Moduln auf TOP^2, die das Dimensionsaxiom, das Axiom über disjunkte Vereinigungen und $\mathcal{H}_0(\{\bullet\}) \cong \mathcal{K}_0(\{\bullet\})$ erfüllen, aber für die es topologische Räume X und $n \in \mathbb{Z}$ mit $\mathcal{H}_n(X) \not\cong \mathcal{K}_n(X)$ gibt. Natürlich kann X kein CW-Komplex sein, da sich sonst ein Widerspruch zu Satz 3.53 (c) ergäbe.

Bemerkung 3.57. (Direkte Konstruktion der zellulären Homologie). Die Konstruktion von $C_*^{\mathrm{cell}}(X,A)$ und den Nachweis, dass $H_*^{\mathrm{cell}}(X,A)$ eine Homologietheorie auf der Kategorie $\mathsf{CW\text{-}Komplexe}^2$ definiert, die das Dimensionsaxiom und das Axiom über disjunkte Vereinigungen erfüllt, kann man direkt durchführen, ohne vorher irgendeine andere Homologietheorie wie die singuläre Homologietheorie definiert zu haben. Man braucht nur die Bijektion

$$\mathbb{Z} \xrightarrow{\cong} [S^d, S^d], \qquad n \mapsto [\Sigma^{d-1} f_n]$$

aus Lemma 3.19 (b) zu kennen. Man definiert $C_*^{\mathrm{cell}}(X,A)$ und $C_*^{\mathrm{cell}}(g)$ für eine zelluläre Abildung g mit Hilfe von Inzidenzzahlen. Man muss dann als erstes direkt nachweisen, dass $C_*^{\mathrm{cell}}(X,A)$ ein Kettenkomplex und $C_*^{\mathrm{cell}}(g)$ eine Kettenabbildung ist. Danach ist der Beweis der Axiome einer Homologietheorie nicht mehr sehr schwer, wie wir als nächstes erläutern.

Sei ein zelluläres Pushout

$$\begin{array}{ccc} X_0 & \xrightarrow{f} & X_1 \\ {\scriptstyle j}\downarrow & & \downarrow{\scriptstyle \overline{j}} \\ X_2 & \xrightarrow[\overline{f}]{} & X \end{array}$$

gegeben. Dann folgt direkt aus Lemma 3.10, dass $(\overline{f}, f)$ einen Isomorphismus von R-Kettenkomplexen $C_*^{\mathrm{cell}}(\overline{f}, f)\colon C_*^{\mathrm{cell}}(X_2, X_0) \to C_*^{\mathrm{cell}}(X, X_1)$ und damit für alle $n \in \mathbb{Z}$ Isomorphismen $H_n^{\mathrm{cell}}(\overline{f}, f)\colon H_n^{\mathrm{cell}}(X_2, X_0) \to H_n^{\mathrm{cell}}(X, X_1)$ induziert. Das entspricht dem Ausschneidungsaxiom.

Sei $h\colon (X, A) \times [0,1] \to (Y, B)$ eine zelluläre Homotopie zwischen f_0 und f_1. Versehen wir $[0,1]$ mit der CW-Struktur mit $\{0\}$ und $\{1\}$ als 0-Zellen und einer 1-Zelle, so erhalten wir aufgrund von Lemma 3.13 eine Identifizierung

$$C_n^{\mathrm{cell}}(X, A) \oplus C_n^{\mathrm{cell}}(X, A) \oplus C_{n-1}^{\mathrm{cell}}(X, A) \;=\; C_n^{\mathrm{cell}}((X, A) \times [0,1]).$$

Unter dieser Identifizierung wird aus $C_n^{\mathrm{cell}}(h)$ die Abbildung der Gestalt

$$C_n^{\mathrm{cell}}(f_0) \oplus C_n^{\mathrm{cell}}(f_1) \oplus u_{n-1}\colon C_n^{\mathrm{cell}}(X, A) \oplus C_n^{\mathrm{cell}}(X, A) \oplus C_{n-1}^{\mathrm{cell}}(X, A) \to C_n^{\mathrm{cell}}(Y)$$

und aus dem n-ten Differential von $C_*^{\mathrm{cell}}((X, A) \times [0,1])$ die Abbildung

$$\begin{pmatrix} c_n & 0 & (-1)^n \\ 0 & c_n & (-1)^{n-1} \\ -\mathrm{id} & \mathrm{id} & c_{n-1} \end{pmatrix} : C_n^{\mathrm{cell}}(X, A) \oplus C_n^{\mathrm{cell}}(X, A) \oplus C_{n-1}^{\mathrm{cell}}(X, A)$$
$$\to C_{n-1}^{\mathrm{cell}}(X, A) \oplus C_{n-1}^{\mathrm{cell}}(X, A) \oplus C_{n-2}^{\mathrm{cell}}(X, A).$$

Da $C_n^{\mathrm{cell}}(h)$ eine Kettenabbildung ist, folgt für $v_n := (-1)^n \cdot u_n$

$$c_{n+1} \circ v_n + v_{n-1} \circ c_n = C_n^{\mathrm{cell}}(f_1) - C_n^{\mathrm{cell}}(f_0).$$

Also ist v_* eine Kettenhomotopie zwischen $C_*^{\mathrm{cell}}(f_1)$ und $C_*^{\mathrm{cell}}(f_0)$. Dies motiviert auch gleichzeitig, warum man den Begriff der Kettenhomotopie so wie in Definition 2.4 einführt.

Die lange Homologiesequenz eines Paares (X, A) kommt von der offensichtlichen kurzen exakten Sequenz $0 \to C_*^{\mathrm{cell}}(A) \to C_*^{\mathrm{cell}}(X) \to C_*^{\mathrm{cell}}(X, A) \to 0$ und Satz 2.6.

Der Nachweis des Dimensionsaxioms und des Axioms über disjunkte Vereinigungen ist trivial.

3.6 Simpliziale Komplexe und simpliziale Homologie

Will man eine möglichst kombinatorische Beschreibung von Räumen geben, sollte man simpliziale Komplexe betrachten.

Ein ***simplizialer Komplex*** $K = (E, S)$ besteht aus einer Menge E, deren Elemente Ecken heißen, und einer Menge S von endlichen nicht-leeren Teilmengen von E. Elemente von S der Mächtigkeit $(q+1)$ heißen *q-Simplizes* von K. Es sollen die folgenden Axiome gelten: i.) Jede Teilmenge aus E, die aus einem Element besteht, gehört zu S. ii.) Falls $s \in S$ und $t \subseteq s$ eine nicht-leere Teilmenge von s ist, so gilt $t \in S$.

Jedem simplizialen Komplex K kann man einen topologischen Raum $|K|$, seine *geometrische Realisierung,* zuordnen. Die zugrunde liegende Menge ist die Menge aller Funktionen $\alpha\colon E \to [0,1]$ mit den folgenden Eigenschaften: i.) $\{e \in E \mid \alpha(e) > 0\}$ ist ein Simplex von K. ii) $\sum_{e \in E} \alpha(e) = 1$. Für $s \in S$ sei $|s| \subseteq |K|$ die Teilmenge $\{\alpha \mid \alpha(e) \neq 0 \Rightarrow e \in s\}$. Wenn wir die Elemente von s als Basis eines reellen topologischen Vektorraums $\mathbb{R}(s)$ verwenden, so gibt es eine injektive Abbildung

$$|s| \to \mathbb{R}(s), \qquad \alpha \mapsto \sum_{e \in S} \alpha(e) \cdot e.$$

Wir versehen $|s|$ mit der Topologie, für die diese Injektion ein Homöomorphismus auf ihr Bild wird. Dies ist unabhängig von der Wahl von $\mathbb{R}(s)$. Für s_1 und s_2 in S stimmen die Teilraumtopologien von $|s_1| \cap |s_2|$ in $|s_1|$ und in $|s_2|$ überein und sind gleich der von $|s_1 \cap s_2|$. Definiere nun $A \subseteq K$ als abgeschlossen, wenn $A \cap |s|$ in $|s|$ für alle $s \in S$ abgeschlossen ist.

Sei K ein simplizialer Komplex. Sei $S_p(K)$ die Menge der p-Simplizes. Im Folgenden bezeichne $[p]$ die geordnete Menge $\{1, 2, \ldots, p\}$ Eine *Simplicesorientierung* $\mathcal{O}$ von K ist eine Auswahl von Klassen $[u(s)]$ von Bijektionen $u(s)\colon [p+1] \xrightarrow{\cong} s$ für jedes $p \in \mathbb{Z}$, $p \geq 0$ und $s \in S_p(K)$, wobei zwei Bijektionen $u(s)\colon [p+1] \xrightarrow{\cong} s$ und $u'(s)\colon [p+1] \xrightarrow{\cong} s$ äquivalent sind, wenn $u(s)^{-1} \circ u(s)'\colon [p+1] \to [p+1]$ eine gerade Permutation ist.

Sei s ein p-Simplex und t ein $(p-1)$-Simplex. Definiere $\mathrm{inz}^p_{s,t} \in \{-1, 0, 1\}$ wie folgt. Falls t nicht in s enthalten ist, setze $\mathrm{inz}^p_{s,t} = 0$. Falls t in s enthalten ist, sei $\mathrm{inz}^p_{s,t}$ das Signum der Permutation

$$[p+1] \xrightarrow{u(s)} s \;=\; (s-t) \amalg t \xrightarrow{v \amalg u(t)^{-1}} \{1\} \amalg \{p\} \xrightarrow{w} [p+1],$$

wobei v und w die offensichtlichen Bijektionen sind, d.h. $w|_{\{1\}}$ ist die Inklusion und $w|_{[p]}$ die Abbildung $m \mapsto m+1$.

Definiere $C^{\mathrm{simp}}_*(K; R, \mathcal{O})$ als den R-Kettenkomplex, der in Dimension p den R-Modul mit $S_p(K)$ als Basis hat und dessen p-tes Differential durch $c_p(s) := \sum_{t \in S_{p-1}} \mathrm{inz}^p_{s,t} \cdot t$ gegeben ist. Dies ist in der Tat ein Kettenkomplex. Falls $\mathcal{O}$ und $\overline{\mathcal{O}}$ zwei Simplicesorientierungen sind, so erhält man für ein p-Simplex s ein Vorzeichen $\varepsilon_s(\mathcal{O}, \overline{\mathcal{O}}) \in \{\pm 1\}$ je nachdem, ob $\overline{u}(s)^{-1} \circ u(s)$ eine gerade Permutation ist oder nicht. Sei

$$\tau(K; \mathcal{O}, \overline{\mathcal{O}})\colon C^{\mathrm{simp}}_*(K; R, \mathcal{O}) \xrightarrow{\cong} C^{\mathrm{simp}}_*(K; R, \overline{\mathcal{O}})$$

der Isomorphismus von R-Kettenkomplexen, der in Dimension p dem Basiselement $s \in S_p(K)$ das Element $\varepsilon_s(\mathcal{O}, \overline{\mathcal{O}}) \cdot s$ zuordnet. Analog wie bei der Konstruktion des zellulären R-Kettenkomplexes definiert man den *simplizialen Kettenkomplex*

$$C^{\mathrm{simp}}_*(K; R) \;=\; \coprod_{\mathcal{O}} C^{\mathrm{simp}}_*(K; R, \mathcal{O}) / \sim .$$

Er hängt nur von dem simplizialen Komplex K ab, aber nicht mehr von der Auswahl einer Simplicesorientierung. Definiere die *simpliziale Homologie* $H^{\mathrm{simp}}_*(K; R)$ als die Homologie von $C^{\mathrm{simp}}_*(K; R)$.

Die geometrische Realisierung $|K|$ erbt von K die Struktur eines CW-Komplexes, wobei jedem p-Simplex genau eine p-Zelle entspricht, nämlich $|s|$. Eine Auswahl einer Simplicesorientierung auf K ist dasselbe wie eine Zellenorientierung auf dem CW-Komplex

$|K|$. Ebenso stimmen die Inzidenzzahlen zu $s \in S_p(K)$ und $t \in S_{p-1}(K)$ mit denen zu $|s| \in I_p(|K|)$ und $|t| \in I_{p-1}(|K|)$ überein. Man erhält kanonische Isomorphismen $C_*^{\text{simp}}(K;R) \xrightarrow{\cong} C_*^{\text{cell}}(|K|;R)$ und $H_*^{\text{simp}}(K;R) \xrightarrow{\cong} H_*^{\text{cell}}(|K|;R)$.

Also ist K eine kombinatorische Beschreibung des CW-Komplexes $|K|$. Der Vorteil ist, dass es relativ leicht ist, die Inzidenzzahlen $\text{inz}_s(\mathcal{O}, \overline{\mathcal{O}})$ auszurechnen, jedenfalls im Vergleich zu den Inzidenzzahlen bei beliebigen CW-Komplexen.

Bemerkung 3.58 (Abzählung der Eckenmenge). In der Praxis hat man oftmals eine endliche oder abzählbare Numerierung von $E = \{e_1, e_2, \ldots\}$. Jedes p-Simplex s läßt sich dann eindeutig schreiben als $s = \{e_{\nu(1)}, e_{\nu(2)}, \cdots, e_{\nu(p+1)}\}$, wobei $\nu(1) < \nu(2) < \ldots < \nu(p+1)$ gefordert wird. Damit erhält K eine Simplicesorientierung. Definiere $i_k(s)$ für $k \in [p+1]$ als das $(p-1)$-Simplex, das aus s durch Weglassen von $e_{\nu(k)}$ entsteht. Das p-te Differential ist dann durch die Formel

$$c_p(s) \;=\; \sum_{k=1}^{p+1} (-1)^{k+1} \cdot i_k(s).$$

gegeben, wie wir es von der singulären Homologie her kennen.

Bemerkung 3.59. (Vergleich von simplizialen Komplexen und CW-Komplexen). Wir haben bereits erwähnt, dass simpliziale Komplexe sehr kombinatorisch sind und beispielsweise die Inzidenzzahlen leichter auszurechnen sind. Sie haben gegenüber CW-Komplexen aber einige Nachteile. Die Struktur eines CW-Komplexes ist insofern viel flexibler als dass man beliebig Zellen ankleben kann, entscheidend ist nur, dass die anklebenden Abbildungen in dem richtigen Gerüst landen. Zudem sind CW-Komplexe ökonomischer, was die Anzahl der Zellen angeht. Man kann beispielsweise die Sphären nur durch jeweils zwei Zellen oder den komplexen projektiven Raum nur durch Zellen in geraden Dimensionen aufbauen, was die Berechnung der Homologie sehr einfach macht. Bei einem simplizialen Komplex der Dimension n muss es mindestens ein n-Simplex geben und das hat $\binom{n}{p}$ Seiten der Dimension p.

Bemerkung 3.60 (Vergleich simplizialer und zellulärer Homologie). Der Begriff des simplizialen Komplexes und der simplizialen Homologie wurde vor dem Begriff des CW-Komplexes und der singulären Homologie eingeführt. Diese neueren Begriffe basieren auf denen des simplizialen Komplexes und der simplizialen Homologie und sind entwickelt worden, um einige technische Unzulänglichkeiten zu verbessern. Es liegt aber auch eine Änderung der Philosophie vor. Bei der simplizialen Homologie versucht man erst, den Raum in Teile zu zerlegen, die isomorph zum Standardsimplex sind, während man bei der singulären Homologie alle möglichen Abbildungen vom Standardsimplex in einen Raum betrachtet. Dadurch kann man beliebige Räume betrachten. Dieselbe Idee liegt der Bordismustheorie zugrunde, in der man als Testobjekte geschlossene Mannigfaltigkeiten nimmt. Oftmals ist es eine Strategie, komplizierte Räume zu untersuchen, indem man alle Abbildungen von gewissen Standardobjekten in diesen Raum studiert.

3.7 Aufgaben

3.1 Beweise, dass der Warschauer Kreis kein CW-Komplex ist.

3.2 Sei X ein CW-Komplex. Zeige, dass er folgene Eigenschaften hat:

- X ist ein Hausdorff-Raum.
- X ist disjunkte Vereinigung von Zellen $\{e_\lambda \mid \lambda \in \Lambda\}$, wobei Zelle bedeutet, dass e_λ mit der Teilraumtopologie homöomorph zu $\{x \in \mathbb{R}^n \mid ||x|| < 1\}$ für ein geeignetes $n \in \mathbb{Z}, n \geq 0$ ist. Man nennt das dadurch eindeutig bestimmte n auch die Dimension der Zelle e_λ.
- Zu jeder n-dimensionalen Zelle e_λ gibt es eine Abbildung $Q_\lambda \colon D^n \to X$, die $D^n - S^{n-1}$ homöomorph auf e_λ abbildet.
- Die abgeschlossene Hülle $\overline{e_\lambda}$ einer Zelle e_λ trifft nur endlich viele Zellen.
- Es ist $C \subset X$ genau dann abgeschlossen, wenn $C \cap \overline{e_\lambda}$ in $\overline{e_\lambda}$ für alle $\lambda \in \Lambda$ abgeschlossen ist.

Zeige, dass die Umkehrung auch gilt, d.h. ein topologischer Raum X, der die obigen Eigenschaften hat, erbt eine CW-Struktur, indem man als das n-Gerüst die Vereinigung aller Zellen e_λ mit einer Dimension $\leq n$ wählt.

3.3 Zeige, dass für einen CW-Komplex X folgende Aussagen äquivalent sind:

(a) Für jedes $n \in \mathbb{Z}$, $n \geq 0$ läßt sich jede Abbildung $S^{n-1} \to X$ zu einer Abbildung $D^n \to X$ fortsetzen.

(b) Jede Abbildung $Y \to X$ eines CW-Komplexes Y nach X ist homotop zu einer konstanten Abbildung.

(c) X ist kontraktibel.

(d) Jede Abbildung $Z \to X$ eines topologischen Raumes Z nach X ist homotop zu einer konstanten Abbildung.

3.4 Sei A ein CW-Komplex. Seien $q_i \colon S^{n-1} \to A$ für $i \in I$ Abbildungen, deren Bilder alle im $(n-1)$-Gerüst liegen. Definiere X als das Pushout

$$\begin{array}{ccc} \coprod_{i\in I} S^{n-1} & \xrightarrow{\coprod_{i\in I} q_i} & A \\ \downarrow & & \downarrow \\ \coprod_{i\in I} D^n & \longrightarrow & X \end{array}$$

Zeige, dass X ein CW-Komplex ist.

3.5 Sei $\mathbb{H}$ der Schiefkörper der Quaternionen. Definiere $\mathbb{HP}^n$ als den Raum der 1-dimensionalen $\mathbb{H}$-Unterräume in $\mathbb{H}^{n+1}$. Versiehe ihn mit der Quotiententopologie bezüglich der Abbildung $\mathbb{H}^{n+1} - \{0\} \to \mathbb{HP}^n$, die einem Element v den von v aufgespannten $\mathbb{H}$-Unterraum zuordnet. Zeige, dass $\mathbb{HP}^n$ ein $4d$-dimensionaler endlicher CW-Komplex ist. Berechne die singuläre Homologie von $\mathbb{HP}^n$.

3.6 Sei X ein CW-Komplex. Sei n eine gerade positive ganze Zahl. Sei $\mathrm{pr}\colon X \times \mathbb{RP}^n \to X$ die Projektion. Beweise, dass sie für jeden Ring R, in dem 2 invertierbar ist, und jedes $k \in \mathbb{Z}$ Isomorphismen $H_k^{\mathrm{sing}}(\mathrm{pr}; R)$ induziert.

3.7 Zeige, dass die Inklusion $i\colon X_k \to X$ für alle $k, n \in \mathbb{Z}, n < k$ einen R-Isomorphismus $H_n^{\mathrm{sing}}(i)\colon H_n^{\mathrm{sing}}(X_k; R) \to H_n^{\mathrm{sing}}(X; R)$ induziert.

3.8 Sei A_1, A_2, ... eine Folge von abelschen Gruppen. Konstruiere einen zusammenhängenden CW-Komplex X mit $H_n(X) \cong A_n$ für alle $n \in \mathbb{Z}, n \geq 1$.

3.9 Sei $K = (E, S)$ der simpliziale Komplex, dessen Menge der Ecken $E = \{1, 2, 3, 4\}$ ist und dessen Menge der Simplizes aus allen Teilmengen $s \subset E$ mit $s \neq \emptyset$, $s \neq E$ besteht. Berechne den simplizialen Kettenkomplex und dessen Homologie. Ist $|K|$ eine Fläche?

3.10 Sei X ein CW-Komplex. Zeige, dass $H_p^{\mathrm{sing}}(X)$ für alle p endlich erzeugt ist, falls X von endlichem Typ ist.

4 Euler-Charakteristik und Lefschetz-Zahlen

In diesem Kapitel behandeln wir zwei grundlegende Invarianten der algebraischen Topologie, die Euler-Charakteristik und die Lefschetz-Zahl.

4.1 Euler-Charakteristik für endliche Kettenkomplexe

Sei im Folgenden R ein *Hauptidealring*, d.h. ein kommutativer assoziativer Ring mit Eins, der keine Nullteiler enthält und in dem jedes Ideal ein Hauptideal ist. Beispiele sind $\mathbb{Z}$ und jeder Körper. Sei V ein endlich erzeugter R-Modul. Sei $\operatorname{tors}(V)$ der R-Untermodul der Torsionselemente, d.h. der Elemente $m \in V$, für die es ein $r \in R, r \neq 0$ mit $rm = 0$ gibt. Der *Struktursatz von endlich erzeugten R-Moduln über Hauptidealringen* besagt, dass $V/\operatorname{tors}(V) \cong_R R^r$ für genau ein $r \in \mathbb{Z}, r \geq 0$ gilt. Definiere den *Rang* von V als

$$\operatorname{rg}_R(V) \quad := \quad r \quad \in \mathbb{Z}. \tag{4.1}$$

Falls $0 \to V_0 \to V_1 \to V_2 \to 0$ eine exakte Sequenz von endlich erzeugten R-Moduln ist und zwei der R-Moduln V_0, V_1 und V_2 endlich erzeugt sind, dann sind alle drei endlich erzeugt und es gilt

$$\operatorname{rg}_R(V_0) - \operatorname{rg}_R(V_1) + \operatorname{rg}_R(V_2) \quad = \quad 0. \tag{4.2}$$

Definition 4.3 (Euler-Charakteristik eines endlichen Kettenkomplexes). *Sei C_* ein endlicher R-Kettenkomplex, d.h. jeder R-Modul C_p ist endlich erzeugt, und es existiert eine nicht-negative ganze Zahl N derart, dass $C_p = 0$ für $|p| \geq N$ gilt. Die* Euler-Charakteristik *von C_* ist definiert als*

$$\chi_R(C_*) \quad := \quad \sum_{p\in\mathbb{Z}} (-1)^p \cdot \operatorname{rg}_R(C_p) \quad \in \mathbb{Z}. \tag{4.4}$$

Lemma 4.5.

(a) Homologische Berechnung

Sei C_* ein endlicher R-Kettenkomplex. Dann ist $H_p(C_*)$ für alle $p \in \mathbb{Z}$ ein endlich erzeugter R-Modul und es gibt eine nicht-negative ganze Zahl N mit $H_p(C_*) = 0$ für alle $p \in \mathbb{Z}$, $|p| \geq N$. Es gilt

$$\chi_R(C_*) \quad = \quad \sum_{p\in\mathbb{Z}} (-1)^p \cdot \operatorname{rg}_R(H_p(C_*)).$$

(b) Additivität

Sei $0 \to C_* \to D_* \to E_* \to 0$ eine exakte Sequenz von R-Kettenkomplexen. Seien zwei der R-Kettenkomplexe C_*, D_* und E_* endlich. Dann sind alle drei endlich und es gilt

$$\chi_R(C_*) - \chi_R(D_*) + \chi_R(E_*) \quad = \quad 0.$$

Beweis: (a) Jeder Hauptidealring R ist *noethersch*, d.h. jeder R-Untermodul eines endlich erzeugten R-Moduls ist wieder endlich erzeugt. Daraus folgt, dass $H_p(C_*)$ endlich erzeugt für alle $p \in \mathbb{Z}$ ist. Offensichtlich impliziert $C_p = 0$, dass $H_p(C_*) = 0$ ist. Es bleibt die Formel für $\chi_R(C_*)$ zu beweisen. Ohne Einschränkung der Allgemeinheit können wir $C_i = 0$ für $i < 0$ voraussetzen, ansonsten verschiebt man den R-Kettenkomplex in nicht-negative Dimensionen.

Wir benutzen Induktion über die nicht-negative ganze Zahl N mit $C_i = 0$ für $i \leq N$. Der Induktionsbeginn $N = 0$ ist trivial, da dann C_* der triviale R-Kettenkomplex ist. Der Induktionsschluss von $N-1$ auf $N \geq 1$ geht folgendermaßen. Sei $C_*|_{N-1}$ der R-Unterkomplex von C_*, der in Dimension $\leq N-1$ dieselben R-Kettenmoduln wie C_* und in Dimension $\geq N$ den trivialen R-Modul als R-Kettenmodul hat. Aus den kurzen exakten Sequenzen $0 \to \mathrm{Kern}(c_N) \to C_N \to \mathrm{Bild}(c_N) \to 0$ und $0 \to \mathrm{Bild}(c_N) \to \mathrm{Kern}(c_{N-1}) \to H_{N-1}(C_*) \to 0$ und der Additivität des Ranges (4.2) folgt

$$\begin{aligned} \mathrm{rg}_R(\mathrm{Kern}(c_N)) - \mathrm{rg}_R(C_N) + \mathrm{rg}_R(\mathrm{Bild}(c_N)) &= 0, \\ \mathrm{rg}_R(\mathrm{Bild}(c_N)) - \mathrm{rg}_R(\mathrm{Kern}(c_{N-1})) + \mathrm{rg}_R(H_{N-1}(C_*)) &= 0. \end{aligned}$$

Das impliziert wegen $\mathrm{Kern}(c_N) = H_N(C_*)$ und $\mathrm{Kern}(c_{N-1}) = H_{N-1}(C_*|_{N-1})$

$$\begin{aligned} (-1)^N \cdot \mathrm{rg}_R(C_N) &= (-1)^N \cdot \mathrm{rg}_R(H_N(C_*)) \\ &\quad +(-1)^{N-1} \cdot \mathrm{rg}_R(H_{N-1}(C_*)) - (-1)^{N-1} \cdot \mathrm{rg}_R(H_{N-1}(C_*|_{N-1})). \end{aligned}$$

Die Induktionsvoraussetzung trifft auf $C_*|_{N-1}$ zu und wir erhalten

$$\chi_R(C_*|_{N-1}) = (-1)^{N-1} \cdot \mathrm{rg}_R(H_{N-1}(C_*|_{N-1})) + \sum_{p=0}^{N-2} (-1)^p \cdot \mathrm{rg}(H_p(C_*)).$$

Nun folgt

$$\begin{aligned} \chi_R(C_*) &= \sum_{p=0}^{N} (-1)^p \cdot \mathrm{rg}_R(C_p) \\ &= (-1)^N \cdot \mathrm{rg}_R(C_N) + \chi_R(C_*|_{N-1}) \\ &= (-1)^N \cdot \mathrm{rg}_R(H_N(C_*)) + (-1)^{N-1} \cdot \mathrm{rg}_R(H_{N-1}(C_*)) \\ &\qquad -(-1)^{N-1} \cdot \mathrm{rg}_R(H_{N-1}(C_*|_{N-1})) + (-1)^{N-1} \cdot \mathrm{rg}_R(H_{N-1}(C_*|_{N-1})) \\ &\qquad + \sum_{p=0}^{N-2} (-1)^p \cdot \mathrm{rg}_R(H_p(C_*)) \\ &= \sum_{p=0}^{N} (-1)^p \cdot \mathrm{rg}(H_p(C_*)). \end{aligned}$$

(b) folgt aus der Additivität des Rangs (4.2). □

4.2 Euler-Charakteristik für endliche CW-Komplexe

Definition 4.6 (Euler-Charakteristik eines endlichen CW-Komplexes). *Sei X ein endlicher CW-Komplex. Definiere seine* Euler-Charakteristik *als die ganze Zahl*

$$\chi(X) := \sum_{p\geq 0}(-1)^p \cdot |I_p(X)|,$$

wobei $|I_p(X)|$ die Anzahl der offenen p-Zellen von X ist.

Satz 4.7 (Eigenschaften der Euler-Charakteristik).

(a) Homologische Berechnung

Für einen endlichen CW-Komplex X und einen Hauptidealring R gilt

$$\chi(X) = \sum_{p\geq 0}(-1)^p \cdot \mathrm{rg}_R(H_p(X;R)).$$

(b) Homotopieinvarianz

Seien X und Y endliche CW-Komplexe. Falls sie homotopieäquivalent sind, gilt

$$\chi(X) = \chi(Y).$$

(c) Additivität

Sei

$$\begin{array}{ccc} X_0 & \xrightarrow{f} & X_1 \\ {\scriptstyle j}\downarrow & & \downarrow{\scriptstyle \bar{j}} \\ X_2 & \xrightarrow[\bar{f}]{} & X \end{array}$$

ein zelluläres Pushout von endlichen CW-Komplexen. Dann gilt

$$\chi(X) = \chi(X_1) + \chi(X_2) - \chi(X_0).$$

(d) Produktformel

Seien X und Y endliche CW-Komplexe. Dann ist $X \times Y$ ein endlicher CW-Komplex und es gilt

$$\chi(X \times Y) = \chi(X) \cdot \chi(Y).$$

Beweis: (a) Offensichtlich ist $|I_p(X)| = \mathrm{rg}_R(C_p^{\mathrm{cell}}(X;R))$ und daher $\chi(X) = \chi(C_*(X;R))$. Nun wende Lemma 4.5 (a) an.

(b) Dies folgt aus der Homotopieinvarianz von der Homologie und Aussage (a).

(c) Aus Lemma 3.10 folgt $|I_p(X)| = |I_p(X_1)| + |I_p(X_2)| - |I_p(X_0)|$.

(d) Lemma 3.13 zeigt, dass $X \times Y$ ein endlicher CW-Komplex ist und

$$|I_n(X \times Y)| = \prod_{p+q=n} |I_p(X)| \cdot |I_q(Y)|$$

gilt. Nun zeigt eine einfache Rechnung $\chi(X \times Y) = \chi(X) \cdot \chi(Y)$. □

Beispiel 4.8. Die Berechnungen aus Abschnitt 3.4 implizieren folgende Berechnungen für die Euler-Charakteristiken der n-dimensionalen Sphäre S^n, des n-dimensionalen reellen projektiven Raumes $\mathbb{RP}^n$, des n-dimensionalen komplexen projektiven Raumes $\mathbb{CP}^n$, der orientierbaren geschlossenen Fläche F_g^+ vom Geschlecht g und der nicht-orientierbaren geschlossenen Fläche F_g^- vom Geschlecht g

$$\begin{aligned}
\chi(S^n) &= \begin{cases} 0 & n \text{ ungerade,} \\ 2 & n \text{ gerade,} \end{cases} \\
\chi(\mathbb{RP}^n) &= \begin{cases} 0 & n \text{ ungerade,} \\ 1 & n \text{ gerade,} \end{cases} \\
\chi(\mathbb{CP}^n) &= n+1, \\
\chi(F_g^+) &= 2-2g, \\
\chi(F_g^-) &= 2-g.
\end{aligned}$$

Insbesondere sind zwei geschlossene Flächen genau dann homöomorph, wenn ihre Euler-Charakteristiken übereinstimmen und sie das gleiche Orientierungsverhalten haben, d.h. entweder sie sind beide orientierbar oder sie sind beide nicht-orientierbar.

Beispiel 4.9 (Die Klassifikation der platonischen Körper). Ein *konvexes reguläres Polyeder* ist eine kompakte konvexe Teilmenge des $\mathbb{R}^3$, die durch reguläre eingebettete n-Ecke derart begrenzt wird, dass der Durchschnitt zweier regulärer n-Ecke leer ist oder aus genau einer gemeinsamen Kante besteht und an jeder Ecke genau m Kanten zusammenstoßen. Es bezeichne E, K und F die Anzahl der Ecken, Kanten und Flächen. Beispiele sind die fünf *platonische Körper*, das Tetraeder, Oktaeder, Hexaeder (= Würfel), Dodekaeder und Ikosaeder, deren Daten in der Tabelle unten aufgeführt sind

Körper	m	n	E	K	F
Tetraeder	3	3	6	4	4
Oktaeder	4	3	12	6	8
Hexaeder	3	4	12	8	6
Dodekaeder	3	5	30	20	12
Ikosaeder	5	3	30	12	20

Wir wollen zumindestens zeigen, dass diese Daten für ein konvexes reguläres Polyeder die einzig möglichen sind, was im Wesentlichen impliziert, dass die platonischen Körper (bis auf den offensichtlichen Isomorphiebegriff) die einzigen konvexen regulären Polyeder sind.

Sei P ein konvexes reguläres Polyeder. Seine Oberfläche ist homöomorph zu S^2 und die Zerlegung in reguläre n-Ecke liefert eine CW-Strukur auf S^2 mit E vielen 0-Zellen, K vielen 1-Zellen und F vielen 2-Zellen. Daraus folgt

$$2 = \chi(S^2) = E - K + F.$$

Offensichtlich gilt auch $mE = 2K$ und $nF = 2K$. Daraus folgt die Gleichung

$$\frac{1}{m} + \frac{1}{n} = \frac{1}{K} + \frac{1}{2}.$$

Offensichtlich muss $m, n \geq 3$ gelten. Aus der letzten Gleichung folgt $\frac{1}{2} < \frac{1}{m} + \frac{1}{n}$ und damit, dass m und n nur die aufgeführten Werte annehmen können. Hat man m und n festgelegt, ergeben sich die Werte für E, K, und F aus den obigen Gleichungen.

4.3 Die universelle Eigenschaft der Euler-Charakteristik

In diesem Abschnitt charakterisieren wir die Euler-Charakteristik durch eine universelle Eigenschaft.

Definition 4.10 (Universelle Additive Invariante). *Eine* additive Invariante für endliche CW-Komplexe (A, a) *besteht aus einer abelschen Gruppe A und einer Zuordnung, die mit jedem endlichen CW-Komplex ein Element $a(X) \in A$ assoziiert, und folgende Eigenschaften hat:*

- *Homotopieinvarianz*

  Falls die endlichen CW-Komplexe X und Y homotopieäquivalent sind, so gilt $a(X) = a(Y)$.

- *Additivität*

  Sei

$$\begin{array}{ccc} X_0 & \xrightarrow{f} & X_1 \\ {\scriptstyle j}\downarrow & & \downarrow{\scriptstyle \bar{j}} \\ X_2 & \xrightarrow[\bar{f}]{} & X \end{array}$$

  ein zelluläres Pushout von endlichen CW-Komplexen. Dann gilt

$$a(X) \;=\; a(X_1) + a(X_2) - a(X_0).$$

- *Normalisierung*

  Es gilt $a(\emptyset) \;=\; 0$.

Eine additive Invariante für endliche CW-Komplexe (U, u) heißt universell, *wenn es zu jeder additiven Invariante für endliche CW-Komplexe (A, a) genau einen Homomorphismus $\varphi \colon U \to A$ von abelschen Gruppen mit der Eigenschaft gibt, dass $\varphi(u(X)) = a(X)$ für alle endlichen CW-Komplexe gilt.*

Zwei universelle additive Invarianten für endliche CW-Komplexe sind eindeutig bis auf (eindeutige) Isomorphie. Das folgt direkt aus der universellen Eigenschaft. Es bleibt die Existenz zu zeigen

Satz 4.11 (Universelle Eigenschaft der Euler-Charakteristik). *Das Paar $(\mathbb{Z}, \chi)$ bestehend aus der Gruppe der ganzen Zahlen und der Euler-Charakteristik ist die universelle additive Invariante für endliche CW-Komplexe.*

Beweis: Das Paar $(\mathbb{Z}, \chi)$ ist wegen Satz 4.7 eine additive Invariante für endliche CW-Komplexe. Es bleibt zu zeigen, dass es für jede additive Invariante für endliche CW-Komplexe (A, a) genau einen Homomorphismus $\varphi \colon \mathbb{Z} \to A$ mit $\varphi(\chi(X)) = a(X)$ gibt.

Offensichtlich ist φ bereits durch diese Eigenschaft festgelegt, denn $\varphi(n) = n \cdot a(\{\bullet\})$ wegen $\chi(\{\bullet\}) = 1$. Wir zeigen durch Induktion über die Dimension $n = \dim(X)$ und Unterinduktion über die Anzahl $|I_n(X)|$ der n-Zellen, dass für jeden endlichen CW-Komplex X die Gleichung $\varphi(\chi(X)) = a(X)$ gilt. Der Induktionsbeginn $n = -1$ ist klar wegen $X = \emptyset$. Der Induktionsschluss verläuft folgendermaßen.

Es gibt es einen Unterkomplex $Y \subset X$, auf den die Induktionsvoraussetzung zutrifft, und ein Pushout

$$\begin{array}{ccc} S^{n-1} & \longrightarrow & Y \\ \downarrow & & \downarrow \\ D^n & \longrightarrow & X \end{array}$$

derart, dass gilt

$$\begin{aligned} a(X) &= a(Y) + a(D^n) - a(S^{n-1}), \\ \chi(X) &= \chi(Y) + \chi(D^n) - \chi(S^{n-1}). \end{aligned}$$

Aus der Induktionsvoraussetzung angewandt auf Y und S^{n-1} und aus der Homotopieinvarianz und der Konstruktion von φ folgt

$$\begin{aligned} \varphi(\chi(Y)) &= a(Y), \\ \varphi(\chi(S^{n-1})) &= a(S^{n-1}), \\ \varphi(\chi(D^n)) &= \varphi(1) = a(\{\bullet\}) = a(D^n). \end{aligned}$$

Das impliziert $\varphi(\chi(X)) = a(X)$. □

4.4 Lefschetz-Zahlen für endliche Kettenkomplexe

Sei $f\colon V \to V$ ein Endomorphismus eines endlich erzeugten R-Moduls über dem Hauptidealring R. Wähle eine R-Basis $\{b_1, b_2, \ldots, b_r\}$ von $V/\operatorname{tors}(V)$. Sei $A = (a_{i,j})$ die (r,r)-Matrix mit Einträgen aus R, die zu der von f induzierten Abbildung von R-Moduln $\overline{f}\colon V/\operatorname{tors}(V) \to V/\operatorname{tors}(V)$ gehört, d.h. es gilt $\overline{f}(b_i) = \sum_{j=1}^{r} a_{i,j} \cdot b_j$ für $i = 1, 2, \ldots, r$. Definiere die *Spur* von A und von f als

$$\operatorname{Spur}_R(A) := \sum_{i=1}^{r} a_{i,i} \quad \in R, \tag{4.12}$$

$$\operatorname{Spur}_R(f) := \operatorname{Spur}_R(A) \quad \in R. \tag{4.13}$$

Für eine (r,s)-Matrix A und eine (s,r)-Matrix B gilt $\operatorname{Spur}_R(AB) = \operatorname{Spur}_R(BA)$. Daraus folgt, dass die Definition von $\operatorname{Spur}_R(f)$ nicht von der Auswahl der Basis abhängt.

Lemma 4.14.

(a) Spur-Eigenschaft

Seien $f\colon V \to W$ und $g\colon W \to V$ Homomorphismen endlich erzeugter R-Moduln. Dann gilt

$$\operatorname{Spur}_R(g \circ f) = \operatorname{Spur}_R(f \circ g).$$

Insbesondere gilt für einen R-Endomorphismus $f\colon V \to V$ und einen R-Automorphismus $g\colon V \to V$ des endlich erzeugten R-Moduls V

$$\operatorname{Spur}_R(g \circ f \circ g^{-1}) = \operatorname{Spur}_R(f).$$

(b) Additivität

Sei

$$\begin{array}{ccccccccc} 0 & \longrightarrow & V_0 & \xrightarrow{i} & V_1 & \xrightarrow{q} & V_2 & \longrightarrow & 0 \\ & & \downarrow{\scriptstyle f_0} & & \downarrow{\scriptstyle f_1} & & \downarrow{\scriptstyle f_2} & & \\ 0 & \longrightarrow & V_0 & \xrightarrow{i} & V_1 & \xrightarrow{q} & V_2 & \longrightarrow & 0 \end{array}$$

ein kommutatives Diagramm von endlich erzeugten R-Moduln mit exakten Zeilen. Dann gilt

$$\operatorname{Spur}_R(f_0) - \operatorname{Spur}_R(f_1) + \operatorname{Spur}_R(f_2) \;=\; 0.$$

(c) *Linearität*

Seien $f, g\colon V \to V$ Endomorphismen eines endlich erzeugten R-Moduls und $r, s \in R$. Dann gilt

$$\operatorname{Spur}_R(r \cdot f + s \cdot g) \;=\; r \cdot \operatorname{Spur}_R(f) + s \cdot \operatorname{Spur}_R(g).$$

(d) *Spur und Rang*

Für einen endlich erzeugten R-Modul V gilt

$$\operatorname{Spur}_R(\operatorname{id}_V) \;=\; \operatorname{rg}_R(V).$$

Beweis: (a) folgt aus der entsprechenden Gleichung $\operatorname{Spur}_R(AB) = \operatorname{Spur}_R(BA)$ für Matrizen.

(b) Sei K der Kern der von q induzierten Abbildung $\overline{q}\colon V_1/\operatorname{tors}(V_1) \to V_2/\operatorname{tors}(V_2)$. Dann erhält man die kurze exakte Sequenz von endlich erzeugten freien R-Moduln

$$0 \to K \to V_1/\operatorname{tors}(V_1) \xrightarrow{\overline{q}} V_2/\operatorname{tors}(V_2) \to 0$$

und eine Inklusion von endlich erzeugten freien R-Moduln $V_0/\operatorname{tors}(V_0) \to K$, dessen Kokern aus Torsionselementen besteht. Daraus folgt, dass man die Aussage nur in den zwei Fällen beweisen muss, dass V_0, V_1 und V_2 endlich erzeugt frei sind und dass V_0 und V_1 endlich erzeugt frei sind und $V_2 = \operatorname{tors}(V_2)$. Der erste Fall folgt aus der offensichtlichen Gleichung für Blockmatrizen

$$\operatorname{Spur}_R \begin{pmatrix} A & B \\ 0 & C \end{pmatrix} \;=\; \operatorname{Spur}_R(A) + \operatorname{Spur}_R(C).$$

Der zweite Fall folgt aus der Existenz von sogenannten angepassten Basen, d.h. es gibt eine Basis $\{b_1, b_2, \ldots, b_s\}$ von V_1 und von 0 verschiedene Elemente r_1, r_2, ..., r_s in R derart, dass $\{r_1 \cdot b_1, r_2 \cdot b_2, \ldots, r_s \cdot b_s\}$ eine Basis von V_0 ist.

(c) und (d) Diese Teile folgen direkt aus den Definitionen. □

Definition 4.15. (Lefschetz-Zahlen für Endomorphismen von Kettenkomplexen). *Sei C_* ein endlicher R-Kettenkomplex und $f_*\colon C_* \to C_*$ eine Kettenabbildung. Definiere ihre* Lefschetz-Zahl

$$\Lambda_R(f_*) \;:=\; \sum_{p \in \mathbb{Z}} (-1)^p \cdot \operatorname{Spur}_R(f_p) \qquad \in R.$$

Lemma 4.16.

(a) Spur-Eigenschaft

Seien $f_*: C_* \to D_*$ und $g_*: D_* \to C_*$ Kettenabbildungen von endlichen R-Kettenkomplexen. Dann gilt

$$\Lambda_R(g_* \circ f_*) = \Lambda_R(f_* \circ g_*).$$

(b) Homologische Berechnung

Sei $f_*: C_* \to C_*$ eine Kettenabbildung für einen endlichen R-Kettenkomplex C_*. Dann gilt

$$\Lambda_R(f_*) = \sum_{p \in \mathbb{Z}} (-1)^p \cdot \mathrm{Spur}_R(H_p(f_*)).$$

(c) Homotopieinvarianz

Seien $f_*, g_*: C_* \to C_*$ Kettenabbildungen für einen endlichen R-Kettenkomplex C_*. Falls f_* und g_* homotop sind, gilt

$$\Lambda_R(f_*) = \Lambda_R(g_*).$$

(d) Additivität

Sei

$$\begin{array}{ccccccccc} 0 & \longrightarrow & C_* & \xrightarrow{i_*} & D_* & \xrightarrow{q_*} & E_* & \longrightarrow & 0 \\ & & \downarrow{\scriptstyle f_*} & & \downarrow{\scriptstyle g_*} & & \downarrow{\scriptstyle h_*} & & \\ 0 & \longrightarrow & C_* & \xrightarrow{i_*} & D_* & \xrightarrow{q_*} & E_* & \longrightarrow & 0 \end{array}$$

ein kommutatives Diagramm von endlichen R-Kettenkomplexen mit exakten Zeilen. Dann gilt

$$\Lambda_R(f_*) - \Lambda_R(g_*) + \Lambda_R(h_*) = 0.$$

(e) Linearität

Seien $f_*, g_*: C_* \to C_*$ Kettenabbildungen für einen endlichen R-Kettenkomplex C_* und $r, s \in R$. Dann gilt

$$\Lambda_R(r \cdot f_* + s \cdot g_*) = r \cdot \Lambda_R(f_*) + s \cdot \Lambda_R(g_*).$$

(f) Lefschetz-Zahl und Euler-Charakteristik

Sei C_* ein endlicher R-Kettenkomplex. Dann gilt

$$\Lambda_R(\mathrm{id}: C_* \to C_*) = \chi_R(C_*).$$

Beweis: (a), (d), (e) und (f) Diese Aussagen folgen direkt aus Lemma 4.14.

(b) Dies folgt aus Lemma 4.14 (b) analog zu dem Beweis von Lemma 4.5 (a).

(c) Dies folgt aus Aussage (b) oder mit Hilfe des folgenden Arguments. Sei $h_*: C_* \to C_{*+1}$ eine Kettenhomotopie von f_* nach g_*. Dann gilt

$$\begin{aligned}
\Lambda_R(f_*) - \Lambda_R(g_*) &= \sum_{p\in\mathbb{Z}}(-1)^p \cdot \operatorname{Spur}_R(f_p - g_p) \\
&= \sum_{p\in\mathbb{Z}}(-1)^p \cdot \operatorname{Spur}_R(c_{p+1} \circ h_p + h_{p-1} \circ c_p) \\
&= \sum_{p\in\mathbb{Z}}(-1)^p \cdot (\operatorname{Spur}_R(c_{p+1} \circ h_p) + \operatorname{Spur}_R(h_{p-1} \circ c_p)) \\
&= \sum_{p\in\mathbb{Z}}(-1)^p \cdot (\operatorname{Spur}_R(c_{p+1} \circ h_p) + \operatorname{Spur}_R(c_p \circ h_{p-1})) \\
&= \sum_{p\in\mathbb{Z}}(-1)^p \cdot \operatorname{Spur}_R(c_{p+1} \circ h_p) - \sum_{p\in\mathbb{Z}}(-1)^p \cdot \operatorname{Spur}_R(c_{p+1} \circ h_p) \\
&= 0. \quad \square
\end{aligned}$$

4.5 Lefschetz-Zahlen für endliche CW-Komplexe

Definition 4.17. (Lefschetz-Zahlen von Selbstabbildungen von endlichen CW-Komplexen). *Sei $f\colon X \to X$ eine zelluläre Selbstabbildung eines endlichen CW-Komplexes X. Definiere die* Lefschetz-Zahl *von f als die ganze Zahl*

$$\Lambda(f) := \sum_{p\geq 0}(-1)^p \cdot \operatorname{Spur}_{\mathbb{Z}}\left(C_p^{\mathrm{cell}}(f)\colon C_p^{\mathrm{cell}}(X) \to C_p^{\mathrm{cell}}(X)\right).$$

Satz 4.18 (Eigenschaften der Lefschetz-Zahl).

(a) Spur-Eigenschaft

Seien $f\colon X \to Y$ und $g\colon Y \to X$ zelluläre Abbildungen von endlichen CW-Komplexen. Dann gilt

$$\Lambda(g \circ f) = \Lambda(f \circ g).$$

(b) Sei $f\colon X \to X$ eine zelluläre Selbstabbildung eines endlichen CW-Komplexes. Dann gilt für jeden Hauptidealring R

$$\Lambda(f) \cdot 1_R = \sum_{p\geq 0}(-1)^p \cdot \operatorname{Spur}_R\left(H_p(f;R)\colon H_p(X;R) \to H_p(X;R)\right).$$

(c) Homotopieinvarianz

Seien $f, g\colon X \to X$ zelluläre Selbstabbildungen eines endlichen CW-Komplexes X. Falls f und g homotop sind, gilt

$$\Lambda(f) = \Lambda(g).$$

(d) Additivität

Seien die beiden Quadrate in dem folgenden kommutativen Diagramm zelluläre Pushouts von endlichen CW-Komplexen und alle Abbildungen zellulär.

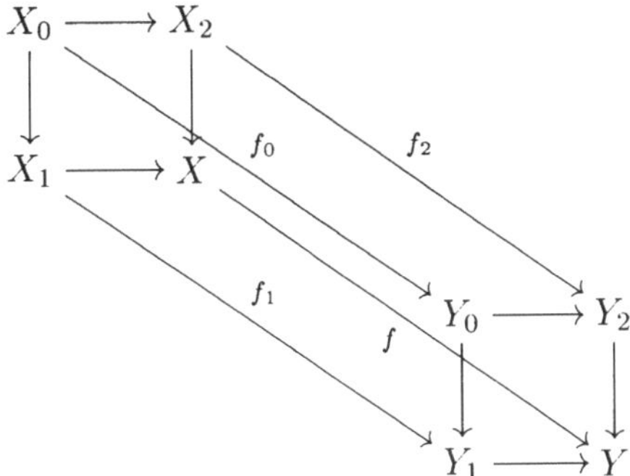

Dann gilt

$$\Lambda(f) = \Lambda(f_1) + \Lambda(f_2) - \Lambda(f_0).$$

(e) *Lefschetz-Zahl und Euler-Charakteristik*
Für einen endlichen CW-Komplex X gilt

$$\Lambda(\mathrm{id}\colon X \to X) = \chi(X).$$

Beweis: Dies folgt im Wesentlichen aus Lemma 4.16. Benutze für den Beweis von Aussage (d) dass wir folgendes kommutative Diagramm von endlichen freien R-Kettenkomplexen mit exakten Zeilen erhalten

$$\begin{array}{ccccccccc} 0 & \longrightarrow & C_*^{\mathrm{cell}}(X_0) & \xrightarrow{i_*} & C_*^{\mathrm{cell}}(X_1) \oplus C_*^{\mathrm{cell}}(X_2) & \xrightarrow{q_*} & C_*^{\mathrm{cell}}(X) & \longrightarrow & 0 \\ & & \downarrow {\scriptstyle C_*^{\mathrm{cell}}(f_0)} & & \downarrow {\scriptstyle C_*^{\mathrm{cell}}(f_1) \oplus C_*^{\mathrm{cell}}(f_2)} & & \downarrow {\scriptstyle C_*^{\mathrm{cell}}(f)} & & \\ 0 & \longrightarrow & C_*^{\mathrm{cell}}(X_0) & \xrightarrow{i_*} & C_*^{\mathrm{cell}}(X_1) \oplus C_*^{\mathrm{cell}}(X_2) & \xrightarrow{q_*} & C_*^{\mathrm{cell}}(X) & \longrightarrow & 0 \end{array}$$

□

Bemerkung 4.19. Bei der Definition von Lefschetz-Zahlen und in Satz 4.18 kann man auf die Bedingung, dass die Selbstabbildungen zellulär sind, verzichten. Das folgt im Wesentlichen aus dem Zellulären Approximationssatz (siehe Satz 3.16).

Satz 4.20 (Lefschetz-Zahlen und Fixpunkte). *Sei $f\colon X \to X$ eine Selbstabbildung eines endlichen CW-Komplexes. Falls f keinen Fixpunkt hat, d.h. es gibt keinen Punkt $x \in X$ mit $f(x) = x$, dann gilt $\Lambda(f) = 0$.*

Beweis: Wir geben nur die Beweisidee. Da X ein kompakter CW-Komplex ist, kann man eine Metrik $d\colon X \times X \to \mathbb{R}$ finden, die die gegebene Topologie induziert. Da f keinen Fixpunkt hat und X ein kompakter metrischer Raum ist, gibt es ein $\varepsilon > 0$ derart, dass $d(x, f(x)) > 3 \cdot \varepsilon$ für alle $x \in X$ gilt.

Man kann die CW-Struktur auf X nun derart verfeinern, — ähnlich wie man ein Simplex durch die baryzentrische Unterteilung in kleine Simplices zerlegen kann — dass jede abgeschlossene Zelle $\overline{e}$ höchstens Durchmesser ε hat, und f in eine zu f homotope zelluläre Abbildung $g\colon X \to X$ deformieren derart, dass $d(f(x), g(x)) \leq \varepsilon$ für alle $x \in X$ gilt. Das impliziert $g(\overline{e}) \cap \overline{e} = \emptyset$ für jede offene Zelle e dieser neuen CW-Struktur. Daraus folgt für alle $n \in \mathbb{Z}, n \geq 0$, dass die Matrix A, die

$$C_n^{\mathrm{cell}}(g)\colon C_n^{\mathrm{cell}}(X) = \bigoplus_{i \in I_n(X)} R \to C_n^{\mathrm{cell}}(X) = \bigoplus_{i \in I_n(X)} R$$

beschreibt, überall auf der Diagonalen 0 als Eintrag hat. Das impliziert $\mathrm{Spur}_{\mathbb{Z}}(C_n^{\mathrm{cell}}(g)) = 0$ für alle $n \in \mathbb{Z}, n \geq 0$. Wir folgern

$$\Lambda(f) = \Lambda(g) = \sum_{p \geq 0} (-1)^p \cdot \mathrm{Spur}_{\mathbb{Z}}(C_n^{\mathrm{cell}}(g)) = 0. \quad \square$$

Bemerkung 4.21. Die Umkehrung von Satz 4.20 gilt im Allgemeinen nicht. Falls aber X eine einfach zusammenhängend geschlossene Mannigfaltigkeit ist, so gilt $\Lambda(f) = 0$ genau dann, wenn f zu einer Abbildung ohne Fixpunkte homotop ist.

4.6 Lefschetz-Zahlen und Euler-Charakteristiken auf Mannigfaltigkeiten

Ausblick 4.22. (Lefschetzsche Fixpunktformel). Sei $g\colon M \to M$ eine Selbstabbildung einer geschlossenen glatten Mannigfaltigkeit Sie ist homotop zu einer glatten Abbildung $f\colon M \to M$, die eine endliche Fixpunktmenge $\mathrm{Fix}(f) = \{x \in M \mid f(x) = x\}$ hat und für jedes $x \in M$ gilt $\det(\mathrm{id} - T_x f\colon T_x M \to T_x M) \neq 0$. Die *lefschetzsche Fixpunkformel* besagt

$$\Lambda(g) = \sum_{x \in \mathrm{Fix}(f)} \frac{\det(\mathrm{id} - T_x f)}{|\det(\mathrm{id} - T_x f)|}.$$

Mehr Informationen dazu findet man beispielsweise in [5].

Ausblick 4.23 (Euler-Charakteristik und Vektorfelder). Sei v ein Vektorfeld auf der geschlossenen glatten Mannigfaltigkeit M. Der Nullschnitt $i\colon M \to TM$ und die Inklusion $j_x\colon T_x M \to TM$ induzieren einen Isomorphismus

$$T_x i \oplus T_{i(x)} j_x : T_x M \oplus T_x M \xrightarrow{\cong} T_{i(x)}(TM)$$

wobei wir $T_{i(x)}(T_x M) = T_x M$ in der offensichtlichen Weise identifizieren. Man kann v so deformieren, dass die Nullstellenmenge $N(v) := \{x \in M \mid v(x) = 0\}$ endlich ist und für jedes $x \in N(v)$ die von v induzierte lineare Abbildung

$$D_x v\colon T_x M \xrightarrow{T_x v} T_{v(x)}(TM) = T_{i(x)}(TM) \xrightarrow{(T_x i \oplus T_{i(x)} j_x)^{-1}} T_x M \oplus T_x M \xrightarrow{\mathrm{pr}_2} T_x M$$

bijektiv ist, wobei pr_2 die Projektion auf den zweiten Summanden ist. (Ersetzt man in der obigen Komposition pr_2 durch die Projektion auf den ersten Summanden, so erhält man die Identität). Dann gilt

$$\chi(M) = \sum_{x \in N(v)} \frac{\det(D_x v)}{|\det(D_x v)|}.$$

Diese Formel ist ein Spezialfall der lefschetzschen Fixpunkformel. Das Vektorfeld v definiert einen globalen Fluss $\varphi\colon M \times \mathbb{R} \to M$ auf M. Man kann nun $\varepsilon > 0$ so klein wählen, dass $\mathrm{Fix}(\varphi_\varepsilon) = N(v)$ und $\det(\mathrm{id} - T_x \varphi_\varepsilon : T_x M \to T_x M) \neq 0$ für jedes $x \in \mathrm{Fix}(\varphi_\varepsilon)$ gilt. Man zeigt für jedes $x \in \mathrm{Fix}(\varphi_\varepsilon) = N(v)$

$$\frac{\det(D_x v)}{|\det(D_x v)|} = \frac{\det(\mathrm{id} - T_x\varphi_\varepsilon)}{|\det(\mathrm{id} - T_x\varphi_\varepsilon)|}.$$

Da φ_ε offensichtlich homotop zu $\varphi_0 = \mathrm{id}_M$ ist, folgt

$$\chi(M) = \Lambda(\mathrm{id}_M) = \Lambda(\varphi_\varepsilon) = \sum_{x \in \mathrm{Fix}(\varphi_\varepsilon)} \frac{\det(\mathrm{id} - T_x\varphi_\varepsilon)}{|\det(\mathrm{id} - T_x\varphi_\varepsilon)|} = \sum_{x \in N(v)} \frac{\det(D_x v)}{|\det(D_x v)|}.$$

4.7 Aufgaben

4.1 Beweise $\chi(\Delta_n) = 1$. Folgere $\sum_{k=0}^{n}(-1)^k \cdot \binom{n}{k} = 0$.

4.2 Sei $p\colon X \to Y$ eine endliche Überlagerung mit n-Blättern über dem endlichen CW-Komplex Y. Zeige, dass dann auch X ein endlicher CW-Komplex ist und $\chi(X) = n{\cdot}\chi(Y)$ gilt.

4.3 Sei G eine endliche Gruppe, die frei auf S^{2n} für ein $n \in \mathbb{Z}$, $n \geq 0$ operiert. Zeige, dass G entweder trivial oder $\mathbb{Z}/2$ ist.

4.4 Zeige, dass jede Abbildung $f\colon \mathbb{RP}^n \to \mathbb{RP}^n$ einen Fixpunkt hat, falls n gerade ist. Beweise, dass für n ungerade eine Abbildung $f\colon \mathbb{RP}^n \to \mathbb{RP}^n$ ohne Fixpunkte existiert.

4.5 Sei $f\colon X_1 \vee X_2 \to X_1 \vee X_2$ eine Abbildung ohne Fixpunkte. Zeige, dass dann die Komposition $X_i \xrightarrow{j_i} X_1 \vee X_2 \xrightarrow{f} X_1 \vee X_2 \xrightarrow{\mathrm{pr}_i} X_i$ für $i = 1$ oder $i = 2$ keinen Fixpunkt hat, wobei j_i die offensichtliche Inklusion und pr_i die offensichtliche Projektion ist.

Sei F_3^- die nicht-orientierbare Fläche vom Geschlecht g. Beweise, dass jede Abbildung $f\colon F_3^- \vee S^2 \to F_3^- \vee S^2$, für die $H_k^{\mathrm{sing}}(f) = \mathrm{id}$ für alle $k \in \mathbb{Z}$ gilt, einen Fixpunkt hat und $\Lambda(f) = 0$ erfüllt.

4.6 Konstruiere für alle $m \in \mathbb{Z}$ eine Selbstabbildung $f\colon X \to X$ eines endlichen CW-Komplexes, die genau einen Fixpunkt hat und $\Lambda(f) = m$ erfüllt.

4.7 Sei R ein kommutativer assoziativer Ring mit Eins und sei V ein endlich erzeugter freier R-Modul. Zeige, dass die Abbildung

$$\alpha\colon V^* \otimes_R V \to \hom_R(V, V),$$

die $\varphi \otimes_R v$ die R-Abbildung $V \to V$, $w \mapsto \alpha(w) \cdot v$ zuordnet, ein Isomorphismus von R-Moduln ist. Sei $e\colon V^* \otimes_R V \to R$ die Abbildung $\varphi \otimes_R v \mapsto \varphi(v)$. Beweise, dass die Komposition $e \circ \alpha^{-1}\colon \hom_R(V, V) \to R$ einer R-Selbstabbildung ihre Spur zuordnet.

5 Kohomologie

Kohomologie ist eine in gewissem Sinne duale Theorie zur Homologie. Eine entscheidende Motivation zu ihrer Einführung ist die Poincaré-Dualität, die für eine geschlossene n-dimensionale Mannigfaltigkeit besagt, dass ihre p-te Homologie isomorph zu ihrer $(n-p)$-ten Kohomologie ist (siehe Kapitel 8). Dual bezieht sich auch darauf, dass Kohomologie ein kontravarianter Funktor ist im Gegensatz zur Homologie, die ein kovarianter Funktor ist. Das hat die Konsequenz, dass oftmals eine Kohomologietheorie eine multiplikative Struktur besitzt, die man auf der Homologie nicht hat und die wertvolle zusätzliche Informationen enthält.

5.1 Die Axiome einer Kohomologietheorie

Bemerkung 5.1 (Umdrehen der Pfeile). Die Axiome einer Kohomologietheorie erhält man aus denen einer Homologietheorie (siehe Definition 1.1), indem man konsequent alle Pfeile umdreht und in der Notation $\mathcal{H}_*$ durch $\mathcal{H}^*$ ersetzt. Im Detail sieht das dann folgendermaßen aus.

Im Folgenden sei R ein assoziativer kommutativer Ring mit Einselement und wir benutzen dieselbe Notation wie in Abschnitt 1.1, wo wir beispielsweise die Kategorien TOP^2 und $\mathbb{Z}$-grad.-R-MODULN und den Funktor $I\colon \mathsf{TOP}^2 \to \mathsf{TOP}^2$, $(X, A) \mapsto A$ eingeführt haben.

Definition 5.2 (Kohomologietheorie). *Eine* Kohomologietheorie $\mathcal{H}^* = (\mathcal{H}^*, \delta^*)$ *mit Werten in R-Moduln ist ein kontravarianter Funktor*

$$\mathcal{H}^*\colon \mathsf{TOP}^2 \to \mathbb{Z}\text{-grad.-}R\text{-MODULN}$$

zusammen mit einer natürlichen Transformation

$$\delta^*\colon \mathcal{H}^* \circ I \to \mathcal{H}^{*+1},$$

wobei $\mathcal{H}^{*+1}$ aus $\mathcal{H}^*$ durch die offensichtliche Indexverschiebung entsteht und folgende Axiome verlangt werden:

- *Homotopieinvarianz*

  Seien $f, g\colon (X, A) \to (Y, B)$ homotope Abbildungen von Paaren. Dann gilt für alle $n \in \mathbb{Z}$

  $$\mathcal{H}^n(f) = \mathcal{H}^n(g)\colon \mathcal{H}^n(Y, B) \to \mathcal{H}^n(X, A).$$

- *Lange exakte Sequenz von Paaren*

  Für jedes Paar (X, A) ist folgende nach beiden Seiten unendlich lange Sequenz exakt

$$\ldots \xrightarrow{\delta^{n-1}(X,A)} \mathcal{H}^n(X,A) \xrightarrow{\mathcal{H}^n(j)} \mathcal{H}^n(X) \xrightarrow{\mathcal{H}^n(i)} \mathcal{H}^n(A)$$
$$\ldots \xrightarrow{\delta^{n}(X,A)} \mathcal{H}^{n+1}(X,A) \xrightarrow{\mathcal{H}^{n+1}(j)} \mathcal{H}^{n+1}(X) \xrightarrow{\mathcal{H}^{n+1}(i)} \mathcal{H}^{n+1}(A) \xrightarrow{\delta^{n+1}(X,A)} \ldots ,$$

wobei $i\colon A \to X$ *und* $j\colon X = (X, \emptyset) \to (X, A)$ *die Inklusionen sind. Die Abbildung* $\delta^n(X, A)$ *heißt* verbindender Homomorphismus *oder* Randoperator.

- *Ausschneidung*

  Seien $A \subseteq B \subseteq X$ *Unterräume des Raums* X *mit* $\overline{A} \subseteq B^\circ$. *Dann induziert die Inklusion* $i\colon (X - A, B - A) \to (X, B)$ *für alle* $n \in \mathbb{Z}$ *Isomorphismen*

$$\mathcal{H}^n(i)\colon \mathcal{H}^n(X, B) \xrightarrow{\cong} \mathcal{H}^n(X - A, B - A).$$

Manchmal fordert man noch zusätzlich folgende Axiome:

- *Dimensionsaxiom*

  Es gilt für alle $n \in \mathbb{Z}$

$$\mathcal{H}^n(\{\bullet\}) \cong \begin{cases} R, & n = 0, \\ 0, & n \neq 0. \end{cases}$$

- *Disjunkte Vereinigung*

  Sei $\{X_i \mid i \in I\}$ *eine Familie von topologischen Räumen für eine beliebige Indexmenge* I. *Sei* $j_i\colon X_i \to \coprod_{i \in I} X_i$ *die kanonische Inklusion für* $i \in I$. *Dann ist die Abbildung*

$$\prod_{i \in I} \mathcal{H}^n(j_i)\colon \mathcal{H}^n\left(\coprod_{i \in I} X_i\right) \xrightarrow{\cong} \prod_{i \in I} \mathcal{H}^n(X_i)$$

  für alle $n \in \mathbb{Z}$ *bijektiv.*

Kontravarianter Funktor $\mathcal{H}^*\colon \mathsf{TOP}^2 \to \mathbb{Z}\text{-}\mathsf{grad.}\text{-}R\text{-}\mathsf{MODULN}$ bedeutet folgendes: Jedem Paar (X, A) wird eine Familie von R-Moduln $\mathcal{H}^n(X, A)$ indiziert über $n \in \mathbb{Z}$ zugeordnet. Jeder Abbildung von Paaren $f\colon (X, A) \to (Y, B)$ und jedem $n \in \mathbb{Z}$ wird ein R-Homomorphismus $\mathcal{H}^n(f)\colon \mathcal{H}^n(Y, B) \to \mathcal{H}^n(X, A)$ assoziert. Dabei soll $\mathcal{H}^n(\mathrm{id}) = \mathrm{id}$ und $\mathcal{H}^n(g \circ f) = \mathcal{H}^n(f) \circ \mathcal{H}^n(g)$ gelten.

Bemerkung 5.3 (Folgerungen aus den Axiomen). Angesichts von Bemerkung 5.1 ist es klar, dass sich die Folgerungen aus den Axiomen aus Abschnitt 1.2 direkt auf Kohomologie übertragen. Die exakte Sequenz eines Tripels (X, B, A) aus Lemma 1.3 hat für Kohomologie die Gestalt

$$\ldots \xrightarrow{\delta^{n-1}(X,B,A)} \mathcal{H}^n(X,B) \xrightarrow{\mathcal{H}^n(j)} \mathcal{H}^n(X,A) \xrightarrow{\mathcal{H}^n(i)} \mathcal{H}^n(B,A)$$
$$\ldots \xrightarrow{\delta^{n}(X,B,A)} \mathcal{H}^{n+1}(X,B) \xrightarrow{\mathcal{H}^{n+1}(j)} \mathcal{H}^{n+1}(X,A) \xrightarrow{\mathcal{H}^{n+1}(i)} \ldots$$

Die Mayer-Vietoris-Sequenzen aus Satz 1.4 und aus Satz 1.8 übertragen sich ebenfalls. So erhält man unter den Voraussetzungen von Satz 1.8 die lange exakte Sequenz

$$\ldots \xrightarrow{\mathcal{H}^{n-1}(j_1)\times\mathcal{H}^{n-1}(j_2)} \mathcal{H}^{n-1}(X_1,A) \times \mathcal{H}^{n-1}(X_2,A) \xrightarrow{\mathcal{H}^{n-1}(i_1)-\mathcal{H}^{n-1}(i_2)} \mathcal{H}^{n-1}(X_0,A)$$
$$\xrightarrow{\delta^{n-1}} \mathcal{H}^n(X,A) \xrightarrow{\mathcal{H}^n(j_1)\times\mathcal{H}^n(j_2)} \mathcal{H}^n(X_1,A) \times \mathcal{H}^n(X_2,A)$$
$$\xrightarrow{\mathcal{H}^n(i_1)-\mathcal{H}^n(i_2)} \mathcal{H}^n(X_0,A) \xrightarrow{\delta^n} \ldots$$

Der Einhängungsisomorphismus aus Satz 1.10 für einen punktierten Raum (X, x) existiert auch für Kohomologie

$$\sigma^n : \mathcal{H}^n(X, \{x\}) \xrightarrow{\cong} \mathcal{H}^{n+1}(\Sigma X, \{x\}). \tag{5.4}$$

Das impliziert beispielsweise für $d \geq 1$ im Fall, dass $(\mathcal{H}^*, \delta^*)$ das Dimensionsaxiom erfüllt

$$\mathcal{H}^n(S^d) \cong \begin{cases} \mathcal{H}^0(\{\bullet\}) \cong R & n = 0, d, \\ 0 & \text{sonst.} \end{cases} \tag{5.5}$$

Bemerkung 5.6. (Zellulärer Kokettenkomplex assoziiert zu einer Kohomologietheorie). Die Ergebnisse aus Abschnitt 3.3 und Abschnitt 3.4 übertragen sich auf eine Kohomologietheorie $(\mathcal{H}^*, \delta^*)$, wenn man mit Kokettenkomplexen arbeitet.

Ein *R-Kokettenkomplex* $C^* = (C^*, c^*)$ ist ein $\mathbb{Z}$-graduierter R-Modul C^* mit einer Familie von R-Homomorphismen $c^n : C^n \to C^{n+1}$ für $n \in \mathbb{Z}$ mit der Eigenschaft, dass $c^n \circ c^{n-1} = 0$ für alle $n \in \mathbb{Z}$ gilt. Seine *n-te Kohomologie* $H^n(C^*)$ ist der R-Modul $\operatorname{Kern}(c^n)/\operatorname{Bild}(c^{n-1})$. Begriffe wie Kettenabildung, Kettenhomotopie und die lange exakte Homologiesequenz zu einer kurzen exakten Sequenz von Kettenkomplexen aus Abschnitt 2.1 übertragen sich in der offensichtlichen Weise.

Der zu $\mathcal{H}^*$ *assoziierte zelluläre Kokettenkomplex* $C^*_{\mathcal{H}^*}(X, A)$ hat $\mathcal{H}^n(X_n, X_{n-1})$ als n-ten Kettenmodul und den Randoperator des Tripels (X_{n+1}, X_n, X_{n-1})

$$\delta^n : \mathcal{H}^n(X_n, X_{n-1}) \to \mathcal{H}^{n+1}(X_{n+1}, X_n).$$

als n-tes Differential. Die Kohomologie $H^n(C^*_{\mathcal{H}^*}(X, A))$ wird mit $H^n_{\mathcal{H}^*}(X, A)$ bezeichnet.

Satz 3.22 überträgt sich auf Kohomologie. Insbesondere erhält man für eine Kohomologietheorie $\mathcal{H}^*$, die das Dimensionsaxiom und das Axiom über disjunkte Vereinigungen erfüllt, für jedes $n \in \mathbb{Z}$ einen in (X, A) natürlichen Isomorphismus

$$\mu^n(X, A) : \mathcal{H}^n(X, A) \xrightarrow{\cong} H^n_{\mathcal{H}^*}(X, A).$$

Insbesondere impliziert dies bereits

$$\mathcal{H}^n(\mathbb{CP}^d) \cong \begin{cases} \mathcal{H}^0(\{\bullet\}) \cong R & 0 \leq n \leq 2d, \ n \text{ gerade}, \\ \{0\} & \text{sonst.} \end{cases}$$

und dass für $k \leq d$ die Inklusionen Isomorphismen $\mathcal{H}^j(\mathbb{CP}^d) \xrightarrow{\cong} \mathcal{H}^j(\mathbb{CP}^k)$ für alle $j \leq 2k+1$ induzieren.

Lemma 3.36 hat das offensichtliche Analogon für eine Kohomologietheorie $\mathcal{H}^*$, die das Dimensionsaxiom und das Axiom über disjunkte Vereinigungen erfüllt, d.h. man erhält ein kommutatives Diagramm

$$\begin{array}{ccc} \prod_{i \in I_{n-1}} \mathcal{H}^0(\{\bullet\}) & \xrightarrow{\mathrm{INZ}^n} & \prod_{i \in I_n} \mathcal{H}^0(\{\bullet\}) \\ {\scriptstyle \nu^{n-1}} \uparrow \cong & & {\scriptstyle \nu^n} \uparrow \\ C^{n-1}_{\mathcal{H}^*}(X, A) & \xrightarrow{c^{n-1}_{\mathcal{H}^*}} & C^{n-1}_{\mathcal{H}^*}(X, A) \end{array}$$

wobei ν^n und ν^{n-1} die Analoga zu den Isomorphismen aus (3.29) sind und INZ^n die Matrix ist, deren Eintrag zu $i \in I_{n-1}$ und $j \in I_n$ die Inzidenzzahl $\mathrm{inz}^n_{j,i}$ aus (3.35) ist. Ebenso überträgt sich Lemma 3.51.

Daraus folgt im Fall $R = \mathbb{F}_2$, dass

$$\mathcal{H}^n(\mathbb{RP}^d) \cong \begin{cases} \mathbb{F}_2 & 0 \le n \le d, \\ \{0\} & \text{sonst,} \end{cases}$$

und dass für $k \le d$ die Inklusionen Isomorphismen $\mathcal{H}^j(\mathbb{RP}^d) \xrightarrow{\cong} \mathcal{H}^j(\mathbb{RP}^k)$ für alle $j \le k$ induzieren.

5.2 Singuläre und zelluläre Kohomologie

Sei C_* ein R-Kettenkomplex. Definiere den zugehörigen *dualen R-Kokettenkomplex* C^* als den R-Kokettenkomplex, der als n-ten Kokettenmodul $\hom_R(C_n, R)$ hat und als n-tes Differential

$$c^n : C^n = \hom_R(C_n, R) \xrightarrow{\hom_R(c_{n+1}, \mathrm{id}_R)} C^{n+1} = \hom_R(C_{n+1}, R).$$

Definition 5.7 (Singulärer Kokettenkomplex). *Der duale Kokettenkomplex zum singulären Kettenkomplex $C_*^{\mathrm{sing}}(X, A; R)$ wird mit $C^*_{\mathrm{sing}}(X, A; R)$ bezeichnet und* singulärer Kokettenkomplex von (X, A) mit Koeffizienten in R *genannt. Die Kohomologie von $C^*_{\mathrm{sing}}(X, A; R)$ heißt* die singuläre Kohomologie *von (X, A) mit Koeffizienten in R und wird mit $H^n_{\mathrm{sing}}(X, A; R)$ bezeichnet. Falls $R = \mathbb{Z}$ ist, schreiben wir kurz $H^n_{\mathrm{sing}}(X, A)$.*

Eine Abbildung $f\colon (X, A) \to (Y, B)$ induziert für alle $n \in \mathbb{Z}$ eine Kokettenabbildung

$$C^*_{\mathrm{sing}}(f; R)\colon C^*_{\mathrm{sing}}(Y, B; R) \to C^*_{\mathrm{sing}}(X, A; R)$$

und damit eine Abbildung von R-Moduln

$$H^n_{\mathrm{sing}}(f; R)\colon H^n_{\mathrm{sing}}(Y, B; R) \to H^n_{\mathrm{sing}}(X, A; R).$$

Sei (X, A) ein Paar von topologischen Räumen. Aus der kurzen exakten Sequenz von Kettenkomplexen (2.13) erhalten wir die kurze exakte Sequenz von R-Kokettenkomplexen

$$0 \to C^*_{\mathrm{sing}}(X, A; R) \to C^*_{\mathrm{sing}}(X; R) \to C^*_{\mathrm{sing}}(A; R) \to 0.$$

Wir erhalten aus der dazu gehörigen langen exakten Kohomologiesequenz natürliche Abbildungen

$$\delta^n_{\mathrm{sing}} : H^n_{\mathrm{sing}}(A; R) \to H^{n+1}_{\mathrm{sing}}(X, A; R).$$

Der Beweis des folgenden Satzes ist analog zu dem von Satz 2.15.

Satz 5.8 (Singuläre Kohomologie). *Die singuläre Kohomologie definiert einen kontravarianten Funktor*

$$H^*_{\mathrm{sing}}\colon \mathsf{TOP}^2 \to \mathbb{Z}\text{-}\mathsf{grad.}\text{-}R\text{-}\mathsf{MODULN}$$

und δ^*_{sing} definiert eine natürliche Transformation

$$\delta^*_{\mathrm{sing}} : H^*_{\mathrm{sing}} \circ I \to H^{*+1}_{\mathrm{sing}}.$$

Das Paar $(H^*_{\mathrm{sing}}, \delta^*_{\mathrm{sing}})$ ist eine Kohomologietheorie mit Werten in R-Moduln, die das Dimensionsaxiom und das Axiom der disjunkten Vereinigung erfüllt (siehe Definition 5.2).

Definition 5.9 (Zellulärer Kokettenkomplex). *Der duale R-Kokettenkomplex zum zellulären Kettenkomplex* $C_*^{\mathrm{cell}}(X,A;R)$ *wird mit* $C^*_{\mathrm{cell}}(X,A;R)$ *bezeichnet und* zellulärer R-Kokettenkomplex von (X,A) *genannt. Definiere die* zelluläre R-Kohomologie von (X,A) *als*

$$H^n_{\mathrm{cell}}(X,A;R) := H^n(C^*_{\mathrm{cell}}(X,A;R)).$$

Oftmals schreiben wir nur $H^n(X,A;R)$ *anstelle von* $H^n_{\mathrm{cell}}(X,A;R)$. *Im Fall* $R=\mathbb{Z}$ *schreiben wir auch* $H^n(X,A)$ *anstelle von* $H^n_{\mathrm{cell}}(X,A;\mathbb{Z})$.

Bemerkung 5.10. (Eindeutigkeit der Kohomologie für CW-Komplexes). Der Satz über zelluläre Homologie und Eindeutigkeit von Homologie 3.53 überträgt sich in der offensichtlichen Weise auf Kohomologie.

Ausblick 5.11 (Eilenberg-MacLane-Räume). Sei A eine abelsche Gruppe und $n \geq 1$ gegeben. Ein zusammenhängender CW-Komplex $K(A,n)$ heißt *Eilenberg-MacLane-Raum vom Typ* (A,n) falls für seine Homotopiegruppen gilt

$$\pi_k(K(A,n)) \cong \begin{cases} A, & \text{falls } k=n, \\ \{0\}, & \text{falls } k \neq n. \end{cases}$$

Man kann zeigen, dass je zwei Modelle für $K(A,n)$ homotopieäquivalent sind.

Für einen Raum X definiere die *singuläre Kohomologie von X mit Koeffizienten in der abelschen Gruppe A* durch $H^n(X;A) := H^n(\hom_{\mathbb{Z}}(C_*^{\mathrm{sing}}(X;\mathbb{Z}),A))$. Dies ist eine Kohomologietheorie mit Werten in $\mathbb{Z}$-Moduln, die das Axiom über die disjunkte Vereinigung erfüllt und folgende leicht modifizierte Version des Dimensionsaxioms

$$H^p_{\mathrm{sing}}(\{\bullet\};A) \cong \begin{cases} A & \text{if } p=0, \\ \{0\} & \text{if } p\neq 0. \end{cases}$$

Es gibt eine spezielle Kohomologieklasse $c(A,n) \in H^n(K(A,n);A)$. Definiere

$$\tau(A,n)\colon [X,K(A,n)] \xrightarrow{\cong} H^n(X;A), \quad [f] \mapsto H^n_{\mathrm{sing}}(f)(c(A,n)).$$

Man kann zeigen, dass all diese Abbildungen $\tau(A,n)$ bijektiv sind. Das liefert eine Interpretation der singulären Kohomologie als Homotopieklassen von Abbildungen in Eilenberg-MacLane-Räume. Mehr Informationen zu Eilenberg-MacLane-Räumen findet man beispielsweise in [36] und [40].

Ausblick 5.12 (Kohomologischer Chern-Charakter). Sei $\mathcal{H}^*$ eine Kohomologietheorie mit Werten in R-Moduln auf der Kategorie $\mathsf{CW\text{-}Komplexe}^2$, die das Axiom über disjunkte Vereinigungen erfüllt. Es sei vorausgesetzt, dass der Ring R die rationalen Zahlen $\mathbb{Q}$ enthält. Dann erhalten wir eine Kohomologietheorie mit Werten in R-Moduln auf der Kategorie $\mathsf{CW\text{-}Komplexe}^2$, die das Axiom über disjunkte Vereinigungen erfüllt, indem wir $n \in \mathbb{Z}$ und einem CW-Paar (X,A) den R-Modul

$$\prod_{p+q=n} \hom_R\left(H_p(X,A;R),\mathcal{H}_q(\{\bullet\})\right)$$

zuordnen. Dann gibt es eine natürliche Äquivalenz von Kohomologietheorien, den *kohomologischen Chern-Charakter* auf $\mathsf{CW\text{-}Komplexe}^2$

$$\mathrm{Chern}^n : \mathcal{H}^n(X,A) \xrightarrow{\cong} \prod_{p+q=n} \hom_R(H_p(X,A;R),\mathcal{H}^q(\{\bullet\})).$$

5.3 Die Axiome einer multiplikativen Struktur

Angesichts von Bemerkung 5.1 würde man nicht erwarten, dass Kohomologie im Vergleich zur Homologie irgendetwas Neues bringt. Es gibt aber oftmals auf der Kohomologie eine Zusatzstruktur, nämlich eine multiplikative Struktur, die auf der Homologie nicht existiert und die viele Anwendungen hat. Im Folgenden schreiben wir

$$(X, A) \times (Y, B) \quad := \quad (X \times Y, X \times B \cup A \times Y) \tag{5.13}$$

für zwei Paare (X, A) und (Y, B).

Definition 5.14 (Multiplikative Struktur). *Sei $\mathcal{H}^* = (\mathcal{H}^*, \delta^*)$ eine Kohomologietheorie mit Werten in R-Moduln. Eine* multiplikative Struktur *ordnet jedem topologischen Raum X mit Unterräumen $A, B \subseteq X$ für alle $p, q \in \mathbb{Z}$ eine Familie von R-bilinearen Abbildungen*

$$\cup \colon \mathcal{H}^p(X, A) \times \mathcal{H}^q(X, B) \to \mathcal{H}^{p+q}(X, A \cup B)$$

und jedem topologischen Raum Y ein Element

$$1_Y \in \mathcal{H}^0(Y)$$

zu derart, dass folgende Axiome gelten:

- *Natürlichkeit*

  Sei X_i ein topologischer Raum mit Unterräumen $A_i, B_i \subseteq X_i$ für $i = 0, 1$. Sei $f \colon X_0 \to X_1$ eine Abbildung mit $f(A_0) \subseteq A_1$ und $f(B_0) \subseteq B_1$. Dann kommutiert für alle $p, q \in \mathbb{Z}$ folgendes Diagramm

$$\begin{array}{ccc} \mathcal{H}^p(X_0, A_0) \times \mathcal{H}^q(X_0, B_0) & \xrightarrow{\cup} & \mathcal{H}^{p+q}(X_0, A_0 \cup B_0) \\ {\scriptstyle \mathcal{H}^p(f) \times \mathcal{H}^q(f)} \uparrow & & {\scriptstyle \mathcal{H}^{p+q}(f)} \uparrow \\ \mathcal{H}^p(X_1, A_1) \times \mathcal{H}^q(X_1, B_1) & \xrightarrow{\cup} & \mathcal{H}^{p+q}(X_1, A_1 \cup B_1) \end{array}$$

  Für jede Abbildung $g \colon Y \to Z$ gilt $\mathcal{H}^0(g)(1_Z) = 1_Y$.

- *Graduierte Kommutativität*

  Für $u \in \mathcal{H}^p(X, A)$ und $v \in \mathcal{H}^q(X, B)$ gilt

$$u \cup v \quad = \quad (-1)^{pq} v \cup u.$$

- *Assoziativität*

  Für $u \in \mathcal{H}^p(X, A)$, $v \in \mathcal{H}^q(X, B)$ und $w \in \mathcal{H}^r(X, C)$ gilt

$$(u \cup v) \cup w \quad = \quad u \cup (v \cup w).$$

- *Einselement*

  Für $u \in \mathcal{H}^p(X, A)$ gilt

$$1_X \cup u \quad = \quad u \cup 1_X \quad = \quad u.$$

- *Verträglichkeit mit dem verbindenden Homomorphismus*

  Sei (X, A) ein Paar von topologischen Räumen und $k\colon A \to X$ die Inklusion. Dann gilt für $u \in \mathcal{H}^p(A)$ und $v \in \mathcal{H}^q(X)$

$$\delta^p(u) \cup v \;=\; \delta^{p+q}(u \cup \mathcal{H}^q(k)(v)).$$

Man nennt die Abbildung $\cup$ auch das Cup-Produkt.

Bemerkung 5.15 (Kohomologiering). Im Fall $A = \emptyset$ kann man die multiplikative Struktur folgendermaßen zusammenfassen. Das $\cup$-Produkt induziert auf dem $\mathbb{Z}$-graduierten R-Modul $\mathcal{H}^*(X)$ die Struktur einer graduiert kommutativen $\mathbb{Z}$-graduierten R-Algebra mit Einselement und eine Abbildung $f\colon X \to Y$ induziert eine Abbildung von $\mathbb{Z}$-graduierten R-Algebren mit Einselement.

Oftmals gilt für zwei topologische Räume X und Y, dass die $\mathbb{Z}$-graduierten R-Algebren $\mathcal{H}^*(X)$ und $\mathcal{H}^*(Y)$ nach Vergessen der multiplikativen Strukturen, also als $\mathbb{Z}$-graduierte R-Moduln, isomorph sind, aber nicht als kommutative $\mathbb{Z}$-graduierten R-Algebren isomorph sind. Das impliziert unter anderem, dass X und Y nicht homotopieäquivalent sein können, was man erst unter Benutzung der multiplikativen Struktur erkennen kann.

Bemerkung 5.16 (Interne und Externe Produkte). Sei $\mathcal{H}^*$ eine Kohomologietheorie mit multiplikativer Struktur $\cup$. Man nennt das Cup-Produkt auch das *interne Produkt*. Daraus kann man das folgende *externe Produkt* oder *Kreuz-Produkt* konstruieren. Für Paare (X, A) und (Y, B) topologischer Räume seien $\mathrm{pr}_Y\colon (X, A) \times Y \to (X, A)$ und $\mathrm{pr}_X\colon X \times (Y, B) \to (Y, B)$ die Projektionen. Definiere das Kreuz-Produkt als die Komposition

$$\begin{aligned}\times\colon \mathcal{H}^p(X, A) \times \mathcal{H}^q(Y, B) &\xrightarrow{\mathcal{H}^p(\mathrm{pr}_Y) \times \mathcal{H}^q(\mathrm{pr}_X)} \mathcal{H}^p(X \times Y, A \times Y) \times \mathcal{H}^q(X \times Y, X \times B)\\ &\xrightarrow{\cup} \mathcal{H}^{p+q}((X, A) \times (Y, B)).\end{aligned}$$

Man kann das Cup-Produkt wieder aus dem Kreuz-Produkt gewinnen. Sei X ein topologischer Raum mit Teilräumen $A, B \subseteq X$. Es gilt für $u \in \mathcal{H}^p(X, A)$ und $v \in \mathcal{H}^q(X, B)$ und die diagonale Abbildung $D\colon (X, A \cup B) \to (X, A) \times (X, B),\ x \mapsto (x, x)$

$$u \cup v \;= \mathcal{H}^{p+q}(D)(u \times v).$$

Man kann sich leicht überlegen, dass das Kreuz-Produkt gewisse Eigenschaften hat, die aus den Axiomen für das Cup-Produkt folgen. Das Kreuz-Produkt ist eine R-bilineare Abbildung, die assoziativ, graduiert kommutativ und natürlich ist und zu der es ein Einselement gibt. Graduiert kommutativ bedeutet beispielsweise, dass für die Vertauschungsabbildung $T\colon (X, A) \times (Y, B) \to (Y, B) \times (X, A)$ und $u \in \mathcal{H}^p(X, A)$ und $v \in \mathcal{H}^q(Y, B)$ gilt

$$\mathcal{H}^{p+q}(T)(u \times v) = (-1)^{pq} \cdot v \times u.$$

Die Verträglichkeit mit dem Randoperator für das Kreuz-Produkt besagt, dass folgendes Diagramm kommutiert

$$\begin{array}{ccc}\mathcal{H}^{p-1}(A) \times \mathcal{H}^q(Y) & \xrightarrow{\times} & \mathcal{H}^{p+q-1}(A \times Y)\\ \Big\downarrow{\scriptstyle \delta^{p-1} \times \mathrm{id}} & & \Big\downarrow{\scriptstyle \delta^{p+q-1}}\\ \mathcal{H}^p(X, A) \times \mathcal{H}^q(Y) & \xrightarrow{\times} & \mathcal{H}^{p+q}(X \times Y, A \times Y)\end{array}$$

Man kann anstelle des Cup-Produktes auch das Kreuz-Produkt axiomatisch einführen und dann das Cup-Produkt aus dem Kreuz-Produkt gewinnen. Im Prinzip sind diese beiden Strukturen äquivalent.

Oftmals besitzen Homologietheorien auch ein *externes Produkt*

$$\times\colon \mathcal{H}_p(X,A) \times \mathcal{H}_q(Y,B) \to \mathcal{H}_{p+q}\left((X,A)\times(Y,B)\right).$$

Daraus kann man aber nicht wie bei der Kohomologie ein internes Produkt konstruieren, da die diagonale Abbildung $D\colon X \to X \times X$ auf der Kohomologie eine Abbildung in die gewünschte Richtung induziert, nämlich $\mathcal{H}^p(D)\colon \mathcal{H}^p(X\times X) \to \mathcal{H}^p(X)$, aber auf der Homologie in der falschen, nämlich $\mathcal{H}_p(D)\colon \mathcal{H}_p(X) \to \mathcal{H}_p(X\times X)$. Das interne Produkt aber ist das entscheidende, weil es eine wertvolle Ringstruktur auf der Kohomologie induziert.

Lemma 5.17. *Sei B wegweise zusammenhängend und $j\colon \{x\} \to B$ die Inklusion eines Basispunktes $x \in B$. Sei $\{U_1, U_2, \ldots, U_n\}$ eine Überdeckung des Raumes B derart, dass für alle $m \in \{1,2,\ldots,n\}$ die Inklusion $j_m\colon U_m \to B$ nullhomotop ist. Sei $\mathcal{H}^*$ eine Kohomologietheorie mit Werten in R-Moduln, die eine multiplikative Strukur besitzt. Für $l = 1,2,\ldots,n$ sei ein Element $y_l \in \mathcal{H}^{p(l)}(B)$ gegeben, das im Kern der Abbildung $\mathcal{H}^{p(l)}(j)\colon \mathcal{H}^{p(l)}(B) \to \mathcal{H}^{p(l)}(\{x\})$ liegt. Dann gilt*

$$y_1 \cup y_2 \cup \ldots \cup y_n \;=\; 0$$

in $\mathcal{H}^q(B)$ für $q := p(1) + \ldots + p(n)$.

Beweis: Sei $k_l\colon B \to \left(B, \bigcup_{m=1}^{l} U_m\right)$ die Inklusion für $l \in \{1,2,\ldots,n\}$. Es genügt per Induktion für $l = 1,2,\ldots,n$ zu zeigen, dass $y_1 \cup y_2 \cup \ldots \cup y_l$ im Bild von

$$\mathcal{H}^{q(l)}(k_l)\colon \mathcal{H}^{q(l)}\left(B, \bigcup_{m=1}^{l} U_m\right) \to \mathcal{H}^{q(l)}(B)$$

liegt, wobei $q(l) := p(1) + \ldots + p(l)$ ist. Dann folgt die Behauptung aus dem Fall $l = n$, da $\mathcal{H}^{q(n)}\left(B, \bigcup_{m=1}^{n} U_m\right) = \mathcal{H}^{q(n)}(B,B) = 0$ gilt. Da B wegweise zusammenhängend ist, ist der Kern der Abbildung $\mathcal{H}^{p(l)}(j)\colon \mathcal{H}^{p(l)}(B) \to \mathcal{H}^{p(l)}(\{x\})$ unabhängig von der Wahl von $x \in B$ und jede der Inklusionen j_l ist homotop zu $j \circ \mathrm{pr}_l$, wobei $\mathrm{pr}_l\colon U_m \to \{x\}$ die Projektion ist. Wähle $x_l \in U_m$. Dann kommutiert folgendes Diagramm und hat exakte Zeilen

$$\begin{array}{ccccc}
\mathcal{H}^{p(l)}(B,U_l) & \xrightarrow{\mathcal{H}^{p(l)}(a_l)} & \mathcal{H}^{p(l)}(B) & \xrightarrow{\mathcal{H}^{p(l)}(j_l)} & \mathcal{H}^{p(l)}(U_l) \\
\Big\downarrow{\scriptstyle \mathcal{H}^{p(l)}(b_l)} & & \Big\downarrow{\scriptstyle \mathrm{id}} & & \Big\uparrow{\scriptstyle \mathcal{H}^{p(l)}(\mathrm{pr}_l)} \\
\mathcal{H}^{p(l)}(B,\{x_l\}) & \xrightarrow{\mathcal{H}^{p(l)}(c_l)} & \mathcal{H}^{p(l)}(B) & \xrightarrow{\mathcal{H}^{p(l)}(j)} & \mathcal{H}^{p(l)}(\{x\})
\end{array}$$

wobei $a_l\colon B \to (B,U_l)$, $b_l\colon (B,\{x_l\}) \to (B,U_l)$ und $c_l\colon B \to (B,\{x_l\})$ Inklusionen sind. Daraus folgt, dass die Sequenz

$$\mathcal{H}^{p(l)}(B,U_l) \xrightarrow{\mathcal{H}^{p(l)}(a_l)} \mathcal{H}^{p(l)}(B) \xrightarrow{\mathcal{H}^{p(l)}(j)} \mathcal{H}^{p(l)}(\{x\})$$

exakt ist.

Daraus folgt der Induktionsbeginn $l = 1$. Der Induktionsschluss von $(l-1)$ auf $l \geq 2$ folgt aus dem kommutativen Diagramm

$$\begin{array}{ccc}
\mathcal{H}^{q(l-1)}\left(B,\bigcup_{m=1}^{l-1} U_m\right)\otimes_R \mathcal{H}^{p(l)}(B,U_l) & \xrightarrow{\cup} & \mathcal{H}^{q(l)}\left(B,\bigcup_{m=1}^{l} U_m\right)\\
\downarrow{\scriptstyle \mathcal{H}^{q(l)}(k_{l-1})\otimes_R\mathcal{H}^{p(l)}(a_l)} & & \downarrow{\scriptstyle \mathcal{H}^{q(l)}(k_l)}\\
\mathcal{H}^{q(l-1)}(B)\otimes_R \mathcal{H}^{p(l)}(B) & \xrightarrow[\cup]{} & \mathcal{H}^{q(l)}(B)
\end{array}$$

Damit ist Lemma 5.17 bewiesen. □

Lemma 5.18. *Sei X ein topologischer Raum und $\mathcal{H}^*$ eine Kohomologietheorie mit Werten in R-Moduln. die eine multiplikative Struktur besitzt. Seien $u \in \mathcal{H}^p(\Sigma X)$ und $v \in \mathcal{H}^q(\Sigma X)$ Elemente in der Kohomologie der Einhängung von X, die im Kern der von der Inklusion $j\colon \{x\} \to \Sigma X$ für irgendein $x \in X$ induzierten Abbildung $\mathcal{H}^*(j)\colon \mathcal{H}^*(B) \to \mathcal{H}^*(\{x\})$ liegen. Dann gilt*

$$u \cup v \;=\; 0.$$

Beweis: Das folgt aus Lemma 5.17, da ΣX eine Überdeckung aus zwei kontraktiblen Teilmengen besitzt, nämlich durch den oberen und den unteren Kegel $\mathrm{Keg}_+(X)$ und $\mathrm{Keg}_-(X)$. □

Ausblick 5.19 (Topologische K-Theorie). Eine der wichtigsten Kohomologietheorien mit Werten in $\mathbb{Z}$-Moduln und mit multiplikativer Struktur ist die *topologische K-Theorie $K^*(X,A)$*. Sie hat die Eigenschaft, dass für ein gewisses Element $b \in K^2(\{\bullet\})$, das sogenannte *Bott-Element*, das Kreuz-Produkt mit b natürliche Isomorphismen

$$B^p(X,A)\colon K^p(X,A) \xrightarrow{\cong} K^{p+2}(X,A)$$

für alle $p \in \mathbb{Z}$ induziert, d.h. die Theorie ist 2-periodisch. Es gilt $K^{2n}(\{\bullet\}) \cong \mathbb{Z}$ und $K^{2n+1}(\{\bullet\}) = 0$ für alle $n \in \mathbb{Z}$. Insbesondere erfüllt K^* das Dimensionxaxiom nicht und $K^p(X)$ kann auch für $p < 0$ ungleich Null sein.

Falls X ein endlicher CW-Komplex ist, ist die abelsche Gruppe $K^0(X)$ die Grothendieck-Gruppe, die zu der abelschen Halbgruppe der Isomorphieklassen von komplexen Vektorraumbündeln über X mit der von der Whitney-Summe induzierten Addition gehört. Die multiplikative Struktur kommt letzten Endes vom Tensorprodukt von Vektorraumbündeln.

Mehr Informationen über topologische K-Theorie findet man beispielsweise in [1].

5.4 Der Kohomologiering projektiver Räume

In diesem Abschnitt wollen wir mit elementaren Methoden folgendes Resultat beweisen.

Satz 5.20 (Der Kohomologiering komplexer projektiver Räume). *Sei $\mathcal{H}^* = (\mathcal{H}^*, \delta^*)$ eine Kohomologietheorie mit Werten in R-Moduln. Es sei vorausgesetzt, dass sie das Dimensionsaxiom erfüllt und eine multiplikative Struktur besitzt. Dann erhalten wir für alle $k, l \geq 0$ mit $k + l \leq d$ Isomorphismen*

$$\cup\colon \mathcal{H}^{2k}(\mathbb{CP}^d) \otimes_R \mathcal{H}^{2l}(\mathbb{CP}^d) \xrightarrow{\cong} \mathcal{H}^{2(k+l)}(\mathbb{CP}^d).$$

Insbesondere ist die graduiert kommutative $\mathbb{Z}$-graduierte R-Algebra $\mathcal{H}^*(\mathbb{CP}^\infty)$ isomorph zur freien Polynomalgebra $R[x]$ mit einem Erzeuger x vom Grad 2.

Analog beweist man

Satz 5.21 (Der Kohomologiering reeller projektiver Räume). *Sei $\mathcal{H}^* = (\mathcal{H}^*, \delta^*)$ eine Kohomologietheorie mit Werten in $\mathbb{F}_2$-Moduln. Es sei vorausgesetzt, dass sie das Dimensionsaxiom erfüllt und eine multiplikative Struktur besitzt. Dann erhalten wir für alle $k, l \geq 0$ mit $k + l \leq d$ Isomorphismen*

$$\cup\colon \mathcal{H}^k(\mathbb{RP}^d) \otimes_{\mathbb{F}_2} \mathcal{H}^l(\mathbb{RP}^d) \xrightarrow{\cong} \mathcal{H}^{k+l}(\mathbb{RP}^d).$$

Insbesondere ist die graduiert kommutative $\mathbb{Z}$-graduierte $\mathbb{F}_2$-Algebra $\mathcal{H}^*(\mathbb{RP}^\infty)$ isomorph zur freien Polynomalgebra $\mathbb{F}_2[x]$ mit einem Erzeuger x vom Grad 1.

Der Beweis des folgenden Korollars beruht auf der multiplikativen Struktur und würde ohne sie nicht funktionieren.

Satz 5.22. *Für $1 \leq k < d$ ist $\mathbb{CP}^k \subseteq \mathbb{CP}^d$ keine Retraktion, d.h. es gibt keine Abbildung $r\colon \mathbb{CP}^d \to \mathbb{CP}^k$ mit $r|_{\mathbb{CP}^k} = \mathrm{id}$. Das analoge Resultat gilt für $\mathbb{RP}^k \subseteq \mathbb{RP}^d$.*

Beweis: Wir betrachten nur $\mathbb{CP}^d$, der Beweis für $\mathbb{RP}^d$ ist völlig analog. Wähle eine Kohomologietheorie $\mathcal{H}^*$ mit Werten in R-Moduln, die das Dimensionsaxiom erfüllt, zusammen mit einer multiplikativen Struktur, zum Beispiel zelluläre Kohomologie (siehe Abschnitt 5.5).

Nehmen wir an, dass es eine Retraktion $r\colon \mathbb{CP}^d \to \mathbb{CP}^k$ für ein $k < d$ gibt. Sei $x \in \mathcal{H}^2(\mathbb{CP}^k) \cong R$ ein Erzeuger. Es folgt aus Bemerkung 5.6, dass $\mathcal{H}^2(i)$ bijektiv ist. Da zudem $\mathcal{H}^2(i) \circ \mathcal{H}^2(r) = \mathcal{H}^2(r \circ i) = \mathrm{id}$ gilt, ist $\mathcal{H}^2(r)(x) \in \mathcal{H}^2(\mathbb{CP}^d)$ ein Erzeuger. Also ist $\mathcal{H}^2(r)(x^d) = \mathcal{H}^2(r)(x)^d \in \mathcal{H}^2(\mathbb{CP}^d)$ ein Erzeuger und insbesondere ungleich 0. Das steht im Widerspruch zu $\mathcal{H}^d(\mathbb{CR}^k) = 0$, was $x^d = 0$ impliziert. □

Der Beweis von Satz 5.20 braucht etwas Vorbereitung.

Lemma 5.23. *Sei $\mathcal{H}^*$ eine Kohomologietheorie mit Werten in R-Moduln, die das Dimensionsaxiom erfüllt. Es sei vorausgesetzt, dass $\mathcal{H}^*$ eine multiplikative Struktur besitzt. Sei $k \in \mathbb{Z}$, $k \geq 1$ gegeben.*

(a) Definiere für ein CW-Paar (X, A) und $p \in \mathbb{Z}$ die Abbildung

$$T^p(X,A)\colon\ (\mathcal{H}^k(S^k) \otimes_R \mathcal{H}^{p-k}(X,A)) \oplus \mathcal{H}^p(X,A) \xrightarrow{\times\ \oplus\ \mathcal{H}^p(\mathrm{pr}_{(X,A)})} \mathcal{H}^p(S^k \times (X,A)),$$

wobei $\mathrm{pr}_{(X,A)}\colon S^k \times (X,A) \to (X,A)$ die Projektion ist.

Dann ist $T^p(X,A)$ für alle relativ endlichen CW-Paare (X,A) und $p \in \mathbb{Z}$ bijektiv. Falls $\mathcal{H}^*$ das Axiom über disjunkte Vereinigungen erfüllt, so ist $T^p(X,A)$ für alle CW-Paare (X,A) und $p \in \mathbb{Z}$ bijektiv.

(b) Definiere für ein CW-Paar (X, A) und $p \in \mathbb{Z}$ die Abbildung

$$\widetilde{T}^p(X,A)\colon \mathcal{H}^k(S^k, x) \otimes_R \mathcal{H}^{p-k}(X,A) \xrightarrow{\times} \mathcal{H}^p((S^k, x) \times (X,A)),$$

wobei $x \in S^k$ ein Basispunkt ist.

Dann ist $\widetilde{T}^p(X,A)$ für alle relativ endlichen CW-Paare (X,A) und alle $p \in \mathbb{Z}$ bijektiv. Falls $\mathcal{H}^*$ das Axiom über disjunkte Vereinigungen erfüllt, so ist $\widetilde{T}^p(X,A)$ für alle CW-Paare (X,A) und alle $p \in \mathbb{Z}$ bijektiv.

Beweis: (a) Da die von der Inklusion induzierte Abbildung $\mathcal{H}^p(X,A) \to \mathcal{H}^p(X_d,A)$ für $p < d$ bijektiv ist, genügt es relative CW-Komplexe (X,A) zu betrachten, die relativ endlich dimensional sind.

Wir machen Induktion über die Dimension d des relativen CW-Komplexes (X,A). Der Induktionsbeginn $d = -1$ ist trivial, da dann $X = A$ gilt und aus der langen exakten Sequenz vom Paar $\mathcal{H}^p(A,A) = 0$ und $\mathcal{H}^p(S^k \times (A,A)) = 0$ für alle $p \in \mathbb{Z}$ folgt. Der Induktionschluss von $(d-1)$ auf d verläuft folgendermaßen. Wir können X als ein Pushout schreiben

$$\begin{array}{ccc} \coprod_{i\in I_d} S^{d-1} & \xrightarrow{\coprod_{i\in I_d} q_i} & X_{d-1} \\ \downarrow & & \downarrow \\ \coprod_{i\in I_d} D^d & \xrightarrow[\coprod_{i\in I_d} Q_i]{} & X \end{array}$$

Zu diesem Pushout gehört eine Mayer-Vietoris-Sequenz. Da $\mathcal{H}^k(S^k) \cong R$ gilt, ist der Funktor $\mathcal{H}^k(S^k) \otimes_R -$ *exakt,* d.h. er überführt exakte Sequenzen in exakte Sequenzen. Setzen wir

$$U^p(X,A) := \left(\mathcal{H}^k(S^k) \otimes_R \mathcal{H}^{p-k}(X,A)\right) \oplus \mathcal{H}^p(X,A),$$

so erhalten wir eine lange exakte Sequenz

$$\ldots \to U^{p-1}\left(\coprod_{i\in I_d} D^d\right) \oplus U^{p-1}(X_{d-1},A) \to U^{p-1}\left(\coprod_{i\in I_d} S^{d-1}\right) \to U^p(X,A)$$
$$\to U^p\left(\coprod_{i\in I_d} D^d\right) \oplus U^p(X_{d-1},A) \to U^p\left(\coprod_{i\in I_d} D^{d-1}\right) \to \ldots$$

Falls wir das obige Pushout mit S^k kreuzen, erhalten wir wieder ein Pushout und dazu eine lange exakte Mayer-Vietoris-Sequenz. Die Abbildungen T^* induzieren eine Abbildung von diesen beiden langen exakten Sequenzen. Aufgrund der Induktionsvoraussetzung sind $T^p(X_{d-1},A)$ und $T^p\left(\coprod_{i\in I_d} S^{d-1}\right)$ bijektiv. Aufgrund des Fünfer-Lemmas (siehe Lemma 1.2) ist $T^p(X)$ für alle $p \in \mathbb{Z}$ bijektiv, falls $T^p\left(\coprod_{i\in I_d} D^d\right)$ für alle p bijektiv ist. Wiederum aus den Mayer-Vietoris-Sequenzen folgt

$$\bigoplus_{i\in I_d} T^p(D^d) \xrightarrow{\cong} T^p\left(\coprod_{i\in I_d} D^d\right),$$

da I_d endlich ist bzw. das Axiom über disjunkte Vereinigungen erfüllt ist. Da die Abbildung T^p natürlich ist und die Projektion $\mathrm{pr}\colon D^d \to \{\bullet\}$ eine Homotopieäquivalenz ist, genügt es zu zeigen, dass $T^p(\{\bullet\})$ für alle $p \in \mathbb{Z}$ bijektiv ist. Das folgt daraus, dass die R-Abbildung $R \xrightarrow{\cong} \mathcal{H}^0(\{\bullet\})$, $r \mapsto r \cdot 1_{\{\bullet\}}$ aufgrund des Dimensionsaxioms und der Berechnung (5.5) bijektiv ist.

(b) Es gibt eine lange exakte Homologiesequenz zu der Inklusion $\{x\} \times (X,A) \subseteq S^k \times (X,A)$, die im Wesentlichen aus der langen exakten Sequenz des Tripels $(S^k \times X, S^k \times A \cup \{x\} \times X, S^k \times A)$ und dem Ausschneidungsisomorphismus

$$\mathcal{H}^p(S^k \times A \cup \{x\} \times X, S^k \times A) \xrightarrow{\cong} \mathcal{H}^p(\{x\} \times X, \{x\} \times A)$$

entsteht. Sie induziert eine kurze spaltende exakte Sequenz

$$0 \to \mathcal{H}^p((S^k, x) \times (X, A)) \xrightarrow{\mathcal{H}^p(j)} \mathcal{H}^p(S^k \times (X, A)) \xrightarrow{\mathcal{H}^p(i)} \mathcal{H}^p(\{x\} \times (X, A)) \to 0,$$

da die Abbildung $\mathcal{H}^p(\mathrm{pr}_{(X,A)})\colon \mathcal{H}^p(X, A) \to \mathcal{H}^p(S^k \times (X, A))$ die Abbildung $\mathcal{H}^p(i)$ spaltet. Nun wendet man das Fünfer-Lemma (siehe Lemma 1.2) und die bereits bewiesene Aussage (a) an. □

Lemma 5.24. *Betrachte für $k \leq d$ die folgenden Unterräume von $\mathbb{C}^d$*

$$\begin{aligned} \mathbb{C}^k &:= \{(x_1, x_2, \ldots, x_d) \mid x_{k+1} = \ldots = x_d = 0\}, \\ \widehat{\mathbb{C}}^{d-k} &:= \{(x_1, x_2, \ldots, x_d) \mid x_1 = \ldots = x_k = 0\}, \end{aligned}$$

Dann ist $\mathbb{C}^d - \{0\} = (\mathbb{C}^d - \widehat{\mathbb{C}}^{d-k}) \cup (\mathbb{C}^d - \mathbb{C}^k)$ und das Cup-Produkt induziert einen Isomorphismus

$$\cup\colon \mathcal{H}^k(\mathbb{C}^d, \mathbb{C}^d - \widehat{\mathbb{C}}^{d-k}) \otimes_R \mathcal{H}^{d-k}(\mathbb{C}^d, \mathbb{C}^d - \mathbb{C}^k) \xrightarrow{\cong} \mathcal{H}^d(\mathbb{C}^d, \mathbb{C}^d - \{0\}).$$

Beweis: Die von den offensichtlichen Projektionen induzierte Abbildung

$$\begin{aligned} \mathcal{H}^k(\mathrm{pr}_1) \otimes_R \mathcal{H}^{d-k}(\mathrm{pr}_2)\colon \mathcal{H}^k(\mathbb{C}^k, \mathbb{C}^k - \{0\}) \otimes_R \mathcal{H}^{d-k}(\mathbb{C}^{d-k}, \mathbb{C}^{d-k} - \{0\}) \\ \xrightarrow{\cong} \mathcal{H}^k(\mathbb{C}^d, \mathbb{C}^d - \widehat{\mathbb{C}}^{d-k}) \otimes_R \mathcal{H}^{d-k}(\mathbb{C}^d, \mathbb{C}^d - \mathbb{C}^k) \end{aligned}$$

ist bijektiv, da die Projektionen pr_1 und pr_2 Homotopieäquivalenzen sind. Ihre Komposition mit der Abbildung

$$\cup\colon \mathcal{H}^k(\mathbb{C}^d, \mathbb{C}^d - \widehat{\mathbb{C}}^{d-k}) \otimes_R \mathcal{H}^{d-k}(\mathbb{C}^d, \mathbb{C}^d - \mathbb{C}^k) \xrightarrow{\cong} \mathcal{H}^d(\mathbb{C}^d, \mathbb{C}^d - \{0\}).$$

ist per Definition die durch das Kreuz-Produkt gegebene Abbildung

$$\times\colon \mathcal{H}^k(\mathbb{C}^k, \mathbb{C}^k - \{0\}) \otimes_R \mathcal{H}^{d-k}(\mathbb{C}^{d-k}, \mathbb{C}^{d-k} - \{0\}) \to \mathcal{H}^d(\mathbb{C}^d, \mathbb{C}^d - \{0\}).$$

Also genügt es die Bijektivität dieser Abbildung zu zeigen. Die offensichtliche Inklusion $(D^{2k}, S^{2k-1}) \to (\mathbb{C}^k, \mathbb{C}^k - \{0\})$ ist eine Homotopieäquivalenz. Die offensichtliche Projektion $\mathrm{pr}\colon (D^{2k}, S^{2k-1}) \to (S^{2k}, \{\bullet\})$ sowie $\mathrm{pr} \times \mathrm{id}_{(D^{d-2k}, S^{d-2k-1})}$ induzieren Isomorphismen auf $\mathcal{H}^*$. Also genügt es zu zeigen, dass die Abbildung

$$\times\colon \mathcal{H}^{2k}(S^{2k}, \{\bullet\}) \otimes_R \mathcal{H}^{d-2k}(D^{d-2k}, S^{d-2k-1}) \to \mathcal{H}^d\left((S^{2k}, \{\bullet\}) \times (D^{d-2k}, S^{d-2k-1})\right)$$

bijektiv ist. Das folgt aus Lemma 5.23 (b). □

Nun können wir Satz 5.20 beweisen.

Beweis: Wir haben den $\mathbb{Z}$-graduierten R-Modul $\mathcal{H}^*(\mathbb{CP}^d)$ bereits berechnet (siehe Bemerkung 5.6). Es bleibt die multiplikative Struktur zu berechnen. Wir beweisen zunächst induktiv für $d = 0, 1, \ldots$, dass

$$\cup\colon \mathcal{H}^{2k}(\mathbb{CP}^d) \otimes_R \mathcal{H}^{2l}(\mathbb{CP}^d) \to \mathcal{H}^{2(k+l)}(\mathbb{CP}^d) \tag{5.25}$$

für alle $k, l \in \mathbb{Z}$ mit $k + l \leq d$ bijektiv ist. Der Induktionsbeginn $d = 0, 1$ ist trivial, da wir ein Einselement in $\mathcal{H}^0(\mathbb{CP}^d)$ haben. Der Induktionsschritt von $(d-1)$ auf d verläuft folgendermaßen.

Die Inklusion $\mathbb{CP}^{d-1} \to \mathbb{CP}^d$ induziert Isomorphismen auf $\mathcal{H}^j$ für $j \leq 2(d-1)$ wegen Bemerkung 5.6. Also folgt die Bijektivität von (5.25) für $k + l \leq d - 1$ aus der Natürlichkeit der multiplikativen Struktur. Da $\mathcal{H}^j(\mathbb{CP}^d) = 0$ für $j \geq 2d + 1$ gilt, genügt es die Bijektivität der Abbildung (5.25) im Fall $l = d - k$ zu zeigen.

Im Folgenden bezeichnen wir für $(z_0, z_1, \ldots, z_d) \in \mathbb{C}^{d+1} - \{0\}$ das Bild unter der Projektion $\mathbb{C}^{d+1} - \{0\} \to \mathbb{CP}^d$ mit $[z_0, z_1, \ldots, z_d]$. Sei $0 \leq k \leq d$. Wir betrachten $\mathbb{CP}^k$ als den Unterraum $\{[z_0, z_1, \ldots z_d] \mid z_{k+1} = \ldots = z_d = 0\}$ von $\mathbb{CP}^d$. Sei $\widehat{\mathbb{CP}}^{d-k}$ der Unterraum $\{[z_0, z_1, \ldots z_d] \mid z_0 = \ldots = z_{k-1} = 0\}$ von $\mathbb{CP}^d$. Die Inklusion $i_k \colon \mathbb{CP}^{k-1} \to \mathbb{CP}^d - \widehat{\mathbb{CP}}^{d-k}$ ist eine Homotopieäquivalenz, eine Deformationsretraktion ist gegeben durch

$$\mathbb{CP}^d - \widehat{\mathbb{CP}}^{d-k} \times [0,1] \to \mathbb{CP}^d - \widehat{\mathbb{CP}}^{d-k},$$
$$([z_0, z_1, \ldots, z_d], t) \mapsto [z_0, z_1, \ldots, z_{k-1}, tz_k, tz_{k+1}, \ldots tz_d].$$

Weiterhin identifizieren wir für $k \leq d$

$$\begin{aligned}
\mathbb{C}^d &= \{[z_0, z_1, \ldots, z_d] \mid z_k \neq 0\} \subseteq \mathbb{CP}^d, \\
&\qquad (z_0, z_1, \ldots, z_{d-1}) \mapsto [z_0, z_1, \ldots, z_{k-1}, 1, z_k, \ldots, z_d], \\
\mathbb{C}^k &= \mathbb{C}^d \cap \mathbb{CP}^k, \\
\widehat{\mathbb{C}}^{d-k} &= \mathbb{C}^d \cap \widehat{\mathbb{CP}}^{d-k}, \\
\widehat{\mathbb{CP}}^0_k &= \{[z_0, \ldots z_d] \in \mathbb{CP}^d \mid z_i = 0 \text{ für } i \neq k\}.
\end{aligned}$$

Folgendes Diagramm, in dem alle Abbildungen von Inklusionen induziert sind, kommutiert.

$$\begin{array}{ccccc}
\mathcal{H}^{2k}(\mathbb{CP}^d) & \xleftarrow{\alpha_1} & \mathcal{H}^{2k}(\mathbb{CP}^d, \mathbb{CP}^d - \widehat{\mathbb{CP}}^{d-k}) & \xrightarrow{\alpha_2} & \mathcal{H}^{2k}(\mathbb{C}^d, \mathbb{C}^d - \widehat{\mathbb{C}}^{d-k}) \\
\downarrow{\scriptstyle\beta_1} & & \downarrow{\scriptstyle\beta_2} & & \downarrow{\scriptstyle\beta_3} \\
\mathcal{H}^{2k}(\mathbb{CP}^k) & \xleftarrow{\gamma_1} & \mathcal{H}^{2k}(\mathbb{CP}^k, \mathbb{CP}^k - \widehat{\mathbb{CP}}^0) & \xrightarrow{\gamma_2} & \mathcal{H}^{2k}(\mathbb{C}^k, \mathbb{C}^k - \{0\})
\end{array} \tag{5.26}$$

Die Abbildung β_1 ist bijektiv wegen Bemerkung 5.6. Da $\mathbb{CP}^{k-1} \to \mathbb{CP}^k - \widehat{\mathbb{CP}}^0$ eine Homotopieäquivalenz ist, induziert die Inklusion einen Isomorphismus $\mathcal{H}^{2k}(\mathbb{CP}^k, \mathbb{CP}^k - \widehat{\mathbb{CP}}^0) \xrightarrow{\cong} \mathcal{H}^{2k}(\mathbb{CP}^k, \mathbb{CP}^{k-1})$. Nun folgt aus Bemerkung 5.6, dass γ_1 bijektiv ist. Die Abbildung γ_2 ist bijektiv wegen Ausschneidung. Da die Abbildung β_3 von einer Homotopieäquivalenz, nämlich durch das Produkt mit $\mathbb{C}^{d-k}$, induziert ist, ist sie bijektiv. Die Inklusionen induzieren Isomorphismen $\mathcal{H}^j(\mathbb{CP}^n) \xrightarrow{\cong} \mathcal{H}^j(\mathbb{CP}^k)$ für $j \leq 2d$. Die Inklusion $\mathbb{CP}^k - \widehat{\mathbb{CP}}^0 \to \mathbb{CP}^d - \widehat{\mathbb{CP}}^{d-k}$ ist eine Homotopieäquivalenz und induziert daher Isomorphismen auf $\mathcal{H}^j$, da die Inklusionen von $\mathbb{CP}^{k-1}$ in sowohl $\mathbb{CP}^k - \widehat{\mathbb{CP}}^0$ als auch $\mathbb{CP}^d - \widehat{\mathbb{CP}}^{d-k}$ eine Homotopieäquivalenz ist. Aus dem Fünfer-Lemma (siehe Lemma 1.2) und der langen Kohomologiesequenz von Paaren folgt, dass auch β_2 bijektiv ist. Das impliziert, dass alle Abbildungen in dem obigen kommutativen Diagramm bijektiv sind, also auch die Abbildungen α_1 und α_2.

Als nächstes konstruieren wir das kommutative Diagramm

$$\begin{array}{ccc}
\mathcal{H}^{2k}(\mathbb{CP}^d) \otimes_R \mathcal{H}^{2(d-k)}(\mathbb{CP}^d) & \xrightarrow{\cup} & \mathcal{H}^{2d}(\mathbb{CP}^d) \\
\uparrow & & \uparrow \\
\mathcal{H}^{2k}(\mathbb{CP}^d, \mathbb{CP}^d - \widehat{\mathbb{CP}}^{d-k}) \otimes_R \mathcal{H}^{2(d-k)}(\mathbb{CP}^d, \mathbb{CP}^d - \mathbb{CP}^k) & \xrightarrow{\cup} & \mathcal{H}^{2d}(\mathbb{CP}^d, \mathbb{CP}^d - \widehat{\mathbb{CP}}^0_k) \\
\downarrow & & \downarrow \\
\mathcal{H}^{2k}(\mathbb{C}^d, \mathbb{C}^d - \widehat{\mathbb{C}}^{d-k}) \otimes_R \mathcal{H}^{2(d-k)}(\mathbb{C}^d, \mathbb{C}^d - \mathbb{C}^k) & \xrightarrow{\cup} & \mathcal{H}^{2d}(\mathbb{C}^d, \mathbb{C}^d - \{0\})
\end{array} \tag{5.27}$$

Wenn man die Rolle von $\mathbb{CP}^k$ und $\widehat{\mathbb{CP}}^{d-k}$ in dem Diagramm (5.26) vertauscht, erhält man ein analoges Diagramm aus Isomorphismen. Wenn man Diagramm (5.26) und von diesem neuen Diagramm jeweils die obere Zeile nimmt und das Tensorprodukt bildet, so erhält man die linke Spalte von Diagramm (5.27). Die rechte Spalte von Diagramm (5.27) ist analog zu der unteren Zeile von Diagramm (5.26), im Wesentlichen unterscheiden sie sich durch die Permutation der k-ten und d-ten Koordinaten in $\mathbb{CP}^d$. Insbesondere sind alle vertikalen Abbildungen in Diagramm (5.26) bijektiv. Die untere horizontale Abbildung ist bijektiv nach Lemma 5.24. Also ist auch die obere horizontale Zeile bijektiv. Damit ist Satz 5.20 für $\mathbb{CP}^d$ für $d = 1, 2\ldots$ bewiesen. Der Fall $d = \infty$ folgt aus der der Natürlichkeit der multiplikativen Struktur und der Tatsache, dass $\mathcal{H}^p(\mathbb{CP}^d) \to \mathcal{H}^p(\mathbb{CP}^\infty)$ für $p < 2d$ bijektiv ist. □

5.5 Das Cup-Produkt für CW-Komplexe

Für Paare von CW-Komplexen kann man relativ einfach eine multiplikative Struktur auf der zellulären Kohomologie $H^*_{\text{cell}}(X, A)$ konstruieren.

Seien C_* und D_* zwei R-Kettenkomplexe. Definiere ihr *Tensorprodukt* $C_* \otimes_R D_*$ als den R-Kettenkomplex, der als n-ten Kettenmodul $\bigoplus_{p+q=n} C_p \otimes_R D_q$ hat. Das n-te Differential ist durch die Formel

$$u \otimes_R v \quad \mapsto \quad c_p(u) \otimes_R v + (-1)^p \cdot u \otimes_R d_{n-p}(v) \tag{5.28}$$

für $u \in C_p$ und $v \in D_{n-p}$ gegeben.

Seien (X, A) und (Y, B) Paare von CW-Komplexen. Wähle Zellenorientierungen $\mathcal{O}_{(X,A)}$ auf (X, A) und $\mathcal{O}_{(Y,B)}$ auf (Y, B). Sie liefern eine Zellenorientierung $\mathcal{O}_{(X,A)\times(Y,B)}$ auf dem Produkt $(X, A) \times (Y, B)$ (siehe Lemma 3.13 und Bemerkung 3.14). Für jedes n induziert die offensichtliche Bijektion

$$\coprod_{p+q=n} I_p(X, A) \times I_q(Y, B) \xrightarrow{\cong} I_n((X, A) \times (Y, B))$$

einen R-Isomorphismus

$$\begin{aligned}\mu_n\colon \left(C^{\text{cell}}_*(X, A; R) \otimes_R C^{\text{cell}}_*(Y, B; R)\right)_n \; &:= \; \bigoplus_{p+q=n} C^{\text{cell}}_p(X, A; R) \otimes_R C^{\text{cell}}_q(Y, B; R) \\ &\xrightarrow{\cong} C^{\text{cell}}_n((X, A) \times (Y, B); R).\end{aligned}$$

Wir überlassen es dem Leser, zu beweisen, dass diese Familie von Isomorphismen mit den Differentialen verträglich ist und daher einen Isomorphismus von R-Kettenkomplexen definiert. Schließlich prüft man leicht, dass diese Abbildungen unter Änderungen der Zellenorientierungen von (X, A) und (Y, B) sich gerade so verhalten, dass sie einen natürlichen Isomorphismus von R-Kettenkomplexen definieren

$$\mu_*\colon C_*^{\mathrm{cell}}(X, A; R) \otimes_R C_*^{\mathrm{cell}}(Y, B; R) \xrightarrow{\cong} C_*^{\mathrm{cell}}((X, A) \times (Y, B); R). \tag{5.29}$$

Das induziert ebenfalls einen natürlichen Isomorphismus von R-Kokettenkomplexen

$$\mu^*\colon C^*_{\mathrm{cell}}(X, A; R) \otimes_R C^*_{\mathrm{cell}}(Y, B; R) \xrightarrow{\cong} C^*_{\mathrm{cell}}((X, A) \times (Y, B); R). \tag{5.30}$$

Seien C_* und D_* zwei R-Kettenkomplexe. Man hat für $p, q \in \mathbb{Z}$ einen natürlichen R-Homomorphismus

$$\alpha_{p,q}\colon H_p(C_*) \otimes_R H_q(D_*) \to H_{p+q}(C_* \otimes_R D_*), \tag{5.31}$$

der für $[u] \in H_p(C_*)$, repräsentiert durch den Zykel $u \in C_p$, und $[v] \in H_q(D_*)$, repräsentiert durch den Zykel $v \in D_q$, dem Element $[u] \otimes_R [v]$ die Homologieklasse $[u \otimes_R v]$ des Zykels $u \otimes_R v$ in $C_p \otimes D_q \subseteq (C_* \otimes D_*)_{p+q}$ zuordnet. Folgende Rechnung zeigt, dass $u \otimes_R v$ wirklich ein Zykel ist, denn das Bild von $u \otimes v$ unter dem $(p+q)$-ten Differential e_{p+q} von $C_* \otimes_R D_*$ ist

$$e_{p+q}(u \otimes_R v) = c_p(u) \otimes v + (-1)^p \cdot u \otimes_R d_q(v) = 0 \otimes v + (-1)^p \cdot u \otimes_R 0 = 0.$$

Es bleibt zu zeigen, dass die Homologieklasse $[u \otimes v]$ unabhängig von der Wahl der Repräsentanten ist. Falls man zu u den Rand $c_{p+1}(u')$ für ein $u' \in C_{p+1}$ und zu v den Rand $d_{q+1}(v')$ für ein $v' \in C_{p+1}$ hinzu addiert, erhält man

$$\begin{aligned}
&[(u + c_{p+1}(u')) \otimes_R (v + d_{q+1}(v'))] \\
&= [u \otimes_R v + c_{p+1}(u') \otimes_R v + u \otimes_R d_{q+1}(v') + c_{p+1}(u') \otimes_R d_{q+1}(v')] \\
&= \left[u \otimes_R v + e_{p+q+1}\left(u' \otimes_R v + (-1)^{p+1} \cdot u \otimes_R v' + u' \otimes_R d_{q+1}(v')\right)\right] \\
&= [u \otimes_R v].
\end{aligned}$$

Für R-Kokettenkomplexe C^* und D^* konstruiert man völlig analog R-Homomorphismen

$$\alpha^{p,q}\colon H^p(C^*) \otimes_R H^q(D^*) \to H^{p+q}(C^* \otimes_R D^*). \tag{5.32}$$

Kombiniert man (5.29) und (5.31), so erhält man das *homologische zelluläre Kreuz-Produkt*

$$\times\colon H_p^{\mathrm{cell}}(X, A; R) \otimes_R H_q^{\mathrm{cell}}(Y, B; R) \to H_{p+q}^{\mathrm{cell}}((X, A) \times (Y, B); R). \tag{5.33}$$

Kombiniert man (5.30) und (5.32), so erhält man das *kohomologische zelluläre Kreuz-Produkt*

$$\times\colon H^p_{\mathrm{cell}}(X, A; R) \otimes_R H^q_{\mathrm{cell}}(Y, B; R) \to H^{p+q}_{\mathrm{cell}}((X, A) \times (Y, B); R). \tag{5.34}$$

Wie bereits in Bemerkung 5.16 erläutert, erhält man daraus das Cup-Produkt für die zelluläre Kohomologie

$$\cup\colon H^p_{\mathrm{cell}}(X, A; R) \otimes_R H^q_{\mathrm{cell}}(X, B; R) \to H^{p+q}_{\mathrm{cell}}((X, A \cup B; R), \tag{5.35}$$

indem man für die diagonale Abbildung $D\colon (X, A \cup B) \to (X, A) \times (X, B),\ x \mapsto (x, x)$ setzt

$$u \cup v := H^{p+q}(D)(u \times v).$$

Bemerkung 5.36 (Die diagonale Abbildung ist nicht zellulär). Hierbei ist zu beachten, dass die diagonale Abbildung D selbst nicht zellulär ist und daher nicht direkt eine Abbildung $H^{p+q}(D)$ induziert. Man wählt eine zelluläre Approximation D' von D, d.h. eine zelluläre zu D homotope Abbildung, und definiert $H^{p+q}(D) := H^{p+q}(D')$. Das macht Sinn wegen des Zellulären Approximationsatzes (siehe Satz 3.16).

Es ist nicht schwer, die Axiome einer multiplikativen Struktur für das Cup-Produkt auf der zellulären Kohomologie zu verifizieren.

Bemerkung 5.37 (Eindeutigkeit von der multiplikativen Struktur). Wir haben bereits erwähnt, dass sich der Satz über zelluläre Homologie und Eindeutigkeit von Homologie 3.53 auf Kohomologie in der offensichtlichen Weise überträgt. Falls man nun mit Kohomologietheorien startet, die eine multiplikative Struktur besitzen, so sind die so enstehendende Isomorphismen mit diesen multiplikativen Strukturen verträglich, wobei man bei der zellulären Kohomologie die obige multiplikative Struktur (5.35) verwendet.

Eine Übersicht über die verschiedenen Produkte auf der singulären (Ko-)homologie von CW-Komplexen wird in Abschnitt 7.1 gegeben. Wir werden weitere Anwendungen des Cup-Produktes, die Hopf-Invariante und den Satz von Borsuk und Ulam in den Abschnitten 7.9 und 7.10 diskutieren.

5.6 Aufgaben

5.1 Zeige, dass $H^1_{\mathrm{cell}}(X,A)$ für jedes CW-Paar (X,A) eine torsionsfreie abelsche Gruppe ist.

5.2 Berechne die singuläre Kohomologie $H_{\mathrm{sing}}(F_g^{\pm};R)$ der orientierbaren bzw. nicht-orientierbaren Fläche F_g^+ bzw. F_g^- vom Geschlecht g.

5.3 Sei $\mathcal{H}_*$ bzw. $\mathcal{H}^*$ eine Homologietheorie bzw. Kohomologietheorie mit Werten in $\mathbb{Z}$-Moduln, die das Axiom über disjunkte Vereinigungen erfüllt.

(a) Zeige, dass $\mathcal{H}_* \otimes_{\mathbb{Z}} \mathbb{Q}$ eine Homologietheorie mit Werten in $\mathbb{Q}$-Moduln ist, die das Axiom über disjunkte Vereinigungen erfüllt.

(b) Zeige, dass $\hom_{\mathbb{Z}}(\mathcal{H}_*;\mathbb{Q})$ eine Kohomologietheorie ist, die das Axiom über disjunkte Vereinigungen und das Dimensionsaxiom erfüllt.

(c) Widerlege, dass $\mathcal{H}^* \otimes_{\mathbb{Z}} \mathbb{Q}$ eine Kohomologietheorie mit Werten in $\mathbb{Q}$-Moduln ist, die das Axiom über disjunkte Vereinigungen erfüllt.

5.4 Beweise, dass $S^1 \times S^1$ und $S^1 \vee S^1 \vee S^2$ isomorphe zelluläre Homologie und Kohomologie haben, aber die durch die zelluläre Kohomologie gegebenen graduierten Ringe nicht isomorph sind.

5.5 Sei $f\colon \mathbb{CP}^\infty \to \mathbb{CP}^\infty$ eine Abbildung. Zeige, dass $H^p_{\mathrm{cell}}(f;R)\colon H^p_{\mathrm{cell}}(\mathbb{CP}^\infty,R) \to H^p_{\mathrm{cell}}(\mathbb{CP}^\infty,R)$ für alle $p \in \mathbb{Z}$ bijektiv ist, wenn $H^2_{\mathrm{cell}}(f;R)$ bijektiv ist.

5.6 Sei $f\colon \mathbb{CP}^\infty \to \mathbb{CP}^\infty$ eine Abbildung. Zeige unter Verwendung der Tatsache, dass $\mathbb{CP}^\infty$ ein Eilenberg-MacLane-Raum $K(\mathbb{Z},2)$ ist, dass f genau dann eine Homotopieäquivalenz ist, wenn $H^2_{\mathrm{cell}}(f;R)$ bijektiv ist.

5.7 Berechne die topologische K-Theorie $K^*(S^1 \times S^1)$ von $S^1 \times S^1$.

5.8 Berechne den zellulären Kokettenkomplex $C^*(\mathbb{RP}^3 \times \mathbb{RP}^3)$ explizit für die Produkt-CW-Struktur aus Lemma 3.13 bezüglich der CW-Struktur auf $\mathbb{RP}^3$ aus Beispiel 3.5. Danach berechne $H^p(\mathbb{RP}^3)$ für $p \in \mathbb{Z}$ und $H^3_{\mathrm{cell}}(\mathbb{RP}^3 \times \mathbb{RP}^3)$ und zeige, dass die Abbildung

$$\bigoplus_{p+q=3} \times \colon \bigoplus_{p+q=3} H^p_{\mathrm{cell}}(\mathbb{RP}^3) \otimes_{\mathbb{Z}} H^q_{\mathrm{cell}}(\mathbb{RP}^3) \to H^3_{\mathrm{cell}}(\mathbb{RP}^3 \times \mathbb{RP}^3)$$

nicht surjektiv ist.

5.9 Für welche $d \geq 1$ ist $\mathbb{CP}^d$ zu einer Einhängung ΣX eines topologischen Raumes X homöomorph?

6 Homologische Algebra

In diesem Kapitel geben wir eine Einführung in die homologische Algebra. Insbesondere beweisen wir den Fundamentalsatz der homologischen Algebra und erklären den Tor- und den Ext-Funktor für Moduln. Dies alles wird dann benutzt, um universelle Koeffiziententheoreme und die Künneth-Formel zu beweisen, die die (Ko-)Homologie eines Produktes von Räumen berechnet. Schießlich erläutern wir, wie man die (Ko-)Homologie eines Raumes aus der(Ko-)-Homologie der Teilräume einer Ausschöpfung berechnen kann.

6.1 Der Fundamentalsatz der homologischen Algebra

Es sei daran erinnert, dass ein R-Kettenkomplex C_* projektiv ist, wenn jeder Kettenmodul C_n projektiv ist, und positiv ist, wenn $C_n = 0$ für $n \leq -1$ gilt. Ein R-Modul P heißt *projektiv,* falls es zu jeder surjektiven R-Abbildung von R-Moduln $q\colon M \to N$ und jeder R-Abbildung $f\colon P \to N$ eine R-Abbildung $\overline{f}\colon P \to M$ mit $q \circ \overline{f} = f$ gibt. Jeder freie R-Modul ist projektiv. Für zwei R-Kettenkomplexe C_* und D_* bezeichnet $[C_*, D_*]$ den R-Modul der Homotopieklassen von R-Kettenabbildungen $C_* \to D_*$.

Lemma 6.1. *Sei $C_* = (C_*, c_*)$ ein positiver projektiver R-Kettenkomplex. Sei $D_* = (D_*, d_*)$ ein R-Kettenkomplex, für den $H_n(D_*) = 0$ für $n \geq 1$ gilt. Dann ist die Abbildung von R-Moduln*

$$H_0\colon [C_*, D_*] \to \hom_R(H_0(C_*), H_0(D_*)), \quad [f_*] \mapsto H_0(f_*)$$

bijektiv.

Beweis: Wir beweisen zunächst die Surjektivität. Zu einer R-Abbildung $u\colon H_0(C_*) \to H_0(D_*)$ müssen wir eine Kettenabbildung $f_*\colon C_* \to D_*$ mit $H_0(f_*) = u$ konstruieren. Seien $\mathrm{pr}_1\colon C_0 \to H_0(C_*)$ und $\mathrm{pr}_2\colon \mathrm{Kern}(d_0) \to H_0(D_*)$ die offensichtlichen Projektionen. Da C_0 projektiv ist, gibt es eine R-Abbildung $f_0\colon C_0 \to \mathrm{Kern}(d_0)$ mit $\mathrm{pr}_2 \circ f_0 = u \circ \mathrm{pr}_1$. Es bezeichnet $f_p\colon C_p \to D_p$ die Nullabbildung für $p \leq -1$.

Nun konstruieren wir induktiv über $n = 0, 1, 2, \ldots$ R-Abbildungen $f_n\colon C_n \to D_n$ derart, dass $d_n \circ f_n = f_{n-1} \circ c_n$ für $n \geq 1$ gilt. Den Induktionsanfang f_0 haben wir bereits erklärt. Der Induktionsschritt von n auf $n+1$ verläuft folgendermaßen. Da

$$d_n \circ f_n \circ c_{n+1} = f_{n-1} \circ c_n \circ c_{n+1} = 0$$

im Fall $n \geq 1$ und $\mathrm{pr}_2 \circ f_0 = u \circ \mathrm{pr}_1$ gelten und nach Voraussetzung $H_n(D_*) = 0$ für $n \geq 1$ ist, ist das Bild von $f_n \circ c_{n+1}$ im Bild von d_{n+1} enthalten. Da C_{n+1} projektiv ist, gibt es eine R-Abbildung $f_{n+1}\colon C_{n+1} \to D_{n+1}$ mit $d_{n+1} \circ f_{n+1} = f_n \circ c_{n+1}$. Die Gesamtheit der Abbildungen $f_n\colon C_n \to D_n$ liefert die gewünschte R-Kettenabbildung mit $H_0(f_*) = u$.

Um die Injektivität zu zeigen, muss man für eine Kettenabbildung $f_*\colon C_* \to D_*$ mit $H_0(f_*) = 0$ eine Kettenhomotopie $h_*\colon f_* \simeq 0_*$ konstruieren. Dazu konstuiert man induktiv R-Abbildungen $h_n\colon C_n \to D_{n+1}$ mit $d_1 \circ h_0 = f_0$ und $d_{n+1} \circ h_n + h_{n-1} \circ c_n = f_n$ für $n \geq 1$. Für den Induktionsbeginn $n = 0$ benutzt man $H_0(f_*) = 0$. Im Induktionschritt von $n \geq 1$ auf $n+1$ verwendet man

$$d_{n+1} \circ (-h_n \circ c_{n+1} + f_{n+1}) \;=\; h_{n-1} \circ c_n \circ c_{n+1} - f_n \circ c_{n+1} + d_{n+1} \circ f_{n+1} \;=\; 0$$

und verfährt analog wie im Beweis der Surjektivität. □

Das grundlegende Prinzip des Beweises von Lemma 6.1 kann man als eine Art Hochhangeln mit Hilfe der Projektivität von C_* und der Gleichheit $\text{Bild}(d_{n+1}) = \text{Kern}(d_n)$ für $n \geq 1$ zusammenfassen.

Definition 6.2 (Projektive Auflösung). *Sei M ein R-Modul. Eine* projektive Auflösung *(P_*, φ) von M besteht aus einem positiven projektiven R-Kettenkomplex P_* mit $H_n(P_*) = \{0\}$ für $n \geq 1$ zusammen mit einem R-Isomorphismus $\varphi\colon H_0(P_*) \xrightarrow{\cong} M$.*

Der nächste Satz folgt direkt aus Lemma 6.1.

Satz 6.3 (Fundamentalsatz der homologischen Algebra). *Seien (P_*, φ) und (Q_*, ψ) zwei projektive Auflösungen des R-Modules M. Dann gibt es eine R-Kettenhomotopieäquivalenz $f_*\colon P_* \to Q_*$ mit $\psi \circ H_0(f_*) \circ \varphi^{-1} = \text{id}_M$. Falls $g_*\colon P_* \to Q_*$ eine weitere R-Kettenabbildung mit $\psi \circ H_0(g_*) \circ \varphi^{-1} = \text{id}_M$ ist, dann sind f_* und g_* homotop.*

6.2 Der Tor-Funktor

Definition 6.4 (Tor). *Seien M und N zwei R-Moduln. Sei P_* eine projektive R-Auflösung von M. Definiere den R-Modul*

$$\text{Tor}_n^R(M, N) \;=\; H_n(P_* \otimes_R N).$$

Dies ist aufgrund des folgenden Arguments von der Auswahl der projektiven Auflösung von M unabhängig. Seien P_* und Q_* zwei projektive R-Auflösungen. Wegen Satz 6.3 gibt es eine bis auf Homotopie eindeutige R-Homotopieäquivalenz $f_*: P_* \to Q_*$. Sie induziert eine R-Kettenhomotopieäquivalenz $f_* \otimes_R \text{id}_N : P_* \otimes_R N \to Q_* \otimes_R N$, die auf der Homologie einen R-Isomorphismus

$$H_0(f_* \otimes_R \text{id}_N)\colon H_0(P_* \otimes_R N) \to H_0(Q_* \otimes_R N)$$

induziert.

Der Funktor $\text{Tor}_n^R(M; N)$ ist in beiden Variablen ein kovarianter Funktor, d.h. für R-lineare Abbildungen $f_1 : M_1 \to M_2$ und $g_1 : N_1 \to N_2$ erhält man eine R-Abbildung

$$\text{Tor}_n^R(f_1, g_1)\colon \text{Tor}_n^R(M_1, N_1) \to \text{Tor}_n^R(M_2, N_2)$$

derart, dass

$$\begin{aligned} \text{Tor}_n^R(f_2 \circ f_1, g_2 \circ g_1) &= \text{Tor}_n^R(f_2, g_2) \circ \text{Tor}_n^R(f_1, g_1), \\ \text{Tor}_n^R(\text{id}_M, \text{id}_N) &= \text{id}_{\text{Tor}_n^R(M,N)} \end{aligned}$$

für R-Abbildungen $f_1\colon M_1 \to M_2$, $f_2\colon M_2 \to M_3$, $g_1 : N_1 \to N_2$, $g_2\colon N_2 \to N_3$ und R-Moduln M und N gilt. Falls (P_*, φ) bzw. (Q_*, ψ) projektive R-Auflösungen von M_1 bzw. M_2 sind, gibt es bis auf R-Homotopie genau eine R-Kettenabbildung $u_* : P_* \to Q_*$ mit $\psi \circ H_0(u_*) \circ \varphi^{-1} = f_1$ und man definiert $\text{Tor}_n^R(f_1, g_1)$ als die von der R-Kettenabbildung

$$u_* \otimes g_1 : P_* \otimes N_1 \to Q_* \otimes_R N_2$$

auf der Homologie induzierte Abbildung.

Sei $M_0 \xrightarrow{i} M_1 \xrightarrow{q} M_2 \to 0$ eine exakte Sequenz von R-Moduln und N ein R-Modul. Dann ist folgende Sequenz exakt

$$M_0 \otimes_R N \xrightarrow{i \otimes_R \mathrm{id}_N} M_1 \otimes_R N \xrightarrow{q \otimes_R \mathrm{id}_N} M_2 \otimes_R N \to 0.$$

Man sagt, dass der Funktor $- \otimes_R N$ *rechts-exakt* ist. Auch unter der Zusatzvoraussetzung, dass die Abbildung i injektiv ist, ist die Abbildung $i \otimes_R \mathrm{id}_N$ ist im Allgemeinen nicht injektiv, d.h. der Funktor $- \otimes_R N$ ist kein *exakter Funktor*.

Als nächstes konstruieren wir einen natürlichen Isomorphismus

$$\mathrm{Tor}_0^R(M,N) \quad \cong \quad M \otimes_R N. \tag{6.5}$$

Falls (P_*, φ) eine projektive Auflösung von M ist, dann folgt aus der Rechts-Exaktheit des Funktors $- \otimes_R N$, dass folgende Sequenz exakt ist

$$P_1 \otimes_R N \xrightarrow{c_1 \otimes_R \mathrm{id}_N} P_0 \otimes_R N \xrightarrow{(\varphi \circ \mathrm{pr}) \otimes_R \mathrm{id}_N} M \otimes_R N \to 0,$$

wobei $\mathrm{pr}\colon P_0 \to H_0(P_*)$ die kanonische Projektion ist. Daher induziert $(\varphi \circ \mathrm{pr}) \otimes_R \mathrm{id}_N$ den gesuchten natürlichen R-Isomorphismus (6.5).

Die entscheidende Eigenschaft des Tor-Funktors ist, dass er die Abweichung der Funktoren $- \otimes_R N$ und $N \otimes_R -$ davon misst, exakt zu sein. Genauer gilt folgender Satz.

Satz 6.6 (Lange exakte Tor-Sequenz). *Sei $0 \to M_0 \xrightarrow{i} M_1 \xrightarrow{q} M_2 \to 0$ eine exakte Sequenz von R-Moduln und N ein R-Modul. Dann gibt es natürliche lange exakte Sequenzen von R-Moduln*

$$\begin{aligned}
\ldots \xrightarrow{\partial_{n+1}} \mathrm{Tor}_n^R(M_0,N) &\xrightarrow{\mathrm{Tor}_n^R(i,\mathrm{id}_N)} \mathrm{Tor}_n^R(M_1,N) \xrightarrow{\mathrm{Tor}_n^R(q,\mathrm{id}_N)} \mathrm{Tor}_n^R(M_2,N) \xrightarrow{\partial_n} \ldots \\
\ldots \xrightarrow{\partial_2} \mathrm{Tor}_1^R(M_0,N) &\xrightarrow{\mathrm{Tor}_1^R(i,\mathrm{id}_N)} \mathrm{Tor}_1^R(M_1,N) \xrightarrow{\mathrm{Tor}_1^R(q,\mathrm{id}_N)} \mathrm{Tor}_1^R(M_2,N) \\
&\xrightarrow{\partial_1} M_0 \otimes_R N \xrightarrow{i \otimes_R \mathrm{id}_N} M_1 \otimes_R N \xrightarrow{q \otimes_R \mathrm{id}_N} M_2 \otimes_R N \to 0
\end{aligned}$$

und

$$\begin{aligned}
\ldots \xrightarrow{\partial_{n+1}} \mathrm{Tor}_n^R(N,M_0) &\xrightarrow{\mathrm{Tor}_n^R(\mathrm{id}_N,i)} \mathrm{Tor}_n^R(N,M_1) \xrightarrow{\mathrm{Tor}_n^R(\mathrm{id}_N,q)} \mathrm{Tor}_n^R(N,M_2) \xrightarrow{\partial_n} \ldots \\
\ldots \xrightarrow{\partial_2} \mathrm{Tor}_1^R(N,M_0) &\xrightarrow{\mathrm{Tor}_1^R(\mathrm{id}_N,i)} \mathrm{Tor}_1^R(N,M_1) \xrightarrow{\mathrm{Tor}_1^R(\mathrm{id}_N,q)} \mathrm{Tor}_1^R(N,M_2) \\
&\xrightarrow{\partial_1} N \otimes_R M_0 \xrightarrow{\mathrm{id}_N \otimes_R i} N \otimes_R M_1 \xrightarrow{\mathrm{id}_N \otimes_R q} N \otimes_R M_2 \to 0.
\end{aligned}$$

Beweis: Seien (P_*, φ) bzw. (Q_*, ψ) projektive R-Auflösungen von M_0 und M_2. Wir wollen nun eine projektive R-Auflösung (S_*, μ) von M_1 zusammen mit einer kurzen exakten Sequenz von R-Kettenkomplexen

$$0 \to P_* \xrightarrow{f_*} S_* \xrightarrow{g_*} Q_* \to 0$$

derart konstruieren, dass folgendes Diagramm kommutiert

$$\begin{array}{ccccccccc}
0 & \longrightarrow & H_0(P_*) & \xrightarrow{H_0(f_*)} & H_0(S_*) & \xrightarrow{H_0(g_*)} & H_0(Q_*) & \longrightarrow & 0 \\
 & & \varphi \big\downarrow \cong & & \mu \big\downarrow \cong & & \psi \big\downarrow \cong & & \\
0 & \longrightarrow & M_0 & \xrightarrow{i} & M_1 & \xrightarrow{q} & M_2 & \longrightarrow & 0
\end{array}$$

Bevor wir die Konstruktion von (S_*, μ) beschreiben, erklären wir, wie man daraus die erste lange exakte Sequenz erhält. Da Q_* projektiv ist, gibt es für jedes $n \geq 0$ eine R-Abbildung $r_n \colon S_n \to P_n$ mit $r_n \circ f_n = \mathrm{id}_{P_n}$. Daraus folgt, dass für jedes $n \geq 0$ die folgende Sequenz exakt ist

$$0 \to P_n \otimes_R N \xrightarrow{f_n \otimes_R \mathrm{id}_N} S_n \otimes_R N \xrightarrow{g_n \otimes_R \mathrm{id}_N} Q_n \otimes_R N \to 0,$$

denn $f_n \otimes_R \mathrm{id}_N$ ist injektiv wegen $(r_n \otimes_R \mathrm{id}_N) \circ (f_n \otimes_R \mathrm{id}_N) = \mathrm{id}_{P_n \otimes_R N}$ und der Funktor $- \otimes_R N$ ist rechts-exakt. Also erhalten wir eine kurze exakte Sequenz von R-Kettenkomplexen

$$0 \to P_* \otimes_R N \xrightarrow{f_* \otimes_R \mathrm{id}_N} S_* \otimes_R N \xrightarrow{g_* \otimes_R \mathrm{id}_N} Q_* \otimes_R N \to 0.$$

Die gewünschte lange exakte Sequenz ist die zugehörige lange exakte Homologiesequenz, wenn man die Identifikation (6.5) verwendet.

Als nächstes erklären wir die Konstruktion von S_*. Dazu konstruieren wir induktiv über $n = -1, 0, 1 \ldots$ ein kommutatives Diagramm mit exakten Zeilen und Spalten

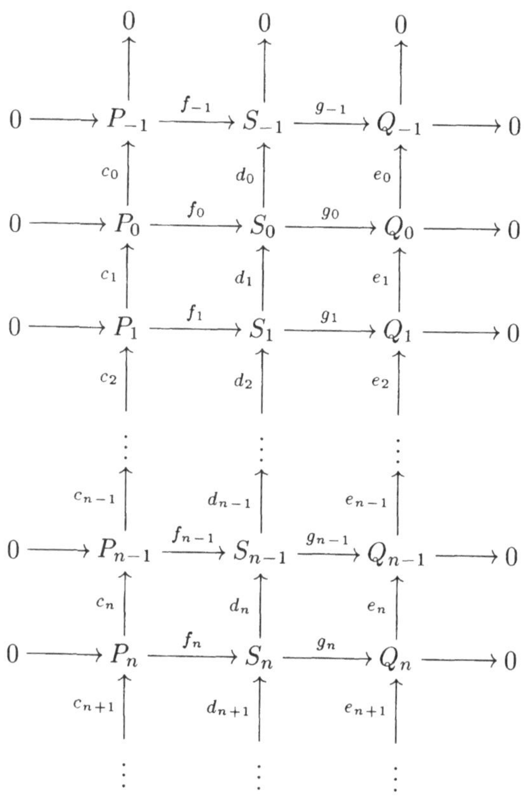

Dabei soll der Induktionsanfang, also die Zeile $0 \to P_{-1} \to S_{-1} \to Q_{-1} \to 0$, durch die gegebene exakte Sequenz $0 \to M_0 \xrightarrow{i} M_1 \xrightarrow{q} M_2 \to 0$ definiert sein. Die linke Spalte soll durch die Auflösung (P_*, φ) mit ihren Differentialen $c_n \colon P_n \to P_{n-1}$ für $n \geq 1$ und durch $c_0 \colon P_0 \xrightarrow{\mathrm{pr}} H_0(P_*) \xrightarrow{\varphi} M_0$ gegeben sein. Entsprechend soll die rechte Spalte durch (Q_*, ψ) definiert sein. Da (P_*, φ) und $Q_*, \psi)$ projektive Auflösungen sind, sind die linke und die rechte Spalte exakt.

Im Induktionsschritt von $(n-1)$ auf $n \geq 0$ setzt man $S_n := P_n \oplus Q_n$ und definiert $f_n\colon P_n \to S_n = P_n \oplus Q_n$ bzw. $g_n\colon S_n = P_n \oplus Q_n \to Q_n$ als die kanonische Inklusion bzw. Projektion. Offensichtlich ist dann die neue Zeile $0 \to P_n \xrightarrow{f_n} S_n \xrightarrow{g_n} Q_n \to 0$ exakt. Eine einfache Diagrammjagd zeigt, dass die Abbildung $g_{n-1}\colon S_{n-1} \to Q_{n-1}$ einen Epimorphismus $g'_{n-1}\colon \operatorname{Kern}(d_{n-1}) \to \operatorname{Kern}(e_{n-1})$ induziert. Da Q_n projektiv ist, gibt es eine R-Abbildung $\overline{e_n}\colon Q_n \to \operatorname{Kern}(d_{n-1})$, deren Komposition mit $g'_{n-1}\colon \operatorname{Kern}(d_{n-1}) \to \operatorname{Kern}(e_{n-1})$ mit der Abbildung $e_n\colon Q_n \to \operatorname{Kern}(e_{n-1})$ übereinstimmt. Definiere $d_n\colon S_n = P_n \oplus Q_n \to S_{n-1}$ als $(f_{n-1} \circ c_n) \oplus \overline{e_n}$. Nach Konstruktion ist das Diagramm kommutativ und $d_{n-1} \circ d_n = 0$. Eine einfache Diagrammjagd zeigt, dass die mittlere Spalte exakt ist. Dieses Diagramm definiert nun die gesuchte projektive Auflösung (S_*, μ) zusammen mit der gesuchten kurzen exakten Sequenz von R-Kettenkomplexen $0 \to P_* \xrightarrow{f_*} S_* \xrightarrow{g_*} Q_0 \to 0$.

Die zweite exakte Sequenz erhält man nach Wahl einer Auflösung P_* von N als die lange exakte Homologiesequenz der kurzen exakten Sequenz von R-Kettenkomplexen

$$0 \to P_* \otimes_R M_0 \xrightarrow{\mathrm{id}_{P_*} \otimes_R i} P_* \otimes_R M_1 \xrightarrow{\mathrm{id}_{P_*} \otimes_R q} P_* \otimes_R M_2 \to 0.$$

Damit ist Satz 6.6 bewiesen. □

Ein R-Modul M heißt *flach*, wenn der Funktor $- \otimes_R M$ exakt ist. Jeder projektive R-Modul ist flach, die Umkehrung gilt im Allgemeinen nicht. Mit Hilfe von Satz 6.6 kann man zeigen

Lemma 6.7. *Ein R-Modul N ist genau dann flach, wenn $\operatorname{Tor}_n^R(M,N) = 0$ für jeden R-Moduln M und jedes $n \geq 1$ gilt.*

Lemma 6.8. *Sei $\{M_i \mid i \in I\}$ eine Familie von R-Moduln und N ein R-Modul. Dann gibt es natürliche Isomorphismen*

$$\bigoplus_{i\in I} \operatorname{Tor}_n^R(M_i, N) \cong \operatorname{Tor}_n^R\left(\bigoplus_{i\in I} M_i, N\right),$$

$$\bigoplus_{i\in I} \operatorname{Tor}_n^R(N, M_i) \cong \operatorname{Tor}_n^R\left(N, \bigoplus_{i\in I} M_i\right).$$

Beweis: Dies folgt aus den natürlichen Isomorphismen

$$\bigoplus_{i\in I}(M_i \otimes_R N) \xrightarrow{\cong} \left(\bigoplus_{i\in I} M_i\right) \otimes_R N,$$

$$\bigoplus_{i\in I}(N \otimes_R M_i) \xrightarrow{\cong} N \otimes_R \left(\bigoplus_{i\in I} M_i\right),$$

$$\bigoplus_{i\in I} H_n(C_*[i]) \xrightarrow{\cong} H_n\left(\bigoplus_{i\in I} C_*[i]\right)$$

für eine Familie $\{C_*[i] \mid i \in I\}$ von R-Kettenkomplexen. □

Eine R-Kettenabbildung $f_*\colon C_* \to D_*$ ist eine *Homologieäquivalenz*, falls sie auf allen Homologiemoduln einen Isomorphismus induziert. Ein Kettenkomplex ist *azyklisch*, wenn all seine Homologiemoduln trivial sind.

Sei $f_*\colon C_* \to D_*$ eine R-Kettenabbildung. Definiere ihren *Abbildungzylinder* $\mathrm{Zyl}(f_*)_*$ als den R-Kettenkomplex mit dem n-ten Differential

$$C_{n-1} \oplus C_n \oplus D_n \xrightarrow{\begin{pmatrix} -c_{n-1} & 0 & 0 \\ -\mathrm{id} & c_n & 0 \\ f_{n-1} & 0 & d_n \end{pmatrix}} C_{n-2} \oplus C_{n-1} \oplus D_{n-1}.$$

Definiere den *Abbildungskegel* $\mathrm{Keg}(f_*)_*$ als den Quotienten von $\mathrm{Zyl}(f_*)_*$ nach der offensichtlichen Kopie von C_*, d.h. das n-te Differential von $\mathrm{Keg}(f_*)_*$ ist

$$C_{n-1} \oplus D_n \xrightarrow{\begin{pmatrix} -c_{n-1} & 0 \\ f_{n-1} & d_n \end{pmatrix}} C_{n-2} \oplus D_{n-1}.$$

Für einen R-Kettenkomplex C_* definiere seine *Einhängung* ΣC_* als den Quotienten von $\mathrm{Keg}(\mathrm{id}_{C_*})_*$ nach der offensichtlichen Kopie von C_*, d.h. das n-te Differential von ΣC_* ist

$$C_{n-1} \xrightarrow{-c_{n-1}} C_{n-2}.$$

Es gibt offensichtliche Inklusionen $i_*\colon D_* \to \mathrm{Zyl}(f_*)_*$ und $j_*\colon C_* \to \mathrm{Zyl}(f_*)_*$ von R-Kettenkomplexen. Definiere die R-Kettenabbildung $p_*\colon \mathrm{Zyl}(f_*)_* \to D_*$ durch $p_*(x,y,z) = f_n(y) + z$. Es gilt $p_* \circ i_* = \mathrm{id}_{D_*}$ und $p_* \circ j_* = f_*$. Es gibt eine offensichtliche Kettenhomotopie $h_*\colon i_* \circ p_* \simeq \mathrm{id}_{\mathrm{Zyl}(f_*)_*}$. Daher sind i_* und p_* Kettenhomotopieäquivalenzen. Weiterhin gibt es eine kanonische exakte Sequenz von R-Kettenkomplexen

$$0 \to C_* \xrightarrow{j_*} \mathrm{Zyl}(f_*)_* \xrightarrow{q_*} \mathrm{Keg}(f_*)_* \to 0. \tag{6.9}$$

Dazu gehört eine lange Homologiesequenz

$$\ldots \xrightarrow{\partial_{n+1}} H_n(C_*) \xrightarrow{H_n(j_*)} H_n(\mathrm{Zyl}(f_*)_*) \xrightarrow{H_n(q_*)} H_n(\mathrm{Keg}(f_*)_*)$$
$$\xrightarrow{\partial_n} H_{n-1}(C_*) \xrightarrow{H_{n-1}(j_*)} H_{n-1}(\mathrm{Zyl}(f_*)_*) \xrightarrow{H_{n-1}(q_*)} \ldots$$

Die Komposition von $H_n(j_*)\colon H_n(C_*) \to H_n(\mathrm{Zyl}(f_*)_*)$ mit der bijektiven R-Abbildung $H_n(p_*)\colon H_n(\mathrm{Zyl}(f_*)_*) \to H_n(D_*)$ ist $H_n(f_*)$. Daraus folgt

Lemma 6.10. *Eine R-Kettenabbildung $f_*\colon C_* \to D_*$ ist genau dann eine Homologieäquivalenz, wenn ihr Abbildungskegel* $\mathrm{Keg}(f_*)$ *azyklisch ist.*

Lemma 6.11. *Seien C_* und D_* positive R-Kettenkomplexe und P_* ein positiver projektiver R-Kettenkomplex. Sei $f_*\colon C_* \to D_*$ eine Homologieäquivalenz. Dann ist auch*

$$\mathrm{id}_{P_*} \otimes_R f_*\colon P_* \otimes_R C_* \to P_* \otimes_R D_*$$

eine Homologieäquivalenz.

Beweis: Wir zeigen zunächst für jeden positiven azyklischen R-Kettenkomplex C_*, dass dann auch $P_* \otimes_R C_*$ azyklisch ist.

Sei $P_*|_d \subseteq P_*$ der R-Unterkettenkomplex, der als n-ten R-Modul P_n hat, falls $n \leq d$ gilt, und den trivialen R-Modul, falls $n > d$ gilt. Sei $i_*\colon P_*|_d \to P_*$ die Inklusion. Dann induziert $i_* \otimes_R \mathrm{id}_{C_*}\colon P_*|_d \otimes_R C_* \to P_* \otimes C_*$ einen Isomorphismus auf der n-ten Homologie, falls $n \leq d-1$ gilt. Also genügt es die Aussage für endlich dimensionale positive projektive R-Kettenkomplexe P_* zu beweisen. Dies geschieht induktiv über die Dimension d von P_*.

Sei $d = 0$. Da P_0 projektiv ist, ist der Funktor $P_0 \otimes_R -$ aufgrund von Lemma 6.6 exakt, denn $\operatorname{Tor}_n^R(P_0; M) = 0$ für alle R-Moduln M und $n \geq 1$. Das impliziert, dass $P_0 \otimes_R C_*$ azyklisch ist, falls C_* azyklisch ist. Im Induktionschritt von $d-1$ auf d betrachten wir die exakte Sequenz von R-Kettenkomplexen

$$0 \to P_*|_{d-1} \xrightarrow{i_*} P_* \xrightarrow{p_*} d[P_d]_* \to 0,$$

wobei $d[P_d]_*$ der R-Kettenkomplex ist, dessen d-ter Kettenmodul P_d ist und dessen übrigen Kettenmoduln trivial sind. Dann ist auch folgende Sequenz von R-Kettenkomplexen exakt

$$0 \to P_*|_{d-1} \otimes_R C_* \xrightarrow{i_* \otimes_R \mathrm{id}_{C_*}} P_* \otimes_R C_* \xrightarrow{p_* \otimes_R C_*} d[P_d]_* \otimes_R C_* \to 0.$$

Aufgrund des Induktionsbeginns $d = 0$ angewandt auf $d[P_d]_*$ und der Induktionsvoraussetzung angewandt auf $P_*|_{d-1}$ sind $P_*|_{d-1} \otimes_R C_*$ und $d[P_d]_* \otimes_R C_*$ azyklisch. Aufgrund der langen Homologiesequenz zu der obigen exakten Sequenz von R-Kettenkomplexen ist dann auch $C_* \otimes_R P_*$ azyklisch.

Der allgemeine Fall folgt nun aus Lemma 6.10 und der Tatsache, dass die kurze exakte Sequenz von R-Kettenkomplexen (6.9) exakt bleibt, wenn man auf sie $- \otimes_R N$ für irgendeinen R-Modul N anwendet. □

Lemma 6.12. *Seien M und N zwei R-Moduln. Dann gilt*

(a) Sei (Q_*, μ) eine projektive Auflösung von N. Dann gibt es einen natürlichen R-Isomorphismus

$$\operatorname{Tor}_n^R(M, N) \xrightarrow{\cong} H_n(M \otimes_R Q_*).$$

(b) Es gibt einen natürlichen R-Isomorphismus

$$\operatorname{Tor}_n^R(M, N) \xrightarrow{\cong} \operatorname{Tor}_n^R(N, M).$$

Beweis: (a) Sei (P_*, φ) bzw. (Q_*, ψ) eine projektive R-Auflösung von M bzw. N. Sei $0[M]_*$ bzw. $0[N]_*$ der R-Kettenkomplex, der M bzw. N als 0-ten Kettenmodul hat und dessen Kettenmoduln in allen anderen Dimensionen verschwinden. Sei $\varphi_* \colon P_* \to 0[M]_*$ bzw. $\mu_* \colon Q_* \to 0[N]_*$ die offensichtliche von φ und μ induzierte Kettenabbildung. Dann sind wegen Lemma 6.11

$$\begin{aligned} \varphi_* \otimes_R \mathrm{id}_{Q_*} \colon P_* \otimes_R Q_* &\to 0[M]_* \otimes_R Q_*, \\ \mathrm{id}_{P_*} \otimes_R \mu(N)_* \colon P_* \otimes_R Q_* &\to P_* \otimes_R 0[N]_* \end{aligned}$$

Homologieäquivalenzen. Da $\operatorname{Tor}_n^R(M, N)$ per Definition $P_* \otimes_R 0[N]$ ist, folgt die Behauptung.

(b) Dies folgt aus (a) und dem kanonischen R-Isomorphismus $M \otimes_R N \xrightarrow{\cong} N \otimes_R M$. □

Beispiel 6.13 (Der Tor-Funktor für Hauptidealringe). Sei R ein Hauptidealring. Da jeder Untermodul eines freien R-Moduls frei ist, besitzt jeder R-Modul eine 1-dimensionale projektive R-Auflösung. Also gilt für alle R-Moduln M und N

$$\operatorname{Tor}_n^R(M, N) = 0 \text{ für } n \geq 2.$$

Seien M und N endlich erzeugte R-Moduln. Dann induzieren die Inklusionen ihrer Torsions-Untermoduln einen Isomorphismus

$$\mathrm{Tor}_1^R(\mathrm{tors}(M), \mathrm{tors}(N)) \xrightarrow{\cong} \mathrm{Tor}_1^R(M, N),$$

da $M/\mathrm{tors}(M)$ und $N/\mathrm{tors}(N)$ freie R-Moduln sind. Es gibt von Null verschiedene Elemente $r_1, r_2, \ldots, r_m$ und $s_1, s_2, \ldots, s_n$ in R derart, dass $\mathrm{tors}(M) = \oplus_{i=1} R/(r_i)$ und $\mathrm{tors}(N) = \oplus_{j=1} R/(s_i)$ gilt. Lemma 6.8 impliziert

$$\mathrm{Tor}_1^R(M, N) = \mathrm{Tor}_1^R\left(\bigoplus_{i=1}^m R/(r_i), \bigoplus_{j=1}^n R/(s_i)\right) = \bigoplus_{i=1}^m \bigoplus_{j=1}^n \mathrm{Tor}_1^R\left(R/(r_i), R/(s_i)\right).$$

Sei $d_{i,j}$ ein größter gemeinsame Teiler von r_i und s_j, d.h. man hat die folgende Gleichung von Idealen $(r_i, s_j) = (d_{i,j})$. Da $\ldots \to 0 \to 0 \to R \xrightarrow{r_i \cdot \mathrm{id}_R} R$ eine projektive Auflösung von $R/(r_i)$, ist $\mathrm{Tor}_1^R(R/(r_i), R/(s_j))$ der Kern der Abbildung $r_i \cdot \mathrm{id}_{R/(s_j)} \colon R/(s_j) \to R/(s_j)$. Daraus folgt

$$\mathrm{Tor}_1^R\left(R/(r_i), R/(s_j)\right) = R/(d_{i,j}).$$

6.3 Der Ext-Funktor

Für einen Kettenkomplex $C_* = (C_*, c_*)$ und einen R-Modul M sei $\hom_R(C_*, M)$ der R-Kokettenkomplex, der als n-ten Kokettenmodul $\hom_R(P_n, N)$ und als n-tes Differential $\hom_R(c_{n+1}, \mathrm{id}_N) \colon \hom_R(P_n, N) \to \hom_R(P_{n+1}, N)$ hat.

Definition 6.14 (Ext). *Seien M und N zwei R-Moduln. Sei P_* eine projektive R-Auflösung von M. Definiere den R-Modul*

$$\mathrm{Ext}_R^n(M, N) := H^n(\hom_R(P_*, N)).$$

Analog wie bei Tor zeigt man, dass diese Definition von der Auswahl der projektiven Auflösung von M unabhängig ist.

Der Funktor $\mathrm{Ext}_R^n(M, N)$ ist in der ersten Variablen ein kontravarianter Funktor und in der zweiten Variablen ein kovarianter Funktor, d.h. für R-lineare Abbildung $f_1 \colon M_1 \to M_2$ und $g_1 \colon N_1 \to N_2$ erhält man eine R-Abbildung

$$\mathrm{Ext}_R^n(f_1, g_1) \colon \mathrm{Ext}_R^n(M_2, N_1) \to \mathrm{Ext}_R^n(M_1, N_2)$$

derart, dass

$$\begin{aligned} \mathrm{Ext}_R^n(f_2 \circ f_1, g_2 \circ g_1) &= \mathrm{Ext}_R^n(f_1, g_2) \circ \mathrm{Ext}_R^n(f_2, g_1), \\ \mathrm{Ext}_R^n(\mathrm{id}_M, \mathrm{id}_N) &= \mathrm{id}_{\mathrm{Ext}_R^n(M,N)} \end{aligned}$$

für R-Abbildungen $f_1 \colon M_1 \to M_2$, $f_2 \colon M_2 \to M_3$, $g_1 \colon N_1 \to N_2$, $g_2 \colon N_2 \to N_3$ und R-Moduln M und N gilt. Falls (P_*, φ) bzw. (Q_*, ψ) projektive R-Auflösungen von M_1 bzw. M_2 sind, gibt es bis auf R-Homotopie genau eine R-Kettenabbildung $u_* \colon P_* \to Q_*$ mit $\psi \circ H_0(u_*) \circ \varphi^{-1}$ und man definiert $\mathrm{Ext}_R^n(f_1, g_1)$ als die von der R-Kokettenabbildung

$$\hom_R(u_*, g_1) \colon \hom_R(Q_*, N_1) \to \hom_R(P_*, N_2)$$

auf der Kohomologie induzierte Abbildung.

Sei $0 \to N_0 \xrightarrow{i} N_1 \xrightarrow{q} N_2 \to 0$ eine exakte Sequenz von R-Moduln und M ein R-Modul. Dann sind folgende Sequenzen

$$0 \to \hom_R(M, N_0) \xrightarrow{\hom_R(\mathrm{id}_M, i)} \hom_R(M, N_1) \xrightarrow{\hom(\mathrm{id}_M, q)} \hom_R(M, N_2)$$

und

$$0 \to \hom_R(N_2, M) \xrightarrow{\hom_R(q, \mathrm{id}_M)} \hom_R(N_1, M) \xrightarrow{\hom(i, \mathrm{id}_M)} \hom_R(N_0, M)$$

exakt. Man sagt, dass die Funktoren $\hom_R(M, -)$ und $\hom_R(-, M)$ *links-exakt* sind. Die Abbildungen $\hom_R(\mathrm{id}_M, q)$ und $\hom_R(i, \mathrm{id}_M)$ sind im Allgemeinen nicht surjektiv, d.h. die Funktoren sind nicht exakt.

Als nächstes konstruieren wir einen natürlichen Isomorphismus

$$\hom_R(M, N) \quad \cong \quad \mathrm{Ext}^0_R(M, N). \tag{6.15}$$

Falls (P_*, φ) eine projektive Auflösung von M ist, dann folgt aus der Links-Exaktheit des Funktors $\hom_R(-, N)$, dass folgende Sequenz exakt ist

$$0 \to \hom_R(M, N) \xrightarrow{\hom_R(\varphi \circ \mathrm{pr}, \mathrm{id}_N)} \hom_R(P_0, N) \xrightarrow{\hom_R(c_1, \mathrm{id}_N)} \hom_R(P_1, N),$$

wobei $\mathrm{pr}\colon P_0 \to H_0(P_*)$ die kanonische Projektion ist. Daher induziert $\hom_R(\varphi \circ \mathrm{pr}, \mathrm{id}_N)$ den gesuchten natürlichen R-Isomorphismus (6.15).

Die entscheidende Eigenschaft des Ext-Funktors ist, dass er die Abweichung des Funktoren $\hom_R(-, N)$ und $\hom_R(N, -)$ davon mißt, exakt zu sein. Genauer gilt folgender Satz, dessen Beweis analog zum Beweis von Satz 6.6 verläuft.

Satz 6.16 (Lange exakte Ext-Sequenz). *Sei $0 \to M_0 \xrightarrow{i} M_1 \xrightarrow{q} M_2 \to 0$ eine exakte Sequenz von R-Moduln und N ein R-Modul. Dann gibt es natürliche lange exakte Sequenzen von R-Moduln*

$$\begin{aligned} 0 \to \hom_R(N, M_0) &\xrightarrow{\hom_R(\mathrm{id}_N, i)} \hom_R(N, M_1) \xrightarrow{\hom_R(\mathrm{id}_N, q)} \hom_R(N, M_2) \\ &\xrightarrow{\delta^0} \mathrm{Ext}^1_R(N, M_0) \xrightarrow{\mathrm{Ext}^1_R(\mathrm{id}_N, i)} \mathrm{Ext}^1_R(N, M_1) \xrightarrow{\mathrm{Ext}^1_R(\mathrm{id}_N, q)} \mathrm{Ext}^1_R(N, M_2) \xrightarrow{\delta^1} \ldots \\ \ldots &\xrightarrow{\delta^{n-1}} \mathrm{Ext}^n_R(N, M_0) \xrightarrow{\mathrm{Ext}^n_R(\mathrm{id}_N, i)} \mathrm{Ext}^n_R(N, M_1) \xrightarrow{\mathrm{Ext}^n_R(\mathrm{id}_N, q)} \mathrm{Ext}^n_R(N, M_2) \xrightarrow{\delta^n} \ldots \end{aligned}$$

und

$$\begin{aligned} 0 \to \hom_R(M_2, N) &\xrightarrow{\hom_R(q, \mathrm{id}_N)} \hom_R(M_1, N) \xrightarrow{\hom_R(i, \mathrm{id}_N)} \hom_R(M_0, N) \\ &\xrightarrow{\delta^0} \mathrm{Ext}^1_R(M_2, N) \xrightarrow{\mathrm{Ext}^1_R(q, \mathrm{id}_N)} \mathrm{Ext}^1_R(M_1, N) \xrightarrow{\mathrm{Ext}^1_R(i, \mathrm{id}_N)} \mathrm{Ext}^1_R(M_0, N) \xrightarrow{\delta^1} \ldots \\ \ldots &\xrightarrow{\delta^{n-1}} \mathrm{Ext}^n_R(M_2, N) \xrightarrow{\mathrm{Ext}^n_R(q, \mathrm{id}_N)} \mathrm{Ext}^n_R(M_1, N) \xrightarrow{\mathrm{Ext}^n_R(i, \mathrm{id}_N)} \mathrm{Ext}^n_R(M_0, N) \xrightarrow{\delta^n} \ldots \end{aligned}$$

Aus Satz 6.16 folgt:

Lemma 6.17. *Ein R-Modul M ist genau dann projektiv, wenn $\mathrm{Ext}^n_R(M, N) = 0$ für jeden R-Moduln N und jedes $n \geq 1$ gilt.*

Lemma 6.18. *Sei $\{M_i \mid i \in I\}$ eine Familie von R-Moduln und sei N ein R-Modul. Dann gibt es natürliche R-Isomorphismen*

$$\operatorname{Ext}_R^n\left(\bigoplus_{i\in I} M_i, N\right) \xrightarrow{\cong} \prod_{i\in I} \operatorname{Ext}_R^n(M_i, N),$$
$$\operatorname{Ext}_R^n\left(N, \prod_{i\in I} M_i\right) \xrightarrow{\cong} \prod_{i\in I} \operatorname{Ext}_R^n(N, M_i).$$

Beweis: Dies folgt aus den kanonischen Isomorphismen

$$\hom_R\left(\bigoplus_{i\in I} M_i, N\right) \xrightarrow{\cong} \prod_{i\in I} \hom_R(M_i, N),$$
$$\hom_R\left(N, \prod_{i\in I} M_i\right) \xrightarrow{\cong} \prod_{i\in I} \hom_R(N, M_i),$$
$$H^n\left(\prod_{i\in I} C^*[i]\right) \xrightarrow{\cong} \prod_{i\in I} H^n(C^*[i])$$

für eine Familie $\{C^*[i] \mid i \in I\}$ von R-Kokettenkomplexen. □

Der Funktor Ext ist im Gegensatz zu Tor (siehe Lemma 6.12) nicht symmetrisch, d.h. es gilt im Allgemeinen nicht $\operatorname{Ext}^n(M,N) \cong \operatorname{Ext}^n(N,M)$. Das liegt daran, dass es einen kanonischen Isomorphismus $M \otimes_R N \cong N \otimes_R M$ gibt, aber im Allgemeinen $\hom_R(M,N)$ und $\hom_R(N,M)$ nicht R-isomorph sind. Diese Asymmetrie von Ext sieht man bereits im Lemma 6.18 und am folgenden Beispiel

Beispiel 6.19 (Der Ext-Funktor für Hauptidealringe). Sei R ein Hauptidealring. Da jeder Untermodul eines freien R-Moduls frei ist, besitzt jeder R-Modul eine 1-dimensionale projektive R-Auflösung. Also gilt für alle R-Moduln M und N

$$\operatorname{Ext}_R^n(M,N) = 0 \text{ für } n \geq 2.$$

Sei M ein endlich erzeugter R-Modul. Dann induziert die Inklusion des Torsions-Untermoduls Isomorphismen

$$\operatorname{Ext}_R^1(\operatorname{tors}(M), N) \xrightarrow{\cong} \operatorname{Ext}_R^1(M,N),$$

da $M/\operatorname{tors}(M)$ ein freier R-Modul ist. Sei $\operatorname{tors}(M) = \bigoplus_{i=1}^m R/(r_i)$ für von Null verschiedene Elemente $r_i \in R$. Aus Lemma 6.18 folgt für einen R-Modul N

$$\operatorname{Ext}_R^1(M,N) = \operatorname{Ext}_R^1\left(\bigoplus_{i=1}^m R/(r_i), N\right) = \prod_{i=1}^m \operatorname{Ext}_R^1(R/(r_i), N).$$

Da $\ldots \to 0 \to 0 \to R \xrightarrow{r_i \cdot \mathrm{id}_R} R$ eine projektive Auflösung von $R/(r_i)$ ist, folgt

$$\operatorname{Ext}_R^1(R/(r_i), N) = \operatorname{Kokern}(r_i \cdot \mathrm{id}_N \colon N \to N).$$

Sei nun N ein endlich erzeugter R-Modul. Er hat die Gestalt $N = R^a \oplus \bigoplus_{j=1}^n R/(s_j)$ für von Null verschiedene Elemente $s_j \in R$. Sei $d_{i,j}$ ein größter gemeinsame Teiler von r_i und s_j, d.h. man hat die folgende Gleichung von Idealen $(r_i, s_j) = (d_{i,j})$. Dann gilt

$$\operatorname{Ext}^1_R(R/(r_i), N) = \left(\bigoplus_{k=1}^{a} R/(r_i)\right) \oplus \left(\bigoplus_{j=1}^{n} R/(d_{i,j})\right).$$

Insbesondere gilt $\operatorname{Ext}^1_R(R, R/(r)) = 0$ und $\operatorname{Ext}^1_R(R/(r), R) = R/(r)$.

6.4 Das universelle Koeffiziententheorem für Homologie

Satz 6.20. (Universelles Koeffiziententheorem für die Homologie von Kettenkomplexen). *Sei R ein Hauptidealring. Sei C_* ein projektiver R-Kettenkomplex und sei M ein R-Modul. Dann gibt es für jedes $n \in \mathbb{Z}$ eine in C_* und M natürliche exakte Sequenz von R-Moduln*

$$0 \to H_n(C_*) \otimes_R M \xrightarrow{\alpha_n} H_n(C_* \otimes_R M) \xrightarrow{\beta_n} \operatorname{Tor}_1^R(H_{n-1}(C_*), M) \to 0.$$

Es gibt eine Spaltung $s_n\colon \operatorname{Tor}_1^R(H_{n-1}(C_*), M) \to H_n(C_* \otimes_R M)$ der R-Abbildung β_n, die in M natürlich, aber in C_* nicht natürlich ist, und einen R-Isomorphismus

$$\alpha_n \oplus s_n\colon (H_n(C_*) \otimes_R M) \oplus \operatorname{Tor}_1^R(H_{n-1}(C_*), M) \xrightarrow{\cong} H_n(C_* \otimes_R M)$$

für alle $n \in \mathbb{Z}$ induziert.

Beweis: Wir geben zunächst die Definition von α_n an. Sei $\overline{x} \otimes m \in H_n(C_*) \otimes_R M$ gegeben. Wähle einen Zykel $x \in \operatorname{Kern}(c_n)$, der $\overline{x}$ repräsentiert. Dann ist $x \otimes_R m$ ein Zykel in $C_* \otimes_R M$. Definiere $\alpha_n(\overline{x} \otimes_R m)$ als die von ihm repräsentierte Homologieklasse. Diese Homologieklasse hängt nicht von der Wahl des Zykels x ab. Falls nämlich x' eine andere Wahl ist, gibt es $y \in C_{n+1}$ mit $c_{n+1}(y) = x - x'$, woraus

$$x \otimes_R m - x' \otimes_R m = (c_{n+1} \otimes_R \operatorname{id}_M)(y \otimes m)$$

folgt.

Sei $Z_n \subset C_n$ der R-Untermodul $\operatorname{Kern}(c_n)$ der n-Zykel und $B_n \subset C_n$ der R-Untermodul $\operatorname{Bild}(c_{n+1})$ der n-Ränder. Da R ein Hauptidealring ist, ist jeder Untermodul eines projektiven R-Moduls wieder projektiv. Also sind Z_n und B_n projektive R-Moduln. Sei $0 \to Z_n \xrightarrow{i_n} C_n \xrightarrow{c_n} B_{n-1} \to 0$ die offensichtliche exakte Sequenz von R-Moduln. Aufgrund von Satz 6.6 ist die induzierte Sequenz

$$0 \to Z_n \otimes_R M \xrightarrow{i_n \otimes_R \operatorname{id}_M} C_n \otimes_R M \xrightarrow{c_n \otimes_R \operatorname{id}_M} B_{n-1} \otimes_R M \to 0$$

exakt. Man kann die Gesamtheit dieser kurzen exakten Sequenzen für $n \in \mathbb{Z}$ als kurze exakte Sequenz von R-Kettenkomplexen auffassen, wobei die Differentiale des ersten und des dritten R-Kettenkomplexes alle trivial sind. Die dazu gehörige lange exakte Homologiesequenz hat dann folgende Gestalt

$$\ldots \xrightarrow{u_{n+1}} B_n \otimes_R M \xrightarrow{j_n \otimes_R \operatorname{id}_M} Z_n \otimes_R M \xrightarrow{H_n(i_n \otimes_R \operatorname{id}_M)} H_n(C_* \otimes_R M)$$
$$\xrightarrow{H_n(c_n \otimes_R \operatorname{id}_M)} B_{n-1} \otimes_R M \xrightarrow{j_{n-1} \otimes_R \operatorname{id}_M} Z_{n-1} \otimes_R M \xrightarrow{i_{n-1} \otimes_R \operatorname{id}_M} \ldots,$$

wobei $j_n\colon B_n \to Z_n$ die Inklusion ist. Da $0 \to B_n \xrightarrow{j_n} Z_n \xrightarrow{\mathrm{pr}_n} H_n(C_*) \to 0$ exakt und B_n und Z_n projektiv sind, folgt aus der Definition von Tor die exakte Sequenz

$$0 \to \mathrm{Tor}_1^R(H_n(C_*), M) \to B_n \otimes_R M \xrightarrow{j_n \otimes_R \mathrm{id}_M} Z_n \otimes_R M \xrightarrow{\mathrm{pr}_n \otimes_R \mathrm{id}_M} H_n(C_*) \otimes_R M \to 0.$$

Setzt man die letzen beiden exakten Sequenzen zusammen, so erhält man die gewünschte natürliche kurze exakte Sequenz

$$0 \to H_n(C_*) \otimes_R M \xrightarrow{\alpha_n} H_n(C_* \otimes_R M) \xrightarrow{\beta_n} \mathrm{Tor}_1^R(H_{n-1}(C_*), M) \to 0.$$

Es bleibt die Spaltung s_n zu konstruieren. Das ist äquivalent dazu, eine Retraktion $r_n\colon H_n(C_* \otimes_R M) \to H_n(C_*) \otimes_R M)$ von α_n anzugeben. Da B_{n-1} projektiv ist, gibt es eine R-Abbildung $t_n\colon C_n \to Z_n$, deren Einschränkung auf Z_n die Identität ist. (Diese Wahl ist nicht natürlich.) Sei $\overline{x} \in H_n(C_* \otimes_R M)$ gegeben. Wähle einen Zykel $x \in \mathrm{Kern}(c_n \otimes_R \mathrm{id}_M)$, der $\overline{x}$ repräsentiert. Definiere $r_n(\overline{x})$ als das Bild von $t_n(x)$ unter $\mathrm{pr}_n \otimes_R \mathrm{id}_M\colon Z_n \otimes_R M \to H_n(C_*) \otimes_R M$. Die so definierte Homologieklasse ist unabhängig von der Wahl des Repräsentanten x, da das Bild von $c_{n+1} \otimes_R \mathrm{id}_M$ im Bild der offensichtlichen Abbildung $B_n \otimes_R M \to C_n \otimes_R M$ enthalten ist und t_n die Identität auf Z_n und damit auch auf B_n induziert. Da t_n die Identität auf Z_n induziert, gilt $r_n \circ \alpha_n = \mathrm{id}_{H_n(C_*) \otimes_R M}$. □

Definition 6.21. (Singuläre Homologie mit Koeffizienten). *Sei M ein R-Modul und sei (X, A) ein topologisches Paar. Definiere die n-te* singuläre Homologie *bzw.* Kohomologie mit Koeffizienten in dem R-Modul M *als den R-Modul*

$$\begin{aligned} H_n(X, A; M) &= H_n\left(C_*^{\mathrm{sing}}(X, A) \otimes_{\mathbb{Z}} M\right), \\ H^n(X, A; M) &= H^n\left(\hom_{\mathbb{Z}}(C_*^{\mathrm{sing}}(X, A), M)\right). \end{aligned}$$

Im Fall $M = R$ stimmt dies mit der Definition 2.14 überein. Es gilt

$$\begin{aligned} H_n^{\mathrm{sing}}(X, A; M) &= H_n\left(C_*^{\mathrm{sing}}(X, A; R) \otimes_R M\right), \\ H_{\mathrm{sing}}^n(X, A; M) &= H^n\left(\hom_R(C_*^{\mathrm{sing}}(X, A; R), M)\right). \end{aligned}$$

Falls (X, A) ein CW-Paar ist, erhält man dieselben R-(Ko-)Homologiegruppen, wenn man den singulären Kettenkomplex durch den zellulären Kettenkomplex ersetzt.

Indem man Satz 6.20 auf den singulären R-Kettenkomplex $C_* = C_*^{\mathrm{sing}}(X, A; R)$ eines Paares von topologischen Räumen (X, A) anwendet, erhält man

Satz 6.22. (Universelles Koeffiziententheorem für die Homologie von Räumen). *Sei (X, A) ein Paar von topologischen Räumen. Sei R ein Hauptidealring und M ein R-Modul. Dann gibt es für jedes $n \in \mathbb{Z}$ eine in (X, A) und M natürliche exakte Sequenz von R-Moduln*

$$0 \to H_n(X, A; R) \otimes_R M \xrightarrow{\alpha_n} H_n(X, A; M) \xrightarrow{\beta_n} \mathrm{Tor}_1^R(H_{n-1}(X, A; R), M) \to 0.$$

Es gibt eine Spaltung s_n: $\mathrm{Tor}_1^R(H_{n-1}(X, A; R), M) \to H_n(X, A; R)$ *der Abbildung von R-Moduln β_n, die in M natürlich, aber in (X, A) nicht natürlich ist, und einen R-Isomorphismus*

$$\alpha_n \oplus s_n\colon (H_n(X, A; R) \otimes_R M) \oplus \mathrm{Tor}_1^R(H_{n-1}(X, A; R); M) \xrightarrow{\cong} H_n(X, A; M)$$

für alle $n \in \mathbb{Z}$ induziert.

Beispiel 6.23 (Homologie von $\mathbb{RP}^d$ mit Koeffizienten in $\mathbb{F}_2$ und $\mathbb{Q}$). Wir haben in Beispiel 3.40 die zelluläre Homologie des d-dimensionalen reellen projektiven Raumes mit Koeffizienten in $\mathbb{Z}$ berechnet:

$$H_n(\mathbb{RP}^d;\mathbb{Z}) \cong \begin{cases} \mathbb{Z}, & n=0 \text{ oder } (n=d \text{ und } n \text{ ungerade,}) \\ \mathbb{Z}/2, & 0 \le n \le d-1,\ n \text{ ungerade}, \\ \{0\}, & n<0 \text{ oder } n>d \text{ oder } n \text{ gerade.} \end{cases}$$

Es folgt aus Beispiel 6.13

$$\begin{aligned} \mathbb{Z}\otimes_{\mathbb{Z}}\mathbb{Z}/2 &\cong \mathbb{Z}/2, \\ \mathbb{Z}/2\otimes_{\mathbb{Z}}\mathbb{Z}/2 &\cong \mathbb{Z}/2, \\ \operatorname{Tor}_1^{\mathbb{Z}}(\mathbb{Z},\mathbb{Z}/2) &= 0, \\ \operatorname{Tor}_1^{\mathbb{Z}}(\mathbb{Z}/2,\mathbb{Z}/2) &= \mathbb{Z}/2. \end{aligned}$$

Also erhält man für den Körper $\mathbb{F}_2$ folgende $\mathbb{F}_2$-Isomorphismen aus Satz 6.22 angewandt im Fall $R=\mathbb{Z}$

$$H_n(\mathbb{RP}^d;\mathbb{F}_2) \cong \begin{cases} \mathbb{F}_2, & 0\le n\le d, \\ \{0\}, & \text{sonst.} \end{cases}$$

Falls wir $\mathbb{Q}$ als Koeffizienten wählen, gilt aufgrund von Beispiel 6.13

$$\begin{aligned} \mathbb{Z}\otimes_{\mathbb{Z}}\mathbb{Q} &\cong \mathbb{Q}, \\ \mathbb{Z}/2\otimes_{\mathbb{Z}}\mathbb{Q} &\cong 0, \\ \operatorname{Tor}_1^{\mathbb{Z}}(\mathbb{Z},\mathbb{Q}) &= 0, \\ \operatorname{Tor}_1^{\mathbb{Z}}(\mathbb{Z}/2,\mathbb{Q}) &= 0. \end{aligned}$$

Daher erhält man folgende $\mathbb{Q}$-Isomorphismen aus Satz 6.22 angewandt im Fall $R=\mathbb{Z}$

$$H_n(\mathbb{RP}^d;\mathbb{Q}) \cong \begin{cases} \mathbb{Q}, & n=0 \text{ oder } (n=d \text{ und } n \text{ ungerade}), \\ \{0\}, & \text{sonst.} \end{cases}$$

Dass diese Abbildungen nicht nur Isomorphismen von $\mathbb{Z}$-Moduln, sondern von $\mathbb{F}_2$ bzw. $\mathbb{Q}$-Moduln sind, folgt aus der Natürlichkeit in M. Die obigen Ergebnisse sind konsistent mit den Berechnungen aus Beispiel 3.40.

6.5 Das universelle Koeffiziententheorem für Kohomologie

Satz 6.24. (Universelles Koeffiziententheorem für die Kohomologie von Kokettenkomplexen). *Sei R ein Hauptidealring. Sei C_* ein projektiver R-Kettenkomplex und sei M ein R-Modul. Dann gibt es für jedes $n\in\mathbb{Z}$ eine in C_* und M natürliche exakte Sequenz von R-Moduln*

$$0 \to \operatorname{Ext}_R^1(H_{n-1}(C_*),M) \xrightarrow{\beta^n} H^n(\hom_R(C_*,M)) \xrightarrow{\alpha^n} \hom_R(H_n(C_*),M) \to 0.$$

Es gibt eine Spaltung $s^n\colon \hom_R(H_n(C_*),M) \to H^n(\hom_R(C_*,M))$ der R-Abbildung α^n, die in M natürlich, aber in (X,A) nicht natürlich ist, und einen R-Isomorphismus

$$s^n\oplus\beta^n\colon \hom_R(H_n(C_*),M)\oplus \operatorname{Ext}_R^1(H_{n-1}(C_*),M) \xrightarrow{\cong} H^n(\hom_R(C_*,M))$$

für alle $n\in\mathbb{Z}$ induziert.

Beweis: Die Abbildung α^n ordnet einer Klasse $\overline{\varphi} \in H^n(\hom_R(C_*, M))$ die folgende R-Abbildung $\alpha^n(\overline{\varphi})\colon H_n(C_*) \to M$ zu. Wähle einen Kozykel $\varphi\colon C_n \to M$, der $\overline{\varphi}$ präsentiert. Dann definiere $\alpha^n(\overline{\varphi})(\overline{x})$ als $\varphi(x)$ nach Wahl eines Kozykels $x \in H^n(C_*)$, der $\overline{x}$ repräsentiert. Man zeigt leicht, dass diese Definition von der Wahl von φ und y unabhängig ist.

Der Rest des Beweises verläuft analog zu dem von Satz 6.20, man ersetzt $- \otimes_R M$ durch $\hom_R(-, M)$, den Tor-Funktor durch den Ext-Funktor und benutzt Satz 6.16. □

Indem man Satz 6.24 auf den singulären Kettenkomplex $C_* = C_*^{\text{sing}}(X, A; R)$ eines Paares von topologischen Räumen (X, A) anwendet, erhält man

Satz 6.25. (Universelles Koeffiziententheorem für die Kohomologie von Räumen). *Sei (X, A) ein Paar von topologischen Räumen. Sei R ein Hauptidealring und M ein R-Modul. Dann gibt es für jedes $n \in \mathbb{Z}$ eine in (X, A) und M natürliche exakte Sequenz von R-Moduln*

$$0 \to \operatorname{Ext}^1_R(H_{n-1}(X, A; R), M) \xrightarrow{\beta^n} H^n(X, A; M) \xrightarrow{\alpha^n} \hom_R(H_n(X, A; R), M) \to 0.$$

Es gibt eine Spaltung $s^n\colon \hom_R(H_n(X, A; R), M) \to H^n(X, A; M)$ der R-Abbildung α^n, die in M natürlich, aber in (X, A) nicht natürlich ist, und einen nicht-natürlichen R-Isomorphismus

$$s^n \oplus \beta^n\colon \hom_R(H_n(X, A; R), M) \oplus \operatorname{Ext}^1_R(H_{n-1}(X, A; R), M) \xrightarrow{\cong} H^n(X, A; M)$$

für alle $n \in \mathbb{Z}$ induziert.

Beispiel 6.26. (Homologie und Kohomologie für Körper-Koeffizienten). Sei K ein Körper. Dann ist für jedes Paar von topologischen Räumen (X, A) und $n \geq 0$ die Abbildung

$$\beta^n\colon H^n(X, A; K) \xrightarrow{\cong} \hom_K(H_n(X, A; K), K)$$

ein K-Isomorphismus. Das folgt aus Satz 6.25, da über einem Körper K jeder K-Modul M frei ist und daher $\operatorname{Ext}^n_K(M, N) = 0$ für alle K-Moduln M und N und $n \geq 1$ gilt (siehe Lemma 6.17).

Beispiel 6.27. (Homologie und Kohomologie für Koeffizienten in Hauptidealringen). Sei R ein Hauptidealring. Sei (X, A) ein CW-Paar vom endlichen Typ. Dann sind die R-Moduln $H_n(X, A; R)$ und $H^n(X, A; R)$ endlich erzeugt. Nach dem Struktursatz von endlich erzeugten Moduln über Hauptidealringen kann man sie schreiben als

$$\begin{aligned} H_n(X, A; R) &\cong_R R^{h(n)} \oplus T_n, \\ H^n(X, A; R) &\cong_R R^{c(n)} \oplus T^n, \end{aligned}$$

für ganze Zahlen $h(n), c(n) \geq 0$ und endlich erzeugte R-Torsionsmoduln T_n und T^n. Es folgt aus Beispiel 6.19 und Satz 6.25

$$\begin{aligned} c(n) &= h(n), \\ T^n &\cong_R T_{n-1}. \end{aligned}$$

Beispiel 6.28 (Erste Kohomologiegruppe). Sei (X, A) ein Paar von topologischen Räumen. Da $H_0(X, A; \mathbb{Z})$ ein freier $\mathbb{Z}$-Modul ist, verschwindet $\operatorname{Ext}^1_{\mathbb{Z}}(H_0(X, A; \mathbb{Z}), \mathbb{Z})$, und wir erhalten aus Satz 6.25 einen Isomorphismus von abelschen Gruppen

$$\beta^1 \colon H^1(X, A; \mathbb{Z}) \xrightarrow{\cong} \hom_{\mathbb{Z}}(H_1(X, A; \mathbb{Z}), \mathbb{Z}).$$

Also ist $H^1(X, A; \mathbb{Z})$ eine torsionsfreie abelsche Gruppe.

6.6 Die Künneth-Formel für Homologie

Satz 6.29. (Künneth-Formel für die Homologie von Kettenkomplexen) *Sei R ein Hauptidealring. Sei C_* ein projektiver positiver R-Kettenkomplex und D_* ein R-Kettenkomplex.*

Dann gibt es für alle $n \in \mathbb{Z}$ eine natürliche exakte Sequenz

$$0 \to \bigoplus_{p+q=n} H_p(C_*) \otimes_R H_q(D_*)$$
$$\xrightarrow{\alpha_n} H_n(C_* \otimes_R D_*) \xrightarrow{\beta_n} \bigoplus_{p+q=n-1} \operatorname{Tor}_1^R(H_p(C_*), H_q(D_*)) \to 0.$$

Es gibt eine nicht-natürliche Spaltung dieser Sequenz, die einen nicht-natürlichen R-Isomorphismus

$$\left(\bigoplus_{p+q=n} H_p(C_*) \otimes_R H_q(D_*)\right) \oplus \left(\bigoplus_{p+q=n-1} \operatorname{Tor}_1^R(H_p(C_*), H_q(D_*))\right) \xrightarrow{\cong} H_n(C_* \otimes_R D_*)$$

induziert.

Beweis: Wir erklären die Definition der Abbildung α_n. Zu $\overline{x} \in H_p(C_*)$ und $\overline{y} \in H_q(D_*)$ mit $p+q = n$ wähle Zykel $x \in C_p$ und $y \in D_q$, die diese Homologieklassen repräsentieren. Definiere $\alpha(\overline{x} \otimes_R \overline{y})$ als die von dem Zykel $x \otimes y \in C_p \otimes_R D_q \subseteq (C_* \otimes D_*)_n$ repräsentierte Homologieklasse. Man überlegt sich leicht, dass diese Definition von der Auswahl von x und y unabhängig ist.

Der Beweis des Satzes 6.29 verläuft analog zu dem des Universellen Koeffiziententheorems für die Homologie von Kettenkomplexen 6.20, man ersetzt den Modul M durch den R-Kettenkomplex D_*. □

Wir haben bereits für CW-Komplexe gesehen, dass der zelluläre R-Kettenkomplex des Produktes zweier CW-Paare R-isomorph zu dem Tensorprodukt der einzelnen zellulären Kettenkomplexe ist (siehe (5.29)). Kombiniert man dies mit Satz 6.29 so erhält man

Satz 6.30 (Künneth-Formel für die Homologie von Räumen). *Sei R ein Hauptidealring. Seien (X, A) und (Y, B) Paare von CW-Komplexen.*

Dann gibt es für alle $n \geq 0$ eine natürliche exakte Sequenz

$$0 \to \bigoplus_{p+q=n} H_p(X, A; R) \otimes_R H_q(Y, B; R) \xrightarrow{\times} H_n((X, A) \times (Y, B); R)$$
$$\to \bigoplus_{p+q=n-1} \operatorname{Tor}_1^R(H_p(X, A; R), H_q(Y, B; R)) \to 0,$$

wobei die Abbildung $\times$ das sogenannte homologische Kreuz-Produkt (5.33) *ist. Es gibt eine nicht-natürliche Spaltung dieser Sequenz, die einen nicht-natürlichen R-Isomorphismus*

$$\left(\bigoplus_{p+q=n} H_p(X,A;R)\otimes_R H_q(Y,B;R)\right)\oplus\left(\bigoplus_{p+q=n-1} \mathrm{Tor}_1^R(H_p(X,A;R),H_q(Y,B;R))\right)$$
$$\xrightarrow{\cong} H_n((X,A)\times(Y,B);R)$$

induziert.

Beispiel 6.31 (Homologie von $(X,A)\times S^d$). Sei X ein CW-Komplex und $d\geq 1$. Es ist $H_q(S^d)$ isomorph zu $\mathbb{Z}$ für $q=0,d$ und verschwindet sonst. Also ist $\mathrm{Tor}_1^{\mathbb{Z}}(M,H_q(S^d))=0$ für jeden $\mathbb{Z}$-Modul M. Aus Satz 6.30 erhalten wir für jedes $n\geq 0$ und jedes CW-Paar (X,A) einen natürlichen Isomorphismus von abelschen Gruppen

$$H_n(X,A;\mathbb{Z})\oplus H_{n-d}(X,A;\mathbb{Z}) \xrightarrow{\cong} H_n((X,A)\times S^d;\mathbb{Z}).$$

Dies ist konsistent mit Lemma 1.16.

Beispiel 6.32 (Homologie von $\mathbb{RP}^2\times\mathbb{RP}^2$). In Beispiel 3.40 haben wir die zelluläre Homologie des 2-dimensionalen reellen projektiven Raumes mit Koeffizienten in $\mathbb{Z}$ berechnet:

$$H_n(\mathbb{RP}^2;\mathbb{Z}) \cong \begin{cases} \mathbb{Z}, & n=0,\\ \mathbb{Z}/2, & n=1,\\ \{0\}, & \text{sonst}\end{cases}$$

Da

$$\begin{aligned}\mathbb{Z}\otimes_{\mathbb{Z}}\mathbb{Z}/2 &\cong \mathbb{Z}/2,\\ \mathbb{Z}/2\otimes_{\mathbb{Z}}\mathbb{Z}/2 &\cong \mathbb{Z}/2,\\ \mathrm{Tor}_1^{\mathbb{Z}}(\mathbb{Z},\mathbb{Z}/2) &= 0,\\ \mathrm{Tor}_1^{\mathbb{Z}}(\mathbb{Z}/2,\mathbb{Z}/2) &= \mathbb{Z}/2,\end{aligned}$$

gilt, folgt aus Satz 6.30

$$H_n(\mathbb{RP}^2\times\mathbb{RP}^2;\mathbb{Z}) \cong \begin{cases} \mathbb{Z}, & n=0,\\ \mathbb{Z}/2\oplus\mathbb{Z}/2, & n=1,\\ \mathbb{Z}/2, & n=2,3,\\ \{0\}, & \text{sonst.}\end{cases}$$

6.7 Der Satz von Eilenberg und Zilber

Es gibt eine singuläre Version von (5.29), wenn man R-isomorph durch R-kettenhomotop ersetzt, die wir als nächstes erklären.

Sei $\Delta_p\subseteq\mathbb{R}^{p+1}$ das Standard-p-Simplex. Definiere affine Einbettungen

$$\begin{aligned} v_{p,q}\colon \Delta_p &\to \Delta_{p+q}, & (x_1,x_2,\ldots x_{p+1}) &\mapsto (x_1,x_2,\ldots,x_{p+1},0,0,\ldots,0),\\ h_{p,q}\colon \Delta_q &\to \Delta_{p+q}, & (x_1,x_2,\ldots x_{q+1}) &\mapsto (0,0,\ldots,0,x_1,x_2,\ldots,x_{q+1}).\end{aligned}$$

Die Einbettung $v_{p,q}$ ist durch die vordere p-dimensionale Seite und $h_{p,q}$ durch die Einbettung der hinteren q-dimensionalen Seite gegeben. Die *Alexander-Whitney-Kettenabbildung* ist die R-Kettenabbildung

$$A_*\colon C_*^{\text{sing}}(X \times Y; R) \quad \to \quad C_*^{\text{sing}}(X; R) \otimes_R C_*^{\text{sing}}(Y; R) \tag{6.33}$$

die auf dem n-Kettenmodul durch die R-Abbildung

$$A_n\colon C_n^{\text{sing}}(X \times Y; R) \to \bigoplus_{p+q=n} C_p^{\text{sing}}(X; R) \otimes_R C_q^{\text{sing}}(Y; R)$$

gegeben ist, die einem singulären $(p+q)$-Simplex $\sigma\colon \Delta_{p+q} \to X \times Y$ das Element

$$\sum_{p+q=n} (\text{pr}_X \circ \sigma \circ v_{p,q}) \otimes_R (\text{pr}_Y \circ \sigma \circ h_{p,q})$$

zuordnet, wobei $\text{pr}_X\colon X \times Y \to X$ und $\text{pr}_Y\colon X \times Y \to Y$ die kanonischen Projektionen sind. Man rechnet direkt nach, dass diese R-Abbildungen mit den Differentialen verträglich und natürlich in (X, A) und (Y, B) sind.

Satz 6.34 (Eilenberg-Zilber). *Die Alexander-Whitney-Kettenabbildung*

$$A_*\colon C_*^{\text{sing}}(X \times Y; R) \to C_*^{\text{sing}}(X; R) \otimes_R C_*^{\text{sing}}(Y; R)$$

ist eine natürliche R-Kettenhomotopieäquivalenz.

Der Beweis basiert auf der Methode der *azyklischen Modelle,* mit deren Hilfe man ein Kettenhomotopieinverses konstruiert. Da wir aber für CW-Komplexe das Analogon des Satzes von Eilenberg-Zilber bereits bewiesen haben (siehe (5.29)) und wir diese recht abstrakte Methode der azyklischen Modelle im Folgenden nicht mehr benutzen werden, geben wir den Beweis von Satz 6.34 nicht an. Man findet ihn beispielsweise in [7, Seite 179].

Bemerkung 6.35. (Künneth-Formel für topologische Räume). Mit Hilfe des Satzes von Eilenberg-Zilber 6.34 kann man die Künneth-Formel 6.30 für die Homologie von CW-Komplexen auf Paare von topologischen Räumen (und singuläre Homologie) verallgemeinern, wenn man voraussetzt, dass $(A \times Y, X \times B)$ ein sogenanntes excisives Paar in $X \times Y$ ist, d.h. die offensichtliche Inklusion von Kettenkomplexen

$$C_*^{\text{sing}}(A \times Y) + C_*^{\text{sing}}(X \times B) \to C_*^{\text{sing}}(A \times Y \cup X \times B)$$

induziert einen Isomorphismus auf der Homologie, wobei die Quelle die Summe (nicht die direkte Summe $\oplus$) der Unterkettenkomplexe ist. Diese Bedingung ist automatisch erfüllt, wenn (X, A) und (Y, B) Paare von CW-Komplexen sind oder wenn A oder B leer sind.

6.8 Die Künneth-Formel für Kohomologie

Wir erwähnen ohne Beweis eine kohomologische Version der Künneth-Formel, die im Wesentlichen aus der homologischen Version 6.30 folgt.

Satz 6.36 (Künneth-Formel für die Kohomologie von Räumen). *Sei R ein Hauptidealring. Seien (X,A) und (Y,B) Paare von CW-Komplexen. Es sei $H_p(X,A;R)$ für alle p ein endlich erzeugter R-Modul.*

Dann gibt es für alle $n \geq 0$ eine natürliche exakte Sequenz

$$0 \to \bigoplus_{p+q=n} H^p(X,A;R) \otimes_R H^q(Y,B;R) \xrightarrow{\times} H^n((X,A)\times(Y,B);R)$$
$$\to \bigoplus_{p+q=n-1} \operatorname{Tor}_1^R(H^p(X,A;R), H^q(Y,B;R)) \to 0,$$

wobei die Abbildung $\times$ das kohomologische Kreuz-Produkt (5.34) *ist. Es gibt eine nicht-natürlichen Spaltung dieser Sequenz, die einen nicht-natürlichen R-Isomorphismus*

$$\left(\bigoplus_{p+q=n} H^p(X,A;R) \otimes_R H^q(Y,B;R)\right) \oplus \left(\bigoplus_{p+q=n-1} \operatorname{Tor}_1^R(H^p(X,A;R), H^q(Y,B;R))\right)$$
$$\xrightarrow{\cong} H^n((X,A)\times(Y,B);R)$$

induziert.

6.9 Die Bockstein-Sequenz

Sei $0 \to M_0 \xrightarrow{i} M_1 \xrightarrow{p} M_2 \to 0$ eine kurze exakte Sequenz von abelschen Gruppen. Sei (X,A) ein Paar von topologischen Räumen. Da $C_*^{\text{sing}}(X,A)$ ein freier $\mathbb{Z}$-Kettenkomplex ist, ist die folgende Sequenz von $\mathbb{Z}$-Kettenkomplexen exakt

$$0 \to C_*^{\text{sing}}(X,A) \otimes_{\mathbb{Z}} M_0 \xrightarrow{\operatorname{id}_{C_*^{\text{sing}}(X,A)} \otimes_{\mathbb{Z}} i} C_*^{\text{sing}}(X,A) \otimes_{\mathbb{Z}} M_1$$
$$\xrightarrow{\operatorname{id}_{C_*^{\text{sing}}(X,A)} \otimes_{\mathbb{Z}} p} C_*^{\text{sing}}(X,A) \otimes_{\mathbb{Z}} M_2 \to 0.$$

Die zugehörige lange Homologiesequenz

$$\ldots \xrightarrow{\beta_{n+1}} H_n(X,A;M_0) \xrightarrow{i_n} H_n(X,A;M_1) \xrightarrow{p_n} H_n(X,A;M_2)$$
$$\xrightarrow{\beta_n} H_{n-1}(X,A;M_0) \xrightarrow{i_{n-1}} H_{n-1}(X,A;M_1) \xrightarrow{p_{n-1}} H_{n-1}(X,A;M_2) \xrightarrow{\beta_{n-1}} \ldots$$

heißt *Bockstein-Sequenz* und der verbindende Homomorphismus $\beta_n\colon H_n(X,A;M_2) \to H_{n-1}(X,A;M_0)$ heißt *Bockstein-Operator*. Es gibt auch eine offensichtliche kohomologische Version

$$\ldots \xrightarrow{\beta^{n-1}} H^n(X,A;M_0) \xrightarrow{i^n} H^n(X,A;M_1) \xrightarrow{p^n} H^n(X,A;M_2)$$
$$\xrightarrow{\beta^n} H^{n+1}(X,A;M_0) \xrightarrow{i^{n+1}} H^{n+1}(X,A;M_1) \xrightarrow{p^{n+1}} H^{n+1}(X,A;M_2) \xrightarrow{\beta^{n+1}} \ldots.$$

Beispiel 6.37 (Bockstein Sequenz für $\mathbb{RP}^d$). Betrachte die Sequenz von abelschen Gruppen $0 \to \mathbb{Z} \xrightarrow{2\cdot\operatorname{id}} \mathbb{Z} \xrightarrow{p} \mathbb{Z}/2 \to 0$. Die zugehörige Bockstein Sequenz eines CW-Komplexes X hat dann die Gestalt

$$\ldots \xrightarrow{\beta_{n+1}} H_n(X;\mathbb{Z}) \xrightarrow{2\cdot \mathrm{id}_{H_n(X;\mathbb{Z})}} H_n(X;\mathbb{Z}) \xrightarrow{p_n} H_n(X;\mathbb{Z}/2)$$
$$\xrightarrow{\beta_n} H_{n-1}(X,\mathbb{Z}) \xrightarrow{2\cdot \mathrm{id}_{H_{n-1}(X;\mathbb{Z})}} H_{n-1}(X;\mathbb{Z}) \xrightarrow{p_{n-1}} H_{n-1}(X;\mathbb{Z}/2) \xrightarrow{\beta_{n-1}} \ldots$$

In Beispiel 3.40 haben wir die zelluläre Homologie des d-dimensionalen reellen projektiven Raumes mit Koeffizienten in $\mathbb{Z}$ berechnet:

$$H_n(\mathbb{RP}^d;\mathbb{Z}) \cong \begin{cases} \mathbb{Z}, & n = 0 \text{ oder } (n = d \text{ und } n \text{ ungerade}), \\ \mathbb{Z}/2, & 0 \leq n \leq d-1,\ n \text{ ungerade}, \\ \{0\}, & n < 0 \text{ oder } n > d \text{ oder } n \text{ gerade}. \end{cases}$$

Setzen wir dies in die Bockstein Sequenz für $\mathbb{RP}^d$ ein, so erhalten wir

$$H_n(\mathbb{RP}^d;\mathbb{F}_2) \cong \begin{cases} \mathbb{F}_2, & 0 \leq n \leq d, \\ \{0\}, & \text{sonst}. \end{cases}$$

Dies haben wir bereits in Beispiel 3.40 und in Beispiel 6.23 mit Hilfe des zellulären Kettenkomplexes und mit Hilfe des Universellen Koeffiziententheorems für Homologie ausgerechnet.

6.10 Direkte Systeme und direkte Limiten

Definition 6.38 (Direkte Systeme und direkte Limiten). *Ein* direktes System von R-Moduln $(M_n, f_n) = \{(M_n, f_n) \mid n = 0,1,2,\ldots\}$ *ist eine Sequenz von R-Abbildungen*

$$M_0 \xrightarrow{f_0} M_1 \xrightarrow{f_1} M_2 \xrightarrow{f_2} M_3 \xrightarrow{f_3} \ldots.$$

Sein direkter Limes *ist ein R-Modul* $\mathrm{dirlim}_{n\to\infty}(M_n, f_n)$ *zusammen mit R-Abbildungen*

$$\varphi_n \colon M_n \to \operatorname*{dirlim}_{n\to\infty}(M_n, f_n)$$

derart, dass $\varphi_{n+1} \circ f_n = \varphi_n$ für alle $n \geq 0$ gilt und folgende universelle Eigenschaft erfüllt ist: Zu jedem R-Modul M zusammen mit Abbildungen $\psi_n \colon M_n \to M$ mit $\psi_{n+1} \circ f_n = \psi_n$ für alle $n \geq 0$ gibt es genau eine R-Abbildung

$$\psi\colon \operatorname*{dirlim}_{n\to\infty}(M_n, f_n) \to M$$

derart, dass $\psi \circ \varphi_n = \psi_n$ für alle $n \geq 0$ gilt.

Aufgrund der universellen Eigenschaft ist es klar, dass der direkte Limes bis auf eindeutige Isomorphie eindeutig ist. Für den Nachweis der Existenz geben wir folgendes explizite Modell an. Definiere auf der Menge $\coprod_{m=0}^{\infty} M_m$ die folgende Äquivalenzrelation. Zwei Elemente $x \in M_k$ und $y \in M_l$ sind äquivalent $x \sim y$, falls es ein n mit $n \geq k$, $n \geq l$ und

$$f_{n-1} \circ f_{n-2} \circ \ldots f_k(x) = f_{n-1} \circ f_{n-2} \circ \ldots f_l(y)$$

gibt. Definiere die Menge $\mathrm{dirlim}_{n\to\infty}(M_n, f_n)$ als die Menge der Äquivalenzklassen. Sie erbt von den R-Modulstrukturen auf den einzelnen M_n eine R-Modulstruktur: man wählt für zwei Klassen $\overline{x}$ und $\overline{y}$ ein geeignetes $n \geq 0$ und Repräsentanten $x, y \in M_n$ und definiert $\overline{x} + \overline{y}$ als $\overline{x + y}$. Man definiert $r \cdot \overline{x}$ für $r \in R$ durch $\overline{r \cdot x}$. Für $n \geq 0$ definiere

$$\varphi_n \colon M_n \to \operatorname*{dirlim}_{n\to\infty}(M_n, f_n)$$

als die Komposition der kanonischen Inklusion $M_n \to \coprod_{m=0}^{\infty} M_m$ mit der kanonischen Projektion $\coprod_{m=0}^{\infty} M_m \to \operatorname{dirlim}_{n\to\infty}(M_n, f_n)$. Offensichtlich gilt $\varphi_{n+1} \circ f_n = \varphi_n$ für alle $n \geq 0$. Die gewünschte universelle Eigenschaft folgt direkt aus der Konstruktion des Modelles.

Ein Morphismus $(u_n)\colon (M_n, f_n) \to (N_n, g_n)$ von direkten Systemen ist eine Folge von R-Abbildungen $u_n \colon M_n \to N_n$ mit $g_n \circ u_n = u_{n+1} \circ f_n$ für alle $n \geq 0$. Sie induziert eine Abbildung von R-Moduln

$$\operatorname*{dirlim}_{n\to\infty}(u_n)\colon \operatorname*{dirlim}_{n\to\infty}(M_n, f_n) \;\to\; \operatorname*{dirlim}_{n\to\infty}(N_n, g_n).$$

Dadurch wird $\operatorname{dirlim}_{n\to\infty}$ zu einem kovarianten Funktor.

Eine kurze Sequenz von direkten Systemen

$$0 \to (M_n, f_n) \xrightarrow{(u_n)} (N_n, g_n) \xrightarrow{(v_n)} (P_n, h_n) \to 0$$

heißt *exakt*, wenn für jedes $n \geq 0$ die kurze Sequenz von R-Moduln $0 \to M_n \xrightarrow{u_n} N_n \xrightarrow{v_n} P_n \to 0$ exakt ist.

Lemma 6.39. *Der Funktor* $\operatorname{dirlim}_{n\to\infty}$ *ist exakt, d.h. für jede kurze exakte Sequenz von direkten Systemen*

$$0 \to (M_n, f_n) \xrightarrow{(u_n)} (N_n, g_n) \xrightarrow{(v_n)} (P_n, h_n) \to 0$$

ist die induzierte kurze Sequenz von R-Moduln

$$0 \to \operatorname*{dirlim}_{n\to\infty}(M_n, f_n) \xrightarrow{\operatorname{dirlim}_{n\to\infty}(u_n)} \operatorname*{dirlim}_{n\to\infty}(N_n, g_n) \xrightarrow{\operatorname{dirlim}_{n\to\infty}(v_n)} \operatorname*{dirlim}_{n\to\infty}(P_n, h_n) \to 0$$

exakt.

Beweis: Wir zeigen nur die Exaktheit an der Stelle $\operatorname{dirlim}_{n\to\infty}(N_n, g_n)$. Offensichtlich gilt

$$\operatorname*{dirlim}_{n\to\infty}(v_n) \circ \operatorname*{dirlim}_{n\to\infty}(u_n) \;=\; \operatorname*{dirlim}_{n\to\infty}(v_n \circ u_n) \;=\; \operatorname*{dirlim}_{n\to\infty}(0) \;=\; 0.$$

Sei $\overline{x} \in \operatorname{dirlim}_{n\to\infty}(N_n, g_n)$ im Kern der Abbildung $\operatorname{dirlim}_{n\to\infty}(v_n)$. Wir verwenden im Folgenden das obige explizite Model für den direkten Limes. Sei $x \in N_m$ ein Repräsentant von $\overline{x}$. Dann repräsentiert $v_m(x) \in P_m$ das Nullelement in $\operatorname{dirlim}_{n\to\infty}(P_n, h_n)$. Daher gibt es $n \geq m$ mit

$$v_n \circ h_{n-1} \circ h_{n-2} \circ \ldots h_m(x) \;=\; h_{n-1} \circ h_{n-2} \circ \ldots h_m \circ v_m(x) = 0.$$

Da $\operatorname{Kern}(v_n) = \operatorname{Bild}(u_n)$ nach Voraussetzung gilt, gibt es $y \in M_n$ mit

$$u_n(y) \;=\; h_{n-1} \circ h_{n-2} \circ \ldots h_m(x).$$

Das impliziert

$$\operatorname*{dirlim}_{n\to\infty}(u_n)(\overline{y}) \;=\; \overline{x}. \quad \square$$

Beispiel 6.40. Sei (M_n, f_n) ein direktes System. Falls jedes f_n ein Isomorphismus ist, so ist die Abbildung

$$\varphi_0\colon M_0 \xrightarrow{\cong} \operatorname*{dirlim}_{n\to\infty}(M_n, f_n)$$

ein Isomorphismus.

Falls es zu jedem $m \geq 0$ ein $n \geq m$ mit $f_n = 0$ gibt, so gilt

$$\operatorname*{dirlim}_{n\to\infty}(M_n, f_n) \;=\; 0.$$

Beispiel 6.41 (Prüfer-Gruppe). Betrachte das direkte System von $\mathbb{Z}$-Moduln

$$\mathbb{Z}/p \xrightarrow{f_1} \mathbb{Z}/p^2 \xrightarrow{f_2} \mathbb{Z}/p^3 \xrightarrow{f_3} \ldots,$$

wobei $f_n\colon \mathbb{Z}/p^n \to \mathbb{Z}/p^{n+1}$ die injektive $\mathbb{Z}$-Abbildung $\overline{x} \mapsto \overline{p\cdot x}$ ist. Der direkte Limes wird auch mit

$$\mathbb{Z}/p^\infty \;=\; \operatorname*{dirlim}_{n\to\infty}(\mathbb{Z}/p^n, f_n)$$

bezeichnet und heißt *Prüfer-Gruppe*. Sei $\mathbb{Z}_{(p)} \subseteq \mathbb{Q}$ der Unterring der rationalen Zahlen der Gestalt $\frac{m}{n}$ für $m, n \in \mathbb{Z}$, wobei n nicht durch p teilbar ist. Es gibt einen Isomorphismus

$$\mathbb{Z}/p^\infty \xrightarrow{\cong} \mathbb{Q}/\mathbb{Z}_{(p)},$$

der von den Abbildungen $\mathbb{Z}/p^n \to \mathbb{Q}/\mathbb{Z}_{(p)}, \quad \overline{x} \mapsto \frac{x}{p^n}$ induziert wird.

6.11 Inverse Systeme und inverse Limiten

Definition 6.42 (Inverse Systeme und Limiten). *Ein* inverses System von R-Moduln $(M^n, f^n) = \{(M^n, f^n) \mid n = 0, 1, 2, \ldots\}$ *ist eine Sequenz von R-Abbildungen*

$$M^0 \xleftarrow{f^1} M^1 \xleftarrow{f^2} M^2 \xleftarrow{f^3} M^3 \xleftarrow{f^4} \ldots.$$

Sein inverser Limes *ist ein R-Modul* $\operatorname{invlim}_{n\to\infty}(M^n, f^n)$ *zusammen mit R-Abbildungen*

$$\varphi^n\colon \operatorname*{invlim}_{n\to\infty}(M^n, f^n) \;\to\; M^n$$

derart, dass $\varphi^n = f^{n+1} \circ \varphi^{n+1}$ für alle $n \geq 0$ gilt und folgende universelle Eigenschaft erfüllt ist: Zu jedem R-Modul M zusammen mit Abbildungen $\psi^n\colon M \to M^n$ mit $\psi^n = f^{n+1} \circ \psi^{n+1}$ für alle $n \geq 0$ gibt es genau eine R-Abbildung

$$\psi\colon M \;\to\; \operatorname*{invlim}_{n\to\infty}(M^n, f^n)$$

derart, dass $\varphi^n \circ \psi = \psi^n$ für alle $n \geq 0$ gilt.

Aufgrund der universellen Eigenschaft ist es klar, dass der inverse Limes bis auf eindeutige Isomorphie eindeutig ist. Für den Nachweis der Existenz geben wir folgendes explizite Modell an. Betrachte den R-Homomorphismus

$$\mu\colon \prod_{n=0}^{\infty} M^n \;\to\; \prod_{n=0}^{\infty} M^n, \quad (x_n)_{n\geq 0} \;\mapsto\; (x_n - f^{n+1}(x_{n+1}))_{n\geq 0}. \tag{6.43}$$

Dann ist der Kern von μ zusammen mit den von den Projektionen auf den n-ten Faktor durch Einschränkung auf den Kern induzierten R-Abbildungen ein Modell für den inversen Limes $\operatorname{invlim}_{n\to\infty}(M^n, f^n)$. Zum Nachweis der universellen Eigenschaft definiert man die gewünschte Abbildung

$$\psi\colon M \to \operatorname*{invlim}_{n\to\infty}(M^n, f^n)$$

als die von $\prod_{n=0}^{\infty} \psi^n\colon M \to \prod_{n=0}^{\infty} M^n$ induzierte Abbildung.

Ein wesentlicher Unterschied zwischen dem direkten Limes und dem inversen Limes ist, dass der inverse Limes im Gegensatz zum direkten Limes nicht exakt ist. Die Abweichung von der Exaktheit wird durch folgenden kovarianten Funktor gemessen.

Definition 6.44 (invlim^1). *Sei (M^n, f^n) ein inverses System. Definiere den R-Modul*

$$\operatorname*{invlim}^1_{n\to\infty}(M^n, f^n)$$

als den Kokern der R-Abbildung μ aus (6.43).

Ein Morphismus $(u^n)\colon (M^n, f^n) \to (N^n, g^n)$ von inversen Systemen ist eine Folge von R-Abbildungen $u^n\colon M^n \to N^n$ mit $g^{n+1} \circ u^{n+1} = u^n \circ f^{n+1}$ für alle $n \geq 0$. Sie induziert eine Abbildung von R-Moduln

$$\operatorname*{invlim}_{n\to\infty}(u^n)\colon \operatorname*{invlim}_{n\to\infty}(M^n, f^n) \to \operatorname*{invlim}_{n\to\infty}(N^n, g^n),$$
$$\operatorname*{invlim}^1_{n\to\infty}(u^n)\colon \operatorname*{invlim}^1_{n\to\infty}(M^n, f^n) \to \operatorname*{invlim}^1_{n\to\infty}(N^n, g^n).$$

Dadurch werden $\operatorname{invlim}_{n\to\infty}$ und ${\operatorname{invlim}^1}_{n\to\infty}$ zu kovarianten Funktoren.

Lemma 6.45. *Für jede kurze exakte Sequenz von inversen Systemen*

$$0 \to (M^n, f^n) \xrightarrow{(u^n)} (N^n, g^n) \xrightarrow{(v^n)} (P^n, h^n) \to 0$$

erhält man eine natürliche exakte Sequenz von R-Moduln

$$\begin{aligned} 0 \to \operatorname*{invlim}_{n\to\infty}(M^n, f^n) &\xrightarrow{\operatorname{invlim}_{n\to\infty}(u^n)} \operatorname*{invlim}_{n\to\infty}(N^n, g^n) \\ &\xrightarrow{\operatorname{invlim}_{n\to\infty}(v^n)} \operatorname*{invlim}_{n\to\infty}(P^n, h^n) \xrightarrow{\delta} \operatorname*{invlim}^1_{n\to\infty}(M^n, f^n) \\ &\xrightarrow{{\operatorname{invlim}^1}_{n\to\infty}(u^n)} \operatorname*{invlim}^1_{n\to\infty}(N^n, g^n) \xrightarrow{{\operatorname{invlim}^1}_{n\to\infty}(v^n)} \operatorname*{invlim}^1_{n\to\infty}(P^n, h^n) \to 0. \end{aligned}$$

Beweis: Wenn wir folgendes Diagramm mit exakten Zeilen und den Abbildungen μ aus (6.43)

$$\begin{array}{ccccccccc} 0 & \longrightarrow & \prod_{n=0}^{\infty} M^n & \xrightarrow{\prod_{n=0}^{\infty} u^n} & \prod_{n=0}^{\infty} N^n & \xrightarrow{\prod_{n=0}^{\infty} v^n} & \prod_{n=0}^{\infty} P^n & \longrightarrow & 0 \\ & & \Big\downarrow{\scriptstyle\mu} & & \Big\downarrow{\scriptstyle\mu} & & \Big\downarrow{\scriptstyle\mu} & & \\ 0 & \longrightarrow & \prod_{n=0}^{\infty} M^n & \xrightarrow{\prod_{n=0}^{\infty} u^n} & \prod_{n=0}^{\infty} N^n & \xrightarrow{\prod_{n=0}^{\infty} v^n} & \prod_{n=0}^{\infty} P^n & \longrightarrow & 0 \end{array}$$

als exakte Sequenz von 1-dimensionalen R-Kettenkomplexen interpretieren, so ist die gesuchte Sequenz die zugehörige lange Homologiesequenz. □

Lemma 6.46. *Falls das inverse System* (M^n, f^n) *die* Mittag-Leffler-Bedingung *erfüllt, d.h. zu jedem* $n \geq 0$ *gibt es ein* $N(n)$ *mit der Eigenschaft, dass für alle* $m \geq N(n)$

$$\text{Bild}\left(f^{n+1} \circ \ldots \circ f^m \colon M^m \to M^n\right) \;=\; \text{Bild}\left(f^{n+1} \circ \ldots \circ f^{N(n)} \colon M^{N(n)} \to M^n\right)$$

ist, so gilt

$$\operatorname*{invlim}_{n\to\infty}{}^1 (M^n, f^n) \;=\; 0.$$

Beweis: Wir können ohne Einschränkung der Allgemeinheit annehmen, dass die Funktion $N(n)$ in n monoton steigend ist. Sei $(a_n)_{n\geq 0} \in \prod_{n=0}^{\infty} M^n$ gegeben. Wir müssen $(b_n)_{n\geq 0} \in \prod_{n=0}^{\infty} M^n$ derart finden, dass $a_n = b_n - f^{n+1}(b_{n+1})$ für $n \geq 0$ gilt. Zunächst betrachten wir den Spezialfall, dass $a_n \in \text{Bild}\left(f^{n+1} \circ \ldots \circ f^{N(n)} \colon M^{N(n)} \to M^n\right)$ für alle n gilt. Dann konstruiert man induktiv über k Elemente $b_0, b_1, \ldots b_k$ mit $a_n = b_n - f^{n+1}(b_{n+1})$ für $n < k$ und $b_n \in \text{Bild}\left(f^{n+1} \circ \ldots \circ f^{N(n)} \colon M^{N(n)} \to M^n\right)$ für $n \leq k$. Der Induktionsbeginn ist durch $b_0 = a_0$ gegeben. Im Induktionsschluss von k auf $(k+1)$ wählt man $c \in M^{N(k+1)}$ mit

$$a_k - b_k \;=\; f^{n+1} \circ \ldots \circ f^{N(k+1)}(c)$$

Das ist möglich wegen der Voraussetzung

$$\text{Bild}\left(f^{n+1} \circ \ldots \circ f^{N(k)}\right) \;=\; \text{Bild}\left(f^{n+1} \circ \ldots \circ f^{N(k+1)}\right).$$

Nun setzt man

$$b_{k+1} = f^{n+2} \circ \ldots \circ f^{N(k+1)}(c).$$

Der allgemeine Fall lässt sich diesen Spezialfall zurückführen, indem die Folge a'_n durch

$$a'_n \;=\; a_n + f^{n+1}(a_{n+1}) + \ldots + f^{n+1} \circ \ldots \circ f^{N(n)}(a_{N(n)})$$

definiert und

$$a_n - \left(a'_n - f^{n+1}(a'_{n+1})\right) \;\in\; \text{Bild}\left(f^{n+1} \circ \ldots \circ f^{N(n)} \colon M^{N(n)} \to M^n\right)$$

nachrechnet. □

Beispiel 6.47. Sei (M^n, f^n) ein inverses System. Falls jedes f^n ein Isomorphismus ist, so ist die Abbildung

$$\varphi^0 \colon \operatorname*{invlim}_{n\to\infty}(M^n, f^n) \xrightarrow{\cong} M^0$$

ein R-Isomorphismus und $\text{invlim}^1{}_{n\to\infty}(M_n, f_n) = 0$.

Falls es zu jedem $m \geq 0$ ein $n \geq m$ mit $f^n = 0$ gibt, so gilt

$$\operatorname*{invlim}_{n\to\infty}(M^n, f^n) \;=\; 0,$$
$$\operatorname*{invlim}_{n\to\infty}{}^1(M^n, f^n) \;=\; 0.$$

Beispiel 6.48 (*p*-adische Zahlen). Betrachte das inverse System von $\mathbb{Z}$-Moduln

$$\mathbb{Z}/p \xleftarrow{f^2} \mathbb{Z}/p^2 \xleftarrow{f^3} \mathbb{Z}/p^3 \xleftarrow{f^4} \ldots,$$

wobei $f^n\colon \mathbb{Z}/p^n \to \mathbb{Z}/p^{n-1}$ die kanonische Projektion ist. Dann ist $\operatorname{invlim}^1{}_{n\to\infty}(M^n, f^n) = 0$. Der inverse Limes wird auch mit

$$\mathbb{Z}\hat{_p} = \operatorname*{invlim}_{n\to\infty}(\mathbb{Z}/p^n, f_n)$$

bezeichnet. Da jede Abbildung f_n ein Ringhomomorphismus ist, erbt $\mathbb{Z}\hat{_p}$ die Struktur eines kommutativen Ringes. Er heißt *Ring der p-adischen Zahlen.* Obwohl jedes $\mathbb{Z}/p^n$ als abelsche Gruppe nur aus Torsionselementen besteht, ist $\mathbb{Z}\hat{_p}$ als abelsche Gruppe torsionsfrei. Als Ring enthält $\mathbb{Z}\hat{_p}$ keine nicht-trivialen Nullteiler und ist sogar ein Hauptidealring. Er enthält $\mathbb{Z}_{(p)}$ als Unterring.

6.12 Homologie und Ausschöpfungen

Die Definition eines direkten Systems von R-Moduln und seines direkten Limes überträgt sich auf R-Kettenkomplexe, man muss jeweils R-Moduln durch R-Kettenkomplexe und R-Abbildungen durch R-Kettenabbildungen ersetzen. Falls $(C_*[n], f_*[n])$ ein direktes System von R-Kettenkomplexen ist, so stimmt der m-te R-Kettenmodul seines direkten Limes $\operatorname{dirlim}_{n\to\infty} C_*[n]$ mit dem direkten Limes $\operatorname{dirlim}_{n\to\infty} C_m[n]$ des direkten Systems von R-Moduln $(C_m[n], f_m[n])$ überein.

Lemma 6.49. *Sei $(C_*[n], f_*[n])$ ein direktes System von R-Kettenkomplexen. Dann ist die offensichtliche Abbildung*

$$\operatorname*{dirlim}_{n\to\infty} H_m(C_*[n]) \xrightarrow{\cong} H_m\left(\operatorname*{dirlim}_{n\to\infty} C_*[n]\right)$$

für alle $m \in \mathbb{Z}$ bijektiv.

Beweis: Im Folgenden bezeichne $B_m[n] \subseteq C_m[n]$ das Bild des $(m+1)$-ten Differentials $c_{m+1}[n]\colon C_{m+1}[n] \to C_m[n]$ und $Z_m[n]$ den Kern des m-ten Differentials $c_m[n]\colon C_m[n] \to C_{m-1}[n]$ des R-Kettenkomplexes $C_*[n]$. Wir erhalten exakte Sequenzen von direkten Systemen von R-Moduln

$$0 \to B_m[n] \xrightarrow{i_m[n]} Z_m[n] \xrightarrow{p_m[n]} H_m(C_*[n]) \to 0,$$
$$0 \to Z_m[n] \xrightarrow{j_m[n]} C_m[n] \xrightarrow{c_m[n]} B_{m-1}[n] \to 0,$$
$$0 \to B_m[n] \xrightarrow{k_m[n]} C_m[n] \to \operatorname{Kokern}(k_m[n]) \to 0.$$

Da der Funktor direkter Limes exakt ist (siehe Lemma 6.39) erhalten wir eine kurze exakte Sequenz

$$0 \to \operatorname*{dirlim}_{n\to\infty} B_m[n] \xrightarrow{\operatorname{dirlim}_{n\to\infty} i_m[n]} \operatorname*{dirlim}_{n\to\infty} Z_m[n] \xrightarrow{\operatorname{dirlim}_{n\to\infty} p_m[n]} \operatorname*{dirlim}_{n\to\infty} H_m(C_*[n]) \to 0,$$

und die kanonischen Abbildungen

$$\operatorname*{dirlim}_{n\to\infty} Z_m[n] \xrightarrow{\cong} \operatorname{Kern}\left(\operatorname*{dirlim}_{n\to\infty} c_m[n]\colon \operatorname*{dirlim}_{n\to\infty} C_m[n] \to \operatorname*{dirlim}_{n\to\infty} C_{m-1}[n]\right),$$
$$\operatorname*{dirlim}_{n\to\infty} B_m[n] \xrightarrow{\cong} \operatorname{Bild}\left(\operatorname*{dirlim}_{n\to\infty} c_{m+1}[n]\colon \operatorname*{dirlim}_{n\to\infty} C_{m+1}[n] \to \operatorname*{dirlim}_{n\to\infty} C_m[n]\right)$$

sind bijektiv. Daraus folgt Lemma 6.49. □

Satz 6.50 (Homologie und Ausschöpfungen). *Sei (X, A) ein Paar von CW-Komplexen. Sei eine Folge von Unter-CW-Komplexen*

$$A \subseteq X[0] \subseteq X[1] \subseteq \ldots \subseteq X[n] \subseteq X[n+1] \subseteq \ldots \subseteq X$$

mit $X = \bigcup_{n=0}^{\infty} X[n]$ gegeben. Dann ist die kanonische Abbildung

$$\operatorname*{dirlim}_{n\to\infty} H_m(X[n], A; M) \xrightarrow{\cong} H_m(X, A; M)$$

für alle $m \geq 0$ und alle abelschen Gruppen M bijektiv.

Beweis: Sei $I_m(X[n], A)$ bzw. $I_m(X, A)$ die Menge der m-Zellen in $X[n] - A$ bzw. $X - A$. Aufgrund von Lemma 3.36 gibt es Isomorphismen

$$\bigoplus_{I_m(X[n],A)} M \xrightarrow{\cong} C_*(X[n], A) \otimes_{\mathbb{Z}} M,$$

$$\bigoplus_{I_m(X,A)} M \xrightarrow{\cong} C_*(X, A) \otimes_{\mathbb{Z}} M.$$

Da nach Voraussetzung $X = \bigcup_{n=0}^{\infty} X[n]$ gilt, erhalten wir für die aufsteigende Kette von Mengen $I_m(X[0], A) \subseteq I_m(X[1], A) \subseteq I_m(X[2], A) \subseteq \ldots$, dass

$$\bigcup_{n=0}^{\infty} I_m(X[n], A) = I_m(X, A)$$

gilt. Also ist die kanonische $\mathbb{Z}$-Kettenabbildung

$$\operatorname*{dirlim}_{n\to\infty} C_*(X[n], A) \otimes_{\mathbb{Z}} M \xrightarrow{\cong} C_*(X, A) \otimes_{\mathbb{Z}} M$$

ein Isomorphismus von $\mathbb{Z}$-Kettenkomplexen. Nun wende Lemma 6.49 an. □

6.13 Kohomologie und Ausschöpfungen

Die Definition eines inversen Systems von R-Moduln und seines inversen Limes überträgt sich auf R-Kokettenkomplexe. Man muss jeweils R-Moduln durch R-Kokettenkomplexe und R-Abbildungen durch R-Kokettenabbildungen ersetzen. Falls $(C^*[n], f^*[n])$ ein inverses System von R-Kokettenkomplexen ist, so stimmt der m-te R-Kokettenmodul seines inversen Limes $\operatorname{invlim}_{n\to\infty} C^*[n]$ mit dem inversen Limes $\operatorname{invlim}_{n\to\infty} C^m[n]$ des inversen Systems von R-Moduln $(C^m[n], f^m[n])$ überein.

Lemma 6.51. *Sei $(C^*[n], f^*[n])$ ein inverses System von R-Kokettenkomplexen derart, dass für jedes $m \in \mathbb{Z}$ das inverse System von R-Moduln $(C^m[n], f^m[n])$ die Mittag-Leffler-Bedingung erfüllt.*

Dann gibt es für alle $m \in \mathbb{Z}$ eine natürliche exakte Sequenz

$$0 \to \operatorname*{invlim}_{n\to\infty}{}^1 H^{m-1}(C^*[n]) \to H^m\left(\operatorname*{invlim}_{n\to\infty} C^*[n]\right) \to \operatorname*{invlim}_{n\to\infty} H^m(C_*[n]) \to 0.$$

Beweis: Im Folgenden bezeichnet $B^m[n] \subseteq C^m[n]$ das Bild des $(m-1)$-ten Differentials $c^{m-1}[n]\colon C^{m-1}[n] \to C^m[n]$ und $Z^m[n]$ den Kern des m-ten Differentials $c^m[n]\colon C^m[n] \to C^{m+1}[n]$ des R-Kokettenkomplexes $C^*[n]$. Wir erhalten exakte Sequenzen von inversen Systemen von R-Moduln

$$0 \to B^m[n] \xrightarrow{i^m[n]} Z^m[n] \xrightarrow{p^m[n]} H^m(C_*[n]) \to 0,$$
$$0 \to Z^m[n] \xrightarrow{j^m[n]} C^m[n] \xrightarrow{c^m[n]} B^{m+1}[n] \to 0,$$

Lemma 6.45 und Lemma 6.46 implizieren

$$\operatorname*{invlim}_{n\to\infty}{}^1 C^m[n] = \operatorname*{invlim}_{n\to\infty}{}^1 B^{m+1}[n] = 0,$$

die Bijektivität der Abbildungen

$$\operatorname*{invlim}_{n\to\infty}{}^1 p^m[n]\colon \operatorname*{invlim}_{n\to\infty}{}^1 Z^m[n] \xrightarrow{\cong} \operatorname*{invlim}_{n\to\infty}{}^1 H^m(C^*[n]),$$

und

$$\operatorname*{invlim}_{n\to\infty} j^m[n]\colon \operatorname*{invlim}_{n\to\infty} Z^m[n] \xrightarrow{\cong} Z^m\left(\operatorname*{invlim}_{n\to\infty} C^*[n]\right),$$

und die Exaktheit der Sequenzen

$$0 \to \operatorname*{invlim}_{n\to\infty} B^m[n] \xrightarrow{\operatorname{invlim}_{n\to\infty} i^m[n]} \operatorname*{invlim}_{n\to\infty} Z^m[n] \xrightarrow{\operatorname{invlim}_{n\to\infty} p^m[n]} \operatorname*{invlim}_{n\to\infty} H^m(C_*[n]) \to 0$$

und

$$0 \to B^m\left(\operatorname*{invlim}_{n\to\infty} C^*[n]\right) \to \operatorname*{invlim}_{n\to\infty} B^m[n] \to \operatorname*{invlim}_{n\to\infty}{}^1 Z^{m-1}[n] \to 0.$$

Also erhalten wir die Filtrierung

$$B^m\left(\operatorname*{invlim}_{n\to\infty} C^*[n]\right) \subseteq \operatorname*{invlim}_{n\to\infty} B^m[n] \subseteq \operatorname*{invlim}_{n\to\infty} Z^m[n] = Z^m\left(\operatorname*{invlim}_{n\to\infty} C^*[n]\right)$$

mit $\operatorname{invlim}^1{}_{n\to\infty} Z^{m-1}[n] = \operatorname{invlim}^1{}_{n\to\infty} H^{m-1}(C^*[n])$ und $\operatorname{invlim}_{n\to\infty} H^m(C_*[n])$ als Quotienten. Daraus folgt Lemma 6.51 □

Satz 6.52 (Kohomologie und Ausschöpfungen). *Sei (X,A) ein Paar von CW-Komplexen. Sei eine Folge von Unter-CW-Komplexen*

$$A \subseteq X[0] \subseteq X[1] \subseteq \ldots \subseteq X[n] \subseteq X[n+1] \subseteq \ldots \subseteq X$$

mit $X = \bigcup_{n=0}^{\infty} X[n]$ gegeben. Dann gibt es für alle $m \geq 0$ und alle abelschen Gruppen M die natürliche exakte Sequenz

$$0 \to \operatorname*{invlim}_{n\to\infty}{}^1 H^{m-1}(X[n],A;M) \to H^m(X,A;M) \to \operatorname*{invlim}_{n\to\infty} H^m(X[n],A;M) \to 0.$$

Beweis: Aus dem Beweis von Lemma 6.50 folgt, dass das inverse System von $\mathbb{Z}$-Kokettenkomplexen $(\hom_{\mathbb{Z}}(C_*(X[n],A),M))$ die Mittag-Leffler-Bedingung erfüllt und die kanonische $\mathbb{Z}$-Kokettenabbildung

$$\hom_{\mathbb{Z}}(C_*(X,A),M) \xrightarrow{\cong} \operatorname*{invlim}_{n\to\infty} \hom_{\mathbb{Z}}(C_*(X[n],A),M)$$

bijektiv ist. Nun wende Lemma 6.51 an. □

Ausblick 6.53. *(* **Ausschöpfungen und (Ko-)Homologietheorien ohne Dimensioinsaxiom)** Die Sätze 6.50 und 6.52 gelten auch, wenn man singuläre Homologie H_* bzw. Kohomologie H^* durch eine Homologietheorie $\mathcal{H}_*$ bzw $\mathcal{H}^*$ ersetzt, die das Axiom über disjunkte Vereinigungen erfüllt, aber nicht notwendigerweise das Dimensionsaxiom (siehe [36, Proposition 7.53 und Proposition 7.66]).

6.14 Aufgaben

6.1 Zeige, dass eine R-Kettenabbildung $f_*\colon C_* \to D_*$ genau dann eine R-Kettenhomotopieäquivalenz ist, wenn ihr Abbildungskegel $\operatorname{Keg}(f_*)$ kontraktibel ist. Zeige, dass eine R-Kettenabbildung $f_*\colon C_* \to D_*$ von positiven projektiven R-Kettenkomplexen genau dann eine R-Kettenhomotopieäquivalenz ist, wenn sie eine Homologieäquivalenz ist.

6.2 Zeige, dass der $\mathbb{Z}$-Modul $\mathbb{Q}$ flach, aber nicht projektiv ist.

6.3 Seien M und N zwei R-Moduln. Sei C_* ein positiver R-Kettenkomplex derart, dass für alle $n \geq 0$ der R-Modul C_n flach ist, $H_n(C_*) = 0$ für $n \geq 1$ gilt und $H_0(C_*)$ und M als R-Moduln isomorph sind. Konstruiere für $n \geq 0$ einen R-Isomorphismus

$$\operatorname{Tor}_n^R(M,N) \;\cong\; H_n(C_* \otimes_R N).$$

6.4 Ein R-Modul I heißt *injektiv*, falls es zu jeder injektiven R-Abbildung von R-Moduln $j\colon M \to N$ und jeder R-Abbildung $f\colon M \to I$ eine R-Abbildung $\overline{f}\colon N \to I$ mit $\overline{f} \circ j = f$ gibt. Zeige die Äquivalenz der folgenden Aussagen:

(a) I ist injektiv.

(b) Es gilt $\operatorname{Ext}_R^n(M,I) = 0$ für jeden R-Modul M und jedes $n \geq 1$.

(c) Es gilt $\operatorname{Ext}_R^1(M,I) = 0$ für jeden R-Modul M.

6.5 Entscheide ob je folgende zwei abelsche Gruppen isomorph sind:

$$\begin{array}{rcl}
\operatorname{Tor}_1^{\mathbb{Z}}(\mathbb{Z}/2,\mathbb{Z}/2) & \text{und} & \operatorname{Tor}_1^{\mathbb{F}_2}(\mathbb{F}_2,\mathbb{F}_2),\\
\operatorname{Ext}_{\mathbb{Z}}^1(\mathbb{Z}/2,\mathbb{Z}/2) & \text{und} & \operatorname{Ext}_{\mathbb{F}_2}^1(\mathbb{F}_2,\mathbb{F}_2),\\
\operatorname{Tor}_1^{\mathbb{Z}}(\mathbb{Z}/2,\mathbb{Z}) & \text{und} & \operatorname{Tor}_1^{\mathbb{Z}}(\mathbb{Z},\mathbb{Z}),\\
\operatorname{Ext}_{\mathbb{Z}}^1(\mathbb{Z}/2,\mathbb{Z}) & \text{und} & \operatorname{Ext}_{\mathbb{Z}}^1(\mathbb{Z},\mathbb{Z}),\\
\operatorname{Tor}_1^{\mathbb{Z}}(\mathbb{Q},\mathbb{Q}) & \text{und} & \operatorname{Tor}_1^{\mathbb{Q}}(\mathbb{Q},\mathbb{Q}).
\end{array}$$

6.6 Sei R ein Hauptidealring. Ein CW-Komplex heißt *homologisch R-endlich,* wenn der R-Modul $H_n(X;R)$ für alle $n \geq 0$ endlich erzeugt ist und es ein $N \in \mathbb{Z}$ derart gibt, dass $H_n(X;R) = 0$ für $n \geq N$ verschwindet. In diesem Fall definiere die *homologische R-Euler-Charakteristik* als die ganze Zahl

$$\chi(X;R) \;=\; \sum_{n\geq 0} (-1)^n \cdot \operatorname{rg}_R(H_n(X;R)),$$

wobei $\operatorname{rg}_R(M)$ für einen endlich erzeugten R-Modul M die ganze Zahl $d \geq 0$ ist, für die $M/\operatorname{tors}(M) \cong R^d$ gilt. Zeige:

(a) Falls X homologisch $\mathbb{Z}$-endlich ist, ist X auch homologisch R-endlich und in diesem Fall gilt
$$\chi(X;\mathbb{Z}) = \chi(X;R).$$

(b) Falls $X_i \subseteq X$ für $i = 0,1,2$ Unter-CW-Komplexe mit $X = X_1 \cup X_2$ und $X_0 = X_1 \cap X_2$ sind und X_i für $i = 0,1,2$ homologisch R-endlich ist, so ist auch X homologisch R-endlich und es gilt

$$\chi(X;R) = \chi(X_1;R) + \chi(X_2;R) - \chi(X_0;R).$$

(c) Seien X und Y homologisch R-endliche CW-Komplexe. Dann ist auch $X \times Y$ homologisch R-endlich und es gilt

$$\chi(X \times Y;R) = \chi(X;R) \cdot \chi(Y;R).$$

(d) Zeige, dass $\mathbb{RP}^\infty$ weder homologisch $\mathbb{Z}$-endlich noch homologisch $\mathbb{F}_2$-endlich ist, aber $\mathbb{Q}$-homologisch endlich. Berechne $\chi(\mathbb{RP}^\infty;\mathbb{Q})$.

6.7 Sei (X,A) ein CW-Paar vom endlichen Typ. Beweise die folgende Version von Satz 6.25:

$$0 \to \operatorname{Ext}^1_R(H^{n+1}(X,A;R),M) \to H_n(X,A;R) \to \hom_R(H^n(X,A;R),M) \to 0.$$

6.8 Gibt es einen CW-Komplex, dessen singuläre Homologie und Kohomologie jeweils folgende Bedingung erfüllt?

(a) $H^1(X;\mathbb{Z}) \cong \mathbb{Z}/2$,

(b) $H^1(X;\mathbb{Z}/2) \cong \mathbb{Z}/2$,

(c) $H_1(X;\mathbb{Z}) = \mathbb{Z}/2$ und $H^2(X;\mathbb{Z}/2) = \mathbb{Z}/2$,

(d) $H_2(X;\mathbb{Z}/2) = \mathbb{Z}/2$ und $H_2(X;\mathbb{Q}) = 0$,

(e) $H_2(X;\mathbb{Z}) = \mathbb{Z}$ und $H_2(X;\mathbb{Q}) = 0$,

(f) $H^n(X;\mathbb{Z}) = 0$ für alle $n \geq 0$ und $H_1(X;\mathbb{Z}) \neq 0$.

6.9 Für welche $N \in \mathbb{Z}, N \geq 1$ ist folgende Aussage richtig: Es gibt CW-Komplexe X und Y derart, dass $H_n(X \times Y;\mathbb{Z}) = 0$ für alle $n \geq N$, aber $H_1(X;\mathbb{Z}) \neq 0$ und $H_1(Y;\mathbb{Z}) \neq 0$ gelten. Was lautet die Antwort, wenn man Homologie durch Kohomologie ersetzt?

6.10 Betrachte das inverse System $\mathbb{Z} \xleftarrow{p\cdot\mathrm{id}_\cdot} \mathbb{Z} \xleftarrow{p\cdot\mathrm{id}_\cdot} \mathbb{Z} \xleftarrow{p\cdot\mathrm{id}_\cdot} \ldots$. Zeige

$$\begin{aligned} \operatorname*{invlim}_{n\to\infty}(\mathbb{Z}, p\cdot \mathrm{id}_{\mathbb{Z}}) &= 0, \\ \operatorname*{invlim}^1_{n\to\infty}(\mathbb{Z}, p\cdot \mathrm{id}_{\mathbb{Z}}) &= \operatorname{Kokern}(i\colon \mathbb{Z} \to \widehat{\mathbb{Z}_p}), \end{aligned}$$

wobei i die offensichtliche Abbildung ist.

6.11 Sei (X,A) ein Paar von topologischen Räumen. Sei eine Folge von offenen Teilmengen

$$A \subseteq U_0 \subseteq U_1 \subseteq \ldots \subseteq U_n \subseteq U_{n+1} \subseteq \ldots \subseteq X$$

mit $X = \bigcup_{n=0}^\infty U_n$ gegeben. Zeige, dass es für alle $m \geq 0$ und alle abelschen Gruppen M eine natürliche exakte Sequenz

$$0 \to \operatorname*{invlim}^1_{n\to\infty} H^{m-1}_{\mathrm{sing}}(U_n,A;M) \to H^m_{\mathrm{sing}}(X,A;M) \to \operatorname*{invlim}_{n\to\infty} H^m_{\mathrm{sing}}(U_n,A;M) \to 0$$

gibt.

7 Produkte

In diesem Kapitel stellen wir die diversen Produkte auf der singulären (Ko-)Homologie von CW-Komplexen zusammen und geben ohne Beweise eine Liste der wesentlichen Eigenschaften an. Das Cup-Produkt und das Kreuz-Produkt haben wir in Abschnitt 5.5 bereits konstruiert und den Kohomologiering projektiver Räume in Abschnitt 5.4 berechnet. Wir diskutieren weitere Anwendungen des Cup-Produktes, die Hopf-Invariante und den Satz von Borsuk und Ulam in den Abschnitten 7.9 und 7.10. Das Cap-Produkt wird eine wichtige Rolle im Zusammenhang mit der Poincaré-Dualität spielen.

7.1 Liste der verschiedenen Produkte

Sei R ein kommutativer assoziativer Ring mit Eins und seien (X, A) und (Y, B) Paare von CW-Komplexen. Dann ist $(X, A) \times (Y, B) = (X \times Y, X \times B \cup A \times Y)$ wieder ein CW-Komplex, wenn man entweder voraussetzt, dass einer der beiden Räume X und Y lokal kompakt ist (siehe Lemma 3.13) oder wenn man in der Kategorie der kompakt erzeugten Räume arbeitet (siehe Bemerkung 3.14). Wir werden im Folgenden immer stillschweigend annehmen, dass alles so arrangiert ist, dass $(X, A) \times (Y, B)$ ein CW-Paar ist.

Es gibt folgende R-bilineare Abbildungen:

- **Kronecker-Produkt**
  $\langle\ ,\ \rangle\colon H^n(X, A; R) \otimes_R H_n(X, A; R) \to R, \quad u \otimes v \mapsto \langle u, v\rangle,$
- **Homologisches Kreuz-Produkt**
  $\times\colon H_p(X, A; R) \otimes_R H_q(Y, B; R) \to H_{p+q}((X, A) \times (Y, B); R), \quad u \otimes v \mapsto u \times v,$
- **Kohomologisches Kreuz-Produkt**
  $\times\colon H^p(X, A; R) \otimes_R H^q(Y, B; R) \to H^{p+q}((X, A) \times (Y, B); R), \quad u \otimes v \mapsto u \times v,$
- **Slant-Produkt**
  $\backslash\ \colon H^p(Y, B; R) \otimes_R H_q((X, A) \times (Y, B); R) \to H_{q-p}(X, A; R), \quad u \otimes v \mapsto u\backslash v,$
- **Cup-Produkt**
  $\cup\colon H^p(X, A; R) \otimes_R H^q(X, B; R) \to H^{p+q}(X, A \cup B; R), \quad u \otimes v \mapsto u \cup v,$
- **Cap-Produkt**
  $\cap\colon H^p(X, A; R) \otimes_R H_q(X, A \cup B; R) \to H_{q-p}(X, B; R), \quad u \otimes v \mapsto u \cap v.$

7.2 Natürlichkeit

All diese Produkte sind natürlich, d.h. es gelten folgende Formeln für Abbildungen $f\colon (X,A) \to (X',A')$, $g\colon (Y,B) \to (Y',B')$ und $h\colon X \to X'$ mit $h(A) \subseteq A'$ und $g(B) \subseteq B'$:

$$\begin{array}{rcll}
\langle f^*(u), v\rangle &=& \langle u, f_*(v)\rangle & \text{für } u \in H^p(X',A';R),\ v \in H_p(X,A;R),\\
f_*(u) \times g_*(v) &=& (f \times g)_*(u \times v) & \text{für } u \in H_p(X,A;R),\ v \in H_q(Y,B;R),\\
f^*(u) \times g^*(v) &=& (f \times g)^*(u \times v) & \text{für } u \in H^p(X',A';R),\ v \in H^q(Y',B';R),\\
u\backslash(f \times g)_*(v) &=& f_*(g^*(u)\backslash v) & \text{für } u \in H^p(Y',B';R),\ v \in H^q((X,A)\times(Y,B);R),\\
h^*(u) \cup h^*(v) &=& h^*(u \cup v) & \text{für } u \in H^p(X',A';R),\ v \in H^q(X',B';R),\\
h_*(h^*(u) \cap v) &=& u \cap h_*(v) & \text{für } u \in H^p(X',A';R),\ v \in H_q(X,A\cup B;R).
\end{array}$$

7.3 Assoziativität

Diese Produkte erfüllen die folgenden Assoziativitätsgesetze:

$$\begin{array}{rcll}
(u \times v) \times w &=& u \times (v \times w) & \text{für } u \in H_p(X,A;R),\ v \in H_q(Y,B;R),\ w \in H_r(Z,C;R),\\
(u \times v) \times w &=& u \times (v \times w) & \text{für } u \in H^p(X,A;R),\ v \in H^q(Y,B;R),\ w \in H^r(Z,C;R),\\
(u \times w)\backslash w &=& u\backslash(v\backslash w) & \text{für } u \in H^p(Y,B;R),\ v \in H^q(Z,C;R),\\
&&& \quad w \in H_r((X,A)\times(Y,B)\times(Z,C);R),\\
(u \cup v) \cup w &=& u \cup (v \cup w) & \text{für } u \in H^p(X,A;R),\ v \in H^q(Y,B;R),\ w \in H^r(X,C;R),\\
(u \cup v) \cap w &=& u \cap (v \cap w) & \text{für } u \in H^p(X,A;R),\ v \in H^q(X,B;R),\\
&&& \quad w \in H_r(X,A\cup B\cup C;R).
\end{array}$$

7.4 Kommutativität

Es gelten folgende graduierten Kommutativitätsgesetze

$$\begin{array}{rcll}
\tau_*(u \times v) &=& (-1)^{pq} \cdot v \times u & \text{für } u \in H_p(X,A;R),\ v \in H_q(Y,B;R),\\
\tau^*(v \times u) &=& (-1)^{pq} \cdot u \times v & \text{für } u \in H^p(X,A;R),\ v \in H^q(Y,B;R),\\
u \cup v &=& (-1)^{pq} \cdot v \cup u, & \text{für } u \in H^p(X,A;R),\ v \in H^q(X,B;R),
\end{array}$$

wobei $\tau\colon (X,A)\times(Y,B) \to (Y,B)\times(X,A)$ der offensichtliche Vertauschungs-Homöomorphismus ist.

7.5 Eins-Elemente

Zu jedem CW-Komplex X gibt es ein Eins-Elemente $1_X \in H^0(X;R)$ derart, dass gilt

$$\begin{array}{rcll}
u \times 1_Y &=& \mathrm{pr}_X^*(u) & \text{für } u \in H_p(X,A;R),\\
1_X \times v &=& \mathrm{pr}_Y^*(u) & \text{für } v \in H_p(Y,B;R),\\
1_X \cup u &=& u \cup 1_X = u & \text{für } u \in H_p(X,A;R),
\end{array}$$

wobei $\mathrm{pr}_X : (X, A) \times Y \to (X, A)$ und $\mathrm{pr}_Y : X \times (Y, B) \to (Y, B)$ die kanonischen Projektionen sind.

7.6 Verträglichkeit mit Randoperatoren

Sei $(X; A, B)$ eine *Triade* von CW-Komplexen, d.h. A und B sind CW-Unterkomplexe von X. Dazu gibt es lange exakte (Ko-)Homologiesequenzen

$$\ldots \xrightarrow{\Delta_{n+1}} H_n(A, A \cap B; R) \xrightarrow{i_n} H_n(X, B; R) \xrightarrow{j_n} H_n(X, A \cup B; R) \xrightarrow{\Delta_n} \ldots \quad (7.1)$$

$$\ldots \xrightarrow{\Delta^{n-1}} H^n(X, A \cup B; R) \xrightarrow{j^n} H^n(X, B; R) \xrightarrow{i^n} H^n(A, A \cap B; R) \xrightarrow{\Delta^n} \ldots \quad (7.2)$$

wobei $i: (A, A \cap B) \to (X, B)$ und $j: (X, B) \to (X, A \cup B)$ die kanonischen Inklusionen sind und Δ_n bzw. Δ^n der *verbindende Homomorphismus* ist. Man erhält sie aus der langen (Ko-)-Homologiesequenz des Tripels $(X, A \cup B, B)$ mit Hilfe der Ausschneidungsisomorphismen $k_n : H_n(B, A \cap B; R) \xrightarrow{\cong} H_n(A \cup B, A; R)$ und $k^n : H^n(A \cup B, A; R) \xrightarrow{\cong} H_n(B, A \cap B; R)$, die von der kanonischen Inklusion $k: (B, A \cap B) \to (A \cup B, B)$ induziert werden.

Es gelten folgende Regeln, wobei ∂_n bzw. δ^n der verbindende Homomorphismus der langen Homologiesequenz bzw. Kohomologiesequenz des offensichtlichen Paares, und Δ_n bzw. Δ^n der verbindende Homomorphismus der langen Homologiesequenz bzw. Kohomologiesequenz der offensichtlichen Triade und k und l die offensichtlichen Inklusion sind:

$$\begin{array}{lll}
\partial_p(u) \times v = \Delta_{p+q}(u \times v) & \text{für} & u \in H_p(X, A; R),\ v \in H_q(Y, B; R), \\
(-1)^p \cdot u \times \partial_q(v) = \Delta_{p+q}(u \times v) & \text{für} & u \in H_p(X, A; R),\ v \in H_q(Y, B; R), \\
\delta^p(u) \times v = \Delta^{p+q}(u \times v) & \text{für} & u \in H^p(A; R),\ v \in H^q(Y, B; R), \\
(-1)^p \cdot u \times \delta^q(v) = \Delta^{p+q}(u \times v) & \text{für} & u \in H^p(X, A; R),\ v \in H^q(B; R), \\
\partial_{q-p}(u \backslash v) = (-1)^p \cdot u \backslash \Delta_q(v) & \text{für} & u \in H^p(Y, B; R), \\
 & & v \in H_q((X, A) \times (Y, B); R), \\
\delta^{p-1}(u) \backslash v = (-1)^p \cdot u \backslash \Delta_q(v) & \text{für} & u \in H^{p-1}(B; R), \\
 & & v \in H_q((X, A) \times (Y, B); R), \\
\delta^p(u) \cup v = \Delta^{p+q}(u \cup k^q(v)) & \text{für} & u \in H^p(A; R),\ v \in H^q(X, B; R), \\
(-1)^p \cdot u \cup \delta^q(v) = \Delta^{p+q}(l^p(u) \cup v) & \text{für} & u \in H^p(X, A; R),\ v \in H^q(B; R), \\
\partial_{q-p}(u \cap v) = (-1)^p \cdot k^q(u) \cap \Delta_q(v) & \text{für} & u \in H^p(X, A; R), \\
 & & v \in H_q(X, A \cup B; R), \\
\delta^{p-1}(u) \cap v = (-1)^p \cdot k_{q-p}(u \cap \Delta_q(v)) & \text{für} & u \in H^{p-1}(A; R), \\
 & & v \in H_q(X, A \cup B; R).
\end{array}$$

7.7 Relationen zwischen den Produkten

Seien $d: X \to X \times X$ die diagonale Einbettung und $\mathrm{pr}_X : X \times Y \to X$ bzw. $\mathrm{pr}_Y : X \times Y \to Y$ die Projektionen. Dann gilt

$$
\begin{array}{lll}
\langle u \times v, w \times z\rangle & = \langle u, w\rangle \cdot \langle v, z\rangle & \text{für } u \in H^p(X,A;R),\ v \in H^q(Y,B;R),\\
& & \quad w \in H_p(X,A;R),\ z \in H_q(Y,B;R),\\
\langle u \times v, w\rangle & = \langle u, v\backslash w\rangle & \text{für } u \in H^p(X,A;R),\ v \in H^q(Y,B;R),\\
& & \quad w \in H_{p+q}((X,A)\times(Y,B);R),\\
u \times v & = \mathrm{pr}_X^*(u) \cup \mathrm{pr}_Y^*(v) & \text{für } u \in H^p(X,A;R),\ v \in H^q(Y,B;R),\\
u \cup v & = d^*(u \times v) & \text{für } u \in H^p(X,A;R),\ v \in H^q(X,B;R),\\
u \cap v & = u\backslash d^* v & \text{für } u \in H^p(X,A;R),\ v \in H^q(X,A\cup B;R),\\
\langle u \cup v, w\rangle & = \langle u, v \cap w\rangle & \text{für } u \in H^p(X,A;R),\ v \in H^q(X,B;R),\\
& & \quad w \in H_{p+q}((X,A)\times(Y,B);R),
\end{array}
$$

$$
\begin{array}{ll}
(u \cup v) \times (w \cup z) = (-1)^{qr} \cdot (u \times w) \cup (v \times z) & \text{für } u \in H^p(X,A;R),\ v \in H^q(X,B;R),\\
& \quad w \in H^r(Y,C);R),\ z \in H^s(Y,D;R),\\
(u \cap v) \times (w \cap z) = (-1)^{qr} \cdot (u \times w) \cap (v \times z) & \text{für } u \in H^p(X,A;R),\ v \in H_q(X,A\cup B;R),\\
& \quad w \in H^r(Y,C);R),\ z \in H_s(Y,C\cup D;R).
\end{array}
$$

Die obige Formel $\langle u \cup v, w\rangle = \langle u, v \cap w\rangle$ wird auch *Cup-Cap-Relation* genannt.

7.8 Konstruktion der Produkte

Sei C_* ein R-Kettenkomplex. Definiere die R-bilineare Abbildung

$$\langle\ ,\ \rangle \colon H^n(\hom_R(C_*,R)) \otimes_R H_n(C_*) \ \to\ R$$

folgendermaßen. Für $\overline{\varphi} \in H^n(\hom_R(C_*,R))$ und $\overline{u} \in H_n(C_*)$ definiert man nach Wahl eines $\overline{\varphi}$ repräsentierenden Kozykels $\varphi \in \hom_R(C_n,R)$ und eines $\overline{u}$ repräsentierenden Zykels $u \in C_n$

$$\langle \overline{\varphi}, \overline{u}\rangle \ = \ \varphi(u).$$

Man zeigt leicht, dass dies von der Wahl von φ und u unabhängig ist. Nun definiere das Kronecker-Produkt

$$\langle\ ,\ \rangle \colon H^n(X,A;R) \otimes_R H_n(X,A;R) \ \to\ R,$$

indem man die obige Konstruktion auf den zellulären R-Kettenkomplex $C_*(X,A;R)$ von (X,A) anwendet. Diese Konstruktion ist eine Variante der Konstruktion der Abbildung

$$\alpha^n(X,A;M) \colon H^n(X,A;M) \to \hom_{\mathbb{Z}}(H_n(X,A;\mathbb{Z}),M)$$

in Satz 6.25.

Das homologische Kreuz-Produkt

$$\times \colon H_p(X,A;R) \otimes_R H_q(Y,B;R) \ \to\ H_{p+q}((X,A)\times(Y,B);R)$$

und das kohomologische Kreuz-Produkt

$$\times \colon H^p(X,A;R) \otimes_R H^q(Y,B;R) \ \to\ H^{p+q}((X,A)\times(Y,B);R)$$

und das Cup-Produkt

$$\cup \colon H^p(X,A;R) \otimes_R H^q(X,B;R) \ \to\ H^{p+q}(X,A\cup B;R)$$

haben wir für Paare von CW-Komplexen bereits in Abschnitt 5.5 konstruiert.

Seien C_* und D_* zwei R-Kettenkomplexe. Definiere eine R-bilineare Paarung

$$\backslash : H^p(\hom_R(C_*, R)) \otimes_R H_q(C_* \otimes_R D_*) \to H_{q-p}(D_*)$$

auf folgende Weise. Für $\overline{\varphi} \in H^p(\hom_R(C_*, R))$ und $\overline{u} \in H_q(C_* \otimes_R D_*)$ wähle repräsentierende Kozykel $\varphi \in \hom_R(C_p, R)$ und Zykel $u = (u_{i,j})_{i+j=q} \in \bigoplus_{i+j=q} C_i \otimes_R D_j$. Sei

$$\mu_{p,q} \colon \hom_R(C_p, R) \otimes_R (C_p \otimes_R D_{q-p}) \to D_{q-p}$$

die Abbildung $(\varphi, (u \otimes v)) \mapsto \varphi(u) \cdot v$. Es definiert $\mu_{p,q}(\varphi, u_{p,q-p})$ einen Zykel in D_{q-p}. Definiere seine Homologieklasse in $H_{q-p}(D_*)$ als $\overline{\varphi}\backslash\overline{u}$. Wir überlassen den Beweis, dass dies eine wohldefinierte R-bilineare Abbildung ist, dem Leser.

Wendet man dies nun auf $C_* = C_*(Y, B; R)$ und $D_* = C_*(X, A; R)$ an und benutzt den Isomorphismus von zellulären Kettenkomplexen (5.29), so erhält man das Slant-Produkt

$$\backslash : H^p(Y, B; R) \otimes_R H_q((X, A) \times (Y, B); R) \to H_{q-p}(X, A; R).$$

Das Cap-Produkt

$$\cap \colon H^p(X, A; R) \otimes_R H_q(X, A \cup B; R) \to H_{q-p}(X, B; R)$$

definiert man nun durch

$$u \cap v = u\backslash d^* v$$

für $u \in H^p(X, A; R)$ und $v \in H_q(X, B; R)$, wobei $d \colon X \to X \times X$ die diagonale Einbettung ist.

Die Bemerkung 6.35 über die Künneth-Formel für topologische Räume trifft auch für die obigen Produkte zu.

7.9 Die Hopf-Invariante

Der Abbildungskegel $\mathrm{Keg}(f)$ einer Abbildung $f \colon X \to Y$ ist als das Pushout

$$\begin{array}{ccc} X & \xrightarrow{f} & Y \\ {\scriptstyle i}\downarrow & & \downarrow \\ \mathrm{Keg}(X) & \longrightarrow & \mathrm{Keg}(f) \end{array}$$

definiert, wobei $i \colon X \to \mathrm{Keg}(X)$ die offensichtliche Inklusion ist.

Figur 7.3. (Abbildungskegel).

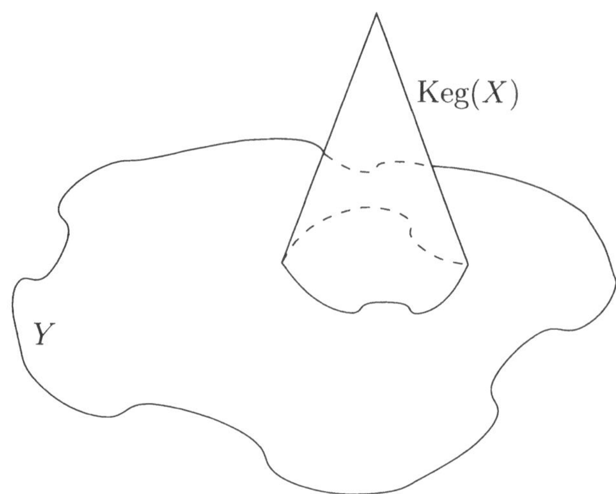

Falls f eine zelluläre Abbildung von CW-Komplexen ist, erbt $\operatorname{Keg}(f)$ eine CW-Struktur (siehe Definition 3.11).

Sei $f\colon S^{2n-1} \to S^n$ eine Abbildung für $n \geq 2$. Wir erhalten aus der zugehörigen Mayer-Vietoris Sequenz Isomorphismen

$$\begin{aligned} \delta^{2n-1}\colon H^{2n-1}(S^{2n-1}) &\xrightarrow{\cong} H^{2n}(\operatorname{Keg}(f)), \\ j^n\colon H^n(\operatorname{Keg}(f)) &\xrightarrow{\cong} H^n(S^n), \end{aligned}$$

wobei $j\colon S^n \to \operatorname{Keg}(f)$ die offensichtliche Inklusion ist. Wähle für $n \geq 1$ einen Erzeuger $[S^n] \in H^n(S^n)$ der unendlichen zyklischen Gruppen $H^n(S^n)$.

Definition 7.4 (Hopf-Invariante). *Die Hopf-Invariante der Abbildung $f\colon S^{2n-1} \to S^n$ für $n \geq 2$ ist die ganze Zahl* $\operatorname{Hopf}(f)$, *für die gilt*

$$(j^n)^{-1}([S^n]) \cup (j^n)^{-1}([S^n]) = \operatorname{Hopf}(f) \cdot \delta^{2n-1}([S^{2n-1}]).$$

Die Hopf-Invariante $\operatorname{Hopf}(f)$ hängt nur von der Homotopieklasse von f ab. Falls $H\colon S^{2n-1} \times [0,1] \to S^n$ eine Homotopie zwischen f_0 und f_1 ist, so sind die Inklusionen $k_m\colon \operatorname{Keg}(f_m) \to \operatorname{Keg}(H)$ für $m = 0, 1$ Homotopieäquivalenzen und ein Vergleich der zu diesen Kegeln gehörigen Mayer-Vietoris-Sequenzen zeigt, dass $\operatorname{Hopf}(f_0) = \operatorname{Hopf}(f_1)$ gilt.

Beispiel 7.5 (Klassische Hopf-Abbildung). Sei $f\colon S^3 \to \mathbb{CP}^1$ die kanonische Projektion, die einem Element in $S^3 \subseteq \mathbb{C}^2$ den von ihm aufgespannten 1-dimensionalen komplexen Unterraum in $\mathbb{C}^2$ zuordnet. Aus Beispiel 3.5 folgt, dass $\mathbb{CP}^1$ homöomorph zu S^2 und $\mathbb{CP}^2$ homöomorph zum Abbildungskegel $\operatorname{Keg}(f)$ ist. Also kann man f als Abbildung $f\colon S^3 \to S^2$ auffassen und aufgrund der Berechnung des Kohomologieringes von $\mathbb{CP}^2$ aus Satz 5.20 folgt

$$\operatorname{Hopf}(f) = 1.$$

Die klassische Hopf-Abbildung ist die erste Abbildung der Gestalt $S^m \to S^n$ für $m > n$, von der man zeigen konnte, dass sie nicht nullhomotop ist. Nur mit Hilfe der (Ko)homologie, also ohne die multiplikative Struktur, kann man nicht entscheiden, ob so eine Abbildung nullhomotop ist, da sie auf den (Ko)homologiegruppen die Nullabbildung induziert.

Man kann geometrisch verstehen, warum die Hopf-Abbildung nicht nullhomotop ist. Die Urbilder des Nordpols und des Südpols in S^2 unter f sind jeweils zwei in S^3 eingebettete S^1-en, eine sogenante Verschlingung mit zwei Komponenten. Diese sind aber verschlungen, wie das folgende Bild zeigt.

Figur 7.6. (Hopf-Verschlingung).

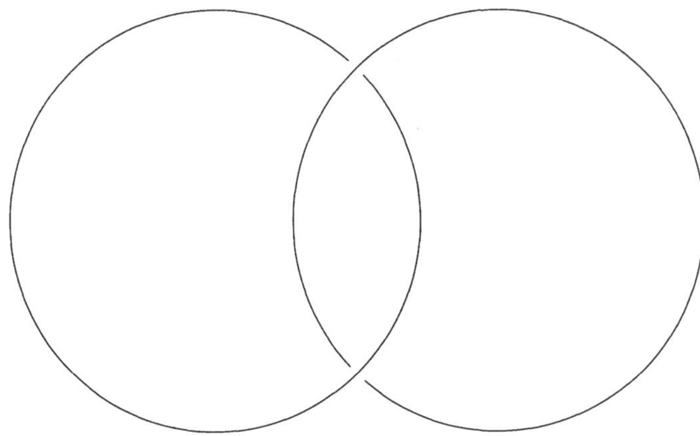

Falls f nullhomotop wäre, hätte man folgendes Bild erwartet:

Figur 7.7. (Triviale Verschlingung).

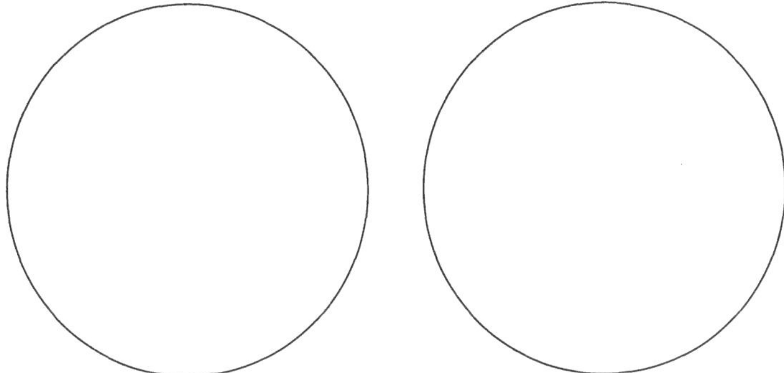

Ausblick 7.8 (Hopf-Invariante). Wir geben ohne Beweis folgende grundlegende Eigenschaften der Hopf-Invariante an. Sei $f\colon S^{2n-1} \to S^n$ eine Abbildung für $n \geq 2$. Dann gilt:

(a) Falls n ungerade ist, so gilt $\mathrm{Hopf}(f) = 0$.

(b) Falls n gerade ist und von 2, 4 und 8 verschieden ist, so ist $\mathrm{Hopf}(f)$ immer eine gerade ganze Zahl und jede gerade ganze Zahl lässt sich als $\mathrm{Hopf}(f)$ realisieren.

(c) Falls $n \in \{2, 4, 8\}$ gilt, so lässt sich jede ganze Zahl als $\mathrm{Hopf}(f)$ realisieren.

7.10 Der Satz von Borsuk-Ulam

Satz 7.9 (Borsuk-Ulam). *Es gibt keine (stetige) Abbildung $f\colon S^n \to S^{n-1}$ mit $f(-x) = -f(x)$ für alle $x \in S^n$.*

Beweis: Dies ist offensichtlich richtig für $n = 1$, da S^1 zusammenhängend ist.

Sei $n \geq 2$. Nehmen wir an, dass es eine Abbildung $f\colon S^n \to S^{n-1}$ mit $f(-x) = -f(x)$ für alle $x \in S^n$ gibt. Dann induziert f eine Abbildung $g\colon \mathbb{RP}^n \to \mathbb{RP}^{n-1}$, die folgendes Diagramm kommutativ macht

$$\begin{array}{ccc} S^n & \xrightarrow{f} & S^{n-1} \\ {\scriptstyle p_n}\downarrow & & \downarrow{\scriptstyle p_{n-1}} \\ \mathbb{RP}^n & \xrightarrow[g]{} & \mathbb{RP}^{n-1} \end{array}$$

wobei p_n und p_{n-1} die kanonischen Projektionen sind. Für $n \geq 1$ ist jede Abbildung $S^1 \to S^n$ nullhomotop aufgrund des zellulären Approximationstheorems (siehe Satz 3.16) und der Existenz einer CW-Struktur auf S^n mit einem Punkt als 1-Gerüst. Also ist die Fundamentalgruppe $\pi_1(S^n)$ für $n \geq 2$ trivial. Aus elementarer Überlagerungstheorie folgt, dass $\pi_1(\mathbb{RP}^n) \cong \mathbb{Z}/2$ für $n \geq 2$ und $\pi_1(\mathbb{RP}^1) \cong \mathbb{Z}$ ist, $\pi_1(g)$ ein Isomorphismus im Fall $n \geq 3$ und im Fall $n = 2$ trivial ist. Im Fall $n = 2$ erhält man daraus mittels elementarer Überlagerungstheorie einen Widerspruch, indem man für einen Weg w in S^2 vom Nordpol zum Südpol zeigt, dass der Weg $f(w)$ verschiedene Endpunkt hat und daher die Schleife $g \circ p_2(w) = p_1 \circ f(w)$ in $\pi_1(\mathbb{RP}^1)$ ein nicht-triviales Element in $\pi_1(\mathbb{RP}^1)$ definiert. Im Fall $n \geq 3$ erhält man auf folgende Weise einen Widerspruch.

Aus Satz 2.35 folgt, dass $H_1(g;\mathbb{Z})\colon H_1(\mathbb{RP}^n;\mathbb{Z}) \to H_1(\mathbb{RP}^{n-1};\mathbb{Z})$ ein Isomorphismus ist. Daraus folgt mittels des universellen Koeffiziententheorems für die Kohomologie 6.25, dass $H^1(g;\mathbb{F}_2)\colon H^1(\mathbb{RP}^{n-1};\mathbb{F}_2) \xrightarrow{\cong} H^1(\mathbb{RP}^n;\mathbb{F}_2)$ bijektiv ist. Sei $x[m] \in H^1(\mathbb{RP}^m;\mathbb{F}_2) \cong \mathbb{F}_2$ der Erzeuger. Dann gilt $H^1(g;\mathbb{F}_2)(x[n-1]) = x[n]$. Das impliziert

$$x[n]^n \;=\; H^n(g;\mathbb{F}_2)(x[n-1]^n).$$

Daraus erhalten wir einen Widerspruch zur Berechnung der Kohomologieringe reell projektiver Räume in Satz 5.21, die $x[n]^n \neq 0$ und $x[n-1]^n = 0$ impliziert.

□

Lemma 7.10. *(a) Sei $f\colon S^n \to \mathbb{R}^n$ eine Abbildung mit $f(-x) = -f(x)$ für alle $x \in S^n$. Dann gibt es $x \in S^n$ mit $f(x) = 0$.*

(b) Sei $f\colon S^n \to \mathbb{R}^n$ eine Abbildung. Dann existiert ein $x \in S^n$ mit $f(-x) = f(x)$. Insbesondere ist f nicht injektiv.

(c) Keine Teilmenge des $\mathbb{R}^n$ ist homöomorph zu S^n.

Beweis: (a) Falls es kein x mit $f(x) = 0$ gibt, ist

$$g\colon S^n \to S^{n-1}, \quad x \mapsto \frac{f(x)}{|f(x)|}$$

eine Abbildung mit $g(-x) = -g(x)$, ein Widerspruch zum Satz von Borsuk und Ulam 7.9.

(b) Sei $f(-x) \neq f(x)$ für alle $x \in S^n$. Definiere $g\colon S^n \to \mathbb{R}^n$ durch $g(x) = f(x) - f(-x)$. Dann gilt $g(-x) = -g(x)$ und $g(x) \neq 0$ für alle $x \in S^n$, ein Widerspruch zur Aussage (a).

(c) Dies folgt direkt aus Aussage (b). □

7.11 Aufgaben

7.1 Konstruiere eine homologische Version des Slant-Produktes

$$/\colon H^p((X,A)\times(Y,B);R)\otimes_R H_q(X,A;R) \to H^{p-q}(Y,B;R), \quad u\otimes v \mapsto u/v$$

derart, dass es natürlich ist und die Formel

$$\langle u/v, w\rangle = \langle u, v\times w\rangle$$

für $u \in H^p((X,A)\times(Y,B);R)$, $v \in H_q(X,A;R)$ und $w \in H_{q-p}(Y,B;R)$ erfüllt.

7.2 Zeige, dass der Kohomologiering $H^*\left(\prod_{i=1}^n \mathbb{CP}^\infty;\mathbb{Z}\right)$ isomorph zur freien Polynomalgebra $\mathbb{Z}[x_1, x_2, \ldots, x_n]$ mit Erzeugern x_i vom Grad 2 ist.

7.3 Seien $f\colon S^{2n-1} \to S^n$, $u\colon S^{2n-1} \to S^{2n-1}$ und $v\colon S^n \to S^n$ Abbildungen. Beweise

$$\mathrm{Hopf}(u\circ f\circ v) = \mathrm{Grad}(u)^2\cdot \mathrm{Hopf}(f)\cdot \mathrm{Grad}(v),$$

wobei Grad den Abbildungsgrad (siehe Definition 3.17) bezeichnet.

7.4 Sei $n \geq 2$ eine gerade ganze Zahl. Versiehe S^n mit der CW-Struktur mit einer 0-Zelle und einer n-Zelle und $S^n \times S^n$ mit der Produkt-CW-Struktur. Dann ist das $(2n-1)$-Gerüst von $S^n \times S^n$ gleich $S^n \vee S^n$. Sei $h\colon S^{2n-1} \to S^n \vee S^n$ die anklebende Abbildung der $2n$-Zelle von $S^n \times S^n$. Betrachte die Komposition

$$f\colon S^{2n-1} \xrightarrow{h} S^n \vee S^n \xrightarrow{\mathrm{id}\vee\mathrm{id}} S^n.$$

Beweise $H(f) = 2$.

7.5 Sei $n \geq 2$ und sei $f\colon S^{2n-2} \to S^{n-1}$ eine Abbildung. Beweise für ihre Einhängung $\Sigma f\colon S^{2n-1} \to S^n$, dass ihre Hopf-Invariante $\mathrm{Hopf}(\Sigma f)$ verschwindet.

7.6 Zeige, dass man den d-dimensionalen Torus T^d genau dann durch zwei zusamenziehbare offene Teilmengen überdecken kann, wenn $d \leq 1$ gilt.

8 Dualität

In diesem Kapitel hehandeln wir die Poincaré-Dualität. Sie ist eine der wichtigsten homologischen Eigenschaften von orientierten kompakten topologischen d-dimensionalen Mannigfaltigkeiten und besagt, dass das Cap-Produkt mit der Fundamentalklasse $[M] \in H_d(M)$ für alle $p \in \mathbb{Z}$ einen Isomorphismus

$$\cap[M]\colon H^{d-p}(M) \xrightarrow{\cong} H_p(M)$$

induziert. Wir werden Verallgemeinerungen von dieser Aussage für R-Koeffizienten, nichtkompakte Mannigfaltigkeiten, Mannigfaltigkeiten mit Rand und für Teilmengen von kompakten Mannigfaltigkeiten erläutern.

8.1 Orientierung

In diesem Abschnitt behandeln wir den Begriff der Orientierung auf einer topologischen Mannigfaltigkeit (siehe Definition 1.31).

Lemma 8.1. *Sei M eine d-dimensionale topologische Mannigfaltigkeit. Sei R ein Ring. Dann ist für jedes $x \in M$ der R-Modul $H_d(M, M - \{x\}; R)$ isomorph zu R, und es gilt $H_n(M, M - \{x\}; R) = 0$ für $n \neq d$.*

Beweis: Da M eine topologische Mannigfaltigkeit ist, gibt es eine Umgebung U von x zusammen mit einem Homöomorphismus $h\colon (\mathbb{R}^d, \mathbb{R}^d - \{0\}) \xrightarrow{\cong} (U, U - \{x\})$. Seien $i\colon U \to M$ und $j\colon (D^d, S^{d-1}) \to (\mathbb{R}^d, \mathbb{R}^d - \{0\})$ die kanonischen Inklusionen. Aus dem Ausschneidungsaxiom folgt, dass die Abbildung $i \circ h \circ j\colon (D^d, S^{d-1}) \to (M, M - \{x\})$ einen Isomorphismus

$$H_n(i \circ h \circ j; R)\colon H_n(D^d, S^{d-1}; R) \xrightarrow{\cong} H_n(M, M - \{x\}; R)$$

induziert. Wir haben bereits in (3.27) gezeigt, dass $H_n(D^d, S^d; R)$ als R-Modul isomorph zu $H_n(S^d, \{s\}; R)$ ist. Aus dem Einhängungsisomorphismus (siehe Satz 1.10) folgt, dass die R-Moduln $H_n(S^d, \{s\}; R)$ und $H_{n-d}(\{\bullet\}; R)$ isomorph sind. Es ist $H_m(\{\bullet\}; R)$ isomorph zu R für $m = 0$ und trivial für $m \neq 0$. □

Definition 8.2. (Orientierung einer Mannigfaltigkeit). *Sei M eine d-dimensionale topologische Mannigfaltigkeit und sei R ein Ring. Eine R-*Orientierung *auf M ist eine Wahl von Erzeugern*

$$\{\mu_x \in H_d(M, M - \{x\}; R) \mid x \in M\},$$

die der folgenden Stetigkeitsbedingung genügt. Zu jedem $x \in M$ gibt es eine Umgebung U von x und ein Element $\mu_U \in H_d(M, M - U; R)$ derart, dass für jedes $y \in U$ die von der Inklusion $i_y\colon (M, M - U) \to (M, M - \{y\})$ induzierte R-Abbildung

$$H_d(i_y; R)\colon H_d(M, M - U; R) \to H_d(M, M - \{y\}; R)$$

das Element μ_U *auf* μ_y *abbildet.*

Die Mannigfaltigkeit M *heißt* R-orientierbar, *falls es eine* R*-Orientierung auf* M *gibt. Sie heißt* R-orientiert, *falls wir auf* M *eine* R*-Orientierung gewählt haben. Im Fall* $R = \mathbb{Z}$ *sprechen wir kurz von* orientierbar, orientiert *und einer* Orientierung.

Beispiel 8.3. (Orientierung auf $\mathbb{R}^d$). Sei $x \in \mathbb{R}^d$ gegeben. Sei $h_x \colon (\mathbb{R}^d, 0) \xrightarrow{\cong} (\mathbb{R}^d, x)$ der Homöomorphismus, der y auf $y + x$ abbildet. Wähle einen Erzeuger $\mu_0 \in H_d(\mathbb{R}^d, \mathbb{R}^d - \{0\}; R)$. Definiere $\mu_x \in H_d(\mathbb{R}^d, \mathbb{R}^d - \{x\}; R)$ als das Bild von μ_0 unter dem Isomorphismus $H_d(h_x; R)$. Dann ist $\{\mu_x \mid x \in \mathbb{R}^d\}$ eine R-Orientierung auf $\mathbb{R}^d$.

Beispiel 8.4. ($\mathbb{F}_2$-Orientierung). Da ein $\mathbb{F}_2$-Modul, der $\mathbb{F}_2$-isomorph zu $\mathbb{F}_2$ ist, genau einen Erzeuger besitzt, besitzt jede topologische Mannigfaltigkeit genau eine $\mathbb{F}_2$-Orientierung.

Lemma 8.5. *Sei* M *eine* d*-dimensionale topologische Mannigfaltigkeit.*

(a) Sei U *eine offene Teilmenge in* M, *die homöomorph zu* $\mathbb{R}^d$ *ist. Dann ist für alle* $x \in U$ *die von der Inklusion* j_x *induzierte Abbildung*

$$H_d(j_x; R) \colon H_d(M, M - U; R) \xrightarrow{\cong} H_d(M, M - \{x\}; R)$$

bijektiv.

(b) Sei $\{\mu_x \mid x \in M\}$ *eine* R*-Orientierung auf* M. *Dann gibt es zu jedem* $x \in M$ *eine Umgebung* U *und ein* $\mu_U \in H_d(M, M - U; R)$ *derart, dass für alle* $x \in U$ *die von der Inklusion* j_x *induzierte Abbildung*

$$H_d(j_x; R) \colon H_d(M, M - U; R) \xrightarrow{\cong} H_d(M, M - \{x\}; R)$$

bijektiv ist und μ_U *auf* μ_x *abbildet.*

Beweis: (a) Der Beweis ist analog zu dem von Lemma 8.1.

(b) Sei U eine Umgebung von $x \in M$ wie sie in der Stetigkeitsbedingung in Definition 8.2 auftritt. Nun verkleinere U zu einer zu $\mathbb{R}^d$ homöomorphen Umgebung und wende Aussage (a) an. □

Lemma 8.6. *Sei* R *ein Ring. Sei* M *eine zusammenhängende* d*-dimensionale topologische Mannigfaltigkeit mit einer* R*-Orientierung. Dann operiert die multiplikative Gruppe der Einheiten* $R^\times$ *von* R *frei und transitiv auf der Menge der* R*-Orientierungen von* M.

Beweis: Die Operation von $R^\times$ auf der Menge der R-Orientierungen ist dadurch gegeben, dass man $r \in R^\times$ und einer R-Orientierung $\{\mu_x \mid x \in M\}$ die R-Orientierung $\{r \cdot \mu_x \mid x \in M\}$ zuordnet. Die Operation ist offensichtlich frei. Da M zusammenhängend ist, folgt aus Lemma 8.5 (b), dass zwei R-Orientierungen $\{\mu_x \mid x \in M\}$ und $\{\nu_x \mid x \in M\}$ von M genau dann übereinstimmen, wenn $\mu_y = \nu_y$ für ein $y \in M$ gilt. Daraus folgt die Transitivität der Operation. □

Beispiel 8.7. (Anzahl der Orientierungen). Es gilt $\mathbb{Z}^\times = \{-1, +1\}$. Also besitzt eine zusammenhängende topologische Mannigfaltigkeit entweder keine Orientierung oder genau zwei Orientierungen.

Beispiel 8.8. (Orientierung auf S^d). Sei $d \geq 1$. Dann ist der R-Modul $H_d(S^d;R)$ isomorph zu R (siehe (1.14)). Wähle einen Erzeuger $\mu \in H_d(S^d;R)$. Für $x \in S^d$ sei $i_x\colon (S^d,\emptyset) \to (S^d, S^d - \{x\})$ die Inklusion. Definiere $\mu_x \in H_d(S^d, S^d - \{x\}; R)$ als das Bild von μ unter dem von i_x induzierten R-Isomorphismus $H_d(i_x;R)$. Dann ist $\{\mu_x \mid x \in S^d\}$ eine R-Orientierung von S^d.

Das obige Beispiel funktioniert für jede kompakte zusammenhängende d-dimensionale topologische Mannigfaltigkeit M mit $H_d(M;R) \cong_R R$. Wir wollen als nächstes die Umkehrung davon beweisen. Dazu benötigen wir das nächste Lemma. Im Folgenden bezeichnet $C_*^{\text{sing}}(X,A;G)$ für ein topologisches Paar (X,A) und eine abelsche Gruppe G den $\mathbb{Z}$-Kettenkomplex $C_*^{\text{sing}}(X,A) \otimes_{\mathbb{Z}} G$. Dann gilt $H_n(X,A;G) = H_n(C_*^{\text{sing}}(X,A;G))$ per Definition.

Lemma 8.9. *Sei M eine d-dimensionale topologische Mannigfaltigkeit und sei G eine abelsche Gruppe. Sei $K \subseteq M$ kompakt. Dann gilt:*

(a) Es ist $H_i(M, M-K;G) = 0$ für $i > d$.

(b) Sei $u \in H_d(M, M-K;G)$. Für $x \in K$ sei $i_x\colon (M, M-K) \to (M, M-\{x\})$ die Inklusion. Falls $H_d(i_x;G)(u) = 0$ für alle $x \in K$ gilt, dann ist $u = 0$.

Beweis: Schritt 1: Die Behauptung ist richtig, falls $M = \mathbb{R}^d$ und $K \subseteq \mathbb{R}^d$ eine kompakte konvexe Teilmenge ist.

Ohne Einschränkung der Allgemeinheit sei $\{0\} \subseteq K \subseteq D^d - S^{d-1}$, andernfalls verwende den Homöomorphismus $\mathbb{R}^d \to \mathbb{R}^d, \quad y \mapsto r \cdot (y-x)$ für geeignetes $r \in \mathbb{R}$ und $x \in K$. Betrachte die Homotopie

$$h\colon (D^d - \{0\}) \times [0,1] \to D^d - \{0\}, \quad (x,t) \mapsto t \cdot x + (1-t) \cdot \frac{x}{||x||}.$$

Sie induziert eine Abbildung $(D^d - K) \times [0,1] \to D^d - K$, da K konvex ist. Daraus folgt, dass die Inklusionen $(D^d, S^{d-1}) \to (D^d, D^d - K)$ und $(D^d, S^{d-1}) \to (D^d, D^d - \{0\})$ Homotopieäquivalenzen sind. Also induziert die Inklusion $i\colon (D^d, D^d - K) \to (D^d, D^d - \{0\})$ einen Isomorphismus auf allen Homologiemoduln. Das Ausschneidungsaxiom impliziert, dass die Inklusion $j\colon (\mathbb{R}^d, \mathbb{R}^d - K) \to (\mathbb{R}^d, \mathbb{R}^d - \{0\})$ für alle $n \in \mathbb{Z}$ einen Isomorphismus

$$H_n(j;G)\colon H_n(\mathbb{R}^d, \mathbb{R}^d - K;G) \xrightarrow{\cong} H_n(\mathbb{R}^d, \mathbb{R}^d - \{0\};G)$$

induziert. Nun folgt die Behauptung aus Lemma 8.1.

Schritt 2: Falls die Behauptung für die Teilmengen $K_1, K_2 \subseteq M$ und deren Durchschnitt $K_1 \cap K_2$ gilt, dann ist sie auch richtig für die Vereinigung $K_1 \cup K_2$.

Sei $C_*^{\text{sing}}(M-K_1;G) + C_*^{\text{sing}}(M-K_2;G) \subseteq C_*^{\text{sing}}(M;G)$ der von den Bildern der von den Inklusionen induzierten Kettenabbildungen $C_*^{\text{sing}}(M-K_k;G) \to C_*(M;G)$ erzeugte R-Unterkettenkomplex. Da $M-K_1$ und $M-K_2$ offene Teilmengen von M sind, induziert die offensichtliche R-Kettenabbildung

$$C_*^{\text{sing}}(M-K_1;G) + C_*^{\text{sing}}(M-K_2;G) \to C_*^{\text{sing}}((M-K_1) \cup (M-K_2);G)$$

Isomorphismen auf der Homologie aufgrund von Lemma 2.31. Daher induziert wegen der langen Homologiesequenz von kurzen exakten Sequenzen von Kettenkomplexen und dem Fünfer-Lemma (siehe Lemma 1.2) auch die R-Kettenabbildung

$$C_*^{\mathrm{sing}}(M;G)/\left(C_*^{\mathrm{sing}}(M-K_1;G)+C_*^{\mathrm{sing}}(M-K_2;G)\right) \\ \to C_*^{\mathrm{sing}}(M;G)/C_*^{\mathrm{sing}}\left((M-K_1)\cup(M-K_2);G\right)$$

Isomorphismen auf der Homologie. Man erhält damit aus der langen Homologiesequenz der kurzen exakten Sequenz von R-Kettenkomplexen

$$0 \to C_*^{\mathrm{sing}}(M,(M-K_1)\cap(M-K_2);G) \to C_*^{\mathrm{sing}}(M,M-K_1;G)\oplus C_*^{\mathrm{sing}}(M,M-K_2;G) \\ \to C_*^{\mathrm{sing}}(M;G)/\left(C_*^{\mathrm{sing}}(M-K_1;G)+C_*^{\mathrm{sing}}(M-K_2;G)\right) \to 0.$$

die folgende relative Mayer-Vietoris Sequenz der Triade $(M;M-K_1,M-K_2)$

$$\ldots \to H_{n+1}(M,M-(K_1\cap K_2);G) \xrightarrow{\Delta_{n+1}} H_n(M,M-(K_1\cup K_2);G) \\ \xrightarrow{H_n(i_1;G)\oplus H_n(i_2;G)} H_n(M,M-K_1;G)\oplus H_n(M,M-K_2;G) \\ \xrightarrow{H_n(j_1;G)-H_n(j_2;G)} H_n(M,M-(K_1\cap K_2);G) \xrightarrow{\Delta_n} \ldots, \tag{8.10}$$

wobei i_1, i_2, j_1 und j_2 die offensichtlichen Inklusionen sind. Daraus folgt dann leicht die Behauptung.

Schritt 3: Die Behauptung ist richtig, falls $M=\mathbb{R}^d$ und $K\subseteq\mathbb{R}^d$ eine endliche Vereinigung von kompakten konvexen Teilmengen ist.

Das folgt per Induktion mit Hilfe von Schritt 1 und Schritt 2, da der Durchschnitt zweier konvexer kompakter Teilmengen wieder eine konvexe kompakte Teilmenge ist.

Schritt 4: Die Behauptung gilt für $M=\mathbb{R}^d$ und beliebige kompakte Teilmengen $K\subseteq\mathbb{R}^d$. Sei $u\in H_n(\mathbb{R}^d,\mathbb{R}^d-K;G)$ gegeben. Wähle ein Element $\varphi=\sum_{i=1}^a(\sigma_i\colon\Delta_n\to\mathbb{R}^d)\otimes_{\mathbb{Z}}g_i$ im singulären R-Kettenkomplex $C_n^{\mathrm{sing}}(\mathbb{R}^d;G):=C_n^{\mathrm{sing}}(\mathbb{R}^d)\otimes_{\mathbb{Z}}G$, das im Quotientenkomplex $C_n^{\mathrm{sing}}(\mathbb{R}^d,\mathbb{R}^d-K;G)$ ein Zykel ist, der u repräsentiert. Das Bild von φ unter dem n-ten Differential $c_n^{\mathrm{sing}}\colon C_n^{\mathrm{sing}}(\mathbb{R}^d;G)\to C_{n-1}^{\mathrm{sing}}(\mathbb{R}^d;G)$ ist ein Element der Gestalt $\psi=\sum_{j=1}^b(\tau_j\colon\Delta_{n-1}\to\mathbb{R}^n-K)\otimes_{\mathbb{Z}}g_j$. Da Δ_n kompakt ist, ist $\bigcup_{j=1}^b\tau_j(\Delta_{n-1})$ eine kompakte Teilmenge von $\mathbb{R}^n-K$. Daher gibt es eine offene Umgebung U von K in $\mathbb{R}^d$ derart, dass $\bigcup_{j=1}^b\tau_j(\Delta_{n-1})$ und U disjunkt sind. Also ist φ ein Element im singulären R-Kettenkomplex $C_n^{\mathrm{sing}}(\mathbb{R}^d;G)$, das im Quotientenkomplex $C_n^{\mathrm{sing}}(\mathbb{R}^d,\mathbb{R}^d-U;G)$ ein Zykel ist. Sei

$$u'\in H_n(\mathbb{R}^d,\mathbb{R}^d-U;G)$$

die Klasse dieses Zykels. Dann gilt für die Inklusion $i\colon(\mathbb{R}^d,\mathbb{R}^d-U)\to(\mathbb{R}^d,\mathbb{R}^d-K)$, dass die induzierte Abbildung

$$H_n(i;G)\colon H_n(\mathbb{R}^d,\mathbb{R}^d-U;G)\to H_n(\mathbb{R}^d,\mathbb{R}^d-K;G)$$

das Element u' auf u abbildet.

Wähle abgeschlossenen Kugeln $B_1,B_2,\ldots,B_r$ in $\mathbb{R}^d$ derart, dass $B_i\subseteq U$ und $K\cap B_i\neq\emptyset$ für $i=1,2,\ldots,r$ gilt und sie die kompakte Menge K überdecken.

Seien $k\colon(\mathbb{R}^d,\mathbb{R}^d-U)\to(\mathbb{R}^d,\mathbb{R}^d-\bigcup_{i=1}^r B_i)$ und $l\colon(\mathbb{R}^d,\mathbb{R}^d-\bigcup_{i=1}^r B_i)\to(\mathbb{R}^d,\mathbb{R}^d-K)$ die offensichtlichen Inklusionen. Setze $u''=H_n(k;G)(u')$. Es gilt

$$H_n(l;G)(u'') = u.$$

Sei $n > d$. Dann ist $H_n\left(\mathbb{R}^d, \mathbb{R}^d - \bigcup_{i=1}^r B_i; G\right) = 0$ aufgrund von Schritt 3. Also ist $u'' = 0$ und daher $u = 0$. Damit ist Aussage (a) im Fall $M = \mathbb{R}^d$ bewiesen. Es bleibt, Aussage (b) in Fall $M = \mathbb{R}^d$ zu beweisen.

Sei $H_d(i_x; G)(u) = 0$ für alle $x \in M$. Es ist $u = 0$ zu zeigen. Sei $y \in \bigcup_{i=1}^r B_i$ beliebig. Wähle $i \in \{1, 2, \ldots, r\}$ und $x \in B_i \cap K$. Die Komposition

$$H_d\left(\mathbb{R}^d, \mathbb{R}^d - \bigcup_{i=1}^r B_i; G\right) \xrightarrow{H_d(l;G)} H_d(\mathbb{R}^d, \mathbb{R}^d - K; G) \xrightarrow{H_d(i_x;G)} H_d(\mathbb{R}^d, \mathbb{R}^d - \{x\}; G)$$

bildet u'' nach Voraussetzung auf 0 ab. Diese Komposition stimmt mit der folgenden Komposition überein

$$H_d\left(\mathbb{R}^d, \mathbb{R}^d - \bigcup_{i=1}^r B_i; G\right) \xrightarrow{H_d(m_i;G)} H_d(\mathbb{R}^d, \mathbb{R}^d - B_i; G) \xrightarrow{H_d(j_x;G)} H_d(\mathbb{R}^d, \mathbb{R}^d - \{x\}; G),$$

wobei m_i und j_x die offensichtlichen Inklusionen sind. Da $H_d(j_x; G)$ ein Isomorphismus ist, gilt $H_d(m_i; G)(u'') = 0$. Die Komposition

$$H_d\left(\mathbb{R}^d, \mathbb{R}^d - \bigcup_{i=1}^r B_i; G\right) \xrightarrow{H_d(m_i;G)} H_d(\mathbb{R}^d, \mathbb{R}^d - B_i; G) \xrightarrow{H_d(k_y;G)} H_d(\mathbb{R}^d, \mathbb{R}^d - \{y\}; G)$$

ist dasselbe ist wie die Abbildung

$$H_d(i_y; G)\colon H_d\left(\mathbb{R}^d, \mathbb{R}^d - \bigcup_{i=1}^r B_i; G\right) \to H_d(\mathbb{R}^d, \mathbb{R}^d - \{y\}; G).$$

Daraus folgt $H_n(i_y; G)(u'') = 0$ für alle $y \in \bigcup_{i=1}^r B_i$. Das impliziert $u'' = 0$ aufgrund von Schritt 3. Also ist $u = 0$. Damit ist Lemma 8.9 im Fall $M = \mathbb{R}^d$ bewiesen.

Schritt 5: Die Behauptung ist richtig, falls K in einer zu $\mathbb{R}^d$ homöomorphen Teilmenge U von M enthalten ist.

Dies folgt aus dem Auschneidungsisomorphismus $H_n(M, M - K; G) \xrightarrow{\cong} H_n(U, U - K; G)$ und Schritt 4.

Schritt 6: Der allgemeine Fall.

Zu einer kompakten Teilmenge $K \subseteq M$ finden wir kompakte Teilmengen $K_1, K_2, \ldots, K_l$ derart dass jedes K_i in einer zu $\mathbb{R}^d$ homöomorphen Teilmenge U_i von M enthalten ist. Nun folgt Lemma 8.9 aus Schritt 2 und Schritt 5 durch Induktion über l. □

Lemma 8.11. *Sei M eine d-dimensionale topologische Mannigfaltigkeit und sei G eine abelsche Gruppe. Sei $K \subseteq M$ zusammenhängend und kompakt. Dann ist für jedes $x \in K$ die Abbildung $H_d(i_x; G)\colon H_d(M, M - K; G) \to H_d(M, M - \{x\}; G)$ injektiv.*

Beweis: Wir schließen aus Lemma 8.5 (a), dass für jedes $x \in M$ die Menge der $y \in M$ mit $\operatorname{Kern}(H_d(i_x; R)) = \operatorname{Kern}(H_d(i_y; R))$ offen ist, wobei $i_x\colon M \to (M, M - \{x\})$ die offensichtliche Inklusion ist. Da K zusammenhängend ist, impliziert dies

$$\operatorname{Kern}(H_d(i_x; R)) = \operatorname{Kern}(H_d(i_y; R)) \text{ für alle } x, y, \in K.$$

Lemma 8.9 (b) besagt $\bigcap_{x \in K} \operatorname{Kern}(H_d(i_x; R)) = \{0\}$. Also ist $H_d(i_x; G)$ für alle $x \in K$ injektiv. □

Satz 8.12. (Fundamentalklasse einer Orientierung relativ einer kompakten Teilmenge). *Sei R ein Ring. Sei M eine d-dimensionale topologische Mannigfaltigkeit mit einer R-Orientierung $\{\mu_x \mid x \in M\}$. Dann gilt:*

(a) *Für jede kompakte Teilmenge $K \subseteq M$ gibt es genau eine Homologieklasse $\mu_K \in H_d(M, M - K; R)$ mit der Eigenschaft, dass für jedes $x \in K$ die von der Inklusion i_x induzierte Abbildung $H_d(i_x; R)\colon H_d(M, M - K; R) \to H_d(M, M - \{x\}; R)$ die Klasse μ_K auf μ_x abbildet.*

(b) *Falls $K \subseteq M$ kompakt und zusammenhängend ist, so ist für jedes $x \in K$ die Abbildung $H_d(i_x; R)\colon H_d(M, M - K; R) \to H_d(M, M - \{x\}; R)$ bijektiv.*

Beweis: (a) Die Eindeutigkeit von μ_K folgt direkt aus Lemma 8.9 (b). Der Existenzbeweis verläuft folgendermaßen.

Wir zeigen zunächst für zwei kompakte Teilmengen $K_1, K_2 \subseteq M$, für die die Aussage richtig ist, dass die Aussage dann auch für $K = K_1 \cup K_2$ gilt. Betrachte die zur Triaden $(M, M - K_1, M - K_2)$ gehörige relative Mayer-Vietoris-Sequenz aus (8.10)

$$\begin{aligned} \ldots \to H_{n+1}(M, M - (K_1 \cap K_2); R) &\xrightarrow{\Delta_{n+1}} H_n(M, M - (K_1 \cup K_2); R) \\ &\xrightarrow{H_n(i_1;R) \oplus H_n(i_2;R)} H_n(M, M - K_1; R) \oplus H_n(M, M - K_2; R) \\ &\xrightarrow{H_n(j_1;R) - H_n(j_2;R)} H_n(M, M - (K_1 \cap K_2); R) \xrightarrow{\Delta_n} \ldots, \end{aligned}$$

Aus der Eindeutigkeit von $\mu_{K_1 \cap K_2}$ folgt, dass

$$H_n(j_1; R)(\mu_{K_1}) - H_n(j_2; R)(\mu_{K_2}) = \mu_{K_1 \cap K_2} - \mu_{K_1 \cap K_2} = 0$$

gilt. Da $H_{d+1}(M, M - (K_1 \cap K_2); R) = 0$ gilt wegen Lemma 8.9 (a), gibt es genau ein Element $\mu_K \in H_d(M, M - K; R)$ mit $H_d(i_k; R)(\mu_K) = \mu_{K_k}$ für $k = 1, 2$. Nun überprüft man leicht, dass $H_d(i_x; R)(\mu_K) = \mu_x$ für alle $x \in K$ gilt.

Sei nun $K \subset M$. Zu jedem Punkt $x \in X$ gibt es eine Umgebung U_x wie sie in der Stetigkeitsbedingung der Definition 8.2 der Orientierung einer Mannigfaltigkeit auftaucht. Falls K in U_x enthalten ist, gibt es das Element μ_K, man definiert es als das Bild des zu U_x gehörigen Elementes unter der von der Inklusion induzierten Abbildung $H_d(M, M - U_x; R) \to H_d(M, M - K; R)$. Man kann nun kompakte Teilmengen K_1, K_2, $\ldots$, K_r derart finden, dass $K = \bigcup_{i=1}^r K_i$ gilt und jedes K_i in einer solchen offenen Teilmenge U_x für geeignetes $x \in M$ enthalten ist. Nun folgt die Behauptung per Induktion über r.

(b) Aufgrund von Lemma 8.11 ist $H_d(i_x; R)$ für alle $x \in K$ injektiv. Da der Erzeuger μ_x im Bild von $H_d(i_x; R)$ liegt, ist $H_d(i_x; R)$ für alle $x \in K$ bijektiv. □

Satz 8.13. (Fundamentalklasse einer Orientierung). *Sei R ein Ring. Sei M eine kompakte d-dimensionale topologische Mannigfaltigkeit.*

(a) *Sei $\{\mu_x \mid x \in M\}$ eine R-Orientierung auf M. Dann gibt es genau eine Homologieklasse $\mu_M \in H_d(M; R)$ mit der Eigenschaft, dass für jedes $x \in M$ die von der Inklusion i_x induzierte Abbildung $H_d(i_x; R)\colon H_d(M; R) \to H_d(M, M - \{x\}; R)$ bijektiv ist und die Klasse μ_M auf μ_x abbildet. Falls M zusammenhängend ist, ist $[M]$ ein Erzeuger von $H_d(M; R) \cong_R R$.*

(b) Folgende Aussagen sind äquivalent, falls M zusammenhängend ist:

(1) Es ist M orientierbar.

(2) Der $\mathbb{Z}$-Modul $H_d(M)$ ist isomorph zu $\mathbb{Z}$.

(3) Der $\mathbb{Z}$-Modul $H_d(M)$ ist nicht trivial.

Beweis: (a) Dies folgt aus Satz 8.12 im Spezialfall $M = K$.

(b) Die Implikation (1) $\Rightarrow$ (2) folgt aus Aussage (a). Die Implikation (2) $\Rightarrow$ (3) ist trivial. Es bleibt zu zeigen, dass M orientierbar ist, wenn $H_d(M;\mathbb{Z})$ nicht-trivial ist. Aus Lemma 8.9 im Fall $K = M$ ergibt sich, dass die Abbildung $H_d(i_x)\colon H_d(M) \to H_d(M, M-\{x\})$ für alle x injektiv ist. Da $H_d(M, M-\{x\})$ nach Lemma 8.1 isomorph zu $\mathbb{Z}$ ist, ist auch $H_d(M)$ eine unendliche zyklische Gruppe. Wähle einen Erzeuger $\mu \in H_d(M)$. Sei $\mu_x \in H_d(M, M - \{x\})$ der Erzeuger, für den es eine positive ganze Zahl n mit $H_d(i_x)(\mu) = n \cdot \mu_x$ gibt. Dann zeigt man leicht mit Hilfe von Lemma 8.9 im Fall $K = M$, dass $\{\mu_x \mid x \in M\}$ eine Orientierung auf M ist. □

Definition 8.14. (Fundamentalklasse einer kompakten Mannigfaltigkeit). *Sei R ein Ring. Sei M eine kompakte d-dimensionale topologische Mannigfaltigkeit mit einer R-Orientierung. Dann heißt das Element μ_M des R-Moduls $H_d(M;R)$ aus Satz 8.13* (a) Fundamentalklasse von M *und wird auch mit $[M;R]$ bezeichnet. Falls $R = \mathbb{Z}$ ist, schreiben wir kurz $[M]$ anstelle von $[M;\mathbb{Z}]$.*

Beispiel 8.15 (Orientierbarkeit von $\mathbb{RP}^d$). Der d-dimensionale reelle projektive Raum $\mathbb{RP}^d$ ist genau dann orientierbar, wenn d ungerade oder $d = 0$ ist. Dies ist eine Folgerung aus Satz 8.13 (b), da $H_d(\mathbb{RP}^d;\mathbb{Z})$ isomorph zu $\mathbb{Z}$ für ungerade $d \geq 1$ und für $d = 0$ und trivial für gerade $d \geq 2$ ist (siehe Beispiel 3.40).

Ausblick 8.16. (Simpliziale Fundamentalklasse). Sei M eine kompakte orientierte d-dimensionale topologische Mannigfaltigkeit mit einer Triangulation, d.h. M kommt mit der Struktur eines simplizialen Komplexes derart, dass sich zwei d-dimensionale Simplices in genau einer gemeinsamen $(d-1)$-dimensionalen Seite oder gar nicht schneiden. Wähle zu jedem d-dimensionalem Simplex s einen affinen Isomorphismus $\sigma_s\colon \Delta_n \to s$ mit der Eigenschaft, dass die von der Orientierung auf M induzierte Orientierung auf s und die Standard-Orientierung auf Δ_d unter σ_s verträglich sind. Wir erhalten ein Element in $C_d^{\mathrm{sing}}(M)$ durch

$$u = \sum_s \sigma_s\colon \Delta_d \to M,$$

wobei s die d-Simplices von M durchläuft. Es stellt sich heraus, dass u ein Zykel ist, dessen zugehörige Homologieklasse in $H_d(M)$ die Fundamentalklasse $[M]$ aus Defintion 8.14 ist.

Fasst man beispielsweise S^d als Rand des Standard-$(d+1)$-Simplexes auf, so liefert die Summe der d-Seiten einen Zykel, der die Fundamentalklasse repräsentiert.

Figur 8.17. (Fundamentalklasse auf S^2).

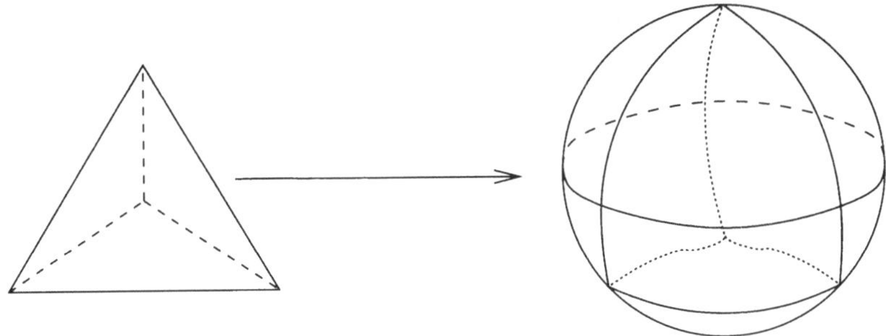

8.2 Der Abbildungsgrad

Definition 8.18 (Abbildungsgrad). *Sei $f\colon M \to N$ eine Abbildung zwischen orientierten kompakten zusammenhängenden d-dimensionalen topologischen Mannigfaltigkeiten. Definiere ihren* Abbildungsgrad Grad(f) *als die ganze Zahl, für die*

$$H_d(f)([M]) \;=\; \operatorname{Grad}(f)\cdot[N]$$

gilt, wobei $[M] \in H_d(M)$ und $[N] \in H_d(N)$ die Fundamentalklassen aus Definition 8.14 sind.

Lemma 8.19. *Seien M, N und P orientierte zusammenhängende d-dimensionale kompakte topologische Mannigfaltigkeiten. Mit M^- bezeichnen wir die Mannigfaltigkeit M mit der anderen (der beiden möglichen Orientierungen). Seien $f\colon M \to N$ und $g\colon N \to P$ Abbildungen. Dann gilt*

(a) Es gilt

$$\begin{aligned}\operatorname{Grad}(f\colon M \to N) \;=\; \operatorname{Grad}(f\colon M^- \to N^-) \;&=\; -\operatorname{Grad}(f\colon M^- \to N)\\ &=\; -\operatorname{Grad}(f\colon M \to N^-).\end{aligned}$$

(b) $\operatorname{Grad}(g\circ f) = \operatorname{Grad}(g)\cdot\operatorname{Grad}(f)$.

(c) Falls $\operatorname{Grad}(f) \neq 0$ *gilt, so ist f surjektiv.*

Beweis: (a) Es gilt $[M^-] = -[M]$.

(b) Dies folgt aus

$$\begin{aligned}H_d(g\circ f)([M] \;=\; H_d(g)(H_d(f)([M])) \;&=\; H_d(g)(\operatorname{Grad}(f)\cdot[N])\\ &=\; \operatorname{Grad}(f)\cdot H_d(g)([N]) \;=\; \operatorname{Grad}(f)\cdot\operatorname{Grad}(g)\cdot[P].\end{aligned}$$

(c) Sei f nicht surjektiv. Also gibt es $y \in N$ mit $y \notin f(M)$. Also ist folgende Komposition die triviale Abbildung

$$H_d(M) \xrightarrow{H_d(f)} H_d(N) \xrightarrow{H_d(i_y)} H_d(N, N - \{y\}),$$

wobei i_y die Inklusion ist. Nach Satz 8.13 (a) ist $H_d(i_y)$ bijektiv. Das impliziert $H_d(f) = 0$ und damit $\mathrm{Grad}(f) = 0$. □

Falls $M = N$ gilt und wir für die Quelle und das Ziel jeweils dieselbe Orientierung wählen, so ist der Abbildungsgrad unabhängig von der Wahl der Orientierung (siehe Lemma 8.19 (a)). Diese Definition stimmt im Spezialfall $M = N = S^n$ mit der Definition des Abbildungsgrades einer Abbildung aus Definition 3.17 überein.

Ausblick 8.20. (Differentialtopologische und algebraisch topologische Orientierungen). Wir werden in Kapitel 9 den Begriff einer d-dimensionalen glatten Mannigfaltigkeit und ihres Tangentialbündels TM definieren. Wir wollen erklären, dass eine Orientierung des Tangentialbündels TM im Sinne von Definition 11.13 dasselbe ist wie die algebraisch topologische Definition einer Orientierung im Sinne von Definition 8.2. Dazu benötigt man, dass es nach Wahl einer riemannschen Metrik auf M zu jedem $x \in M$ ein $\varepsilon_x > 0$, eine offene Umgebung U_x von x und die sogenannte *Exponentialabbildung*

$$\exp_x : D_{\varepsilon_x} T_x M \to U_x$$

gibt, die auf der offenen Teilmenge $D_{\varepsilon_x} T_x M = \{v \in T_x M \mid ||v|| < \varepsilon\}$ definiert ist, 0 nach x abbildet und ein Homöomorphismus ist. Sie induziert einen Isomorphismus

$$H_d(D_{\varepsilon_x} T_x M, D_{\varepsilon_x} T_x M - \{0\}) \xrightarrow{\cong} H_d(M, M - \{x\}).$$

Ausschneidung liefert einen Isomorphismus

$$H_d(D_{\varepsilon_x} T_x M, D_{\varepsilon_x} T_x M - \{0\}) \xrightarrow{\cong} H_d(T_x M, T_x M - \{0\}).$$

Aus diesen beiden Isomorphismen erhalten wir den Isomorphismus

$$e_x : H_d(T_x M, T_x M - \{0\}) \xrightarrow{\cong} H_d(M, M - \{x\}).$$

Er ist von der Wahl von ε_x und der riemannschen Metrik unabhängig.

Sei nun eine Orientierung auf TM gegeben. Dann haben wir für jedes $x \in M$ eine ausgezeichnete Äquivalenzklasse von Basen von $T_x M$. Wähle einen Vertreter dieser Äquivalenzklasse. Sei $u_x : \mathbb{R}^n \xrightarrow{\cong} T_x M$ der durch diese Basis gegebene Isomorphismus. Er induziert einen Isomorphismus

$$H_d(u_x) : H_d(\mathbb{R}^d, \mathbb{R}^d - \{0\}) \xrightarrow{\cong} H_d(T_x M, T_x M - \{0\}),$$

der nur von der Orientierung von TM abhängt, aber nicht von der Auswahl der Basis in der entsprechenden Äquivalenzklasse (siehe Satz 1.22 (c)). Also erhalten wir für alle $x \in M$ aus der Orientierung von TM den Isomorphismus

$$H_d(\mathbb{R}^d, \mathbb{R}^d - \{0\}) \xrightarrow{e_x \circ H_d(u_x)} H_d(M, M - \{x\}).$$

Fixiere einen Erzeuger $\mu \in H_d(\mathbb{R}^d, \mathbb{R}^d - \{0\})$. Definiere $\mu_x \in H_d(M, M - \{x\})$ als das Bild von μ unter dem obigen Isomorphismus. Dann definiert $\{\mu_x \mid x \in M\}$ eine Orientierung auf M im Sinne von Definition 8.2. Auf diese Weise erhalten wir eine Bijektion zwischen der Menge der Orientierungen auf TM und der Menge der algebraisch topologischen Orientierungen auf M.

Ausblick 8.21. (Differentialtopologische Abbildungsgrad). Sei $f\colon M \to N$ eine glatte Abbildung von kompakten zusammenhängenden orientierten glatten Mannigfaltigkeiten derselben Dimension. Sei $y \in N$ ein regulärer Wert, d.h. für jedes $x \in M$ mit $f(x) = y$ ist das Differential $T_xf\colon T_xM \to T_yN$ bijektiv. Dann ist die Menge $f^{-1}(y)$ eine endliche Menge. Für jedes $x \in M$ erhalten wir ein Vorzeichen $\varepsilon_x \in \{\pm 1\}$, das per Definition gleich 1 ist, falls das Differential $T_xf\colon T_xM \to T_yN$ mit den durch die Orientierung auf den Tangentialbündeln gegebenen Orientierungen auf den Tangentialräumen T_xM und T_yN verträglich ist, und anderfalls gleich -1 ist. Dann gilt

$$\operatorname{Grad}(f) = \sum_{x \in f^{-1}(y)} \varepsilon_x. \tag{8.22}$$

Dies folgt aus Lemma 1.22 (c) und folgendem kommutativen Diagramm

$$\begin{array}{ccc}
\bigoplus_{x\in f^{-1}(y)} H_d(T_xM, T_xM - \{0\}) & \xrightarrow{\bigoplus_{x\in f^{-1}(y)} H_d(T_xf)} & H_d(T_yN, T_yN - \{0\}) \\
\downarrow{\scriptstyle \bigoplus_{x\in f^{-1}(y)} e_x}\ \cong & & \downarrow{\scriptstyle e_y}\ \cong \\
\bigoplus_{x\in f^{-1}(y)} H_d(M, M - \{x\}) & \xrightarrow{\bigoplus_{x\in f^{-1}(y)} H_d(f)} & H_d(N, N - \{y\}) \\
\uparrow{\scriptstyle \bigoplus_{x\in f^{-1}(y)} H_d(i_x)} & & \uparrow{\scriptstyle H_d(i_y)} \\
H_d(M) & \xrightarrow{H_d(f)} & H_d(N)
\end{array}$$

Falls y ein Punkt in N ist, der nicht im Bild von f liegt, so ist y ein regulärer Wert mit $f^{-1}(y) = \emptyset$ und es folgt aus der obigen Formel $\operatorname{Grad}(f) = 0$. Dies liefert einen weiteren Beweis von Satz 8.19 (c).

Ausblick 8.23 (Der Satz von Hopf). Sei M eine orientierte zusammenhängende kompakte d-dimensionale topologische Mannigfaltigkeit. Dann besagt der *Satz von Hopf*, dass der Abbildungsgrad eine Bijektion

$$\operatorname{Grad}\colon [M, S^d] \xrightarrow{\cong} \mathbb{Z}.$$

induziert. Insbesondere sind zwei Abbildungen $M \to S^d$ genau dann homotop, wenn sie denselben Abbildungsgrad haben.

Die Surjektivität der obigen Abbildung ist relativ leicht zu zeigen. Sei $n \in \mathbb{Z}$ gegeben. Wähle eine Einbettung $i\colon D^d \to M$, d.h. eine Abbildung, die einen Homöomorphismus $D^d \to i(D^d)$ induziert. Sei $\overline{c}\colon M \to D^d/S^{d-1}$ die sogenannte Kollaps-Abbildung, die $x \in i(D^d - S^{d-1})$ das durch $i^{-1}(x)$ gegebene Element und $x \in M$ mit $x \notin i(D^d - S^{d-1})$ das Element S^{d-1}/S^{d-1} zuordnet. Sei $\overline{u_d}\colon D^d/S^{d-1} \xrightarrow{\cong} S^d$ der Homöomorphismus aus (3.26). Sei $c = \overline{u_d} \circ \overline{c}\colon M \to S^d$. Es gilt $\operatorname{Grad}(c) = 1$, da folgendes Diagramm kommutiert

$$\begin{array}{ccc}
H_d(M) & \xrightarrow{H_d(c)} & H_d(S^d) \\
\downarrow{\scriptstyle H_d(j_{i(0)})}\ \cong & & \downarrow{\scriptstyle H_d(j_{c\circ i(0)})}\ \cong \\
H_d(M, M - \{i(0)\}) & \underset{\cong}{\xrightarrow{H_d(c)}} & H_d(S^d, S^d - \{c \circ i(0)\})
\end{array}$$

und die vertikalen Pfeile wegen Lemma 8.13 (a) und der untere Pfeil wegen Ausschneidung und (3.27) Isomorphismen sind. Man kann $\operatorname{Grad}(c) = 1$ auch aus der Formel (8.22) schließen, indem man sich das Urbild des durch $0 \in D^d$ gegebenen Punktes in D^d/S^{d-1} anschaut. Sei $f_n \colon S^n \to S^n$ eine Abbildung mit $\operatorname{Grad}(f) = n$ (siehe Lemma 3.19). Dann folgt aus Lemma 8.19 (b)

$$\operatorname{Grad}(f_n \circ c) \; = \; n.$$

Der Beweis der Injektivität lässt sich leicht auf die Aussage zurückführen, dass eine Abbildung $f \colon M \to S^d$ mit $\operatorname{Grad}(f) = 0$ nullhomotop ist. Einen differentialtopologischen Beweis dieser Aussage findet man in [38, Satz 10.1 in VIII auf Seite 284]. Man kann sie auch mit Hilfe von Hindernistheorie im Rahmen der algebraischen Topologie beweisen (siehe z.B. [2, Theorem 11.6 auf Seite 300]).

8.3 Kohomologie mit kompaktem Träger

Um Poincaré-Dualität auch für nicht-kompakte Mannigfaltigkeiten zu formulieren, benötigen wir folgende neue Art von Kohomologie. Es sei daran erinnert, dass der singuläre R-Kokettenkomplex $C^*_{\text{sing}}(X, A; R)$ der Kern der von der Inklusion $i \colon A \to X$ induzierten R-Kokettenabbildung $C^*_{\text{sing}}(i; R) \colon C^*_{\text{sing}}(X; R) \to C^*_{\text{sing}}(A; R)$ ist und dass man den R-Kokettenmodul $C^n_{\text{sing}}(X; R)$ auch als die Menge der Abbildungen von der Menge $S_n(X)$ der singulären n-Simplices auf X nach R auffassen kann.

Definition 8.24. (Kohomologie mit kompaktem Träger). *Sei X ein topologischer Raum. Sei $C^*_c(X; R) \subseteq C^*_{\text{sing}}(X; R)$ der R-Unterkokettenkomplex, dessen n-ter Kokettenmodul durch solche Abbildungen $\varphi \colon S_n(X) \to R$ gegeben ist, zu denen es eine kompakte Teilmenge $K_\varphi \subseteq X$ derart gibt, dass φ jedes singuläre n-Simplex $\sigma \colon \Delta_n \to X$ mit $\sigma(\Delta_n) \cap K_\varphi = \emptyset$ auf 0 abbildet. Definiere die* singuläre Kohomologie mit kompaktem Träger und Koeffizienten in R *durch*

$$H^n_c(X; R) \; := \; H^n(C^*_c(X; R)).$$

Sei

$$i_n(X; R) \colon H^n_c(X; R) \to H^n(X; R)$$

die von der Inklusion $C^*_c(X; R) \to C^*_{\text{sing}}(X; R)$ induzierte natürliche Kettenabbildung.

Offensichtlich ist $i_n(X; R) \colon H^n_c(X; R) \to H^n(X; R)$ bijektiv, wenn X kompakt ist. Im Allgemeinen sind $H^n_c(X; R)$ und $H^n(X; R)$ verschieden.

Zu jeder kompakten Teilmenge $K \subseteq X$ induziert die Inklusion $i_K \colon (X, \emptyset) \to (X, X - K)$ eine Kokettenabbildung $C^*_{\text{sing}}(i_K; R) \colon C^*_{\text{sing}}(X, X - K; R) \to C^*_{\text{sing}}(X; R)$. Offensichtlich liegt ihr Bild im Unterkokettenkomplex $C^*_c(X; R)$, so dass wir eine R-Kokettenabbildung

$$C^*_{\text{sing}}(i_K; R) \colon C^*_{\text{sing}}(X, X - K; R) \to C^*_c(X; R)$$

erhalten. Falls K und L kompakte Teilmengen von X mit $K \subseteq L$ sind und wir mit $i_{K \subseteq L} \colon (M, M - L) \to (M, M - K)$ die Inklusion bezeichnen, so gilt

$$C^*_{\text{sing}}(i_L; R) \circ C^*_{\text{sing}}(i_{K \subseteq L}; R) \; = \; C^*_{\text{sing}}(i_K; R).$$

Eine *gerichtete Menge* ist eine Menge M mit einer Teilordnung $\leq$ derart, dass es zu je zwei Elementen x, y in M ein Element z mit $x \leq z$ und $y \leq z$ gibt. Sei $\mathcal{K}(X)$ die Menge der kompakten Teilmengen $K \subseteq X$. Sie wird durch die Inklusion zu einer gerichtete Menge, da die Vereinigung zweier kompakter Teilmengen wieder eine kompakte Teilmenge ist. Wir haben in Abschnitt 6.10 direkte Systeme und ihre direkten Limiten für Systeme eingeführt, die durch $n = 0, 1, 2 \ldots$ indiziert werden, d.h. durch die Menge der nichtnegativen ganzen Zahlen, die durch $\leq$ gerichtet ist. Alle Definitionen sowie die Exaktheit des Funktors direkter Limes (siehe Satz 6.39) übertragen sich direkt auf den Fall, in dem alles über eine beliebige gerichtete Menge wie zum Beispiel $\mathcal{K}(X)$ indiziert wird.

Lemma 8.25. *Die kanonischen Abbildungen*

$$\begin{aligned}
\operatorname*{dirlim}_{K \in \mathcal{K}(X)} C^*_{\text{sing}}(i_K; R)\colon \operatorname*{dirlim}_{K \in \mathcal{K}(X)} C^*_{\text{sing}}(X, X - K; R) &\to C^*_c(X; R),\\
\operatorname*{dirlim}_{K \in \mathcal{K}(X)} H^n_{\text{sing}}(i_K; R)\colon \operatorname*{dirlim}_{K \in \mathcal{K}(X)} H^n_{\text{sing}}(X, X - K; R) &\to H^n_c(X; R)
\end{aligned}$$

sind bijektiv.

Beweis: Dies ist offensichtlich für $\operatorname{dirlim}_{K \in \mathcal{K}(X)} C^*_{\text{sing}}(i_K; R)$ aufgrund der Definition von $C^*_c(X; R)$. Dann folgt die Aussage für die zweite Abbildung, da der Funktor $\operatorname{dirlim}_{K \in \mathcal{K}(X)}$ exakt ist. □

Beispiel 8.26. (Kohomologie mit kompaktem Träger von $\mathbb{R}^n$). Sei $B_r \subseteq \mathbb{R}^n$ die abgeschlossene Kugel vom Radius r um den Nullpunkt im $\mathbb{R}^n$. Sei $\mathcal{B} = \{B_m \mid m = 0, 1, 2, \ldots\}$. Es wird $\mathcal{B}$ zu einer gerichteten Menge durch die Inklusion. Das ist dasselbe wie die Struktur einer gerichteten Menge, die von der Ordnung $\leq$ auf den natürlichen Zahlen kommt. Offensichtlich gilt $\mathcal{B} \subseteq \mathcal{K}(\mathbb{R}^n)$ als gerichtete Mengen. Es ist $\mathcal{B}$ in $\mathcal{K}(\mathbb{R}^n)$ *kofinal*, d.h. zu jedem $K \in \mathcal{K}(\mathbb{R}^n)$ gibt es $B_m \in \mathcal{B}$ mit $K \subseteq B_m$. Daraus folgt, dass die kanonische Abbildung

$$\operatorname*{dirlim}_{m \to \infty} H^p(\mathbb{R}^n, \mathbb{R}^n - B_m; R) \xrightarrow{\cong} \operatorname*{dirlim}_{K \in \mathcal{K}(\mathbb{R}^n)} H^p(\mathbb{R}^n, \mathbb{R}^n - K; R)$$

bijektiv ist. Da für $m_1 \leq m_2$ die Inklusion $(\mathbb{R}^n, \mathbb{R}^n - B_{m_2}) \to (\mathbb{R}^n, \mathbb{R}^n - B_{m_1})$ eine Homotopieäquivalenz ist und daher einen Isomorphismus auf der Kohomologie induziert, ist die kanonische Abbildung

$$H^p(\mathbb{R}^n, \mathbb{R}^n - \{0\}; R) \xrightarrow{\cong} \operatorname*{dirlim}_{m \to \infty} H^p(\mathbb{R}^n, \mathbb{R}^n - B_m; R)$$

für alle $p \in \mathbb{Z}$ bijektiv. Also erhalten wir aus Lemma 8.25 einen R-Isomorphismus

$$H^p(\mathbb{R}^n, \mathbb{R}^n - \{0\}; R) \xrightarrow{\cong} H^p_c(\mathbb{R}^n; R).$$

Daraus bekommen wir mit Hilfe von Lemma 8.1 folgende R-Isomorphismen

$$H^p_c(\mathbb{R}^n; R) \cong \begin{cases} R, & \text{falls } p = n, \\ \{0\}, & \text{falls } p \neq n. \end{cases}$$

8.4 Poincaré-Dualität

Sei M eine d-dimensionale topologische Mannigfaltigkeit mit einer R-Orientierung $\{\mu_x \mid x \in M\}$. Zu jeder kompakten Teilmenge $K \subseteq M$ erhalten wir genau eine Homologieklasse $\mu_K \in H_d(M, M - K; R)$ derart, dass für alle $x \in K$ die von der Inklusion i_x induzierte R-Abbildung $H_d(i_x; R)\colon H_d(M, M - K; R) \to H_d(M, M - \{x\}; R)$ die Klasse μ_K auf μ_x abbildet (siehe Lemma 8.13 (a)). Für zwei kompakte Teilmengen K und L von M mit $K \subset L$ bildet die von der Inklusion $i_{K \subseteq L}$ induzierte R-Abbildung $H_d(i_{K\subseteq L}; R)\colon H_d(M, M - L; R) \to H_d(M, M - K; R)$ die Klasse μ_L auf μ_K ab. Wir erhalten für jede kompakte Teilmenge $K \subset M$ durch das Cap-Produkt eine R-Abbildung

$$- \cap \mu_K\colon H^{d-p}(M, M - K; R) \to H_p(M; R).$$

Für zwei kompakte Teilmengen K und L von M mit $K \subset L$ gilt

$$(- \cap \mu_L) \circ H^p(i_{K\subseteq L}; R) \;=\; (- \cap \mu_K)\,.$$

Also definieren die R-Abbildungen $- \cap \mu_K$ eine R-Abbildung

$$\operatorname*{dirlim}_{K \in \mathcal{K}(M)} - \cap \mu_K\colon \operatorname*{dirlim}_{K\in\mathcal{K}(M)} H^{d-p}(M, M - K; R) \;\to\; H_p(M; R).$$

Mit Hilfe von Lemma 8.25 erhalten wir daraus die folgende R-Abbildung, die sogenannte *Poincaré-Dualitätsabbildung*

$$P_p = P_p(M)\colon H_c^{d-p}(M; R) \;\to\; H_p(M; R). \tag{8.27}$$

Der folgende Satz ist einer der Hauptsätze in diesem Buch.

Satz 8.28 (Poincaré-Dualität). *Sei M eine d-dimensionale topologische Mannigfaltigkeit mit einer R-Orientierung $\{\mu_x \mid x \in M\}$. Dann ist die Poincaré-Dualitätsabbildung*

$$P_p = P_p(M)\colon H_c^{d-p}(M; R) \;\to\; H_p(M; R)$$

für alle $p \in \mathbb{Z}$ ein R-Isomorphismus.

Beweis: Schritt 1: Die Ausage gilt im Fall $M = \mathbb{R}^d$.
Wir wissen bereits aus Beispiel 8.26 dass $H_c^{d-p}(\mathbb{R}^d; R)$ und $H_p(\mathbb{R}^d; R)$ für alle $p \in \mathbb{Z}$, $p \neq 0$ beide verschwinden und im Fall $p = 0$ beide R-isomorph zu R sind. Es bleibt zu zeigen, dass die Poincaré-Dualitätsabbildung im Fall $p = 0$ ein R-Isomorphismus ist.

Die Cup-Cap-Relation aus Abschnitt 7.7 impliziert für alle $u \in H^d(\mathbb{R}^d, \mathbb{R}^d - B_m; R)$

$$\langle 1_{\mathbb{R}^d}, u \cap \mu_{B_m}\rangle \;=\; \langle u, \mu_{B_m}\rangle, \tag{8.29}$$

wobei $1_{\mathbb{R}^d} \in H^0(\mathbb{R}^d; R)$ das Einselement ist. Da $\mathbb{R}^d$ wegweise zusammenhängend ist, ist die Abbildung

$$\langle 1_{\mathbb{R}^d}, -\rangle\colon H_0(\mathbb{R}^d; R) \xrightarrow{\cong} R$$

bijektiv. Ihre Komposition mit der Abbildung

$$- \cap \mu_{B_m}\colon H^d(\mathbb{R}^d, \mathbb{R}^d - B_m; R) \to H_0(\mathbb{R}^d; R)$$

stimmt wegen (8.29) mit der Abbildung

$$\langle -, \mu_{B_m} \rangle \colon H^d(\mathbb{R}^d, \mathbb{R}^d - B_m; R) \to R, \quad u \mapsto \langle u, \mu_{B_m} \rangle$$

überein. Letztere ist bijektiv wegen des universellen Koeffiziententheorems 6.25 für die Kohomologie von Räumen, da $H_{d-1}(\mathbb{R}^d, \mathbb{R}^d - B_m; R) = 0$ gilt und die R-Abbildung $R \to H_d(\mathbb{R}^d, \mathbb{R}^d - B_m; R), \quad r \mapsto r \cdot \mu_{B_m}$ bijektiv ist. Also ist

$$- \cap \mu_{B_m} : H^d(\mathbb{R}^d, \mathbb{R}^d - B_m; R) \to H_0(\mathbb{R}^d; R)$$

für alle $m = 0, 1, 2, \ldots$ bijektiv. Daraus folgt, dass

$$\operatorname*{dirlim}_{m \to \infty} - \cap \mu_{B_m} : \operatorname*{dirlim}_{m \to \infty} H^d(\mathbb{R}^d, \mathbb{R}^d - B_m; R) \to H_0(\mathbb{R}^d; R)$$

ein R-Isomorphismus ist. Nun folgt die Bijektivität von $P_0(\mathbb{R}^d) \colon H_c^d(M; R) \to H_0(M; R)$ aus Beispiel 8.26.

Schritt 2: Die Ausage gilt für M, falls für zwei offene Teilmengen $U, V \subseteq M$ mit $M = U \cup V$ die Aussage für U,V und $U \cap V$ mit den von M induzierten R-Orientierungen gilt.

Der Beweis beruht auf der Konstruktion eines kommutativen Diagramms mit langen exakten (Ko-)homologiesequenzen als Spalten

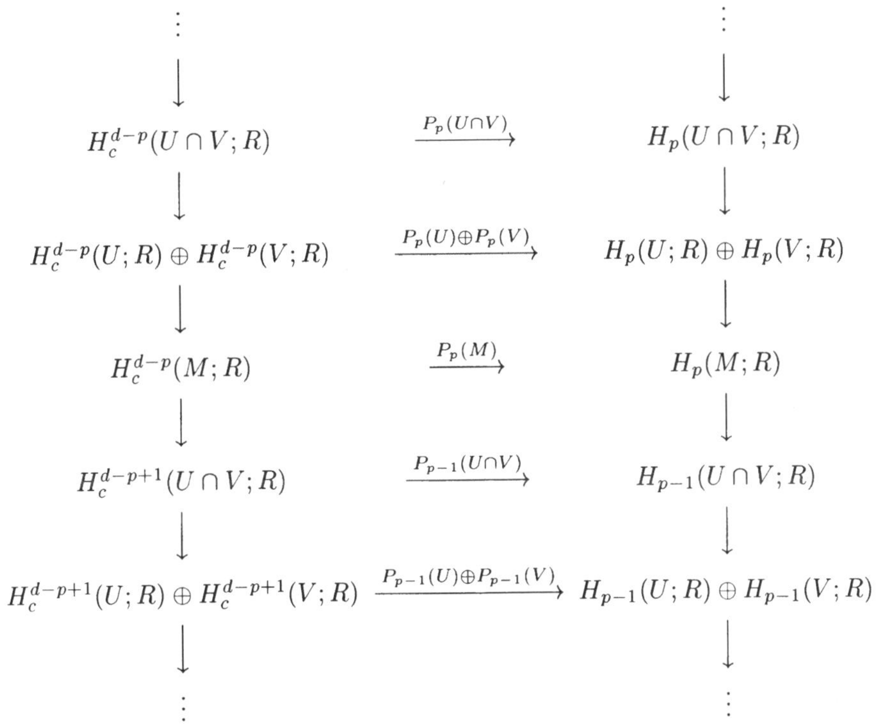

Die linke exakte Zeile konstruiert man, indem man zu kompakten Teilmengen $K \subset U$ und $L \subset V$ die relative Mayer-Vietoris-Sequenz

$$\ldots \to H^p(M, M - (K \cap L); R) \to H^p(M, M - K; R) \oplus H^p(M, M - L; R)$$
$$\to H^p(M, M - (K \cup L); R) \to H^{p+1}(M, M - (K \cap L); R) \to \ldots$$

und die Ausschneidungsisomorphismen

$$\begin{aligned} H^p(M, M-(K\cap L;R) &\xrightarrow{\cong} H^p(U\cap V, U\cap V-(K\cap L);R),\\ H^p(M,M-K;R) &\xrightarrow{\cong} H^p(U,U-K;R),\\ H^p(M,M-L;R) &\xrightarrow{\cong} H^p(V,V-L;R),\end{aligned}$$

und dann direkte Limiten betrachtet. Den etwas länglichen Beweis der Kommutativität findet man beispielsweise in [22, Lemma 8.2 auf Seite 384]. Nun folgt die Behauptung aus dem Fünfer-Lemma (siehe Lemma 1.2).

Schritt 3: Falls es eine Sequenz von offenen Teilmengen $U_1 \subseteq U_2 \subseteq U_3 \subseteq \ldots \subseteq M$ mit $M = \bigcup_{i=1}^{\infty} U_i$ gibt und die Aussage für jedes U_i mit der von M induzierten Orientierung gilt, dann ist sie auch für M wahr.

Sei $U \subseteq M$ offen. Wir wollen eine R-Abbildung

$$\tau^p_{U\subseteq M}\colon H^p_c(U;R) \to H^p_c(M;R)$$

konstruieren. Für jede kompakte Teilmenge $K \subseteq U$ erhalten wir durch das Inverse des Ausschneidungsisomorphismus eine R-Abbildung $H^p(U,U-K;R) \to H^p(M,M-K;R)$. Nun erhält man die gewüschte R-Abbildung $\tau^p_{U\subseteq M}$ durch den Übergang zum direkten Limes. Die Abbildung $\tau^p_{U\subseteq M}$ ist im Allgemeinen kein Isomorphismus, da nicht alle kompakten Teilmengen von M in U liegen. Für offene Teilmengen $U \subseteq V \subseteq W \subseteq M$ von M gilt

$$\begin{aligned} \tau^p_{U\subseteq U} &= \mathrm{id}_{H^p_c(U;R)},\\ \tau^p_{U\subseteq W} &= \tau^p_{V\subseteq W}\circ\tau^p_{U\subseteq V}.\end{aligned}$$

und folgendes Diagramm kommutiert

$$\begin{array}{ccc} H^{d-p}_c(U;R) & \xrightarrow{\tau^{d-p}_{U\subseteq M}} & H^{d-p}_c(M;R)\\ {\scriptstyle P_p(U)}\downarrow & & \downarrow{\scriptstyle P_p(M)}\\ H_p(U;R) & \xrightarrow[H_p(i_{U\subseteq M};R)]{} & H_p(M;R)\end{array}$$

wobei $i_{U\subseteq M}\colon U \to M$ die Inklusion ist. Also erhalten wir das kommutative Diagramm

$$\begin{array}{ccc} \operatorname{dirlim}_{i\to\infty} H^{d-p}_c(U_i;R) & \xrightarrow{\operatorname{dirlim}_{i\to\infty}\tau^{d-p}_{U_i\subseteq M}} & H^{d-p}_c(M;R)\\ {\scriptstyle \operatorname{dirlim}_{i\to\infty} P_p(U_i)}\downarrow & & \downarrow{\scriptstyle P_p(M)}\\ \operatorname{dirlim}_{i\to\infty} H_p(U_i;R) & \xrightarrow[\operatorname{dirlim}_{i\to\infty} H_p(i_{U_i\subseteq M};R)]{} & H_p(M;R)\end{array}$$

Da jede kompakte Teilmenge von M in einem U_i enthalten ist, ist der obere horizontale Pfeil ein Isomorphismus. Der untere horizontale Pfeil ist ein Isomorphismus aufgrund von Lemma 6.49 angewandt auf den R-Isomorphismus von Kettenkomplexen

$$\operatorname*{dirlim}_{i\to\infty} C^{\mathrm{sing}}_*(i_{U_i\subseteq M};R)\colon \operatorname*{dirlim}_{i\to\infty} C^{\mathrm{sing}}_*(U_i;R) \to C^{\mathrm{sing}}_*(M;R).$$

Der linke vertikale Pfeil ist als direkter Limes von Isomorphismen wieder ein Isomorphismus. Also ist auch der rechte vertikale Pfeil ein R-Isomorphismus.

Schritt 4: Die Aussage gilt für offene Teilmengen $M \subseteq \mathbb{R}^d$ mit der von $\mathbb{R}^d$ induzierten R-Orientierung.

Da $\mathbb{R}^d$ eine abzählbare Basis der Topologie mit offenen Kugeln als Elemente hat, ist $M = \bigcup_{i=1}^{\infty} B_i$ für geeignete offene Kugeln $B_i \subseteq \mathbb{R}^d$. Setze $U_k = \bigcup_{i=1}^{k} B_i$. Jede konvexe offene Teilmenge des $\mathbb{R}^d$ ist homöomorph zu $\mathbb{R}^d$ und erfüllt damit die Aussage wegen Schritt 1. Da der Durchschnitt endlich vieler konvexer offener Teilmengen von $\mathbb{R}^d$ wieder eine konvexe offene Teilmenge ist, gilt die Aussage für jedes U_k wegen Schritt 2. Da $U_1 \subseteq U_2 \subseteq U_3 \subseteq \ldots$ eine Folge von offenen Teilmengen von M mit $M = \bigcup_{k=1}^{\infty} U_k$ ist, folgt aus Schritt 3, dass die Aussage für M gilt.

Schritt 5: Die Aussage gilt für alle topologischen Mannigfaltigkeiten

Jeder Punkt in M besitzt eine zu einer offenen Teilmenge des $\mathbb{R}^d$ orientiert homöomorphe Umgebung. Da M als topologische Mannigfaltigkeit eine abzählbare Basis der Topologie besitzt, gibt es eine Folge V_1, V_2, V_3, ... von offenen Teilmengen derart, dass für jedes n die Menge V_n orientiert homöomorph zu einer offenen Teilmenge des $\mathbb{R}^d$ ist. Setze $U_n = \bigcup_{k=0}^{n} V_k$. Wir erhalten eine Sequenz von offenen Teilmengen $U_1 \subseteq U_2 \subseteq U_3 \subseteq \ldots M$ derart, dass $M = \bigcup_{i=1}^{\infty} U_i$ gilt, und die Aussage wegen Schritt 2 und Schritt 4 für jedes U_n gilt. Nun folgt die Behauptung für M aus Schritt 3. □

Der für uns interessante Fall ist der, in dem M kompakt ist. Dann vereinfacht sich die Aussage. Allerdings ist es für den Beweis angenehm, wenn man den allgemeinen Fall gleich mit behandelt.

Satz 8.30. (Poincaré-Dualität für kompakte Mannigfaltigkeiten). *Sei M eine kompakte d-dimensionale topologische Mannigfaltigkeit mit einer R-Orientierung $\{\mu_x \mid x \in M\}$. Sei $[M] \in H_d(M;R)$ die zugehörige Fundamentalklasse aus Definition 8.14.*

Dann ist die Poincaré-Dualitätsabbildung

$$- \cap [M] \colon H^{d-p}(M;R) \to H_p(M;R)$$

für alle $p \in \mathbb{Z}$ ein R-Isomorphismus.

Beispiel 8.31. (Poincaré-Dualität mit $\mathbb{F}_2$-Koeffizienten). Sei M eine kompakte zusammenhängende d-dimensionale topologische Mannigfaltigkeit. Dann besitzt sie genau eine $\mathbb{F}_2$-Orientierung (siehe Beispiel 8.4). Ihre Fundamentalklasse $[M] \in H_d(M;\mathbb{F}_2)$ ist dadurch eindeutig bestimmt, dass sie von Null verschieden ist, denn $H_d(M;\mathbb{F}_2)$ ist $\mathbb{F}_2$-isomorph zu $\mathbb{F}_2$. Aufgrund von Satz 8.30 erhalten wir für alle $p \in \mathbb{Z}$ einen $\mathbb{F}_2$-Isomorphismus

$$- \cap [M] \colon H^{d-p}(M;\mathbb{F}_2) \to H_p(M;\mathbb{F}_2).$$

Ausblick 8.32 (Duale Zellenzerlegung). Man kann die Poincaré-Dualität mit Hilfe der dualen Zellenzerlegung folgendermaßen geometrisch verstehen. Wie nehmen an, dass M eine kompakte glatte d-dimensionale Mannigfaltigkeit im Sinne von Definition 9.3 ist. Dann gibt es eine glatte Triangulierung $h \colon K \to M$ von M, d.h. einen endlichen simplizialen Komplex mit einem Homöomorphismus $h \colon K \to M$ derart, dass die Einschränkung von h auf ein Simplex eine glatte Einbettung ist. Zwei solche Triangulierungen haben immer eine gemeinsame Unterteilung. Insbesondere ist M ein endlicher CW-Komplex.

Wähle eine solche glatte Triangulierung K. Sei K' ihre baryzentrische Unterteilung. Die Ecken von K' sind die Schwerpunkte $\widehat{\sigma^r}$ von Simplices σ^r in K. Ein p-Simplex in K' ist durch eine Folge $\widehat{\sigma^{i_0}}, \widehat{\sigma^{i_1}}, \ldots, \widehat{\sigma^{i_p}}$ gegeben, wobei σ^{i_j} eine Seite von $\sigma^{i_{j+1}}$ ist. Als nächstes definieren wir den dualen CW-Komplex K^*. Er ist kein simplizialer Komplex, aber hat immer noch einige Eigenschaften, die typisch für simpliziale Komplexe sind, wie zum Beispiel die Eigenschaft, dass alle anklebenden Abbildungen Einbettungen sind. Jedes p-Simplex σ in K bestimmt eine $(d-p)$-dimensionale Zelle σ^* von K^*, nämlich die Vereinigung aller Simplices in K', die mit $\widehat{\sigma^p}$ beginnen. Wir erhalten also eine bijektive Korrespondenz zwischen den p-Simplices von K und den $(d-p)$-Zellen von K^*.

Figur 8.33. (Duale Zellenzerlegung).

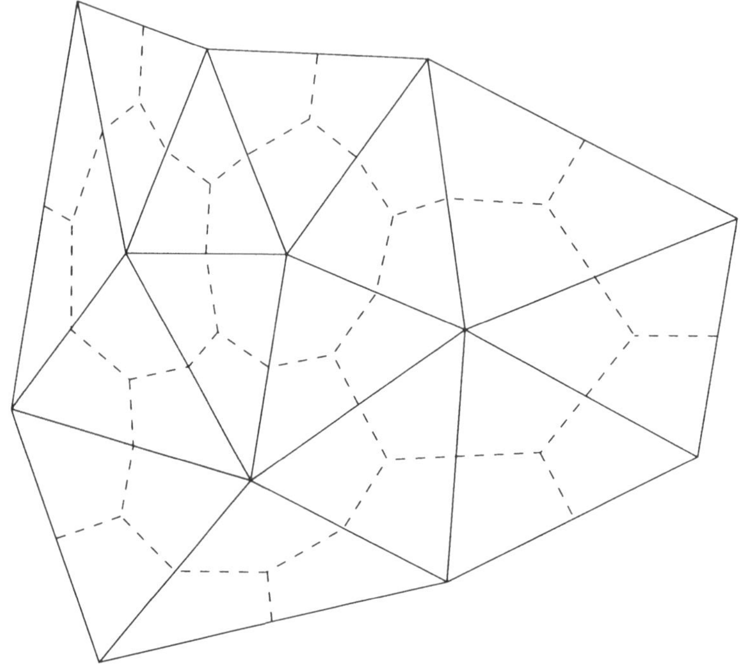

Die Fundamentalklasse von M wird durch den Fundamentalzykel repräsentiert, der durch die Summe der d-Simplices in K gegeben ist (siehe Ausblick 8.16). Das Cap-Produkt mit dem Fundamentalzykel liefert einen Isomorphismus von $\mathbb{Z}$-Kettenkomplexen

$$C^{d-*}(K^*) \to C_*(K),$$

wobei der $\mathbb{Z}$- Kettenkomplex $C^{d-*}(K^*)$ aus dem simplizialen $\mathbb{Z}$-Kokettenkomplex $C^*(K^*)$ durch folgende neue Indizierung gewonnen wird:

$$\ldots \xrightarrow{c^{d-3}} C^{d-2}(K^*) \xrightarrow{c^{d-2}} C^{d-1}(K^*) \xrightarrow{c^{d-1}} C^d(K^*) \to 0 \to \ldots .$$

Dieser Isomorphismus bildet die durch die dualen Zellen von K^* gegebene Basis auf die durch die Simplizes in K gegebene Basis ab. Da K' eine gemeinsame Unterteilung von K und K^* ist, gibt es kanonische $\mathbb{Z}$-Kettenhomotopieäquivalenzen $C_*(K') \to C_*(K)$ and $C_*(K') \to C_*(K^*)$. Durch Komposition erhalten wir eine $\mathbb{Z}$-Kettenhomotopieäquivalenz

$$C^{d-*}(K') \to C_*(K').$$

Sie induziert auf der Homologie $\mathbb{Z}$-Isomorphismen, die gerade den Poincaré-Dualitätsabbildungen $- \cap [M] \colon H^{d-p}(M;\mathbb{Z}) \to H_p(M;\mathbb{Z})$ entsprechen.

Ausblick 8.34. (Alexander-Lefschetz-Poincaré-Dualität). Sei M eine d-dimensionale topologische Mannigfaltigkeit (ohne Rand). Seien $L \subset K$ kompakte Teilmengen von M. Sei $\mathcal{F}$ das System von Paaren (U,V) von offenen Teilmengen von M mit $K \subseteq U$ und $L \subseteq V$. Dieses wird zu einem gerichteten System durch

$$(U_1,V_1) \le (U_2,V_2) \iff U_1 \supseteq U_2, V_1 \supseteq V_2.$$

Definiere

$$\check{H}^p(K,L;R) := \operatorname*{dirlim}_{(U,V)\in\mathcal{F}} H^p(U,V;R).$$

Diese Definition hängt a priori von der Einbettung von K und L in M ab, aber es stellt sich heraus, dass sie eine Invariante des topologischen Paares (K,L) ist. Es gibt eine natürliche Abbildung

$$j^p(K,L) \colon \check{H}^p(K,L;R) \to H^p(K,L;R),$$

die im Allgemeinen kein Isomorphismus ist. Sie ist ein Isomorphismus, wenn (K,L) ein CW-Paar ist.

Falls M eine R-Orientierung besitzt, dann besagt die *Alexander-Lefschetz-Poincaré-Dualität*, dass man einen R-Isomorphismus

$$\check{H}^{d-p}(K,L;R) \xrightarrow{\cong} H_p(M-L,M-K;R)$$

erhält. Für einen Beweis verweisen wir zum Beispiel auf [2, VI.8], [7, VIII.7] oder [22, XIV.6]. Im Fall $L=\emptyset$ erhalten wir einen Isomorphismus

$$\check{H}^{d-p}(K;R) \xrightarrow{\cong} H_p(M,M-K;R).$$

Ausblick 8.35. (Poincaré-Dualität für kompakte Mannigfaltigkeiten mit Rand). Sei M eine kompakte topologische d-dimensionale Mannigfaltigkeit mit Rand ∂M (siehe Abschnitt 13.1). Eine *R-Orientierung auf M* ist dasselbe wie eine R-Orientierung $\{\mu_x \mid x \in M - \partial M\}$ auf der topologischen Mannigfaltigkeit (ohne Rand) $M - \partial M$. Dazu gibt es eine *Fundamentalklasse*

$$[M,\partial M] \in H_d(M,\partial M;R)$$

die dadurch eindeutig charakterisiert ist, dass für jedes $x \in M - \partial M$ die von der Inklusion induzierte Abbildung $H_d(i_x;R) \colon H_d(M,\partial M;R) \to H_d(M,M-\{x\};R)$ die Klasse $[M,\partial M]$ auf μ_x abbildet. Das Bild von $[M,\partial M]$ unter dem Randhomomorphismus $\partial_d \colon H_d(M,\partial M;R) \to H_{d-1}(\partial M;R)$ wird mit $[\partial M]$ bezeichnet und ist in der Tat die Fundamentalklasse einer induzierten R-Orientierung auf der kompakten $(d-1)$-dimensionalen topologischen Mannigfaltigkeit ∂M. Dies ist kompatibel mit Ausblick 8.20, Definition 13.14 und Bemerkung 13.15.

Poincaré-Dualität für kompakte topologische Mannigfaltigkeiten mit Rand besagt, dass die R-Abbildungen

$$-\cap[M,\partial M]\colon H^{d-p}(M,\partial M;R) \xrightarrow{\cong} H_p(M;R),$$
$$-\cap[M,\partial M]\colon H^{d-p}(M;R) \xrightarrow{\cong} H_p(M,\partial M;R)$$

für alle $p \in \mathbb{Z}$ bijektiv sind. Man erhält das folgende Diagramm, dessen Quadrate bis auf Vorzeichen kommutieren und das lange exakte (Ko-)Homologiesequenzen als Spalten hat

$$\begin{array}{ccc}
\vdots & & \vdots \\
\downarrow & & \downarrow \\
H^{d-p}(M,\partial M;R) & \xrightarrow[\cong]{-\cap[M,\partial M]} & H_p(M;R) \\
\downarrow & & \downarrow \\
H^{d-p}(M;R) & \xrightarrow[\cong]{-\cap[M,\partial M]} & H_p(M,\partial M;R) \\
\downarrow & & \downarrow \\
H^{d-p}(\partial M;R) & \xrightarrow[\cong]{-\cap[\partial M]} & H_{p-1}(\partial M;R) \\
\downarrow & & \downarrow \\
H^{d-p+1}(M,\partial M;R) & \xrightarrow[\cong]{-\cap[M,\partial M]} & H_{p-1}(M;R) \\
\downarrow & & \downarrow \\
H^{d-p+1}(M;R) & \xrightarrow[\cong]{-\cap[M,\partial M]} & H_{p-1}(M,\partial M;R) \\
\downarrow & & \downarrow \\
\vdots & & \vdots
\end{array}$$

Für einen Beweis dieser Aussagen verweisen wir zum Beispiel auf [2, VI.9], [7, VIII.9], oder [22, XIV.7].

Eine analytische Erklärung für Poincaré-Dualität werden wir in Bemerkung 15.18 geben.

8.5 Poincaré-Dualität und die Euler-Charakteristik

In den restlichen Abschnitten dieses Kapitels diskutieren wir Anwendungen der Poincaré-Dualität.

Lemma 8.36. *Sei M eine kompakte topologische d-dimensionale Mannigfaltigkeit.*

(a) Falls M eine glatte Mannigfaltigkeit im Sinne von Definition 9.3 ist oder falls $d \geq 5$ gilt, so besitzt M eine endliche CW-Struktur.

(b) M ist endlich dominiert, d.h. es gibt einen endlichen CW-Komplex X und Abbildungen $i\colon M \to X$ und $r\colon X \to M$ mit $r \circ i \simeq \mathrm{id}_M$.

(c) *Sei R ein Hauptidealring. Dann sind $H_p(M;R)$ und $H^p(M;R)$ für alle p endlich erzeugte R-Moduln.*

Beweis: (a) Für kompakte glatte Mannigfaltigkeiten folgt dies aus der Existenz einer glatten Triangulierung. Der viel schwierigere topologische Fall unter der Voraussetzung $d \geq 5$ wird in [16, Seite 107] und [28] behandelt.

(b) siehe [7, IV.8 and Proposition V.4.11].

(c) Da der zelluläre R-Kettenkomplex eines endlichen CW-Komplexes aus endlich erzeugten R-Moduln besteht und R nach Voraussetzung ein Haupridealring ist, ist $H_p(X;R)$ für alle p endlich erzeugt. Da eine topologische Mannigfaltigkeit nach Aussage (b) endlich dominiert ist, ist $H_p(M;R)$ ein direkter Summand in $H_p(X;R)$ für einen geeigneten endlichen CW-Komplex X und daher als R-Modul endlich erzeugt. Der Beweis für $H^p(X;R)$ ist analog. □

Satz 8.37. *Sei M eine kompakte d-dimensionale topologische Mannigfaltigkeit, die eine CW-Struktur besitzt. Falls d ungerade ist, so gilt für ihre Euler-Charakteristik $\chi(M) = 0$.*

Beweis: Es gilt für die Euler-Charakteritik eines endlichen CW-Komplexes X (siehe Theorem 4.7 (a))

$$\chi(M) \;=\; \sum_{p\geq 0}(-1)^p \cdot \dim_{\mathbb{F}_2}(H_p(M;\mathbb{F}_2)).$$

Da $\mathbb{F}_2$ ein Körper ist, folgt aus Beispiel 6.26

$$\dim_{\mathbb{F}_2}(H_p(M;\mathbb{F}_2)) \;=\; \dim_{\mathbb{F}_2}(\hom_{\mathbb{F}_2}(H_p(M;\mathbb{F}_2),\mathbb{F}_2)) \;=\; \dim_{\mathbb{F}_2}(H^p(M;\mathbb{F}_2)).$$

Aus Beispiel 8.31 folgt

$$\dim_{\mathbb{F}_2}(H^p(M;\mathbb{F}_2)) \;=\; \dim_{\mathbb{F}_2}(H_{d-p}(M;\mathbb{F}_2)).$$

Falls wir $d = 2c+1$ schreiben, so folgt

$$\begin{aligned}
\chi(M) &= \sum_{p\geq 0}(-1)^p \cdot \dim_{\mathbb{F}_2}(H_p(M;\mathbb{F}_2)) \\
&= \sum_{p=0}^{c}(-1)^p \cdot \dim_{\mathbb{F}_2}(H_p(M;\mathbb{F}_2)) + \sum_{p=c+1}^{2c+1}(-1)^p \cdot \dim_{\mathbb{F}_2}(H_p(M;\mathbb{F}_2)) \\
&= \sum_{p=0}^{c}(-1)^p \cdot \dim_{\mathbb{F}_2}(H_p(M;\mathbb{F}_2)) + \sum_{p=c+1}^{2c+1}(-1)^p \cdot \dim_{\mathbb{F}_2}(H_{2c+1-p}(M;\mathbb{F}_2)) \\
&= \sum_{p=0}^{c}(-1)^p \cdot \dim_{\mathbb{F}_2}(H_p(M;\mathbb{F}_2)) + \sum_{p=0}^{c}(-1)^{p+1} \cdot \dim_{\mathbb{F}_2}(H_p(M;\mathbb{F}_2)) \\
&= 0. \quad \square
\end{aligned}$$

8.6 Schnittformen

Sei R ein Hauptidealring und M eine R-orientierte zusammenhängende kompakte d-dimensionale topologische Mannigfaltigkeit. Sei $[M] \in H_d(M;R)$ die zugehörige Fundamentalklasse. Definiere ihre *p-te Schnittform mit Koeffizienten in R* als die R-Bilinearform

$$s_{p,M,R}\colon H^p(M;R)\times H^{d-p}(M;R) \to R, \quad (x,y)\mapsto \langle x\cup y,[M]\rangle. \tag{8.38}$$

Für einen R-Modul A bezeichnen wir mit A/tors seinen Quotienten nach dem Untermodul der Torsionselemente. Die Homologie und Kohomologie einer kompakten topologischen Mannigfaltigkeit sind immer endlich erzeugt (siehe Lemma 8.36 (c)). Also sind $H_p(M;R)/\operatorname{tors}$ und $H^p(M;R)/\operatorname{tors}$ als R-Moduln endlich erzeugt und frei, da R ein Hauptidealring ist. Die R-Bilinearform $s_{p,M,R}$ induziert eine R-Bilinearform

$$\overline{s}_{p,M,R}\colon H^p(M;R)/\operatorname{tors}\times H^{d-p}(M;R)/\operatorname{tors} \to R, \quad (\overline{x},\overline{y})\mapsto \langle x\cup y,[M]\rangle.$$

Eine R-Bilinearform $s\colon M\times N\to R$ heißt *regulär* wenn die induzierten Abbildungen

$$\begin{aligned} M &\to \hom_R(N;R), & m &\mapsto s(m,-),\\ N &\to \hom_R(M;R), & n &\mapsto s(-,n) \end{aligned}$$

bijektiv sind.

Lemma 8.39. *Die R-bilineare Form $\overline{s}_{p,M,R}$ ist regulär.*

Beweis: Da die R-Abbildung $-\cap[M]\colon H^{d-p}(M;R)\to H_p(M;R)$ wegen Poincaré-Dualität bijektiv ist (siehe Satz 8.30), genügt es wegen $\langle x\cup y,[M]\rangle = \langle x, y\cap[M]\rangle$ (siehe Abschnitt 7.7) die Regularität der R-Bilinearform

$$H^p(M;R)/\operatorname{tors}\times H_p(M;R)/\operatorname{tors}\to R, \quad (\overline{x},\overline{a}) \mapsto \langle x,a\rangle$$

zu zeigen. Aus dem universellen Koeffiziententheorem für Kohomologie 6.25 folgt, dass die R-Abbildung

$$H^p(M;R)/\operatorname{tors}\to \hom_R(H_p(M;R)/\operatorname{tors},R), \quad \overline{x}\mapsto\langle x,-\rangle$$

bijektiv ist. □

Definition 8.40 (Schnittform). *Sei R ein Hauptidealring und sei M eine R-orientierte zusammenhängende kompakte d-dimensionale topologische Mannigfaltigkeit. für $d=4n$. Dann ist die* mittlere Schnittform *oder kurz* Schnittform *mit Koeffizienten in R die symmetrische reguläre R-Bilinearform, die durch $s_{2n,M,R}$ gegeben ist , d.h. durch*

$$s_{M,R}\colon H^{2n}(M;R)\times H^{2n}(M;R)\to R, \quad (x,y)\mapsto\langle x\cup y,[M]\rangle.$$

Sei $s\colon V\times V\to\mathbb{R}$ eine symmetrische reguläre $\mathbb{R}$-Bilinearform auf dem endlich dimensionalen $\mathbb{R}$-Vektorraum V. Wähle eine Basis $\{b_1,b_2,\ldots,b_m\}$ von V. Dann ist $A=(s(b_i,b_j))$ eine symmetrische Matrix. Die *Signatur* $\operatorname{sign}(s)$ von s ist definiert als die Anzahl (gezählt mit Multiplizitäten) der positiven Eigenwerte von A minus der Anzahl der negativen Eigenwerte von A. Die Signatur hängt nur von s, aber nicht von der Wahl der Basis ab.

Definition 8.41 (Signatur). *Sei M eine $\mathbb{R}$-orientierte kompakte d-dimensionale topologische Mannigfaltigkeit. Falls $d=4n$ und M zusammenhängend ist, definiere ihre* Signatur $\operatorname{sign}(M)$ *als die Signatur der symmetrischen regulären $\mathbb{R}$-Bilinearform, die durch die Schnittform*

$$s_{M,\mathbb{R}}\colon H^{2n}(M;\mathbb{R})\times H^{2n}(M;\mathbb{R})\to\mathbb{R}$$

gegeben ist. Falls $d=4n$ und M nicht zusammenhängend ist, definiere die Signatur $\operatorname{sign}(M)$ *von M als die Summe der Signaturen ihrer Komponenten. Im Fall $d\neq 4n$ setze* $\operatorname{sign}(M)=0$.

Die Signatur ist neben der Euler-Charakteristik eine der fundamentalen Invarianten von kompakten Mannigfaltigkeiten. Offensichtlich multipliziert sich die Signatur mit -1, falls man die Orientierung auf M umkehrt. Falls $f: M \to N$ eine Homotopieäquivalenz derart ist, dass die Fundamentalklassen der einzelnen Komponenten von M auf die der Komponenten von N abgebildet werden, so haben M und N die gleiche Signatur. Von entscheidender Bedeutung ist die Eigenschaft der Bordismusinvarianz der Signatur, die wir als nächstes formulieren und beweisen.

Satz 8.42 (Bordismusinvarianz der Signatur). *Sei M eine $(4n+1)$-dimensionale orientierte kompakte topologische Mannigfaltigkeit mit Rand ∂M. Dann gilt*

$$\operatorname{sign}(\partial M) \ = \ 0.$$

Für den Beweis benötigen wir

Lemma 8.43. *Sei $s: V \times V \to \mathbb{R}$ eine symmetrische reguläre $\mathbb{R}$-Bilinearform auf dem endlich dimensionalen $\mathbb{R}$-Vektorraum V. Dann gilt $\operatorname{sign}(s) = 0$ genau dann, wenn es einen Untervektorraum $L \subset V$ derart gibt, dass $\dim_{\mathbb{R}}(V) = 2 \cdot \dim_{\mathbb{R}}(L)$ und $s(a,b) = 0$ für $a, b \in L$ gilt.*

Beweis: Sei $\operatorname{sign}(s) = 0$. Dann gibt es eine $\mathbb{R}$-Basis $\{b_1, b_2, \ldots, b_{n_+}, c_1, c_2, \ldots, c_{n_-}\}$ derart, dass $s(b_i, b_i) = 1$ und $s(c_j, c_j) = -1$ gelten und die Basis bezüglich s orthogonal ist. Da $0 = \operatorname{sign}(s) = n_+ - n_-$ gilt, können wir L als den von $\{b_i + c_i \mid i = 1, 2, \ldots, n_+\}$ erzeugten Untervektorraum definieren.

Nehmen wir an, dass der Untervektorraum $L \subset V$ existiert. Wähle Untervektorräume V_+ und V_- von V derart, dass s auf V_+ positiv-definit und auf V_- negativ-definit ist und V_+ und V_- maximal bezüglich dieser Eigenschaften sind. Dann gilt $V_+ \cap V_- = \{0\}$ und $V = V_+ \oplus V_-$. Offensichtlich ist $V_+ \cap L = V_- \cap L = \{0\}$. Wegen

$$\dim_{\mathbb{R}}(V_\pm) + \dim_{\mathbb{R}}(L) - \dim_{\mathbb{R}}(V_\pm \cap L) \leq \dim_{\mathbb{R}}(V)$$

gilt $\dim_{\mathbb{R}}(V_\pm) \leq \dim_{\mathbb{R}}(V) - \dim_{\mathbb{R}}(L)$. Aus $2 \cdot \dim_{\mathbb{R}}(L) = \dim_{\mathbb{R}}(V) = \dim_{\mathbb{R}}(V_+) + \dim_{\mathbb{R}}(V_-)$ folgt $\dim_{\mathbb{R}}(V_\pm) = \dim_{\mathbb{R}}(L)$. Das impliziert.

$$\operatorname{sign}(s) \ = \ \dim_{\mathbb{R}}(V_+) - \dim_{\mathbb{R}}(V_-) \ = \ \dim_{\mathbb{R}}(L) - \dim_{\mathbb{R}}(L) = 0. \quad \square$$

Nun können wir Satz 8.42 beweisen.

Beweis: Sei $i: \partial M \to M$ die Inklusion. Folgendes Diagramm kommutiert:

$$\begin{array}{ccccc}
H^{2n}(M;\mathbb{R}) & \xrightarrow{H^{2n}(i)} & H^{2n}(\partial M;\mathbb{R}) & \xrightarrow{\delta^{2n}} & H^{2n+1}(M,\partial M;\mathbb{R}) \\
{\scriptstyle -\cap[M,\partial M]}\downarrow\cong & & {\scriptstyle -\cap[\partial M]}\downarrow\cong & & {\scriptstyle -\cap[M,\partial M]}\downarrow\cong \\
H_{2n+1}(M,\partial M;\mathbb{R}) & \xrightarrow{\partial_{2n+1}} & H_{2n}(\partial M;\mathbb{R}) & \xrightarrow{H_{2n}(i)} & H_{2n}(M;\mathbb{R})
\end{array}$$

Das impliziert $\dim_{\mathbb{R}}(\text{Kern}(H_{2n}(i))) = \dim_{\mathbb{R}}(\text{Bild}(H^{2n}(i)))$. Da $\mathbb{R}$ ein Körper ist, erhalten wir mit Hilfe des Kronecker-Produktes den Isomorphismus $H^{2n}(M;\mathbb{R}) \cong (H_{2n}(M;\mathbb{R}))^*$ und analog für ∂M (siehe Beispiel 6.26). Unter diesen Identifikation ist $H^{2n}(i)$ dasselbe wie $(H_{2n}(i))^*$. Also gilt $\dim_{\mathbb{R}}(\text{Bild}(H_{2n}(i))) = \dim_{\mathbb{R}}(\text{Bild}(H^{2n}(i)))$. Aus

$$\dim_{\mathbb{R}}(H_{2n}(\partial M;\mathbb{R})) = \dim_{\mathbb{R}}(\text{Kern}(H_{2n}(i))) + \dim_{\mathbb{R}}(\text{Bild}(H_{2n}(i)))$$

schließen wir

$$\dim_{\mathbb{R}}(H^{2n}(\partial M;\mathbb{R})) = 2\cdot \dim_{\mathbb{R}}(\mathrm{Bild}(H^{2n}(i))).$$

Wir erhalten für $x, y \in H^{2n}(M;\mathbb{R})$

$$\begin{aligned}\langle H^{2n}(i)(x)\cup H^{2n}(i)(y),[\partial M]\rangle &= \langle H^{2n}(i)(x\cup y),\partial_{4n+1}([M,\partial M])\rangle\\ &= \langle x\cup y, H_{2n}(i)\circ\partial_{4n+1}([M,\partial M])\rangle\\ &= \langle x\cup y,0\rangle \;=\; 0.\end{aligned}$$

Wenn wir Lemma 8.43 auf die reguläre symmetrische $\mathbb{R}$-Bilinearform

$$H^{2n}(\partial M;\mathbb{R})\times H^{2n}(\partial M;\mathbb{R}) \xrightarrow{\cup} H^{4n}(\partial M;\mathbb{R}) \xrightarrow{\langle -,[\partial M]\rangle} H^{0}(\partial M;\mathbb{R}) \cong \oplus_{\pi_0(\partial M)}\mathbb{R} \xrightarrow{\Sigma} \mathbb{R}$$

mit L als das Bild von $H^{2n}(i)\colon H^{2n}(M;\mathbb{R}) \to H^{2n}(\partial M;\mathbb{R})$ anwenden, erhalten wir, dass ihre Signatur und damit die Signatur von ∂M verschwindet. □

Ausblick 8.44 (Geometrische Schnittpaarung). Sei M eine orientierte kompakte zusammenhängende d-dimensionale topologische Mannigfaltigkeit. Wenn man die Schnittform aus (8.38) mit dem Poincaré-Dualitätsisomorphismus verknüpft, erhalt man die sogenannte homologische Schnittpaarung

$$\bullet\colon H_p(M)\times H_{d-p}(M)\to\mathbb{R},\qquad (a,b)\mapsto a\bullet b := \langle(-\cap[M])^{-1}(a)\cup(-\cap[M])^{-1}(b),[M]\rangle.$$

Sie enthält dieselbe Informationen wie die Schnittform. Sie hat folgende geometrische Interpretation: Sei M glatt und seien $N_k\subseteq M$ orientierte kompakte p_k-dimensionale glatte Untermannigfaltigkeit für $k=1,2$. Wie setzen voraus, dass $p_1+p_2=d$ ist und N_1 und N_2 transversal zueinander sind. Das bedeutet, dass $N_1\cap N_2$ aus endlich vielen Punkten besteht und für jedes $x\in N_1\cap N_2$ die kanonische Abbildung $T_xN_1\oplus T_xN_2\xrightarrow{\cong}T_xM$ ein Isomorphismus ist. Die Orientierungen auf N_1, N_2 und M induzieren Orientierungen auf T_xN_1, T_xN_2 und T_xM. Wie definieren $\varepsilon(x)$ als 1, falls der obige Isomorphismus mit diesen Orientierungen verträglich ist, und als -1 andernfalls. Sei $i_k\colon N_k\to M$ die Inklusion und $[N_k]\in H_{p_k}(N_k)$ die Fundamentalklasse von N_k für $k=1,2$. Dann gilt

$$H_{p_1}(i_1)([N_1])\bullet H_{p_2}(i_2)([N_2]) \;=\; \sum_{x\in N_1\cap N_2}\varepsilon(x).$$

Figur 8.45. (Schnittpaarung).

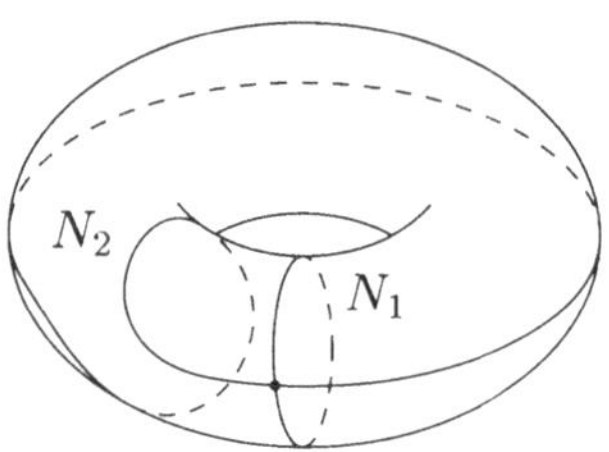

8.7 Jordanscher Trennungsatz

Lemma 8.46. *Sei S^d die d-dimensionale Sphäre und $K\subseteq S^d$ eine Teilmenge. Sei R ein Hauptidealring. Dann gilt.*

(a) *Falls K homöomorph zu D^k ist, so gilt $H_k(S^d - K, \{\bullet\}; R) = \{0\}$ für alle $k \geq 0$.*

(b) *Falls K homöomorph zu D^k ist, so ist $S^d - K$ wegweise zusammenhängend.*

(c) *Falls K homöomorph zu S^k ist, so gilt $k \leq d$ und*

$$H_p(S^d - K, \{\bullet\}; R) \cong H_p(S^d - S^k, \{\bullet\}; R) \cong H_p(S^{d-k-1}, \{\bullet\}; R) \cong \begin{cases} R & p = d-k-1, \\ \{0\} & p \neq d-k-1. \end{cases}$$

(d) *Sei K homöomorph zu S^k. Dann ist $S^d - K$ genau dann wegweise zusammenhängend, wenn $k \neq d-1$ ist. Falls $k = d-1$ ist, so besteht $S^d - K$ aus genau zwei Zusammenhangskomponenten.*

Beweis: Aus der im Ausblick 8.34 beschriebenen Alexander-Lefschetz-Poincaré-Dualität erhalten wir Isomorphismen

$$\check{H}^{d-p}(K; R) \xrightarrow{\cong} H_p(M, M - K; R).$$

Sei K homöomorph zu D^k oder S^k. Dann ist K ein CW-Komplex und daher ist die kanonische Abbildung

$$\check{H}^{d-p}(K; R) \xrightarrow{\cong} H^{d-p}(K; R)$$

bijektiv. Also erhalten wir in diesem Fall einen R-Isomorphismus

$$H^{d-p}(K; R) \xrightarrow{\cong} H_p(M, M - K; R).$$

Nun folgen die Aussagen (a) und (c) mit Hilfe der langen exakten Homologiesequenz des Paares $(S^d, S^d - K)$. Da $H_0(X; R)$ isomorph zu $\bigoplus_{\pi_0(X)} R$ ist, folgen auch die Aussagen (b) und (d). □

Satz 8.47 (Jordanscher Trennnungssatz). *Sei $K \subseteq S^d$ eine Teilmenge der d-dimensionale Sphäre derart, dass K homöomorph zu S^{d-1} ist. Dann hat $S^d - K$ genau zwei Komponenten, die beide als topologischen Rand K haben.*

Beweis: Wir haben bereits in Lemma 8.46 (d) gezeigt, dass $S^d - K$ genau zwei Komponenten hat. Diese Komponenten sind offen, da K kompakt ist. Daraus folgt, dass ihr topologischer Rand in K enthalten ist. Es bleibt zu zeigen, dass jeder Punkt in K ein Randpunkt jeder dieser beiden Komponenten ist.

Sei $x \in K$ und U eine offene Umgebung von x in S^d. Wir müssen zeigen, dass U jede der beiden Zusammenhangskomponenten C_0 und C_1 von $S^d - K$ trifft. Wähle eine Teilmenge $A \subseteq U \cap K$ derart, dass $x \in A$ gilt und $K - A$ homöomorph zu D^{d-1} ist. Dann ist $S^d - (K - A)$ wegweise zusammenhängend aufgrund von Lemma 8.46 (b). Sei $w\colon [0,1] \to S^d - (K - A)$ ein Weg mit $w(0) \in C_0$ und $w(1) \in C_1$. Der Weg w muss die Menge K treffen und daher sogar A. Da $w^{-1}(A) \subseteq [0,1]$ abgeschlossen und nicht-leer ist, gibt es $t_0, t_1 \in w^{-1}(A) \subseteq [0,1]$ mit $t_0 \leq t_1$ und $t \in w^{-1}(A) \Rightarrow t_0 \leq t \leq t_1$. Also liegen $w([0,t_0))$ in C_0 und $w((t_1,1])$ in C_1. Es ist $w^{-1}(U) \subseteq [0,1]$ eine offene Umgebung von $w^{-1}(A)$. Also gibt es $t_0' < t_0$ und $t_1' > t_1'$ mit $w(t_0'), w(t_1') \in U$. Also gilt $U \cap C_k \neq \emptyset$ für $k = 0,1$. □

Lemma 8.48. *Sei $d \geq 2$ und sei $f\colon D^d \to \mathbb{R}^d$ eine injektive Abbildung. Dann induziert f einen Homöomorphismus $D^d \xrightarrow{\cong} f(D^d)$, die Menge $\mathbb{R}^d - f(S^{d-1})$ besitzt genau zwei Wegekomponenten, von denen genau eine beschränkt ist, und f bildet $D^d - S^{d-1}$ surjektiv auf die beschränkte Komponente von $\mathbb{R}^d - f(S^{d-1})$ ab.*

Beweis: Die Abbildung f induziert eine bijektive Abbildung $D^d \to f(D^d)$, die automatisch ein Homöomorphismus ist, da ihre Quelle kompakt und ihr Ziel ein Hausdorff-Raum ist.

Fasse $\mathbb{R}^d$ als $S^d - \{\infty\}$ für einen Punkt $\infty \in S^d$ auf. Jeder Weg in S^d mit von ∞ verschiedenen Endpunkten ist homotop relativ Endpunkte zu einem Weg in $S^d - \{\infty\}$. Das folgt aus Transversalität oder aus dem Zellulären Approximationssatz 3.16. Der Jordansche Trennungssatz 8.47 angewandt auf $f(S^{d-1}), f(D^d) \subseteq S^d$ impliziert, dass $\mathbb{R}^d - f(S^{d-1})$ genau zwei Wegekomponenten C_i und C_a hat, von denen C_i beschränkt und C_a unbeschränkt ist, und $S^d - f(D^d)$ wegweise zusammenhängend ist. Also ist auch $\mathbb{R}^d - f(D^d)$ wegweise zusammenhängend. Da $\mathbb{R}^d - f(D^d)$ unbeschränkt und wegweise zusammenhängend ist, ist $\mathbb{R}^d - f(D^d)$ in C_a enthalten. Also gilt $f(S^{d-1}) \cup C_i = \mathbb{R}^d - C_a \subseteq f(D^d)$. Daraus folgt $C_i \subseteq f(D^d - S^{d-1})$. Da $f(D^d - S^{d-1})$ wegweise zusammenhängend ist, gilt $C_i = f(D^d - S^{d-1})$. □

Satz 8.49 (Invarianz des Gebietes). *Sei $d \geq 2$. Sei $U \subseteq \mathbb{R}^d$ offen und zusammenhängend. Sei $f\colon U \to \mathbb{R}^d$ eine injektive Abbildung. Dann ist $f(U)$ offen und zusammenhängend und f induziert einen Homöomorphismus $U \xrightarrow{\cong} f(U)$.*

Beweis: Sei $x \in U$ und $V \subseteq U$ eine offene Umgebung von x. Sei B eine zu D^d homöomorphe Teilmenge $B \subseteq V$ mit $x \in B$. Dann impliziert Lemma 8.48, dass $f(B^\circ)$ eine offene Umgebung im $\mathbb{R}^d$ von $f(x)$ ist. □

8.8 Aufgaben

8.1 Ist folgende Aussage für $R = \mathbb{Z}$ bzw. $R = \mathbb{F}_2$ richtig?
Sei M eine zusammenhängende kompakte topologische Mannigfaltigkeit. Dann ist ihre Dimension gleich dem Maximum der Menge der ganzen Zahlen d mit $H_d(M; R) \neq 0$.

8.2 Berechne den Abbildungsgrad der kanonischen Projektion $S^d \to \mathbb{RP}^d$ für ungerades d.

8.3 Sei M eine topologische kompakte Mannigfaltigkeit, die der Rand einer kompakten topologischen Mannigfaltigkeit ist. Zeige, dass ihre Euler-Charakteristik gerade ist.

8.4 Sei M eine zusammenhängende orientierte kompakte topologische Mannigfaltigkeit der Dimension d. Zeige für alle $p \in \mathbb{Z}$

$$\operatorname{tors}(H_{d-p-1}(M)) \cong \operatorname{tors}(H_p(M)).$$

8.5 Sei $f\colon M \to N$ eine Abbildung von kompakten zusammenhängenden d-dimensionalen orientierten Mannigfaltigkeiten. Der Abbildungsgrad von f sei gleich 1. Zeige für alle $p \in \mathbb{Z}$, dass die Abbildung $H_p(f)\colon H_p(M) \to H_p(N)$ surjektiv und ihr Kern ein direkter Summand in $H_p(M)$ ist.

8.6 Sei M eine zusammenhängende kompakte orientierbare Mannigfaltigkeit der Dimension d. Es sei vorausgesetzt, dass es zu einem von Null verschiedenen Element $u \in H_d(M)$ eine Abbildung $f\colon S^d \to M$ mit $H_d(f)([S^d]) = u$ gibt. Zeige, dass $H_p(M;\mathbb{Q}) = \mathbb{Q}$ für $p = 0, d$ und $H_p(M;\mathbb{Q}) = \{0\}$ sonst gilt.

8.7 Sei M eine topologische d-dimensionale Mannigfaltigkeit. Zeige, dass $H_d(M) \neq \{0\}$ genau dann gilt, wenn M kompakt und orientierbar ist.

8.8 Beweise Satz 8.37 für die homologische Euler-Charakteristik $\chi(M;R)$ für einen beliebigen Hauptidealring R ohne die Voraussetzung zu benutzen, dass M eine CW-Struktur hat, aber unter Verwendung von Lemma 8.36 (c).

8.9 Welche der folgenden kompakten orientierten topologischen Mannigfaltigkeiten

$$S^d,\ \mathbb{CP}^d,\ S^m \times \mathbb{CP}^n,\ F_g$$

sind Ränder von kompakten orientierten topologischen Mannigfaltigkeiten?

8.10 Sei M eine kompakte orientierte $4n$-dimensionale topologische Mannigfaltigkeit. Zeige, dass $\operatorname{sign}(M) - \chi(M)$ eine gerade ganze Zahl ist.

8.11 Zeige für jede schief-symmetrische $\mathbb{R}$-bilineare reguläre Form $s\colon V \times V \to \mathbb{R}$ auf einem endlich dimensionalen $\mathbb{R}$-Vektorraum V, dass $\dim_{\mathbb{R}}(V)$ gerade ist. Schließe daraus, dass die Euler-Charakteristik einer kompakten $(4n+2)$-dimensionalen topologischen Mannigfaltigkeit gerade ist.

9 Glatte Mannigfaltigkeiten und ihre Tangentialbündel

In diesem Kapitel führen wir den Begriff der glatten Mannigfaltigkeit und ihres Tangentialbündels ein. Mannigfaltigkeiten sind zentralen Objekte in der Topologie, die in natürlicher Weise immer wieder auftreten. Uns wird der Aspekt interessieren, dass man vieles aus der Analysis auf dem $\mathbb{R}^n$ auf glatte Mannigfaltigkeiten übertragen kann, aber viele analytische Invarianten nur von der Geometrie oder Topologie der Mannigfaltigkeit abhängen.

9.1 Glatte Strukturen

Wir erinnern an die Definition 1.31 einer *n-dimensionalen topologischen Mannigfaltigkeit* M als ein Hausdorff-Raum, der eine abzählbare Basis der Topologie besitzt und lokal euklidisch ist, d.h. zu jedem Punkt $x \in M$ gibt es eine offene Umgebung von x in M, die homöomorph zu einer offenen Teilmenge des $\mathbb{R}^n$ ist. Wir wollen analytische Methoden, die wir auf $\mathbb{R}^n$ bereits kennen, auf Mannigfaltigkeiten übertragen. Dazu benötigen wir eine glatte Struktur auf M, die wir als nächstes erklären. Wir nennen eine Abbildung $f\colon U \to V$ einer offenen Teilmenge $U \subseteq \mathbb{R}^m$ in eine offene Teilmenge $V \subseteq \mathbb{R}^n$ *glatt in* $x \in U$, wenn sie auf einer Umgebung $U(x) \subseteq U$ von x unendlich oft differenzierbar ist, d.h. auf $U(x)$ existieren alle partiellen Ableitungen beliebiger Ordnung und sind dort stetig. Die Abbildung f heißt *glatt*, wenn sie für alle $x \in U$ in x glatt ist. Das ist dazu äquivalent, dass auf U alle partiellen Ableitungen beliebiger Ordnung existieren und dort stetig sind.

Sei M eine n-dimensionale topologische Mannigfaltigkeit. Eine *Karte* $h\colon U \to V$ von M besteht aus offenen Teilmengen $U \subseteq M$ und $V \subseteq \mathbb{R}^n$ und einem Homöomorphismus h. Es heißt U das zugehörige *Kartengebiet*. Eine Menge $\mathcal{A} = \{h_i\colon U_i \to V_i \mid i \in I\}$ von Karten heißt *Atlas*, falls $M = \bigcup_{i\in I} U_i$ gilt. Seien $h_1 : U_1 \to V_1$ und $h_2\colon U_2 \to V_2$ zwei Karten. Dann heißt der Homöomorphismus

$$h_{1,2}\colon h_1(U_1 \cap U_2) \to h_2(U_1 \cap U_2), \quad u \mapsto h_2(h_1^{-1}(u)) \tag{9.1}$$

von offenen Teilmengen des $\mathbb{R}^n$ der zugehörige *Kartenwechsel*.

Figur 9.2. (Kartenwechsel).

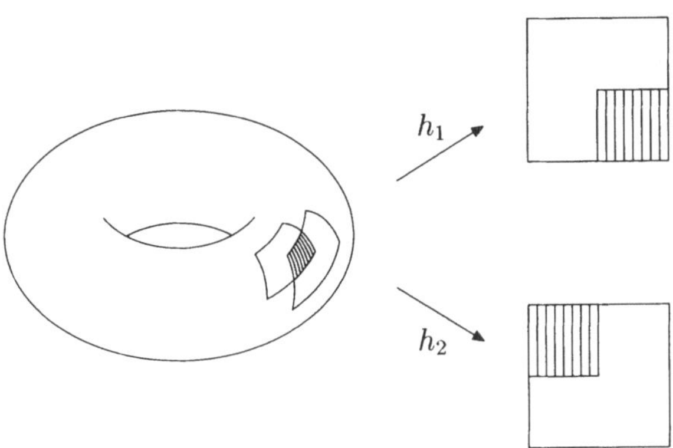

Ein Atlas $\mathcal{A}$ heißt *glatt*, wenn alle Kartenwechsel glatt sind. Ein Karte $h\colon U \to V$ heißt *glatt* bezüglich eines gegebenen glatten Atlanten $\mathcal{A}$, wenn für jede Karte $h'\colon U' \to V'$ aus $\mathcal{A}$ der zu h und h' gehörige Kartenwechsel glatt ist. Ein glatter Atlas $\mathcal{A}$ heißt *maximal*, falls jede Karte h, die bezüglich $\mathcal{A}$ glatt ist, bereits zu $\mathcal{A}$ gehört.

Definition 9.3 (Glatte Mannigfaltigkeit). *Eine* glatte Struktur *ist eine Auswahl eines maximalen glatten Atlanten. Eine n-dimensionale topologische Mannigfaltigkeit zusammen mit einer glatten Struktur heißt* n-dimensionale glatte Mannigfaltigkeit.

Um eine glatte Struktur zu bestimmen, genügt es, einen glatten Atlanten $\mathcal{A}$ anzugeben. Er bestimmt in eindeutiger Weise einen maximalen glatten Atlas $\mathcal{A}_{\max}$, nämlich den, der aus allen Karten besteht, die bezüglich $\mathcal{A}$ glatt sind.

Beispiel 9.4 (Offene Teilmengen des $\mathbb{R}^n$). Jede offene Teilmenge $U \subseteq \mathbb{R}^n$ besitzt eine kanonische Struktur einer glatten n-dimensionalen Mannigfaltigkeit. Die glatte Struktur wird durch den Atlas mit genau einer Karte, nämlich $\mathrm{id}\colon U \to U$, bestimmt.

Beispiel 9.5 (Glatte Struktur auf S^d). Sei S^d die d-dimensionale Sphäre, d.h. die Menge der Punkte $x = (x_1, \ldots, x_{d+1})$ im $\mathbb{R}^{d+1}$ mit $||x|| := \sqrt{\sum_{i=1}^{d+1} x_i^2} = 1$. Für $j \in \{-1, 1\}$ und $k \in \{1, 2, \ldots, d+1\}$ sei $U_{j,k} \subseteq S^d$ die offene Teilmenge $\{x \in S^d \mid j \cdot x_k > 0\}$. Sei $D^{d^\circ} = \{x \in \mathbb{R}^d \mid \sum_{i=1}^d x_i^2 < 1\}$ das Innere der Einheitskugel $D^d \subseteq \mathbb{R}^d$. Definiere Abbildungen

$$\begin{aligned} h_{j,k}\colon U_{j,k} \to D^{d^\circ}, &\quad (x_1, \ldots, x_{d+1}) \mapsto (x_1, \ldots, x_{k-1}, x_{k+1}, \ldots, x_{d+1}), \\ k_{j,k}\colon D^{d^\circ} \to U_{j,k}, &\quad (y_1, \ldots, y_d) \mapsto \left(y_1, \ldots, y_{k-1}, j \cdot \left(1 - \sum_{i=1}^d y_i^2\right)^{1/2}, y_k, \ldots, y_d\right). \end{aligned}$$

Man überprüft leicht, dass $h_{j,k}$ und $k_{j,k}$ zueinander invers sind und daher die Abbildungen $h_{j,k}$ Homöomorphismen sind. Da die Mengen $U_{j,k}$ die Sphäre S^d überdecken, ist

$$\mathcal{A} = \{h_{j,k}\colon U_{j,k} \to D^{d^\circ} \mid j \in \{-1, 1\}, k \in \{1, 2, \ldots, d+1\}\}$$

ein Atlas. Man rechnet leicht nach, dass alle Kartenwechel glatt sind. Also ist $\mathcal{A}$ ein glatter Atlas und definiert damit eine glatte Struktur auf S^d.

Beispiel 9.6 (Produkte von Mannigfaltigkeiten). Seien M eine m-dimensionale und N eine n-dimensionale glatte Mannigfaltigkeit. Dann erbt das kartesische Produkt die Struktur einer glatten Mannigfaltigkeit wie folgt. Seien $\mathcal{A}_M$ und $\mathcal{A}_N$ maximale glatte Atlanten für M und N. Definiere $\mathcal{A}_{M\times N}$ als den Atlanten für $M \times N$, der aus allen Karten der Gestalt $h_1 \times h_2 \colon U_1 \times U_2 \to V_1 \times V_2$ besteht, wobei $h_1 \colon U_1 \to V_1$ alle Karten in $\mathcal{A}_M$ und $h_2 \colon U_2 \to V_2$ alle Karten aus $\mathcal{A}_N$ durchläuft. Man zeigt leicht, dass $\mathcal{A}_{M\times N}$ ein glatter Atlas ist und damit eine glatte Struktur auf $M \times N$ definiert.

Definition 9.7 (Glatte Abbildung). *Seien M eine m-dimensionale und N eine n-dimensionale glatte Mannigfaltigkeit und $f \colon M \to N$ eine Abbildung. Sie heißt* glatt in $x \in M$ *wenn es eine glatte Karte $h \colon U \to V$ von M mit $x \in U$ und eine glatte Karte $h' \colon U' \to V'$ von N mit $f(x) \in U'$ derart gibt, dass die Komposition $h' \circ f|_{f^{-1}(U')\cap U} \circ h^{-1}|_{h(f^{-1}(U')\cap U)}$ eine in $h(x)$ glatte Abbildung $h(f^{-1}(U')\cap U) \to V'$ ist. (Diese Bedingung ist dann automatisch für alle solche glatten Karten h und h' erfüllt.) Wir nennen f* glatt, *falls f für alle $x \in M$ glatt in x ist.*

Falls $M \subseteq \mathbb{R}^m$ und $N \subseteq \mathbb{R}^n$ offene Teilmengen sind, stimmt diese neue Definition für Mannigfaltigkeiten von „glatt in x“ und von „glatt“ mit der alten für offene Teilmengen in $\mathbb{R}^n$ überein. Eine Abbildung $f \colon M \to \mathbb{R}$ ist genau dann glatt in $x \in M$, wenn für eine (und damit jede) glatte Karte $h \colon U \to V$ von M mit $x \in U$ die Komposition $f \circ h^{-1} \colon V \to \mathbb{R}$ eine in $h(x)$ glatte Abbildung ist.

Definition 9.8 (Diffeomorphismus). *Eine Abbildung $f \colon M \to N$ von glatten Mannigfaltigkeiten heißt* Diffeomorphismus, *falls f glatt ist und es eine glatte Abbildung $g \colon N \to M$ mit $g \circ f = \mathrm{id}_M$ und $f \circ g = \mathrm{id}_N$ gibt. Falls es einen Diffeomorphismus $M \to N$ gibt, heißen M und N* diffeomorph.

Beispiel 9.9. (Glatte Strukturen auf offenen Teilmengen des $\mathbb{R}^n$). Sei $U \subseteq \mathbb{R}^n$ eine offene Teilmenge und seien $h_i \colon U \to \mathbb{R}^n$ für $i = 0, 1$ zwei Homöomorphismen. Sei $\mathcal{A}(h_i)$ der Atlas auf U, der genau eine Karte enthält, nämlich h_i. Sei $\mathcal{A}(h_i)_{\max}$ der zugehörige maximale Atlas. Dann definieren $\mathcal{A}(h_1)_{\max}$ und $\mathcal{A}(h_2)_{\max}$ genau dann dieselbe glatte Struktur auf U, wenn beide Kompositionen $h_1 \circ (h_2)^{-1}$ und $h_2 \circ (h_1)^{-1}$ glatte Abbildungen $\mathbb{R}^n \to \mathbb{R}^n$ sind. Die glatten Mannigfaltigkeiten $(U, \mathcal{A}(h_1)_{\max})$ und $(U, \mathcal{A}(h_2)_{\max})$ sind diffeomorph, ein Diffeomorphismus ist durch $h_2 \circ (h_1)^{-1}$ gegeben. Es kann also auf einer topologischen Mannigfaltigkeit verschiedene glatte Strukturen geben, die diffeomorph sind.

Beispiel 9.10. (Homöomorphismus versus Diffeomorphismus). Die glatte Abbildung $f \colon \mathbb{R} \to \mathbb{R}, \quad x \mapsto x^3$ ist ein Homöomorphismus, aber kein Diffeomorphismus. Ihr Inverses ist stetig, aber nicht glatt.

Definition 9.11 (Glatte Untermannigfaltigkeit). *Ein Teilraum $N \subset M$ einer topologischen Mannigfaltigkeit M der Dimension $(n + k)$ heißt n-*dimensionale topologische Untermannigfaltigkeit, *wenn es zu jedem $x \in M$ eine Karte $h \colon U \to V$ mit $x \in U$ und $V \subseteq \mathbb{R}^n \times \mathbb{R}^k$ derart gibt, dass $h(N \cap U) = V \cap (\mathbb{R}^n \times \{0\})$ gilt. Die Zahl k heißt* Kodimension *von N in M.*

*Falls M glatt ist und jede der Karten h als glatte Karte gewählt werden kann, so nennt man N eine n-*dimensionale glatte Untermannigfaltigkeit *von M.*

Figur 9.12. (Untermannigfaltigkeit des 3-dimensionalen Raumes).

Eine n-dimensionale topologische Untermannigfaltigkeit N von M ist automatisch wieder eine n-dimensionale topologische Mannigfaltigkeit. Falls M glatt ist und N eine n-dimensionale glatte Untermannigfaltigkeit von M ist, so erbt N eine glatte Struktur. Aus einer Karte $h\colon U \to V$ wie in Definition 9.11 erhält man eine Karte von N durch $h|_{h^{-1}(V\cap\mathbb{R}^n\times\{0\})}\colon h^{-1}(V\cap\mathbb{R}^n\times\{0\}) \to V\cap\mathbb{R}^n\times\{0\}$. Diese definieren einen glatten Atlas von N und damit eine glatte Struktur.

Beispiel 9.13. (Glatte Struktur auf $\mathbb{RP}^d$). Die Konstruktion aus Beispiel 9.5 liefert auch einen Atlas auf dem d-dimensionalen reellen projektiven Raum $\mathbb{RP}^d$. Sei $p\colon S^d \to \mathbb{RP}^d$ die kanonische Projektion. Für $k = 1, 2, \ldots, d$ sei U_k das Bild von $U_{1,k} \subseteq S^d$ unter p. Es ist $p|_{U_{1,k}}\colon U_{1,k} \xrightarrow{\cong} U_k$ ein Homöomorphimsmus. Definiere $u_k\colon U_k \to D^{d^\circ}$ als den Homöomorphismus, dessen Komposition mit $p|_{U_{1,k}}$ gleich $h_{1,k}$ ist. Dann definiert $\{u_k\colon U_k \to D^{d^\circ} \mid k = 1, 2, \ldots, d+1\}$ einen glatten Atlas für $\mathbb{RP}^d$. Projektive Räume sind Beispiele abstrakter glatter Mannigfaltigkeiten, die nicht von vornherein als Untermannigfaltigkeiten des $\mathbb{R}^n$ auftreten. Es ist a priori nicht klar, dass $\mathbb{RP}^d$ überhaupt zu einer Teilmenge des $\mathbb{R}^n$ für ein geeignetes n homöomorph ist.

Definition 9.14 (Einbettung). *Eine glatte Abbildung $f\colon M \to N$ von glatten Mannigfaltigkeiten heißt* Einbettung, *falls $f(M) \subseteq N$ eine glatte Untermannigfaltigkeit ist und $f\colon M \to f(M)$ ein Diffeomorphismus ist.*

Beispiel 9.15 (Graph einer Funktion). Sei $U \subseteq \mathbb{R}^m$ eine offene Teilmenge und sei $f\colon U \to \mathbb{R}^n$ eine glatte Abbildung. Dann ist ihr *Graph* $\operatorname{Graph}(f) := \{(u, f(u)) \mid u \in U\}$ eine glatte Untermannigfaltigkeit der Kodimension n der glatten $(n+m)$-dimensionalen Mannigfaltigkeit $U \times \mathbb{R}^n$. Es ist $h\colon U \times \mathbb{R}^n \to U \times \mathbb{R}^n \subseteq \mathbb{R}^{m+n}, \quad (u, y) \mapsto (u, y - f(u))$ eine Karte für $U \times \mathbb{R}^n$ derart, dass $h^{-1}(U \times \{0\}) = \operatorname{Graph}(f)$ gilt. Die Abbildung $i\colon U \to U \times \mathbb{R}^n, \quad u \mapsto (u, f(u))$ ist eine Einbettung.

Ausblick 9.16 (Poincaré-Vermutung). Die *Poincaré-Vermutung* in Dimension d besagt, dass eine topologische d-dimensionale Mannigfaltigkeit, die homotopieäquivalent zu S^d ist, bereits homöomorph zu S^d ist. Sie ist in Dimensionen $d \geq 5$ von Smale [34] und in Dimension $d = 4$ von Freedman [10] bewiesen worden. In Dimension $d = 3$ ist sie noch offen (aber möglicherweise inzwischen von Perelmann bewiesen worden).

Ausblick 9.17 (Exotische Sphären). Für $d \leq 6$ besitzt S^d bis auf Diffeomorphie genau eine glatte Struktur. Auf S^7 gibt es jedoch glatte Strukturen, die nicht diffeomorph zu S^7 mit der glatten Standardstruktur, die wir in Beispiel 9.5 beschrieben haben, sind. In anderen Worten, die glatte Version der Poincaré-Vermutung ist nicht richtig. Man bezeichnet glatte Mannigfaltigkeiten, die homöomorph zu S^d, aber nicht diffeomorph zu S^d sind, als *exotische Sphären*. Grundlegende Arbeiten über exotische Sphären sind [15], [23]. Weitere Übersichtsartikel sind [18], [19], [20, Kapitel 6].

Man kann solche glatten Mannigfaltigkeiten, die homöomorph, aber nicht diffeomorph zu S^d sind, konkret angeben. Sei $W^{2n-1}(d)$ die Teilmenge des $\mathbb{C}^{n+1}$, die aus den Punkten $(z_0, z_1, \ldots, z_n)$ besteht, die die Gleichungen $z_0^d + z_1^2 + \ldots + z_n^2 = 0$ und $||z_0||^2 + ||z_1||^2 + \ldots + ||z_n||^2 = 1$ erfüllen. Diese Teilmenge ist eine glatte Untermannigfaltigkeiten und heißt *Brieskorn-Mannigfaltigkeit* (siehe [3], [13]). Seien d und n ungerade. Dann ist $W^{2n-1}(d)$ homöomorph zu S^{2n-1}. Es ist $W^{2n-1}(d)$ genau dann diffeomorph zu S^{2n-1}, wenn $d = \pm 1 \mod 8$ gilt [3, Seite 11]. Allgemeiner kann man den Durchschnitt $K = f^{-1}(0) \cap \{z \in \mathbb{C}^{n+1} \mid ||z|| = \varepsilon\}$ für ein Polynom $f(z_0, z_1, \ldots, z_n)$ mit einer isolierten Singularität bei 0 studieren und untersuchen, wann K homöomorph bzw. diffeomorph zu der Standardsphäre ist [24, §8, §9].

Ausblick 9.18 (Exotische euklidische Räume). Auf dem $\mathbb{R}^d$ gibt es bis auf Diffeomorphie nur genau eine glatte Struktur, falls $d \neq 4$ gilt. Auf dem $\mathbb{R}^4$ gibt es überabzählbar viele paarweise nicht-diffeomorphe glatte Strukturen [37].

Ausblick 9.19 (Borel-Vermutung). Seien M und N kompakte topologische Mannigfaltigkeiten. Man nennt M *asphärisch*, falls M zusammenhängend und die universelle Überlagerung von M zusammenziehbar ist. Das ist dazu äquivalent, dass M zusammenhängend ist und die höheren Homotopiegruppen $\pi_n(M)$ für $n \geq 2$ verschwinden. Seien nun M und N asphärisch. Dann besagt die *Borel-Vermutung*, dass M und N genau dann homöomorph sind, falls sie isomorphe Fundamentalgruppen haben. Das entsprechende Analogon für asphärische glatte Mannigfaltigkeiten und Diffeomorphismen ist nicht richtig, es gibt asphärische glatte Mannigfaltigkeiten, die homöomorph sind, aber nicht diffeomorph. Mehr Informationen zu der Borel-Vermutung findet man zum Beispiel in [9].

Ausblick 9.20. Definiere

$$\begin{aligned} M_{\mathbb{R}} &:= \{(x,y,z) \in \mathbb{R}^3 \mid z^2x^3 + 3zx^2 + 3x - zy^2 - 2y = 1\}, \\ M_{\mathbb{C}} &:= \{(x,y,z) \in \mathbb{C}^3 \mid z^2x^3 + 3zx^2 + 3x - zy^2 - 2y = 1\}. \end{aligned}$$

Dann ist $M_{\mathbb{R}}$ eine glatte Untermannigfaltigkeit des $\mathbb{R}^3$ der Kodimension 1 und $M_{\mathbb{C}}$ eine glatte Untermannigfaltigkeit des $\mathbb{C}^3 = \mathbb{R}^6$ der Kodimension 2. Die Mannigfaltigkeit $M_{\mathbb{R}}$ ist diffeomorph zu $\mathbb{R}^2$. Die Mannigfaltigkeit $M_{\mathbb{C}}$ ist nicht homöomorph zu $\mathbb{C}^2 = \mathbb{R}^4$, aber zusammenziehbar. Diese Aussagen wurden von tom Dieck und Petrie [39] bewiesen.

Ausblick 9.21 (Glatte Strukturen auf topologischen Mannigfaltigkeiten). In Dimensionen kleiner oder gleich 3 besitzt jede topologische Mannigfaltigkeit eine glatte Struktur und diese ist bis auf Diffeomorphie eindeutig. In Dimensionen 4 und höher gibt es topologische Mannigfaltigkeiten, die keine glatte Strukturen besitzen.

9.2 Der Tangentialraum

Das Ziel dieses Abschnittes ist, den richtigen Begriff des Tangentialraums einer glatten Mannigfaltigkeit M in einem Punkt $x \in M$ und des Differentials $T_x f$ einer glatten Abbildung zu entwickeln. Dabei wollen wir nicht einfach nur diese Begriffe definieren, sondern auch erklären, wie man auf diese Definition aufgrund von Beispielen und weiteren Überlegungen kommt.

Zunächst überlegen wir uns intuitiv, was der Tangentialraum einer glatten Mannigfaltigkeit M im Punkt $u \in M$ bedeuten soll. Wir beginnen mit einigen Beispielen, in denen der Begriff Tangentialraum anschaulich klar ist.

Beispiel 9.22 (Tangentialraum an einen Graphen einer glatten Funktion). Sei $\mathrm{Graph}(f) \subseteq \mathbb{R}^2$ der Graph einer glatten Funktion $f\colon U \to \mathbb{R}$ auf einer offenen Teilmenge $U \subseteq \mathbb{R}$. Für $u \in U$ definiert man die Tangente an den Graphen $\mathrm{Graph}(f)$ durch den Punkt $(u, f(u))$ als die Gerade durch den Punkt $(u, f(u))$ mit der Steigung $f'(u)$. Die Tangente ist dadurch charakterisiert, dass sie die beste Approximation des Graphens durch eine Gerade in der Nähe des Punktes $(u, f(u))$ ist, d.h. die affine Abbildung $a\colon \mathbb{R} \to \mathbb{R}$, $x \mapsto f'(u) \cdot (x-u) + f(u)$ ist dadurch charakterisiert, dass sie u auf $f(u)$ abbildet und $\lim_{h\to 0} \frac{f(u+h)-a(u+h)}{h} = 0$ gilt.

Allgemeiner sei $\mathrm{Graph}(f) \subseteq \mathbb{R}^{m+n}$ der Graph einer glatten Funktion $f\colon U \to \mathbb{R}^n$ auf einer offenen Teilmenge $U \subseteq \mathbb{R}^m$. Für $u \in U$ definiert man den Tangentialraum an den Graphen $\mathrm{Graph}(f)$ durch den Punkt $(u, f(u))$ als den m-dimensionalen affinen Unterraum, der durch das Bild der affinen Abbildung

$$A\colon \mathbb{R}^m \to \mathbb{R}^{m+n}, \; x \mapsto J_u f \cdot (x-u) + f(u)$$

gegeben ist. Dabei ist für jedes $u \in U$ die *Jacobi-Matrix* mit Hilfe der partiellen Ableitungen $\frac{\partial f_i}{\partial x_j}|_u$ definiert als

$$J_u f \;:=\; \begin{pmatrix} \frac{\partial f_1}{\partial x_1}|_u & \frac{\partial f_1}{\partial x_2}|_u & \cdots & \frac{\partial f_1}{\partial x_m}|_u \\ \frac{\partial f_2}{\partial x_1}|_u & \frac{\partial f_2}{\partial x_2}|_u & \cdots & \frac{\partial f_2}{\partial x_m}|_u \\ \vdots & \vdots & \ddots & \vdots \\ \frac{\partial f_n}{\partial x_1}|_u & \frac{\partial f_n}{\partial x_2}|_u & \cdots & \frac{\partial f_n}{\partial x_m}|_u \end{pmatrix} \tag{9.23}$$

Die affine Abbildung A ist dadurch eindeutig charakterisiert, dass $A(u) = f(u)$ ist und $\lim_{h\to 0} \frac{||f(u+h)-A(u+h)||}{||h||} = 0$ gilt.

Figur 9.24. (Tangente einer Funktion).

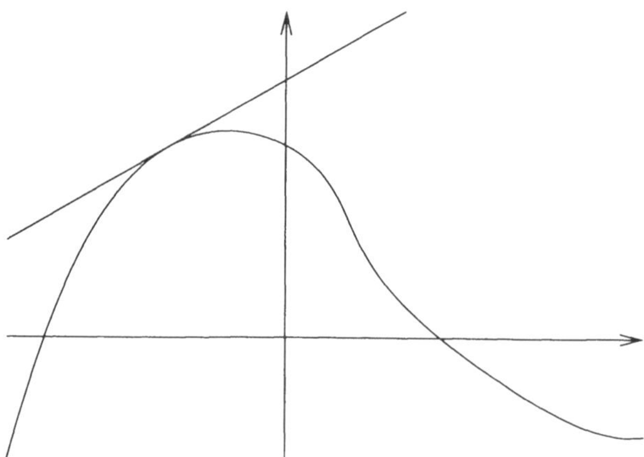

Beispiel 9.25 (Tangentialraum einer Sphäre). Der Tangentialraum T_xS^d an die d-dimensionale Sphäre $S^d = \{x \in \mathbb{R}^{d+1} \mid ||x|| = 1\}$ im Punkt x ist der affine Unterraum, der durch x geht und senkrecht auf dem Vektor x steht, d.h. der affine Unterraum $\{v \in \mathbb{R}^{d+1} \mid \langle v - x, x\rangle = 0\}$.

Figur 9.26. (Tangentialraum der Sphäre).

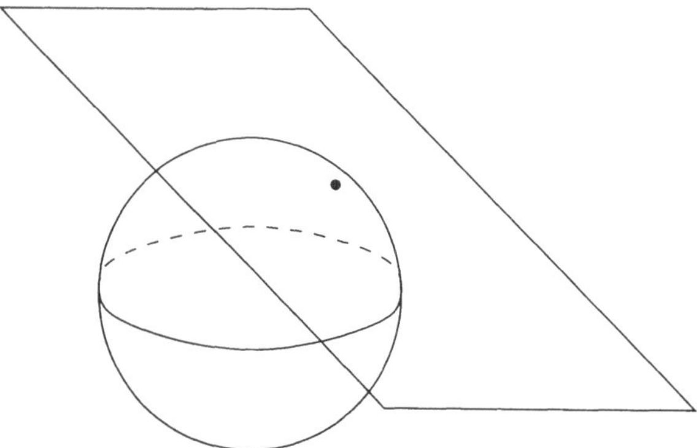

Beispiel 9.27 (Tangentialraum einer Untermannigfaltigkeit des $\mathbb{R}^n$). Sei M eine glatte Untermannigfaltigkeit des $\mathbb{R}^n$ der Kodimension k. Welcher affine Unterraum T_uM durch u sollte der Tangentialraum von M sein? Ein Tangentialvektor $v \in T_uM$ sollte sich schreiben lassen als $u + w'(0)$ für einen glatten Weg $w\colon (-\varepsilon, \varepsilon) \to \mathbb{R}^n$ mit $w(0) = u$ und $\operatorname{Bild}(w) \subseteq M$. Man stellt sich einen Tangentialvektor als Geschwindigkeitsvektor eines Teilchens zum Zeitpunkt $t = 0$ vor, das sich auf der Mannigfaltigkeit M bewegt und sich zum Zeitpunkt $t = 0$ im Punkt $x \in M$ befindet.

Figur 9.28. (Tangentialraum einer Untermannigfaltigkeit).

Der Nachteil dieser Beschreibung ist, dass es nicht offensichtlich ist, dass die Menge der so definierten Tangentialvektoren $u + w'(0)$ ein affiner Unterraum ist. Dazu muss man sich eine Karte $h \colon U \to V$ für offene Teilmengen $U, V \subseteq \mathbb{R}^n$ mit $u \in U$ und $h^{-1}(\mathbb{R}^{n-k} \times \{0\}) = M \cap U$ anschauen. Dann überlegt man sich leicht, dass T_uM durch das Bild der affinen Abildung

$$A \colon \mathbb{R}^{n-k} \to \mathbb{R}^n, \quad x \mapsto J_u\left(h|_{h^{-1}(\mathbb{R}^{n-k}\times\{0\})}\right) \cdot x + u$$

gegeben ist. Diese Beschreibung als Bild von A hat wiederum den Nachteil, dass sie a priori von der Wahl der Karte h abhängt. Nimmt man diese beiden Beschreibungen zusammen, so erkennt man, dass man zu jedem Punkt $u \in M$ einen affinen Unterraum T_uM definieren kann. Diese Definition stimmt mit der aus Beispiel 9.22 im Spezialfall $M = \mathrm{Graph}(f)$ und mit der aus Beispiel 9.25 im Spezialfall $M = S^d$ überein.

Bemerkung 9.29. (Strategie zur Entwicklung der intrinsischen Definition des Tangentialraums). Das eigentliche Problem besteht nun darin, diese Definitionen zu einer intrinsischen Definition für eine abstrakte Mannigfaltigkeit M zu verallgemeinern, die nicht von einer Wahl einer Einbettung abhängt und nach Wahl einer Einbettung die obigen Definitionen ergibt. Dabei wollen wir für eine glatte Mannigfaltigkeit M und $u \in M$ einen Vektorraum T_uM definieren, so dass nach Wahl einer Einbettung der Vektorraum V, der zu den oben definierten affinen Unterraums $\{u + v \mid v \in V\}$ durch u gehört, kanonisch mit T_uM identifiziert wird.

Versuchen wir zunächst, die Definition des Tangentialraums aus Beispiel 9.27 als Menge der Elemente, die sich als $w'(0)$ für einen glatten Weg $w \colon (-\varepsilon, \varepsilon) \to \mathbb{R}^n$ mit $w(0) = u$ und $\mathrm{Bild}(w) \subseteq M$, schreiben lassen, auf eine Mannigfaltigkeit zu übertragen. Das Problem ist, dass der Ausdruck $w'(0)$ nur für Untermannigfaltigkeiten im $\mathbb{R}^n$ definiert ist. Man muss sich überlegen, wie man die Bedingung $w'(0) = v'(0)$ für zwei Wege $v \colon (-\delta, \delta) \to M$ und $w \colon (-\varepsilon, \varepsilon) \to M$ mit $w(0) = v(0) = u$ so umformulieren kann, dass sie von der Wahl der Einbettung unabhängig wird. Das ist folgendermaßen möglich: Wir nennen v und w äquivalent, wenn für jede offene Umgebung U von $u \in M$ und jede glatte Funktion $f \colon U \to \mathbb{R}$ ein $\mu > 0$ existiert derart, dass $\mu \leq \delta, \varepsilon$ gilt, die Wege v und w das Intervall $(-\mu, \mu)$ nach U abbilden und $(f \circ v|_{(-\mu,\mu)})'(0) = (f \circ w|_{(-\mu,\mu)})'(0)$ gilt. Beachte, dass $f \circ v$ und $f \circ w$ glatte Abbildungen $(-\mu, \mu) \to \mathbb{R}$ sind und daher ihre Ableitung bei 0 definiert ist. Nun können wir T_uM als Menge intrinsisch definieren, nämlich als die Menge der Äquivalenzklassen $[w]$ von Wegen $w \colon (-\varepsilon, \varepsilon) \to M$ mit $w(0) = u$ unter der obigen Äquivalenzrelation. Falls man nun eine Einbettung $i \colon M \to \mathbb{R}^n$ gewählt hat, erhält man eine Bijektion zwischen T_uM und dem affinen Unterraum aus Beispiel 9.27, indem man einer Äquivalenzklasse $[w]$ den (nach der Wahl von i wohldefinierten Ausdruck) $(i \circ w)'(0)$ zuordnet.

Der Nachteil dieser Definition ist, ähnlich wie in Beispiel 9.27, dass die Vektorraumstruktur nicht ersichtlich ist. Dieses Problem lässt sich beheben, wenn man in der Abstraktion noch einen Schritt weiter geht. Das Entscheidende an so einer Äquivalenzklasse $[w]$ ist nicht, dass sie durch Wege w gegeben ist, sondern die Zuordnung, die zu einer Funktion $f\colon U \to \mathbb{R}$ auf einer offene Umgebung U von $u \in M$ die reelle Zahl $(f \circ w)'(0)$ assoziiert. Wir wollen diese Zuordnung genauer betrachten.

Seien M und N glatte Mannigfaltigkeiten und $x \in M$. Seien U und V offene Umgebungen von x in M und $f\colon U \to N$ und $g\colon V \to N$ glatte Abbildungen. Wir nennen sie *äquivalent*, falls es eine offene Umgebung W von $x \in M$ derart gibt, dass $W \subseteq U \cap V$ und $f|_W = g|_W$ gilt. Dies definiert eine Äquivalenzrelation auf der Menge der glatten auf offenen Umgebungen von x in M definierten Abbildungen nach N. Eine Äquivalenzklasse $[f]$ von solchen Abbildungen heißt *Keim einer Abbildung von M nach N um $x \in M$*. Falls $N = \mathbb{R}$ ist, so nennen wir $[f]$ einen *Funktionskeim auf M um $x \in M$*. Wir bezeichnen mit $\mathcal{E}(M, x)$ die Menge der Funktionskeime auf M um $x \in M$. Diese Menge wird zu einer reellen Algebra durch die punktweise Addition, Multiplikation und Skalarmultiplikation von Repräsentanten. Sei nun $[w]$ ein Keim von Abbildungen $\mathbb{R} \to M$ um $0 \in \mathbb{R}$ mit $w(0) = x$. Folgende Abbildung ist wohldefiniert

$$t_{[w]}\colon \mathcal{E}(M,x) \;\to\; \mathbb{R}, \qquad [f] \mapsto (f \circ w)'(0). \tag{9.30}$$

Dies ist eine lineare Abbildung von reellen Vektorräumen und erfüllt die Produktregel

$$t_{[w]}([f] \cdot [g]) \;=\; t_{[w]}([f]) \cdot g(x) + f(x) \cdot t_{[w]}([g]).$$

Dies führt zu folgender Definition.

Definition 9.31 (Tangentialraum). *Sei M eine glatte Mannigfaltigkeit und $x \in M$. Sei $\mathcal{E}(M, x)$ die reelle Algebra der Funktionskeime auf M um $x \in M$. Eine* Derivation *auf $\mathcal{E}(M, x)$ ist eine $\mathbb{R}$-lineare Abbildung*

$$D\colon \mathcal{E}(M,x) \to \mathbb{R},$$

die die Produktregel

$$D([f] \cdot [g]) \;=\; D([f]) \cdot g(x) + f(x) \cdot D([g])$$

erfüllt. Der Tangentialraum T_xM *von M in $x \in M$ ist der reelle Vektorraum der Derivationen $D\colon \mathcal{E}(M, x) \to \mathbb{R}$, wobei die Vektorraumstruktur elementweise durch die Addition und Multiplikation auf $\mathbb{R}$ definiert wird. Elemente in T_xM werden auch* Tangentialvektoren *von M in x genannt.*

Die folgenden Betrachtungen und Ergebnisse rechtfertigen diese Definition. Wir beginnen mit einem Lemma, welches von allgemeinem Interesse ist.

Lemma 9.32. *Sei U eine offene Kugel in $\mathbb{R}^n$ um 0 oder der $\mathbb{R}^n$ selbst. Sei $f\colon U \to \mathbb{R}$ eine glatte Funktion.*

Dann existieren glatte Funktionen $f_i\colon U \to \mathbb{R}$ für $i = 1, 2, \ldots, n$ derart, dass für $x = (x_1, x_2, \ldots, x_n) \in U$ gilt

$$f(x) = f(0) + \sum_{i=1}^{n} x_i \cdot f_i(x).$$

Beweis: Nach dem Hauptsatz der Integral- und Differentialrechnung und der Kettenregel gilt

$$f(x) - f(0) = \int_0^1 \frac{d}{dt} f(tx_1, \ldots, tx_n)\, dt = \sum_{i=1}^n x_i \cdot \int_0^1 \left.\frac{\partial f}{\partial x_i}\right|_{(tx_1,\ldots,tx_n)} dt.$$

Setze $f_i(x) := \int_0^1 \left.\frac{\partial f}{\partial x_i}\right|_{(tx_1,\ldots,tx_n)} dt.$ □

Sei $\partial_i \colon \mathcal{E}(\mathbb{R}^n, x) \to \mathbb{R}$ für $x \in \mathbb{R}^n$ und $i \in \{1, 2, \ldots, n\}$ die Abbildung, die einem Funktionskeim, der von einer glatten Abbildung $f \colon U \to \mathbb{R}$ für eine offene Umgebung U von $x \in \mathbb{R}^n$ repräsentiert wird, die i-te partielle Ableitung $\left.\frac{\partial f}{\partial x_i}\right|_x$ zuordnet. Man überlegt sich leicht, dass dies eine Derivation ist.

Lemma 9.33. *Es ist* $\{\partial_i \mid i = 1, 2, \ldots, n\}$ *eine Basis des reellen Vektorraums* $T_x\mathbb{R}^n$.

Beweis: Wir geben den Beweis nur für $x = 0$ an. Sei $a_1, a_2, \ldots, a_n$ reelle Zahlen mit $\sum_{i=1}^n a_i \cdot \partial_i = 0$. Sei $x_j \colon \mathbb{R}^n \to \mathbb{R}$ die j-te Koordinatenfunktion. Dann gilt

$$0 = \left(\sum_{i=1}^n a_i \cdot \partial_i\right)(x_j) = a_j.$$

Also sind ∂_1, ∂_2, ..., ∂_n linear unabhängig. Es bleibt zu zeigen, dass sie ein Erzeugendensystem bilden. Sei nun $D \in T_x\mathbb{R}^n$ gegeben, d.h. eine Derivation $D \colon \mathcal{E}(\mathbb{R}^n, 0) \to \mathbb{R}$. Setze $a_i := D(x_i)$. Betrachte die Derivation $\overline{D} := D - \sum_{i=1}^n a_i \cdot \partial_i$. Sie erfüllt $\overline{D}(x_i) = 0$ für $i = 1, 2, \ldots, n$. Sei nun $[f] \in \mathcal{E}(\mathbb{R}^n, 0)$ ein beliebiges Element. Wir können eine offene Kugel U um 0 wählen derart, dass ein Repräsentant von $[f]$ durch eine glatte Abbildung $f \colon U \to \mathbb{R}$ gegeben ist. Aufgrund von Lemma 9.32 können wir f schreiben als $f(x) = f(0) + \sum_{i=1}^n x_i \cdot f_i(x)$ für geeignete glatte Funktionen $f_i \colon U \to \mathbb{R}$. Aus der Produktregel folgt für die konstante Funktion 1 mit Wert 1

$$\overline{D}([1]) = \overline{D}([1] \cdot [1]) = 1 \cdot \overline{D}([1]) + \overline{D}([1]) \cdot 1 = 2 \cdot \overline{D}([1]),$$

und damit $\overline{D}([1]) = 0$. Weiterhin erhalten wir

$$\overline{D}([f]) = f(0) \cdot \overline{D}([1]) + \sum_{i=1}^n \left(\overline{D}([x_i]) \cdot f_i(0) + 0 \cdot \overline{D}([f_i])\right) = f(0) \cdot 0 + 0 = 0.$$

Also gilt $D = \sum_{i=1}^n a_i \cdot \partial_i$. □

Definition 9.34. (Differential einer glatten Abbildung in einem Punkt). *Seien* $f \colon M \to N$ *eine glatte Abbildung von glatten Mannigfaltigkeiten und* $x \in M$. *Sei* $\mathcal{E}(f, x) \colon \mathcal{E}(N, f(x)) \to \mathcal{E}(M, x)$ *die Abbildung von reellen Algebren, die einem Keim* $[g]$, *repräsentiert durch* $g \colon U \to \mathbb{R}$, *den durch* $g \circ f|_{f^{-1}(U)}$ *repräsentierten Keim zuordnet. Sei*

$$T_x f \colon T_x M \to T_{f(x)} N$$

die lineare Abbildung, die einer Derivation D *auf* $\mathcal{E}(M, x)$ *die Derivation* $D \circ \mathcal{E}(f, x)$ *auf* $\mathcal{E}(N, f(x))$ *zuordnet. Es heißt* $T_x f$ *das* Differential von f in x.

Lemma 9.35. *Seien $f\colon M \to N$ und $g\colon N \to P$ glatte Abbildungen von glatten Mannigfaltigkeiten und $x \in M$. Dann gilt*

$$T_{f(x)}g \circ T_x f = T_x(g \circ f)$$

und

$$T_x(\mathrm{id}_M) = \mathrm{id}_{T_x M}\,.$$

Beweis: Dies folgt aus der offensichtlichen Gleichung $\mathcal{E}(f,x)\circ\mathcal{E}(g,f(x)) = \mathcal{E}(g\circ f,x)$. □

Insbesondere zeigt Lemma 9.35, dass ein Diffeomorphismus $f\colon M \to N$ für jedes $x \in M$ einen Isomorphismus von reellen Vektorräumen $T_x f\colon T_x M \xrightarrow{\cong} T_{f(x)}N$ induziert.

Lemma 9.36. *Sei $f\colon U \to V$ eine glatte Abbildung von offenen Teilmengen $U \subseteq \mathbb{R}^m$ und $V \subseteq \mathbb{R}^n$. Sei $u \in U$. Die zu der linearen Abbildung $T_u f\colon T_u M \to T_{f(u)}N$ und den durch Lemma 9.33 gegebenen Basen gehörige Matrix ist die Jacobi-Matrix $J_u f$ aus* (9.23).

Beweis: Wir müssen zeigen, dass $T_u f(\partial_i) = \sum_{j=1}^n \left.\frac{\partial f_i}{\partial x_j}\right|_u \cdot \partial_j$ in $T_{f(u)}V$ gilt. Sei $[g\colon W \to \mathbb{R}] \in \mathcal{E}(V, f(u))$ gegeben. Dann folgt aus der Kettenregel

$$\begin{aligned} T_u f(\partial_i)([g]) = \partial_i([g \circ f|_{f^{-1}(W)}]) &= \frac{\partial\left(g \circ f|_{f^{-1}(W)}\right)}{\partial x_i} \\ &= \sum_{j=1}^n \left.\frac{\partial g}{\partial u_j}\right|_{f(u)} \cdot \left.\frac{\partial f_i}{\partial x_j}\right|_u \\ &= \sum_{j=1}^n \partial_j([g]) \cdot \left.\frac{\partial f_i}{\partial x_j}\right|_u . \quad \square \end{aligned}$$

Bemerkung 9.37 (Jacobi-Matrizen und Differentiale). Lemma 9.33, Lemma 9.35 und Lemma 9.36 zeigen, dass die Definition des Tangentialraums (siehe Definition 9.31) und des Differentials (siehe Definition 9.34) den Begriff der Jacobi-Matrix für glatte Abbildungen zwischen offenen Teilmengen Euklidischer Räume auf glatte Abbildungen zwischen glatten Mannigfaltigkeiten verallgemeinert. Sie implizieren auch, dass man für eine glatte Mannigfaltigkeit M und $x \in M$ eine Bijektion zwischen der Menge der Äquivalenzklassen $[w]$ von Keimen von Wegen $w\colon \mathbb{R} \to M$ um 0 mit $w(0) = x$ und der durch Derivationen definierten Menge $T_x M$ aus Definition 9.31 erhält, indem man $[w]$ die Derivation $t_{[w]}$ aus (9.30) zuordnet. Also entspricht die Definition 9.31 von $T_x M$ durch Derivationen mit der durch Äquivalenzklassen von Wegen $[w]$ gegebenen überein, auf die wir durch anschauliche Betrachtungen gekommen sind.

Die Definition 9.31 ist recht abstrakt, aber für theoretische Betrachtungen die beste. Natürlich ist es hilfreich, sich einen Tangentialvektor an M in $x \in M$ als Element in der Hyperebene vorzustellen, die wir nach Wahl einer Einbettung in Beispiel 9.27 konstruiert haben. Für konkrete Berechungen muss man sich Karten wählen und dann mit der Jacobi-Matrix rechnen.

Bemerkung 9.38 (Beschreibung des Tangentialraums durch einen Physiker). Physiker bevorzugen oft die koordinatenabhängige Beschreibung. Sei nämlich M eine glatte Mannigfaltigkeit, $x \in M$ und $v \in T_xM$ ein Tangentialvektor. Sei $h\colon U \to V \subseteq \mathbb{R}^n$ eine Karte mit $x \in U$ und $h(x) = 0$. Dann ist $T_xh(v)$ ein Element in $T_0\mathbb{R}^n$. Mit Hilfe der Basis aus Lemma 9.33 identifizieren wir im Folgenden $T_0\mathbb{R}^n = \mathbb{R}^n$ und fassen so $T_xh(v)$ als Element in $\mathbb{R}^n$ auf. Sei $g\colon W \to T \subseteq \mathbb{R}^n$ eine andere Karte mit $x \in W$ und $g(x) = 0$. Dann erhalten wir einen anderen Vektor $T_xg(v) \in \mathbb{R}^n$. Wir müssen die Abhängigkeit von der Wahl der Karte untersuchen. Sei $J_{h,g}$ die Jacobi-Matrix in 0 der Abbildung $g \circ h^{-1}|_{h(U\cap W)}\colon h(U \cap W) \to g(U \cap W)$. Lemma 9.35 und Lemma 9.36 implizieren, dass der lineare Isomorphismus $J_{h,g}\colon \mathbb{R}^n \to \mathbb{R}^n$ den Vektor $T_xh(v)$ auf $T_xg(v)$ abbildet.

Falls man noch keine Beschreibung von T_xM hat, kann man den Tangentialraum durch dieses Transformationsverhalten definieren. Man sagt, dass ein Tangentialvektor v von M in x eine Zuordnung ist, die jedem Kartenkeim $[h\colon U \to \mathbb{R}^n]$ um $x \in M$ mit $h(x) = 0$ einen Vektor $v([h]) \in \mathbb{R}^n$ zuordnet, wobei das obige Transformationsverhalten gefordert wird, d.h. für zwei solcher Kartenkeime $[h]$ und $[g]$ gilt $J_{h,g}(v([h])) = v([g])$. Ein Nachteil dieser Beschreibung ist, dass sie die wirkliche Beschreibung eines Tangentialvektors vermeidet und immer nur das „Phantom eines Tangentialvektors" beschreibt, nämlich sein Bild nach Wahl von Karten. Zudem ist die Beschreibung des Differentials einer glatten Abbildung umständlich. Ein Vorteil allerdings ist, dass sie sich auch auf unendlich-dimensionale Mannigfaltigkeiten überträgt.

Wir werden in diesem Buch mit der Definition 9.31, also mit den Derivationen, arbeiten.

Satz 9.39 (Abbildungen mit konstantem Rang). *Sei $f\colon M \to N$ eine Abbildung von glatten Mannigfaltigkeiten. Sei $x \in M$ und eine ganze Zahl $r \geq 0$ gegeben. Dann sind folgende Aussagen äquivalent:*

(a) Für eine geeignete Umgebung W von x ist der Rang des Differentials $T_yf\colon T_yM \to T_{f(y)}N$ gleich r für alle $y \in W$.

(b) Es gibt Karten $h\colon U \to \mathbb{R}^m$ und $g\colon V \to \mathbb{R}^n$ für offene Teilmengen $U \subseteq M$ und $V \subseteq N$ mit $x \in U$ und $f(x) \in V$ derart, dass $d \leq m$ und $f(U) \subseteq V$ gilt und für die Projektion auf die ersten r Koordinaten

$$\mathrm{pr}_r\colon \mathbb{R}^m \to \mathbb{R}^n, \quad (x_1, x_2, \ldots, x_n) \mapsto (x_1, x_2, \ldots x_r, 0, 0, \ldots, 0)$$

folgendes Diagramm kommutiert

$$\begin{array}{ccc} U & \xrightarrow{f|_U} & V \\ {\scriptstyle h}\downarrow & & \downarrow{\scriptstyle g} \\ \mathbb{R}^m & \xrightarrow[\mathrm{pr}_r]{} & \mathbb{R}^n \end{array}$$

Beweis: Offensichtlich ist der Rang des Differentials $T_x\,\mathrm{pr}_r\colon T_x\mathbb{R}^m \to T_{\mathrm{pr}_r(x)}\mathbb{R}^n$ gleich r für alle $x \in \mathbb{R}^m$. Daraus folgt (b) $\Rightarrow$ (a). Die andere Implikation (a) $\Rightarrow$ (b) ist eine direkte Folgerung aus dem Satz über implizite Funktionen aus der Anfänger-Vorlesung in der Analysis. $\square$

Definition 9.40 (Regulärer Wert). *Sei $f\colon M \to N$ eine glatte Abbildung von glatten Mannigfaltigkeiten. Ein Punkt $y \in N$ heißt* regulärer Wert, *falls für jedes $x \in M$ mit $f(x) = y$ das Differential $T_x f\colon T_x M \to T_y N$ surjektiv ist.*

Satz 9.41 (Urbilder regulärer Werte). *Sei $f\colon M \to N$ eine glatte Abbildung von glatten Mannigfaltigkeiten und $y \in N$ ein regulärer Wert. Dann ist sein Urbild $f^{-1}(y)$ eine glatte Untermannigfaltigkeit von M, deren Kodimension gleich der Dimension von N ist. Insbesondere ist $f^{-1}(y)$ eine glatte Mannigfaltigkeit der Dimension* $\dim(M) - \dim(N)$.

Beweis: Dies folgt aus Satz 9.39. □

Beispiel 9.42 (S^d als Untermannigfaltigkeit vom $\mathbb{R}^{d+1}$). Betrachte die glatte Abbildung

$$f\colon \mathbb{R}^{d+1} \to \mathbb{R}, \quad (x_1, x_2, \ldots, x_{d+1}) \mapsto \sum_{i=1}^{d+1} x_i^2.$$

Sie hat 1 als regulären Wert. Also ist $f^{-1}(1) = S^d$ eine glatte Untermannigfaltigkeit der Kodimension 1. Insbesondere erhalten wir einen neuen Beweis dafür, dass S^d eine d-dimensionale glatte Mannigfaltigkeit ist.

Ausblick 9.43. (Einbettbarkeit von Mannigfaltigkeiten in den $\mathbb{R}^n$). Jede glatte n-dimensionale Mannigfaltigkeit M läßt sich in den $\mathbb{R}^{2n+1}$ als Untermannigfaltigkeit einbetten [4, Lemma 7.11]. Trotzdem ist es wichtig, den abstrakten Begriff einer Mannigfaltigkeit und eines Tangentialraumes zu haben. Ein Grund ist, dass manche wichtige Mannigfaltigkeiten wie die projektiven Räume von vorneherein in ihrer intrinsischen Form auftreten. Ein anderer Grund ist, dass die intrinsische Definition es einem erspart, jedes Mal darüber nachzudenken, ob die eingeführten Begriffe und Aussagen unabhängig von der Wahl der Einbettung sind.

9.3 Vektorraumbündel

Sei M eine glatte Mannigfaltigkeit. Zu jedem Punkt $x \in M$ haben wir den Tangentialraum $T_x M$ eingeführt. Setze $E := \coprod_{x \in M} T_x M$ und definiere $p\colon E \to M$ als die Abbildung, die $v \in T_x M$ den Punkt $x \in M$ zuordnet. Dies ist eine Abbildung der Menge E nach M mit der Eigenschaft, dass jedes Urbild $p^{-1}(x)$ die Struktur eines reellen Vektorraumes trägt. Anschaulich ist klar, dass die Urbilder $p^{-1}(x)$ in gewisser Weise stetig von $x \in M$ abhängen. Dies wollen wir formalisieren, indem wir den Begriff des Vektorraumbündels einführen. Um vorher ein Gefühl für diese stetige Abhängigkeit von $T_x M$ von $x \in M$ zu bekommen, schauen wir uns wieder zunächst eine eingebettete Mannigfaltigkeit an.

Beispiel 9.44 (Die Gauß-Abbildung). Sei $G_d(\mathbb{R}^n)$ die Menge der d-dimensionalen reellen Untervektorräume des $\mathbb{R}^n$. Bezeichne mit $V_d(\mathbb{R}^n)$ die Menge der injektiven linearen Abbildungen $f\colon \mathbb{R}^d \to \mathbb{R}^n$. Indem man einer solchen Abbildung f die zu den Standardbasen gehörige Matrix zuordnet, erhält man eine injektive Abbildung $i\colon V_d(\mathbb{R}^n) \to M_{d,n}(\mathbb{R})$ in den Vektorraum $M_{d,n}(\mathbb{R})$ der reellen (d,n)-Matrizen. Versiehe $M_{d,n}(\mathbb{R}) = \mathbb{R}^{dn}$ mit der üblichen Topologie. Das Bild von i ist eine offene Teilmenge von $\mathbb{R}^{dn}$. Versiehe $\text{Bild}(i) \subseteq M_{d,n}(\mathbb{R})$ mit der Teilraumtopologie und $V_d(\mathbb{R}^n)$ mit der Topologie, für die

$i\colon V_d(\mathbb{R}^n) \to \mathrm{Bild}(i)$ ein Homöomorphismus wird. Sei $p\colon V_d(\mathbb{R}^n) \to G_d(\mathbb{R}^n)$ die surjektive Abbildung, die f ihr Bild zuordnet. Auf $G_d(\mathbb{R}^n)$ verwenden wir die Quotiententopologie. Es heißt $V_d(\mathbb{R}^n)$ die *Stiefel-Mannigfaltigkeit der d-Beine im* $\mathbb{R}^n$. Das Wort d-Bein entspricht der Interpretation einer injektiven Abbildung $f\colon \mathbb{R}^d \to \mathbb{R}^n$ als Angabe eines *d-Beins*, d.h. einer linear unabhängigen geordneten d-elementigen Teilmenge des $\mathbb{R}^n$, nämlich der Menge der Bilder der Standardbasis der $\mathbb{R}^d$ unter f. Offensichtlich ist $V_d(\mathbb{R}^n)$ eine dn-dimensionale Untermannigfaltigkeit von $M_{d,n}(\mathbb{R}) = \mathbb{R}^{dn}$. Es heißt $G_d(\mathbb{R}^n)$ *Grassmann-Mannigfaltigkeit der d-dimensionalen Unterräume im* $\mathbb{R}^n$. In der Tat ist $G_d(\mathbb{R}^n)$ eine glatte Mannigfaltigkeit der Dimension $k \cdot (n-k)$.

Sei $M \subseteq \mathbb{R}^{n+k}$ eine glatte Untermannigfaltigkeit des $\mathbb{R}^{n+k}$ der Kodimension k. Dann erhalten wir die *Gauß-Abbildung*

$$G_M\colon M \to G_n(\mathbb{R}^{n+k}),$$

indem wir $u \in M$ den Vektorraum

$$G_M(u) := \{w'(0) \in \mathbb{R}^{n+k} \mid w \text{ Wegekeim } \mathbb{R} \to M \text{ um } 0 \text{ mit } w(0) = u\}$$

zuordnen. Es sei daran erinnert, dass $u+G_M(u)$ der affine Unterraum durch u ist, den wir in Beispiel 9.27 erklärt haben und dessen zugrunde liegender Vektorraum kanonisch mit dem intrinsisch definierten Tangentialraum T_uM der abstrakten glatten Mannigfaltigkeit M identifiziert worden ist (siehe Bemerkung 9.37).

Diese Abbildung ist in der Tat stetig. Sei $h\colon U \to V$ eine Karte für offene Mengen $U, V \subseteq \mathbb{R}^{n+k}$ mit $u \in U$, $h(u) = 0$ und $h^{-1}(V \cap \mathbb{R}^n \times \{0\}) = M \cap U$. Dann ist $G_M|_{M\cap U}$ die Komposition der stetigen Abbildung $p\colon V_n(\mathbb{R}^{n+k}) \to G_n(\mathbb{R}^{n+k})$ mit der stetigen Abbildung $q_h\colon M \cap U \to V_n(\mathbb{R}^{n+k})$, die einem Punkt $u \in M \cap U$ die injektive lineare Abbildung

$$\mathbb{R}^n = \mathbb{R}^n \times \{0\} \subseteq \mathbb{R}^{n+k} \xrightarrow{(J_u h)^{-1}} \mathbb{R}^{n+k}$$

zuordnet. Die Stetigkeit von G_M formalisiert die Aussage, dass der Tangentialraum T_xM von M stetig von $x \in M$ abhängt.

Ausblick 9.45. (Charakteristische Klassen von glatten Mannigfaltigkeiten). Die Abbildung G_M hängt nicht von der Wahl irgendwelcher Karten ab, aber von der Wahl der Einbettung von M in $\mathbb{R}^{n+k}$. Wenn man $k \geq n+2$ wählt, hängt die Homotopieklasse von G_M nicht mehr von der Wahl der Einbettung ab, sondern nur von der abstrakten Manigfaltigkeit M. Da man eine m-dimensionale glatte Mannigfaltigkeit M in den $\mathbb{R}^{2m+1}$ einbetten kann, erhält man durch diese Konstruktion eine Zuordnung, die einer glatten m-dimensionalen Mannigfaltigkeit M eine Homotopieklasse $[G_M]$ von Abbildungen

$$G_M\colon M \to G_m(\mathbb{R}^{2m+2})$$

zuordnet, die sehr viel interessante und berechenbare Informationen über M enthält. Falls $f\colon M \to N$ ein Diffeomorphismus ist, gilt $[G_N \circ f] = [G_M]$. Insbesondere kann man nach Wahl einer Klasse $\mu \in H^k(G_m(\mathbb{R}^{2m+2}))$ einer m-dimensionalen Mannigfaltigkeit M eine Klasse $u_\mu(M) \in H^k(M)$ zuordnen, nämlich $(G_M)^*(\mu)$. Diese Klasse ist dann *charakteristisch*, d.h. für einen Diffeomorphismus $f\colon M \to N$ gilt $H^k(f)(u_\mu(N)) = u_\mu(M)$. Mehr Informationen zu charakteristischen Klassen findet man beispielsweise in [25].

Dies ist ein Prototyp von Konstruktionen, die differentialtopologische Daten in homotopietheoretische Daten überführen, die man dann mit Hilfe algebraischer Topologie analysieren kann.

Definition 9.46 (Vektorraumbündel). *Ein* n-dimensionales (reelles) Vektorraumbündel ξ *über einem topologischen Raum* B *besteht aus einem topologischen Raum* E, *einer stetigen Abbildung* $p\colon E \to B$ *und der Struktur eines* n*-dimensionalen reellen Vektorraums auf dem Raum* $p^{-1}(b)$ *für alle* $b \in B$ *derart, dass folgendes* Axiom der lokalen Trivialität *erfüllt ist:*

Zu jedem Punkt $b \in B$ *gibt es eine Umgebung* U *von* b *und einen Homöomorphismus* $h\colon p^{-1}(U) \to U \times \mathbb{R}^n$ *derart, dass* $p|_{p^{-1}(U)} = \mathrm{pr}_U \circ h$ *für die Projektion* $\mathrm{pr}_U : U \times \mathbb{R}^n \to U$ *gilt und für jedes* $u \in U$ *die induzierte Abbildung* $h_u : p^{-1}(u) \to \{u\} \times \mathbb{R}^n = \mathbb{R}^n$ *ein Isomorphismus von reellen Vektorräumen ist.*

Figur 9.47. (Vektorraumbündel).

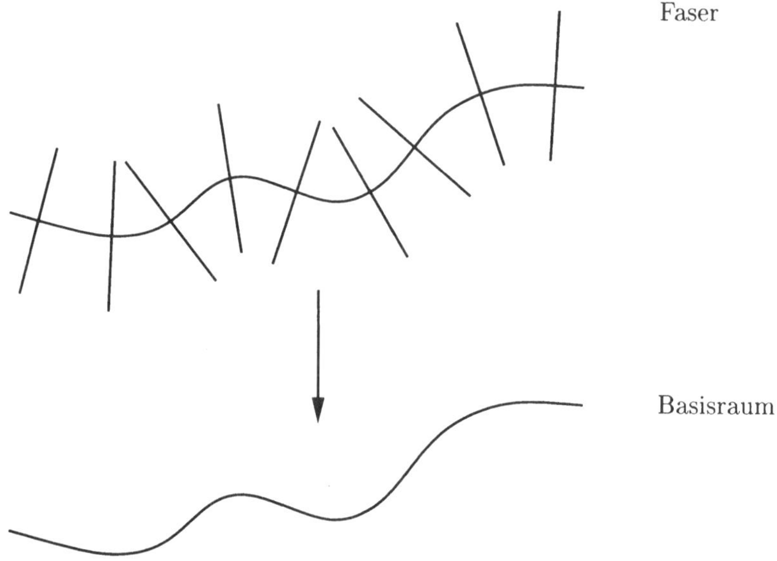

Man nennt E den *Totalraum*, B die *Basis* und p die *Projektion* von ξ. Für $b \in B$ nennt man $p^{-1}(b)$ die *Faser über* b und bezeichnet sie auch mit E_b. Die in der obigen Definition 9.46 auftretende Abbildung $h\colon p^{-1}(U) \to U \times \mathbb{R}^n$ heißt *Bündelkarte.* Eine Menge $\mathcal{A} = \{h_i : p^{-1}(U_i) \to U_i \times \mathbb{R}^{n_i} \mid i \in I\}$ von Bündelkarten heißt *Bündelatlas,* falls $B = \bigcup_{i \in I} U_i$ gilt.

Ein Beispiel für ein Vektorraumbündel über einem topologischen Raum B ist das *triviale Vektorraumbündel,* das durch die Projektion $B \times \mathbb{R}^n \to B$ gegeben ist. Falls $h\colon p^{-1}(U) \to U \times \mathbb{R}^n$ und $g\colon p^{-1}(V) \to V \times \mathbb{R}^n$ zwei Bündelkarten mit $U \cap V \neq \emptyset$ sind, definiert man die zugehörige *Übergangsfunktion* als die Abbildung

$$u_{h,g} : U \cap V \ \to \ GL_n(\mathbb{R}), \tag{9.48}$$

die $v \in U \cap V$ die Matrix des Automorphismus

$$\mathbb{R}^n = \{v\} \times \mathbb{R}^n \xrightarrow{(h_v)^{-1}} p^{-1}(v) \xrightarrow{g_v} \{v\} \times \mathbb{R}^n = \mathbb{R}^n$$

bezüglich der Standardbasis zuordnet. Die Übergangsfunktion $u_{h,g}$ ist automatisch stetig.

Sei ξ_i ein durch $p_i\colon E_i \to B_i$ gegebenes Vektorraumbündel für $i = 1, 2$. Eine *Abbildung von Vektorraumbündeln* $(\overline{f}, f)\colon \xi_1 \to \xi_2$ ist ein Paar von Abbildungen $\overline{f}\colon E_1 \to E_2$ und $f\colon B_1 \to B_2$ derart, dass $p_2 \circ \overline{f} = f \circ p_1$ gilt und für jedes $b \in B_1$ die induzierte Abbildung $\overline{f}_b\colon (p_1)^{-1}(b) \to (p_2)^{-1}(f(b))$ linear ist. Falls zusätzlich $B_1 = B_2$ und $f = \mathrm{id}_{B_1}$ ist, so heißt $\overline{f}$ *Bündelabbildung über* B_1.

Sei das Vektorraumbündel ξ gegeben durch $p\colon E \to B$. Sei $A \subseteq B$ ein Teilraum. Die *Einschränkung* ξ_A von ξ auf A ist das Vektorraumbündel, das durch $p|_{p^{-1}(A)}\colon p^{-1}(A) \to A$ gegeben ist. Eine Bündelkarte $h\colon U \times \mathbb{R}^n \to E$ ist dasselbe wie ein Isomorphismus des trivialen Vektorraumbündels über U nach ξ_U.

Oftmals sind Vektorraumbündel in der Form eines *n-dimensionalen Prävektorraumbündels* $(E, B, p, \mathcal{A})$ gegeben, d.h. es sind folgende Daten gegeben, aus denen wir ein Vektorraumbündel konstruieren wollen. Es ist B ein topologischer Raum, E ist eine Menge und $p\colon E \to B$ ist eine surjektive Abbildung von Mengen. Für jedes $b \in B$ ist die Struktur eines reellen Vektorraums auf $p^{-1}(b)$ erklärt. Es gibt ein Menge $\mathcal{A} = \{h_i\colon p^{-1}(U_i) \to U_i \times \mathbb{R}^n \mid i \in I\}$ von Abbildungen von Mengen h_i, wobei jedes U_i eine offene Teilmenge $U_i \subseteq B$ ist. Es wird vorausgesetzt, dass $p|_{p^{-1}(U)} = \mathrm{pr}_{U_i} \circ h$ für die Projektion $\mathrm{pr}_{U_i}\colon U_i \times \mathbb{R}^n \to U_i$ gilt, für jedes $u \in U$ die induzierte Abbildung $h_u\colon p^{-1}(u) \to \{u\} \times \mathbb{R}^n = \mathbb{R}^n$ ein Isomorphismus von reellen Vektorräumen ist und $B = \bigcup_{i \in I} U_i$ gilt. Für $i, j \in I$ sei die Übergangsfunktion u_{h_i, h_j} (siehe (9.48)) stetig.

Lemma 9.49. *Sei $(E, B, p, \mathcal{A})$ ein n-dimensionales Prävektorraumbündel. Dann gibt es genau eine Topologie auf E, für die $p\colon E \to B$ ein n-dimensionales Vektorraumbündel wird, für das $\mathcal{A}$ ein Bündelatlas ist.*

Beweis: Eine Subbasis der gewünschten Topologie auf E wird durch Mengen der Gestalt $h_i^{-1}(V_i)$ für offene Teilmengen $V_i \subseteq U_i \times \mathbb{R}^n$ und $i \in I$ gebildet. Diese Topologie ist die einzig mögliche Topologie, für die $p^{-1}(U_i)$ eine offene Teilmenge von E ist und jede Abbildung $h_i\colon p^{-1}(U_i) \to U_i \times \mathbb{R}^n$ ein Homöomorphismus ist. □

Beispiel 9.50 (Das tautologische Vektorraumbündel τ_n über $\mathbb{RP}^n$). Definiere das 1-dimensionale *tautologische Vektorraumbündel* τ_n über dem n-dimensionalen reellen projektiven Raum $\mathbb{RP}^n$ wie folgt. Es sei daran erinnert, dass $\mathbb{RP}^n$ als Menge aus den 1-dimensionale Untervektorräumen $L \subseteq \mathbb{R}^{n+1}$ besteht. Versiehe $E_n = \{(L, v) \mid L \in \mathbb{RP}^n, v \in L\} \subseteq \mathbb{RP}^n \times \mathbb{R}^{n+1}$ mit der Teilraumtopologie. Sei $p\colon E_n \to \mathbb{RP}^n$ die Abbildung $(L, v) \mapsto L$. Das Urbild $p^{-1}(L)$ von $L \in \mathbb{RP}^n$ ist der 1-dimensionale Unterraum L selbst und erbt damit eine Vektorraumstruktur. Man überlegt sich leicht, dass dies ein Vektorraumbündel über $\mathbb{RP}^n$ ist, das sogar im Sinne von Definition 9.53 glatt ist.

Als nächstes zeigen wir, dass τ_1 nicht isomorph zum trivialen Bündel ist. Der *Nullschnitt* eines Vektorraumbündels ist die Abbildung vom Basisraum in den Totalraum, die einem Punkt des Basisraums den Nullpunkt in der zugehörigen Faser zuordent. Das triviale Vektorraumbündel $\mathbb{RP}^n \times \mathbb{R}$ hat die Eigenschaft, dass das Komplement des Bildes des Nullschnittes $\mathbb{RP}^n \times (\mathbb{R} - \{0\})$ nicht zusammenhängend ist. Das gilt nicht für τ_1. Seien (L_1, v_1) und (L_2, v_2) Elemente im Totalraum E_1 außerhalb des Nullschnitts, d.h. $v_1 \neq 0$ und $v_2 \neq 0$. Sei $q\colon S^1 \to \mathbb{RP}^1$ die Projektion, die $v \in S^1$ den von v aufgespannten Vektorraum zuordnet. Offensichtlich kann man (L_k, v_k) mit $(L_k, \frac{v_k}{||v_k||})$ durch einen Weg im Komplement des Nullschnitts verbinden. Also können wir ohne Einschränkung annehmen, dass $v_k = \exp(2\pi i t_k)$ für $t_k \in [0, 1]$ und $k = 1, 2$ gilt. Dann verbindet der Weg

$$w\colon [0,1] \to E_1, \quad s \mapsto ([\exp(2\pi i(st_1 + (1-s)t_2))], \exp(2\pi i(st_1 + (1-s)t_2))$$

die Punkte (L_1, v_1) und (L_2, v_2) im Komplement des Nullschnittes. Also ist τ_1 nicht isomorph zum trivialen Bündel $\mathbb{RP}^1 \times \mathbb{R}$.

Figur 9.51. (Tautologische Vektorraumbündel).

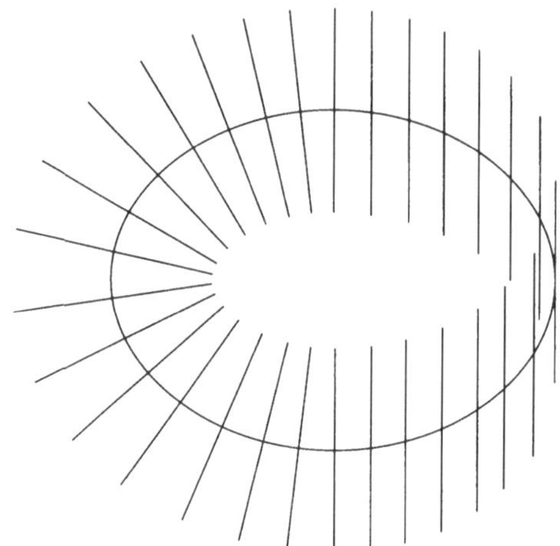

9.4 Das Tangentialbündel

Sei nun M eine glatte Mannigfaltigkeit. Definiere die Menge $TM = \coprod_{x\in M} T_xM$ und $p\colon TM \to M$ als die Abbildung von Mengen, die $v \in T_xM$ den Punkt $x \in M$ zuordnet. Für jedes $x \in M$ trägt $T_xM = p^{-1}(x)$ die Struktur eines reellen Vektorraums. Sei $\mathcal{A}_{\max} = \{h_i\colon U_i \to V_i \mid i \in I\}$ der maximale glatte Atlas von M. Für $i \in I$ definiere eine Abbildung von Mengen

$$\overline{h}_i\colon p^{-1}(U_i) \to U_i \times \mathbb{R}^n,$$

die dem Element $v \in T_uM$ für $u \in U_i$ das Element $(u, T_uh_i(v)) \in U_i \times \mathbb{R}^n$ zuordnet, wobei wir $T_uh_i(v)$ als Element in $\mathbb{R}^n$ vermöge der Identifikation $\mathbb{R}^n = T_uV_i$ aus Lemma 9.33 auffassen. Man überlegt sich leicht, dass $p\colon TM \to M$ zusammen mit $\mathcal{A}$ ein Prävektorraumbündel im Sinne von Lemma 9.49 definiert und damit ein Vektorraumbündel TM bestimmt wird.

Definition 9.52 (Tangentialbündel). *Es heißt TM das* Tangentialbündel *von M.*

Das Tangentialbündel TM erbt von der glatten Struktur von M selbst eine glatte Struktur im folgenden Sinne.

Definition 9.53 (Glattes Vektorraumbündel). *Sei ξ ein durch $p\colon E \to M$ gegebenes Vektorraumbündel über einer glatten Mannigfaltigkeit M. Ein Bündelatlas $\mathcal{A}$ von ξ heißt* glatt, *wenn alle seine Übergangsfunktionen glatte Abbildungen sind. Eine* glatte Struktur *auf ξ ist durch die Wahl eines maximalen glatten Bündelatlanten gegeben. In diesem Fall heißt ξ ein* glattes Vektorraumbündel.

Die Bedeutung des Begriffs des maximalen glatten Atlanten sollte angesichts des früher eingeführten Begriffes eines maximalen glatten Atlanten auf einer topologischen Mannigfaltigkeit klar sein.

Die Beweise der folgenden Lemmata werden dem Leser überlassen.

Lemma 9.54. *Sei ξ ein durch $p\colon E \to M$ gegebenes Vektorraumbündel über einer glatten Mannigfaltigkeit M. Falls ξ glatt ist, erbt der Totalraum in eindeutiger Weise die Struktur einer glatten Mannigfaltigkeit, für die $p\colon E \to M$ glatt ist und für die jede glatte Bündelkarte $h\colon U \times \mathbb{R}^n \to p^{-1}(U)$ ein Diffeomorphismus von glatten Mannigfaltigkeiten ist.*

Lemma 9.55. *Sei M eine glatte Mannigfaltigkeit und $(E, M, p, \mathcal{A})$ ein Prävektorraumbündel. Es sei vorausgesetzt, dass die Übergangsfunktion zu je zwei Elementen in $\mathcal{A}$ glatt ist. Dann gibt es genau eine Topologie auf E, für die $p\colon E \to M$ ein glattes Vektorraumbündel mit $\mathcal{A}$ als glattem Atlanten ist.*

Lemma 9.56. *Sei M eine glatte Mannigfaltigkeit. Dann erbt das Tangentialbündel TM eine eindeutige glatte Struktur.*

Definition 9.57 (Differential einer glatten Abbildung). *Sei $f\colon M \to N$ eine glatte Abbildung von glatten Mannigfaltigkeiten. Die verschiedenen Differentiale $T_xf\colon T_xM \to T_{f(x)}N$ in den Punkten $x \in M$ (siehe Definition 9.34) definieren zusammen ein glatte Abbildung von Vektorraumbündeln $Tf\colon TM \to TN$ über f, das sogenannte* Differential *von f.*

9.5 Aufgaben

9.1 Konstruiere auf S^1 zwei verschiedene glatte Strukturen.

9.2 Zeige, dass S^d eine Untermannigfaltigkeit des $\mathbb{R}^{d+1}$ ist.

9.3 Zeige, dass der komplexe projektive Raum $\mathbb{CP}^d$ die Struktur einer $2d$-dimensionalen glatten Mannigfaltigkeit besitzt.

9.4 Seien M und N zusammenhängende glatte n-dimensionale Mannigfaltigkeiten. Ferner sei M kompakt und nicht-leer. Zeige, dass jede Einbettung $f\colon M \to N$ ein Diffeomorphismus ist.

9.5 Seien M, N und P glatte Mannigfaltigkeiten. Sei $C^\infty(M)$ die komplexe Algebra der glatten Funktionen $\varphi\colon M \to \mathbb{C}$, wobei die Algebra-Struktur durch die punktweise Addition und Multiplikation gegeben ist. Zeige:

(a) Eine glatte Abbildung $f\colon M \to N$ induziert einen Homomorphismus von komplexen Algebren
$$C^\infty(f)\colon C^\infty(N) \to C^\infty(M), \quad \varphi \mapsto \varphi \circ f.$$

(b) Für glatte Abbildungen $f\colon M \to N$ und $g\colon N \to P$ gilt $C^\infty(g \circ f) = C^\infty(f) \circ C^\infty(g)$. Es ist $C^\infty(\mathrm{id}_M) = \mathrm{id}_{C^\infty(M)}$.

(c) Für einen Punkt $x \in M$ setze

$$I_x := \{\varphi \in C^\infty(M) \mid \varphi(x) = 0\}.$$

Dann ist $I_x \subseteq C^\infty(M)$ ein maximales Ideal. Zu jedem maximalen Ideal $I \subseteq C^\infty(M)$ gibt es genau ein $x \in M$ mit $I = I_x$.

9.6 Sei M eine nicht-leere glatte Mannigfaltigkeit der Dimension n. Zeige, dass für jedes $k \leq n$ eine Einbettung $\mathbb{R}^k \to M$ existiert.

9.7 Seien M_1 und M_2 glatte d-dimensionale Mannigfaltigkeiten. Zeige, dass es auf der disjunkten Vereinigung $M_1 \amalg M_2$ genau eine glatte Struktur gibt, für die die kanonische Inklusion $j_i\colon M_i \to M_1 \amalg M_2$ für $i = 1, 2$ eine Einbettung ist. Beweise, dass für eine glatte Mannigfaltigkeit N eine Abbildung $f\colon M_1 \amalg M_2 \to N$ genau dann glatt ist, wenn die Komposition $f \circ j_i\colon M_i \to N$ für $i = 1, 2$ glatt ist.

9.8 Seien M, N_1 und N_2 glatte Mannigfaltigkeiten. Zeige, dass eine Abbildung $f\colon M \to N_1 \times N_2$ genau dann glatt ist, wenn die Abbildungen $\mathrm{pr}_i \circ f\colon M \to N_i$ für die Projektionen $\mathrm{pr}_i\colon N_1 \times N_2 \to N_i$ und $i = 1, 2$ glatt sind.

9.9 Zeige, dass $G_d(\mathbb{R}^n)$ eine glatte Mannigfaltigkeit der Dimension $d \cdot (n - d)$ ist.

9.10 Konstruiere für jedes $n \geq 4$ zwei glatte n-dimensionale Mannigfaltigkeiten M und N derart, dass M und N isomorphe Fundamentalgruppen haben, aber nicht homöomorph sind.

10 Elementare Lineare Algebra

Wir wiederholen einige grundlegende Konstruktionen und Sätze aus der linearen Algebra. Der Leser, der mit der Anfänger-Vorlesung der linearen Algebra gut vertraut ist, kann dieses Kapitel überspringen oder nur kurz überfliegen. Allerdings muss der Leser die in diesem Kapitel erklärten Begriffe gut verstehen, weil wir sie später auf Vektorraumbündel übertragen wollen.

In diesem Kapitel sind alle Vektorräume endlich dimensionale reelle Vektorräume, es sei denn, es wird explizit anders gesagt.

10.1 Konstruktionen von Vektorräumen

Seien U, V, W, V_1 und V_2 (endlich dimensionale reelle) Vektorräume. Dann kann man folgende neue (endlich dimensionale reelle) Vektorräume bilden. Im Folgenden sind die universellen Eigenschaften in gewisser Weise wichtiger als die konkrete Beschreibung der Modelle.

- *Direkte Summe* $V_1 \oplus V_2$

  Dies ist der Vektorraum $V_1 \oplus V_2 = \{(v_1, v_2) \mid v_1 \in V_1, v_2 \in V_2\}$ mit der offensichtlichen Vektorraumstruktur. Sei $j_k\colon V_k \to V_1 \oplus V_2$ für $k = 1, 2$ die offensichtliche Inklusion von Vektorräumen. Die direkte Summe ist durch die universelle Eigenschaft charakterisiert, dass es zu zwei linearen Abbildungen $f_1 : V_1 \to W$ und $f_2\colon V_2 \to W$ genau eine lineare Abbildung $f_1 \oplus f_2\colon V_1 \oplus V_2 \to W$ mit $(f_1 \oplus f_2) \circ j_k = f_k$ für $k = 1, 2$ gibt. Für zwei lineare Abbildungen $g_1 : V_1 \to W_1$ und $g_2\colon V_2 \to W_2$ bezeichnen wir mit $g_1 \oplus g_2\colon V_1 \oplus V_2 \to W_1 \oplus W_2$ auch die Abbildung $(v_1, v_2) \mapsto (g_1(v_1), g_2(v_2))$ und es ist jeweils aus dem Kontext klar, ob wir $f_1 \oplus f_2$ oder $g_1 \oplus g_2$ meinen.

  Da wir nur mit endlich vielen Summanden arbeiten, ist $V_1 \oplus V_2$ dasselbe wie das Produkt $V_1 \times V_2$. Falls $\mathrm{pr}_k\colon V_1 \times V_2 \to V_k$ die offensichtliche Projektion für $k = 1, 2$ ist, so gibt es zu zwei linearen Abbildungen $f_1 : U \to V_1$ und $f_2\colon U \to V_2$ genau eine lineare Abbildung $f_1 \times f_2\colon U \to V_1 \times V_2$ mit $\mathrm{pr}_k \circ (f_1 \times f_2) = f_k$ für $k = 1, 2$.

- $\hom(V_1, V_2)$

  Dies ist der Vektorraum aller linearen Abbildungen $V_1 \to V_2$, wobei die Vektorraumstruktur durch die Formel $(r_1 f_1 + r_2 f_2)(v_1) := r_1 f_1(v_1) + r_2 f_2(v_1)$ für $f_1, f_2 \in \hom(V_1, V_2)$, $r_1, r_2 \in \mathbb{R}$ und $v_1 \in V_1$ gegeben ist.

- *Dualraum* V^*

  Er ist durch $V^* := \hom(V, \mathbb{R})$ gegeben.

- *Quotientenvektorraum* V/U

Falls $U \subseteq V$ ein Untervektorraum von V ist, so kann man den Quotientenvektorraum V/U bilden. Er kommt mit einer linearen Abbildung $p\colon V \to V/U$ und hat die universelle Eigenschaft, dass es zu jeder linearen Abbildung $f\colon V \to W$ mit $f|_U = 0$ genau eine lineare Abbildung $\overline{f}\colon V/U \to W$ mit $\overline{f} \circ p = f$ gibt. Ein Modell für V/U erhält man, indem man auf V die Äquivalenzrelation

$$v_1 \sim v_2 \Leftrightarrow v_1 - v_2 \in U$$

einführt und V/U als die Menge der Äquivalenzklassen $[v]$ erklärt. Man definiert $p\colon V \to V/U$ als die offensichtliche Projektion und versieht V/U mit der Vektorraumstruktur, die dadurch eindeutig bestimmt ist, dass p eine lineare Abbildung ist.

- *Raum der p-linearen Abbildungen* $\mathrm{Mult}^p(V)$

  Elemente in $\mathrm{Mult}^p(V)$ sind p-lineare Abbildungen $f\colon V \times V \times \ldots \times V = \prod_{i=1}^p V \to \mathbb{R}$. Nach Definition gilt $\mathrm{Mult}^0(V) = \mathbb{R}$ und $\mathrm{Mult}^1(V) = V^*$.

- *Raum der symmetrischen p-linearen Abbildungen* $\mathrm{Sym}^p(V)$

  Elemente in $\mathrm{Sym}^p(V)$ sind p-lineare Abbildungen $f\colon \prod_{i=1}^p V \to \mathbb{R}$, die symmetrisch sind, d.h. für jede Permutation der p-elementigen Menge

$$\sigma\colon \{1, 2, \ldots, p\} \xrightarrow{\cong} \{1, 2, \ldots, p\}$$

  und jedes p-Tupel $(v_1, v_2, \ldots, v_p)$ gilt

$$\omega(v_1, v_2, \ldots, v_p) = f(v_{\sigma(1)}, v_{\sigma(2)}, \ldots, v_{\sigma(p)}).$$

  Nach Definition gilt $\mathrm{Sym}^0(V) = \mathbb{R}$ und $\mathrm{Sym}^1(V) = V^*$.

- *Raum der alternierenden p-Formen* $\mathrm{Alt}^p(V)$

  Elemente in $\mathrm{Alt}^p(V)$ sind p-lineare Abbildungen $\omega\colon \prod_{i=1}^p V \to \mathbb{R}$, die alternierend sind, d.h. für jede Permutation

$$\sigma\colon \{1, 2, \ldots, p\} \xrightarrow{\cong} \{1, 2, \ldots, p\}$$

  und jedes p-Tupel $(v_1, v_2, \ldots, v_p)$ gilt

$$f(v_1, v_2, \ldots, v_p) = \mathrm{sign}(\sigma) \cdot f(v_{\sigma(1)}, v_{\sigma(2)}, \ldots, v_{\sigma(p)}).$$

  Dabei ist das *Signum einer Permutation* σ definiert als $\mathrm{sign}(\sigma) := \frac{\det(\overline{\sigma})}{|\det(\overline{\sigma})|}$, wobei $\overline{\sigma}\colon \mathbb{R}^p \to \mathbb{R}^p$ der lineare Isomorphismus ist, der das i-te Element der Standardbasis auf das $\sigma(i)$-te Element abbildet. Das Signum einer Permutation ist 1 bzw. -1, wenn sie sich als Komposition einer geraden bzw. ungeraden Anzahl von Transpositionen schreiben läßt.

  Im Folgenden bezeichnet S_p die *Gruppe der Permutationen der p-elementigen Menge*. Sie enthält $p!$ Elemente.

  Elemente in $\mathrm{Alt}^p(V)$ werden auch kurz als *alternierende p-Formen* bezeichnet.

  Nach Definition gilt $\mathrm{Alt}^0(V) = \mathbb{R}$ und $\mathrm{Alt}^1(V) = V^*$.

- *Tensorprodukt* $V_1 \otimes V_2$

  Dieser Vektorraum hat folgende universelle Eigenschaft: Er kommt mit einer bilinearen Abbildung $p\colon V_1 \times V_2 \to V_1 \otimes V_2$, und zu einer bilinearen Abbildung $f\colon V_1 \times V_2 \to W$ gibt es genau eine lineare Abbildung $\overline{f}\colon V_1 \otimes V_2 \to W$ mit $\overline{f} \circ p = f$. Für Elemente $v_1 \in V_1$ und $v_2 \in V_2$ bezeichnet $v_1 \otimes v_2$ das Element $p(v_1, v_2)$ in $V_1 \otimes V_2$. Da p bilinear ist, erhält man die üblichen Rechenregeln

$$(r \cdot v_1 + r' \cdot v_1') \otimes v_2 \;=\; r \cdot (v_1 \otimes v_2) + r' \cdot (v_1' \otimes v_2)$$

  für $v_1, v_1' \in V_1$, $v_2 \in V_2$ und $r, r' \in \mathbb{R}$ und entsprechend in der zweiten Variablen.

  Es folgt aus der universellen Eigenschaft, dass zwei Modelle für das Tensorprodukt kanonisch isomorph sind. Seien $p\colon V_1 \times V_2 \to W$ und $p'\colon V_1 \times V_2 \to W'$ zwei Modelle, dann induziert die Identität auf $V_1 \times V_2$ einen Isomorphismus $f\colon W \to W'$, der eindeutig durch $f \circ p = p'$ bestimmt ist.

  Es bleibt, ein konkretes Modell zu konstruieren. Sei U der Vektorraum, der als Basis die Menge $\{(v_1, v_2) \mid v_1 \in V_1, v_2 \in V_2\}$ hat. Sei $W \subseteq U$ der von allen Elementen in U der Form

$$\begin{gathered}(v_1, r \cdot v_2 + r' \cdot v_2) - r \cdot (v_1, v_2) - r' \cdot (v_1, v_2),\\ (r \cdot v_1 + r' \cdot v_1', v_2) - r \cdot (v_1, v_2) - r' \cdot (v_1, v_2')\end{gathered}$$

  erzeugte Unterraum. Dann ist der Quotientenvektorraum U/W mit der offensichtlichen Abbildung $V \times W \to U/W$ ein Modell für das Tensorprodukt $p\colon V_1 \times V_2 \to V_1 \otimes V_2$.

- *Äußere Potenz* $\bigwedge^p V$

  Dieser Vektorraum kommt mit einer alternierenden p-linearen Abbildung

$$p\colon V \times V \times \ldots \times V = \prod_{i=1}^{p} V \;\to\; \bigwedge^{p} V$$

  und hat die universelle Eigenschaft, dass es zu jeder alternierenden p-linearen Abbildung $f\colon V \times V \times \ldots \times V \to W$ genau eine lineare Abbildung $\overline{f}\colon \bigwedge^p V \to W$ mit $\overline{f} \circ p = f$ gibt. Für ein p-Tupel $(v_1, v_2, \ldots, v_p)$ bezeichnet $v_1 \wedge v_2 \wedge \ldots \wedge v_p$ das Bild $p(v_1, v_2, \ldots v_p)$. Da p eine alternierende p-lineare Abbildung ist, gelten Rechenregeln wie

$$\begin{aligned}(r \cdot v_1 + r' \cdot v_1') \wedge v_2 \ldots \wedge v_p &= r \cdot (v_1 \wedge v_2 \wedge \ldots \wedge v_p) + r' \cdot (v_1' \wedge v_2 \wedge \ldots \wedge v_p),\\ v_1 \wedge v_2 \wedge \ldots \wedge v_p &= \operatorname{sign}(\sigma) \cdot (v_{\sigma(1)} \wedge v_{\sigma(2)} \wedge \ldots \wedge v_{\sigma(p)}).\end{aligned}$$

  Es gilt $\bigwedge^1 V = V$, oder genauer, $p\colon V \to \bigwedge^1 V$ ist ein Isomorphismus. Man setzt $\bigwedge^0 V = \mathbb{R}$.

Bemerkung 10.1 (Natürlichkeit). Alle diese Konstruktionen sind natürlich in dem Sinne, dass lineare Abbildungen zwischen den beteiligten Vektorräumen lineare Abbildung auf dem Ergebnis der Konstruktion induzieren. Beispielsweise induziert eine lineare Abbildung $f\colon V \to W$ eine lineare Abbildung $\mathrm{Alt}^p(f)\colon \mathrm{Alt}^p(W) \to \mathrm{Alt}^p(V)$, indem man einer alternierenden p-Form $\omega\colon \prod_{i=1}^p W \to \mathbb{R}$ ihre Komposition mit der Abbildung $\prod_{i=1}^p f\colon \prod_{i=1}^p V \to \prod_{i=1}^p W$ zuordnet. Falls $g\colon U \to V$ eine weitere lineare Abbildung ist, so gilt $\mathrm{Alt}^p(f \circ g) = \mathrm{Alt}^p(g) \circ \mathrm{Alt}^p(f)$. Offensichtlich ist $\mathrm{Alt}^p(\mathrm{id}_V) = \mathrm{id}_{\mathrm{Alt}^p(V)}$.

10.2 Das Dach-Produkt von alternierenden Multilinearformen

Sei V ein (endlich dimensionaler) Vektorraum. Wir definieren eine lineare Abbbildung

$$P\colon \operatorname{Mult}^p(V) \to \operatorname{Alt}^p(V), \tag{10.2}$$

indem wir einer p-linearen Abbildung $f\colon \prod_{i=1}^p V \to \mathbb{R}$ die alternierende p-lineare Abbildung

$$P(f)\colon \prod_{i=1}^p V \to \mathbb{R}, \quad (v_1, v_2, \ldots v_p) \mapsto \frac{1}{p!} \sum_{\sigma \in S_p} \operatorname{sign}(\sigma) \cdot f(v_{\sigma(1)}, v_{\sigma(2)}, \ldots, v_{\sigma(p)})$$

zuordnen. Offensichtlich ist $P(f)$ eine multilineare p-Form. Folgende Rechnung für eine Permutation $\tau \in S_p$ zeigt, dass $P(f)$ alternierend ist

$$\begin{aligned} P(f)(v_{\tau(1)}, v_{\tau(2)}, \ldots, v_{\tau(p)}) &= \frac{1}{p!} \cdot \sum_{\sigma \in S_p} \operatorname{sign}(\sigma) \cdot f(v_{\sigma\circ\tau(1)}, v_{\sigma\circ\tau(2)}, \ldots, v_{\sigma\circ\tau(p)}) \\ &= \frac{1}{p!} \cdot \sum_{\sigma \in S_p} \operatorname{sign}(\sigma \circ \tau^{-1}) \cdot f(v_{\sigma(1)}, v_{\sigma(2)}, \ldots, v_{\sigma(p)}) \\ &= \frac{1}{p!} \cdot \sum_{\sigma \in S_p} \operatorname{sign}(\sigma) \cdot \operatorname{sign}(\tau)^{-1} \cdot f(v_{\sigma(1)}, v_{\sigma(2)}, \ldots, v_{\sigma(p)}) \\ &= \operatorname{sign}(\tau^{-1}) \cdot P(f) = \operatorname{sign}(\tau) \cdot P(f). \end{aligned}$$

Falls f bereits alternierend ist, gilt $P(f) = f$, was aus einer elementaren Rechnung folgt.

Definition 10.3 (Dach-Produkt alternierender Formen). *Sei $\omega \in \operatorname{Alt}^p(V)$ eine alternierende p-Form und $\eta \in \operatorname{Alt}^q(V)$ eine alternierende q-Form. Definiere eine $(p+q)$-lineare Abbildung*

$$\omega \bullet \eta\colon \prod_{i=1}^{p+q} V \to \mathbb{R}, \quad (v_1, v_2, \ldots, v_{p+q}) \mapsto \omega(v_1, \ldots, v_p) \cdot \eta(v_{p+1}, \ldots, v_{p+q})$$

und eine alternierende $(p+q)$-Form

$$\omega \wedge \eta := \frac{(p+q)!}{p! \cdot q!} P(\omega \bullet \eta).$$

Es heißt $\omega \wedge \eta$ das Dach-Produkt *von ω und η.*

Lemma 10.4. *(a) Es ist $\operatorname{Alt}^*(V) := \bigoplus_p \operatorname{Alt}^p(V)$ zusammen mit dem Dach-Produkt eine graduierte Algebra, d.h. das Dach-Produkt einer alternierenden p-Form und einer alternierenden q-Form ist eine alternierende $(p+q)$-Form und das Dach-Produkt ist assoziativ, bilinear und graduiert kommutativ.* Graduiert kommutativ *bedeutet, dass für $\omega \in \operatorname{Alt}^p(V)$ und $\eta \in \operatorname{Alt}^q(V)$ gilt*

$$\omega \wedge \eta = (-1)^{pq} \cdot \eta \wedge \omega.$$

(b) *Für* $\omega \in \mathrm{Alt}^p(V)$ *und* $\eta \in \mathrm{Alt}^q(V)$ *gilt*

$$\begin{aligned}&\omega \wedge \eta(v_1, v_2, \ldots, v_{p+q})\\&\quad = \frac{1}{p! \cdot q!} \cdot \sum_{\sigma \in S_{p+q}} \mathrm{sign}(\sigma) \cdot \omega(v_{\sigma(1)}, \ldots, v_{\sigma(p)}) \cdot \eta(v_{\sigma(p+1)}, \ldots, v_{\sigma(p+q)}).\end{aligned}$$

(c) *Seien* $\omega_1, \omega_2, \ldots, \omega_m \in \mathrm{Alt}^1(V) = V^*$ *gegeben. Dann gilt*

$$\omega_1 \wedge \omega_2 \wedge \ldots \wedge \omega_m(v_1, v_2, \ldots, v_m) = \sum_{\sigma \in S_m} \mathrm{sign}(\sigma) \cdot \omega_1(v_{\sigma(1)}) \cdot \omega_2(v_{\sigma(2)}) \cdot \ldots \cdot \omega_m(v_{\sigma(m)}).$$

(d) *Seien* $\omega_1, \omega_2, \ldots, \omega_m \in \mathrm{Alt}^1(V) = V^*$ *gegeben. Dann ist* $\{\omega_1, \omega_2, \ldots, \omega_m\}$ *genau dann linear unabhängig, wenn* $\omega_1 \wedge \omega_2 \wedge \ldots \wedge \omega_m \neq 0$ *gilt.*

(e) *Sei* $\{\omega_1, \omega_2, \ldots, \omega_n\} \subseteq \mathrm{Alt}^1(V) = V^*$ *eine Basis. Dann ist für* $1 \leq p \leq n$

$$\{\omega_{i_1} \wedge \omega_{i_2} \wedge \ldots \wedge \omega_{i_p} \mid 1 \leq i_1 < i_2 \ldots < i_p \leq n\}$$

eine Basis von $\mathrm{Alt}^p(V)$. *Insbesondere gilt* $\dim(\mathrm{Alt}^p(V)) = \binom{n}{p}$ *für* $0 \leq p \leq n$. *Es ist* $\mathrm{Alt}^p(V) = \{0\}$ *für* $p > n$.

(f) *Sei* $\{\omega_1, \omega_2, \ldots, \omega_n\} \subseteq \mathrm{Alt}^1(V) = V^*$ *eine Basis. Dann ist* $\mathrm{Alt}^n V$ *ein 1-dimensionaler Vektorraum mit* $\{\omega_1 \wedge \omega_2 \wedge \ldots \wedge \omega_n\}$ *als Basis.*

Beweis: (a) Dies folgt aus einer einfachen Rechnung.

(b) Dies folgt direkt aus den Definitionen.

(c) Dies folgt direkt aus den Definitionen.

(d) Sei $\{\omega_1, \omega_2, \ldots, \omega_m\} \subseteq \mathrm{Alt}^1(V) = V^*$ eine linear abhängige Menge. Also gibt es ein $k \in \{1, 2 \ldots, m\}$ derart, dass ω_k als Linearkombination $\omega_k = \sum_{i \in \{1,2,\ldots,m\},\, i \neq k} r_i \cdot \omega_i$ geschrieben werden kann. Dann gilt

$$\omega_1 \wedge \ldots \wedge \omega_m = \sum_{\substack{i \in \{1,2,\ldots,m\},\\ i \neq k}} r_i \cdot \omega_1 \wedge \ldots \wedge \omega_{k-1} \wedge \omega_i \wedge \omega_{k+1} \wedge \ldots \wedge \omega_m = 0.$$

Sei nun $\{\omega_1, \omega_2, \ldots, \omega_m\} \subseteq \mathrm{Alt}^1(V) = V^*$ eine linear unabhängige Menge. Wir können sie zu einer Basis $\{\omega_1, \omega_2, \ldots, \omega_m, \omega_{m+1}, \ldots, \omega_n\}$ von V^* ergänzen. Sei v im Kern der linearen Abbildung

$$\varphi\colon V \to \mathbb{R}^n, \quad v \mapsto (\omega_1(v), \ldots, \omega_n(v)).$$

Falls $v \neq 0$ gilt, gibt es eine lineare Abbildung $g\colon V \to \mathbb{R}$ mit $g(v) \neq 0$ und dann ist die Menge $\{\omega_1, \omega_2, \ldots, \omega_n, g\}$ immer noch linear unabhängig. Also ist φ eine injektive Abbildung von Vektorräumen derselben endlichen Dimension und damit bijektiv. Also gibt es Vektoren $v_1, v_2, \ldots, v_n$ in V mit $\omega_i(v_j) = \delta_{i,j}$, wobei $\delta_{i,j}$ das *Kronecker-Symbol* Symbol ist, d.h. $\delta_{i,j}$ ist 1 für $i = j$ und 0 für $i \neq j$. Daraus folgt

$$\begin{aligned}(\omega_1 \wedge \ldots \wedge \omega_m)(v_1, \ldots v_m) &= \sum_{\sigma \in S_m} \mathrm{sign}(\sigma) \cdot \omega_1(v_{\sigma(1)}) \cdot \ldots \cdot \omega_m(v_{\sigma(m)})\\&= \sum_{\sigma \in S_m} \mathrm{sign}(\sigma) \cdot \delta_{1,\sigma(1)} \cdot \ldots \cdot \delta_{m,\sigma(m)} = 1.\end{aligned}$$

Also gilt $\omega_1 \wedge \ldots \wedge \omega_m \neq 0$.

(e) Man sieht leicht, dass

$$\{\omega_{i_1} \bullet \omega_{i_2} \bullet \ldots \bullet \omega_{i_p} \mid i_1, i_2, \ldots, i_p \in \{1, 2, \ldots, n\}\}$$

eine Basis von $\mathrm{Mult}^p(V)$ ist. Da die Abbildung $P\colon \mathrm{Mult}^p(V) \to \mathrm{Alt}^p(V)$ aus (10.2) surjektiv ist, eine Permutation der Faktoren $\omega_{i_1} \wedge \omega_{i_2} \wedge \ldots \wedge \omega_{i_p}$ nur Multiplikation mit ± 1 bewirkt und $\omega_{i_1} \wedge \omega_{i_2} \wedge \ldots \wedge \omega_{i_p} = 0$ ist, falls zwei der Indizes i_j gleich sind, ist die Menge

$$\{\omega_{i_1} \wedge \omega_{i_2} \wedge \ldots \wedge \omega_{i_p} \mid 1 \leq i_1 < i_2 < \ldots < i_p \leq n\}$$

ein Erzeugendensystem von $\mathrm{Alt}^p(V)$. Insbesondere ist $\mathrm{Alt}^p(V) = 0$ für $p > n$. Es bleibt zu zeigen, dass die obige Menge für $1 \leq p \leq n$ linear unabhängig ist.

Wähle Vektoren $v_1, v_2, \ldots, v_n$ mit $\omega_i(v_j) = \delta_{i,j}$. Ihre Existenz haben wir im Beweis der Aussage (d) gezeigt. Man rechnet nun für $1 \leq i_1 < i_2 < \ldots < i_p \leq n$ und $1 \leq j_1 < j_2 < \ldots < j_p \leq n$ nach, dass gilt

$$\omega_{i_1} \wedge \omega_{i_2} \wedge \ldots \wedge \omega_{i_p}(v_{j_1}, v_{j_2}, \ldots, v_{j_p}) = \begin{cases} 1 & i_1 = j_1, i_2 = j_2, \ldots, i_p = j_p, \\ 0 & \text{andernfalls.} \end{cases}$$

(f) Dies ist ein Spezialfall von Aussage (e). Damit ist Lemma 10.4 bewiesen. □

10.3 Kanonische Isomorphismen

Zwischen diesen in den letzen Abschnitten angegebenen Konstruktionen gibt es eine Reihe von kanonischen oder natürlichen Isomorphismen. Hierbei bedeutet kanonisch oder natürlich, dass diese Isomorphismen ohne Wahl einer Basis definiert werden können oder dass sie mit Abbildungen von Vektorräumen in der jeweils offensichtlichen Art verträglich sind. Nur solche Isomorphismen werden sich auf Vektorraumbündel übertragen lassen. Wir geben eine Reihe von solchen Isomorphismen an. Dabei werden wir immer voraussetzen, dass alle beteiligten Vektorräume endich dimensional ist, was tatsächlich nur in einigen Fällen notwendig ist.

- $f_{V_1,V_2}\colon V_1 \oplus V_2 \xrightarrow{\cong} V_2 \oplus V_1$
  Auf dem Standardmodell für die direkte Summe ordnet f_{V_1,V_2} einem Paar (v_1, v_2) das Paar (v_2, v_1) zu. Man kann f_{V_1,V_2} auch durch die universelle Eigenschaft definieren, indem man verlangt, dass $f_{V_1,V_2} \circ i_1 = j_2$ und $f_{V_1,V_2} \circ i_2 = j_1$ ist, wobei $i_k\colon V_k \to V_1 \oplus V_2$ und $j_k\colon V_k \to V_2 \oplus V_1$ die kanonischen Inklusionen sind. Dieser Isomorphismus ist natürlich in dem Sinne, dass für lineare Abbildung $g_k\colon V_k \to W_k$ für $k = 1, 2$ das folgende Diagramm kommutiert

$$\begin{array}{ccc} V_1 \oplus V_2 & \xrightarrow{f_{V_1,V_2}} & V_2 \oplus V_1 \\ {\scriptstyle g_1 \oplus g_2}\downarrow & & \downarrow{\scriptstyle g_2 \oplus g_1} \\ W_1 \oplus W_2 & \xrightarrow[f_{W_1,W_2}]{} & W_2 \oplus W_1 \end{array}$$

- $f_{V_1,V_2}\colon V_1 \otimes V_2 \xrightarrow{\cong} V_2 \otimes V_1$

- $f_{V_1,V_2,W}\colon (V_1 \otimes W) \oplus (V_2 \otimes W) \xrightarrow{\cong} (V_1 \oplus V_2) \otimes W$
  Sei $q\colon (V_1 \oplus V_2) \times W \to (V_1 \oplus V_2) \otimes W$ die kanonische bilineare Abbildung. Sei $i_k\colon V_k \to V_1 \oplus V_2$ die kanonische Inklusion. Wir erhalten eine bilineare Abbildung $q_k \circ (i_k \times \mathrm{id}_W)\colon V_k \times W \to (V_1 \oplus V_2) \otimes W$. Aufgrund der universellen Eigenschaft des Tensorproduktes induziert sie eine lineare Abbildung
  $$\overline{q_k \circ (i_k \times \mathrm{id}_W)}\colon V_k \otimes W \to (V_1 \oplus V_2) \otimes W.$$
  Diese beiden Abbildungen für $k = 1, 2$ induzieren aufgrund der universellen Eigenschaft die gewünschte lineare Abbildung $f_{V_1,V_2,W}$.

- $f_{V_1,V_2}\colon \bigoplus_{p+q=n} \mathrm{Alt}^p(V_1) \otimes \mathrm{Alt}^q(V_2) \xrightarrow{\cong} \mathrm{Alt}^n(V_1 \oplus V_2)$
  Diese Abbildung ist durch $\omega_1 \otimes \omega_2 \mapsto \mathrm{Alt}^p(\mathrm{pr}_1)(\omega_1) \wedge \mathrm{Alt}^q(\mathrm{pr}_2)(\omega_2)$ gegeben, wobei wir mit $\mathrm{pr}_k\colon V_1 \oplus V_2 \to V_k$ für $k = 1, 2$ die Projektion bezeichnen.

- $f_V\colon \mathrm{Alt}^p(V) \xrightarrow{\cong} (\bigwedge^p V)^*$
  Sei $\omega\colon \prod_{i=1}^p V \to \mathbb{R}$ eine alternierende p-lineare Abbildung. Sie definiert aufgrund der universellen Eigenschaft der äußeren Potenz eine lineare Abbildung $f_V(\omega)\colon \bigwedge^p V \to \mathbb{R}$.

- $f_V\colon \mathrm{Alt}^p(V^*) \xrightarrow{\cong} (\mathrm{Alt}^p(V))^*$
  Sei $\varphi\colon \bigwedge^p V^* \xrightarrow{\cong} \mathrm{Alt}^p(V)$ der kanonische Isomorphismus, der von der alternierenden p-linearen Abbildung $\prod_{i=1}^p V^* \to \mathrm{Alt}^p(V)$, $(\omega_1, \ldots, \omega_p) \mapsto (\omega_1 \wedge \ldots \wedge \omega_p)$ induziert wird. Wir haben bereits einen kanonischen Isomorphismus $\psi\colon \mathrm{Alt}^p(V^*) \xrightarrow{\cong} (\bigwedge^p V^*)^*$ konstruiert. Setze $f_V = \varphi^*)^{-1} \circ \psi$.

- $f_V\colon V \xrightarrow{\cong} (V^*)^*$
  Sei $v \in V$ gegeben. Dann ordnet $f_V(v)\colon V^* \to \mathbb{R}$ einem Element $\varphi\colon V \to \mathbb{R}$ in V^* die reelle Zahl $\varphi(v)$ zu.

- $f_{V_1,V_2}\colon V_1^* \otimes V_2 \xrightarrow{\cong} \hom(V_1, V_2)$
  Diese Abbildung wird aufgrund der universellen Eigenschaft des Tensorproduktes von der bilinearen Abbildung $V_1^* \times V_2 \to \hom(V_1, V_2)$ induziert, die $(\varphi, v_2) \in V_1^* \times V_2$ die lineare Abbildung $V_1 \to V_2$, $v_1 \mapsto \varphi(v_1) \cdot v_2$ zuordnet.

- $f_{V_1,V_2,V_3}\colon \hom(V_1, \hom(V_2, V_3)) \xrightarrow{\cong} \hom(V_1 \otimes V_2, V_3)$
  Ein Element in $\hom(V_1, \hom(V_2, V_3))$ ist dasselbe wie eine bilineare Abbildung $V_1 \times V_2 \to V_3$. Nun verwende die universelle Eigenschaft des Tensorproduktes.

Bemerkung 10.5. Wir überlassen den jeweiligen Nachweis, dass diese Abbildungen tatsächlich Bijektionen sind, dem Leser. Manchmal folgt die Bijektivität direkt aus der Konstruktion mit Hilfe der universellen Eigenschaften oder man kann direkt eine Umkehrabbildung konstruieren. In einigen Fällen ist es leicht, Injektivität oder Surjektivität zu beweisen und zu zeigen, das Quelle und Ziel Vektorräume derselben endlichen Dimension sind. Manchmal ist es am geschicktesten, Basen für die betroffenen Vektorräume zu wählen, daraus offensichtliche Basen für die Quelle und das Ziel zu konstruieren und dann zu zeigen, dass die betreffenden Abbildungen diese Basen ineinander überführen.

10.4 Determinante und Spur

Definition 10.6 (Determinante). *Sei $f\colon V \to V$ eine lineare Selbstabbildung eines n-dimensionalen Vektorraums. Sei $\mathrm{Alt}^n(f)\colon \mathrm{Alt}^n(V) \to \mathrm{Alt}^n(V)$ die induzierte lineare Selbstabbildung. Da $\dim(\mathrm{Alt}^n(V)) = 1$ gilt (siehe Lemma 10.4 (f)), gibt es genau eine reelle Zahl $\det(f)$ mit $\mathrm{Alt}^n(f) = \det(f) \cdot \mathrm{id}$. Sie heißt* Determinante *von f.*

Lemma 10.7. *(a) Für zwei lineare Endomorphismen $f, g\colon V \to V$ gilt*

$$\det(g \circ f) = \det(f) \cdot \det(g).$$

(b) $\det(\mathrm{id}_V) = 1$.

(c) Für zwei lineare Endomorphismen $f\colon V \to V$ und $g\colon W \to W$ gilt

$$\det(g \oplus f\colon V \oplus W \to V \oplus W) \;=\; \det(f) \cdot \det(g).$$

(d) Ein Endomorphismus $f\colon V \to V$ ist genau dann ein Isomorphismus, wenn $\det(f) \neq 0$ gilt.

(e) Sei $A = (a_{i,j})_{i,j} \in M_{n,n}(\mathbb{R})$ die zu f nach Wahl einer Basis $\{b_i \mid i = 1, 2, \ldots, n\}$ von V gehörige Matrix. Dann gilt

$$\det(f) \;=\; \sum_{\sigma \in S_n} \mathrm{sign}(\sigma) \cdot \prod_{i=1}^{n} a_{\sigma(i),i}.$$

Beweis: (a) Dies folgt aus $\mathrm{Alt}^n(f \circ g) = \mathrm{Alt}^n(g) \circ \mathrm{Alt}^n(f)$.

(b) Dies ist offensichtlich.

(c) Dies folgt aus dem kanonischen Isomorphismus

$$\mathrm{Alt}^{\dim(V)}(V) \otimes \mathrm{Alt}^{\dim(W)}(W) \xrightarrow{\cong} \mathrm{Alt}^{\dim(V \oplus W)}(V \oplus W), \quad \omega_1 \otimes \omega_2 \;\mapsto\; \omega_1 \wedge \omega_2.$$

(d) Dies folgt aus Lemma 10.4 (d) angewandt auf das Bild einer Basis unter f.

(e) Sei $b_i^* \in V^*$ das Element, das b_j auf 0 für $j \neq i$ und auf 1 für $i = j$ abbildet. Dann ist $\{b_1^*, b_2^*, \ldots, b_n^*\}$ die sogenannte duale Basis von V^*. Aufgrund von Lemma 10.4 (f) ist $\{b_1^* \wedge b_2^* \wedge \ldots \wedge b_n^*\}$ eine Basis des 1-dimensionalen Vektorraumes $\mathrm{Alt}^n(V)$. Nun rechnet man leicht nach

$$\begin{aligned}
&\mathrm{Alt}^p(f)(b_1^* \wedge b_2^* \wedge \ldots \wedge b_n^*) \\
&\quad= f^*(b_1^*) \wedge f^*(b_2^*) \wedge \ldots \wedge f^*(b_n^*) \\
&\quad= \left(\sum_{i_1=1}^{n} a_{i_1,1}\right) \cdot \left(\sum_{i_2=1}^{n} a_{i_2,2}\right) \cdot \ldots \cdot \left(\sum_{i_n=1}^{n} a_{i_n,n}\right) \cdot (b_{i_1}^* \wedge b_{i_2}^* \wedge \ldots \wedge b_{i_n}^*) \\
&\quad= \sum_{i_1,i_2,\ldots,i_n \in \{1,2,\ldots,n\}} \prod_{j=1}^{n} a_{i_j,j} \cdot b_{i_1}^* \wedge b_{i_2}^* \wedge \ldots \wedge b_{i_n}^* \\
&\quad= \sum_{\sigma \in S_p} \prod_{j=1}^{n} a_{\sigma(j),j} \cdot b_{\sigma(1)}^* \wedge b_{\sigma(2)}^* \ldots b_{\sigma(n)}^* \\
&\quad= \left(\sum_{\sigma \in S_p} \mathrm{sign}(\sigma) \cdot \prod_{j=1}^{n} a_{\sigma(j),j}\right) \cdot (b_1^* \wedge b_2^* \wedge \ldots \wedge b_n^*).
\end{aligned}$$

Damit ist Lemma 10.7 bewiesen. □

Definition 10.8 (Spur). *Betrachte die Abbildung*

$$\mathrm{Spur}\colon \hom(V,V) \xrightarrow{f_{V,V}^{-1}} V^* \otimes V \xrightarrow{\mathrm{ev}} \mathbb{R}$$

wobei $f_{V,W}\colon V^*\otimes W \to \hom(V,W)$ *der kanonische Isomorphismus (siehe Abschnitt 10.3) und* ev *die lineare Abbildung* $\varphi\otimes v \mapsto \varphi(v)$ *ist. Definiere die* Spur *einer linearen Abbildung* $f\colon V \to V$ *als das Bild* $\mathrm{Spur}(f)$ *unter der obigen Abbildung.*

Diese Definition der Spur stimmt mit der in Abschnitt 4.4 betrachteten und dort analysierten Spur überein.

10.5 Skalarprodukte und Orientierungen

Definition 10.9 (Skalarprodukt). *Ein* Skalarprodukt s *auf* V *ist eine symmetrische bilineare Abbildung*

$$s\colon V \times V \to \mathbb{R},$$

die positiv definit ist, d.h. es gilt $s(v,v) \geq 0$ *und* $s(v,v) = 0 \Leftrightarrow v = 0$ *für* $v \in V$.

Jeder (endlich dimensionale) reelle Vektorraum besitzt ein Skalarprodukt. Skalarprodukte vererben sich in kanonischer Weise auf $\mathrm{Alt}^p(V)$ wie folgt.

Wir müssen eine bilineare Abbildung $s_{\mathrm{Alt}^p(V)}\colon \mathrm{Alt}^p(V)\times\mathrm{Alt}^p(V) \to \mathbb{R}$ angeben. Das ist dasselbe wie eine lineare Abbildung $\overline{s_{\mathrm{Alt}^p(V)}}\colon \mathrm{Alt}^p(V) \to (\mathrm{Alt}^p(V))^*$. Falls $\overline{s}\colon V \xrightarrow{\cong} V^*$ der von s induzierte Isomorphismus und $\varphi\colon \mathrm{Alt}^p(V^*) \xrightarrow{\cong} (\mathrm{Alt}^p(V))^*$ der in Abschnitt 10.3 konstruierte Isomorphismus ist, so definiere $\overline{s_{\mathrm{Alt}^p(V)}} = \varphi \circ \mathrm{Alt}^p(s)^{-1}$. Wir überlassen dem Leser den Nachweis, dass s ein Skalarprodukt ist. Entsprechend erben V^*, $\mathrm{Mult}^p(V)$, $\mathrm{Sym}^p(V)$, $\bigwedge^p V$, $V \otimes W$ und $\hom(V,W)$ Skalarprodukte, falls V und W Skalarprodukte besitzen.

Definition 10.10. (Orientierung eines Vektorraums). *Zwei Basen* $\{b_1, b_2, \ldots, b_n\}$ *und* $\{c_1, c_2, \ldots, c_n\}$ *des Vektorraumes* $V \neq 0$ *heißen* äquivalent, *falls für die zugehörige Übergangsmatrix* A *gilt* $\det(A) > 0$. *Es gibt genau zwei Äquivalenzklassen von Basen. Eine Auswahl einer solchen Äquivalenzklasse heißt* Orientierung *auf* V *und wird mit* $\mathcal{O}_V$ *bezeichnet.*

Man erhält eine Bijektion zwischen den Orientierungen von V und den Orientierungen von $\mathrm{Alt}^n(V)$, wenn man der durch die Basis $\{b_1, b_2, \ldots, b_n\}$ repräsentierten Orientierung auf V die durch die Basis $\{b_1^* \wedge b_2^* \wedge \ldots \wedge b_n^*\}$ repräsentierte Orientierung zuordnet. Es folgt aus der Definition der Determinanten, dass diese Bijektion wohldefiniert ist.

Definition 10.11 (Volumenelement). *Sei* V *ein* n*-dimensionaler Vektorraum mit Skalarprodukt* s_V *und Orientierung* $\mathcal{O}_V$. *Sei* $s_{\mathrm{Alt}^n(V)}$ *das induzierte Skalarprodukt und* $\mathcal{O}_{\mathrm{Alt}^n(V)}$ *die induzierte Orientierung auf dem* 1*-dimensionalen Vektorraum* $\mathrm{Alt}^n(V)$. *Das* Volumenelement

$$dvol_V \in \mathrm{Alt}^n(V)$$

ist das Element, das eindeutig dadurch bestimmt ist, dass $s_{\mathrm{Alt}^n(V)}(dvol_V, dvol_V) = 1$ *ist und die Basis* $\{dvol_V\}$ *die Orientierung* $\mathcal{O}_{\mathrm{Alt}^n(V)}$ *repräsentiert.*

Der Name Volumenelement erklärt sich folgendermaßen. Versiehe $\mathbb{R}^n$ mit dem *Standardskalarprodukt*

$$s_{\mathbb{R}^n}((r_1,\ldots,r_n),(s_1,\ldots,s_n)) = \sum_{i=1}^{n} r_i \cdot s_i$$

und der durch die Standardbasis $\{e_1, e_2, \ldots, e_n\}$ gegebenen *Standardorientierung*, wobei e_i der Vektor ist, der an der i-ten Stelle 1 und sonst 0 als Eintrag hat.

Lemma 10.12. *Das Volumenelement $dvol_{\mathbb{R}^n}$ des $\mathbb{R}^n$ mit dem Standardskalarprodukt und der Standardorientierung hat folgende Eigenschaften. Sei $\{b_1, b_2, \ldots, b_n\}$ irgendeine Basis des $\mathbb{R}^n$. Sei $\{b_1^*, b_2^*, \ldots, b_n^*\}$ die zugehörige duale Basis von $(\mathbb{R}^n)^*$. Die Basis $\{b_1, b_2, \ldots, b_n\}$ entspricht der Standardorientierung genau dann, wenn $dvol_{\mathbb{R}^n}(b_1^* \wedge b_2^* \wedge \ldots \wedge b_n^*) > 0$ gilt. Das Volumen des von den Vektoren $b_1, b_2, \ldots, b_n$ aufgespannten Parallelotops im elementar-geometrischen Sinn ist $|dvol_{\mathbb{R}^n}(b_1^* \wedge b_2^* \wedge \ldots \wedge b_n^*)|$.*

Bemerkung 10.13 (Orientierungen und exakte Sequenzen). Sei $0 \to V_1 \xrightarrow{i} V_2 \xrightarrow{p} V_3 \to 0$ eine exakte Sequenz von endlich dimensionalen reellen Vektorräumen. Seien Orientierungen $\mathcal{O}_{V_1}$ und $\mathcal{O}_{V_3}$ gegeben. Sie induzieren eine Orientierung auf $\mathcal{O}_{V_2}$ wie folgt. Sei $\{b_1, b_2, \ldots, b_m\}$ eine Basis von V_1, die $\mathcal{O}_{V_1}$ repräsentiert, und $\{c_1, c_2, \ldots, c_n\}$ eine Basis von V_3, die $\mathcal{O}_{V_3}$ repräsentiert. Wähle d_i mit $p(d_i) = c_i$ für $i = 1, 2, \ldots n$. Dann ist $\{i(b_1), i(b_2), \ldots i(b_m), d_1, d_2, \ldots, d_n\}$ eine Basis von V_2 und bestimmt eine Orientierung auf V_2. Man überlegt sich leicht, dass $\mathcal{O}_{V_2}$ nur von $\mathcal{O}_{V_1}$ und $\mathcal{O}_{V_3}$ anhängt, aber nicht von der Wahl der b_i, c_i und d_i mit $p(d_i) = c_i$. Da es auf jedem endlich dimensionalen reellen Vektorraum genau zwei Orientierungen gibt, induziert eine Auswahl von Orientierungen auf zwei der drei Vektorräume V_1, V_2 und V_3 eine auf dem dritten.

10.6 Spezielle Basen

Es ist für konkrete Rechnungen und Rechnungen in Koordinaten wichtig zu wissen, welche Basen es für die so konstruierten neuen Vektorräume gibt und inwiefern sie mit Skalarprodukten oder Orientierungen verträglich sind. Die Beweise der folgenden Aussagen sind entweder bereits vorher in diesem Kapitel ausgeführt worden oder sind elementar und dem Leser überlassen.

- Sei $\{b_1, b_2, \ldots, b_m\}$ eine Basis für V und $\{c_1, c_2, \ldots, c_n\}$ eine Basis für W. Dann erbt $V \oplus W$ die Basis $\{(b_1, 0), \ldots, (b_m, 0), (0, c_1), \ldots, (0, c_n)\}$. Insbesondere gilt $\dim(V \oplus W) = \dim(V) + \dim(W)$.

- Es erbt $V \otimes W$ die Basis $\{b_i \otimes c_j \mid i \in \{1, 2, \ldots, m\}, j \in \{1, 2, \ldots, n\}\}$. Insbesondere gilt $\dim(V \otimes W) = \dim(V) \cdot \dim(W)$.

- Eine Basis $\{b_1, b_2, \ldots, b_n\}$ auf V induziert die sogenannte *duale Basis* $\{b_1^*, b_2^*, \ldots, b_n^*\}$ auf V^*, wobei $b_i^* \colon V \to \mathbb{R}$ die lineare Abbildung ist, die b_i auf 1 und b_j für $j \neq i$ auf 0 abbildet. Insbesondere gilt $\dim(V) = \dim(V^*)$. Nach Wahl einer Basis gibt es einen Isomorphismus $f \colon V \to V^*$, er bildet b_i auf b_i^* ab. Es gibt aber keinen natürlichen Isomorphismus $V \to V^*$, den man ohne weitere Wahlen beschreiben kann.

- Sei $\{b_1, b_2, \ldots b_n\}$ eine Basis von V. Es erben $\bigwedge^p V$ die Basis

$$\{b_{i_1} \wedge b_{i_2} \wedge \ldots b_{i_p} \mid 1 \leq i_1 < i_2 < \ldots < i_p \leq n\}$$

und $\mathrm{Alt}^p(V)$ die Basis

$$\{b^*_{i_1} \wedge b^*_{i_2} \wedge \ldots b^*_{i_p} \mid 1 \leq i_1 < i_2 < \ldots < i_p \leq n\}.$$

Insbesondere gilt $\dim(\bigwedge^p V) = \dim(\mathrm{Alt}^p(V)) = \binom{n}{p}$.

Sei ein Skalarparodukt s_V auf V gegeben. Sei $\{b_1, b_2, \ldots, b_n\}$ eine *orthonormale Basis* von V, d.h. $s(b_i, b_j)$ ist 0, falls $i \neq j$, und ist 1, falls $i = j$. Dann sind die beiden obigen Basen orthonormal bezüglich der von s_V auf $\bigwedge^p V$ und $\mathrm{Alt}^p(V)$ induzierten Skalarprodukte. Die entsprechende Aussagen gelten für Orientierungen.

Man kann das induzierte Skalarprodukt $s_{\bigwedge^p V}$ bzw. $s_{\mathrm{Alt}^p(V)}$ auf $\bigwedge^p V$ bzw. $\mathrm{Alt}^p(V)$ auch dadurch erklären, dass man es als das Skalarprodukt definiert, für das die obigen Basen orthonormal sind, falls man mit einer orthonomalen Basis $\{b_1, b_2, \ldots, b_n\}$ startet. Man muss dann aber noch zeigen, dass die Wahl der orthonormalen Basis $\{b_1, b_2, \ldots, b_n\}$ keine Rolle spielt. Es ist eleganter und konzeptuell befriedigender, wenn man $s_{\bigwedge^p V}$ bzw. $s_{\mathrm{Alt}^p(V)}$ intrinsisch nur in Abhängigkeit von s_V und ohne weitere Wahlen definiert, wie wir es oben getan haben.

Falls V mit einem Skalarprodukt und einer Orientierung kommt und $\{b_1, b_2, \ldots, b_n\}$ eine orthonormale Basis ist, die der Orientierung entspricht, dann ist $b^*_1 \wedge b^*_2 \wedge \ldots \wedge b^*_n$ das zugehörige Volumenelement.

10.7 Aufgaben

10.1 Sei $f \in \mathrm{Mult}^p(V)$ gegeben. Zeige, dass f genau dann symmetrisch bzw. alternierend ist, wenn für jedes p-Tupel $(v_1, v_2, \ldots, v_p)$ und $i, j \in \{1, \ldots, k\}$ mit $i < j$ gilt

$$\begin{aligned} f(v_1, v_2, \ldots, v_p) &= f(w_1, w_2, \ldots, w_p), \qquad \text{bzw.} \\ f(v_1, v_2, \ldots, v_p) &= -f(w_1, w_2, \ldots, w_p), \end{aligned}$$

wobei $(w_1, w_2, \ldots, w_p)$ aus $(v_1, v_2 \ldots, v_p)$ durch Vertauschen des i-ten und j-ten Eintrages entsteht.

Zeige, dass f genau dann alternierend ist, wenn für jedes p-Tupel $(v_1, v_2, \ldots, v_p)$, für das es $i, j \in \{1, \ldots, k\}$ mit $i < j$ und $v_i = v_j$ gibt, $f(v_1, v_2, \ldots, v_p) = 0$ gilt.

10.2 Zeige, dass die kanonische Abbildung $V \to (V^*)^*$ immer injektiv ist und genau dann bijektiv ist, wenn V endlich dimensional ist.

10.3 Zeige, dass die kanonische Abbildung $V^* \otimes W \to \hom(V, W)$ für (endlich dimensionale) Vektorräume V und W bijektiv ist.

10.4 Sei V ein reeller Vektorraum mit $V \neq \{0\}$. Zeige, dass seine Dimension das Supremum der Menge $\{p \in \mathbb{Z} \mid \bigwedge^p V \neq 0\}$ ist.

10.5 Beweise für $m, n, k \in \mathbb{Z}$, $m, n, k \geq 0$ die Formel

$$\binom{m+n}{k} = \sum_{\substack{p,q\in\mathbb{Z},p,q\geq 0\\ p+q=k}} \binom{m}{p}\cdot\binom{n}{q}.$$

10.6 Definiere die Determinante einer Matrix $A = (a_{i,j}) \in M_{n,n}(\mathbb{R})$ als

$$\det(A) = \sum_{\sigma\in S_n} \operatorname{sign}(\sigma)\cdot\prod_{i=1}^{n} a_{\sigma(i),i}.$$

Beweise:

(a) Die Abbildung $\det\colon \prod_{i=1}^n \mathbb{R}^n \to \mathbb{R}$, die einem Tupel $(v_1, v_2, \ldots, v_n)$ die Determinante der Matrix zuordnet, die als i-ten Spaltenvektor v_i hat, ist eine alternierende n-lineare Abbildung.

(b) Sei $f\colon \prod_{i=1}^n \mathbb{R}^n \to \mathbb{R}$ eine alternierende n-lineare Abbildung. Dann gibt es ein $r \in \mathbb{R}$ mit $f = r\cdot\det$.

(c) $\det(AB) = \det(A)\cdot\det(B)$ für $A, B \in M_{m,m}(\mathbb{R})$.

(d) Für $A \in M_{m,m}(\mathbb{R})$, $B \in M_{n,n}(\mathbb{R})$, $C \in M_{n,m}(\mathbb{R})$ gilt

$$\det\begin{pmatrix} A & C \\ 0 & B \end{pmatrix} = \det(A)\cdot\det(B).$$

(e) A ist genau dann invertierbar, wenn $\det(A) \neq 0$ gilt.

10.7 Sei $w\colon \mathbb{R} \to M_{n,n}(\mathbb{R}) = \mathbb{R}^{n^2}$ eine glatte Abbildung, die 0 auf die Einheitsmatrix abbildet. Beweise, dass die Abbildung $\mathbb{R} \to \mathbb{R}$, $t \mapsto \det(w(t))$ glatt ist und ihre erste Ableitung in $t = 0$ gleich $\operatorname{Spur}(w'(0))$ ist.

10.8 Sei V ein n-dimensionaler (reeller) Vektorraum mit Skalarprodukt s_V und Orientierung $\mathcal{O}_V$.

Zeige, dass für jedes $p \geq 0$ die Abbildung

$$\operatorname{Alt}^p(V) \to \left(\operatorname{Alt}^{n-p}(V)\right)^*, \quad \omega \mapsto s_{\operatorname{Alt}^n(V)}(\omega\wedge -, dvol)$$

ein linearer Isomorphismus ist. Folgere, dass es zu jedem $p \geq 0$ genau eine lineare Abbildung $*^p\colon \operatorname{Alt}^p(V) \to \operatorname{Alt}^{n-p}(V)$ mit der Eigenschaft gibt, dass

$$\omega\wedge *^p(\eta) = s_{\operatorname{Alt}^p(V)}(\omega,\eta)\cdot dvol_V$$

für alle $\omega, \eta \in \operatorname{Alt}^p(M)$ gilt. Zeige

(a) $*^p$ ist ein Isomorphismus und erfüllt

$$*^{n-1}\circ *^p = (-1)^{(n-p)p}\cdot \operatorname{id}_{\operatorname{Alt}^p(M)}.$$

(b) $*^p$ ist eine Isometrie bezüglich der Skalarprodukte $s_{\operatorname{Alt}^p(V)}$ und $s_{\operatorname{Alt}^{n-p}(V)}$.

(c) $*^0(1) = dvol$ und $*^n(dvol) = 1$.

(d) Sei $\{b_1, b_2, \ldots, b_n\}$ eine orthonormale Basis von V, die mit der Orientierung verträglich ist. Dann gilt für jede Permutation $\sigma \in S_n$

$$*^p(b^*_{\sigma(1)} \wedge b^*_{\sigma(2)} \wedge \ldots \wedge b^*_{\sigma(p)}) \;=\; \operatorname{sign}(\sigma) \cdot \left(b^*_{\sigma(p+1)} \wedge b^*_{\sigma(p+2)} \wedge \ldots \wedge b^*_{\sigma(n)}\right).$$

10.9 Ist die Menge $\{(2,3),(1,-4)\}$ eine Basis des $\mathbb{R}^2$, die der Standardorientierung entspricht? Berechne das Volumen des von ihr aufgespannten Parallelogramms.

11 Parametrisierte Lineare Algebra

In diesem Kapitel wollen wir die Konstruktionen aus der linearen Algebra, wie wir sie im Kapitel 10 beschrieben haben, auf Vektorraumbündel übertragen. Ein Vektorraumbündel $p\colon E \to B$ kann man sich als eine durch B stetig parametrisierte Familie $\{p^{-1}(b) \mid b \in B\}$ von Vektorräumen vorstellen und wir wollen deshalb eine parametrisierte Version der linearen Algebra entwickeln.

11.1 Konstruktionen von Vektorraumbündeln

Sei ξ bzw. η ein m- bzw. n-dimensionales Vektorraumbündel, das durch die Abbildungen $p\colon E \to B$ bzw $q\colon F \to B$ gegeben ist. Die Basis B ist jeweils dieselbe. Wir wollen ein Vektorraumbündel $\xi \oplus \eta$ derart konstruieren, dass die Faser $(E \oplus F)_b$ über einem Punkt $b \in B$ die direkte Summe $E_b \oplus F_b$ der Fasern $E_b = p^{-1}(b)$ und $F_b = q^{-1}(b)$ von ξ und η über b ist. Damit ist der Totalraum von $\xi \oplus \eta$ als Menge und die Projektion als Abbildung von Mengen festgelegt, der Totalraum soll $T = \coprod_{b \in B} E_b \oplus F_b$ sein und die Projektion $r\colon T \to B$ ist die offensichtliche Abbildung. Es fehlt die Topologie. Um nun mit diesen Daten ein Vektorraumbündel zu definieren, wollen wir Lemma 9.49 verwenden. Also müssen wir die Daten zu einem Prävektorraumbündel $(T, B, r, \mathcal{A})$ durch Angabe der Menge $\mathcal{A} = \{h_i\colon r^{-1}(W_i) \to W_i \times \mathbb{R}^{m+n} \mid i \in I\}$ ergänzen. Seien nun $\mathcal{A}_\xi = \{u_j\colon p^{-1}(U_j) \to U_j \times \mathbb{R}^m\}$ und $\mathcal{A}_\eta = \{v_k\colon q^{-1}(V_k) \to V_k \times \mathbb{R}^n\}$ Bündelatlanten von ξ und η. Setze $I = J \times K$ und $W_{j,k} = U_j \cap V_k$ für $(j,k) \in J \times K$. Definiere für $(j,k) \in J \times K$

$$h_{j,k}\colon r^{-1}(W_{j,k}) = \coprod_{b \in U_j \cap V_k} p^{-1}(b) \oplus q^{-1}(b) \to W_{j,k} \times \mathbb{R}^{m+n} = W_{j,k} \times (\mathbb{R}^m \oplus \mathbb{R}^n)$$

als die Abbildung, die $(x,y) \in p^{-1}(b) \oplus q^{-1}(b)$ auf $(b, (\mathrm{pr}_{\mathbb{R}^m} \circ u_j(x), \mathrm{pr}_{\mathbb{R}^n} \circ v_k(y)))$ abbildet, wobei $\mathrm{pr}_{\mathbb{R}^m}\colon U_j \times \mathbb{R}^m \to \mathbb{R}^m$ und $\mathrm{pr}_{\mathbb{R}^m}\colon V_k \times \mathbb{R}^n \to \mathbb{R}^n$ die kanonischen Projektionen sind. Wir müssen noch nachweisen, dass die verschiedenen Axiome für ein Prävektorraumbündel erfüllt sind. Der einzige nicht-triviale Punkt ist der Nachweis, dass die Übergangsfunktionen stetig sind. Seien (j_0, k_0) und $(j_1, k_1) \in J \times K$ gegeben. Seien $u_{j_0,j_1}\colon U_{j_0} \cap U_{j_1} \to GL_m(\mathbb{R})$ und $v_{k_0,k_1}\colon V_{k_0} \cap V_{k_1} \to GL_n(\mathbb{R})$ die zu ξ und η gehörigen Übergangsfunktionen, die automatisch stetig sind. Die Abbildung

$$S\colon GL_m(\mathbb{R}) \times GL_n(\mathbb{R}) \to GL_{m+n}(\mathbb{R}), \quad (A,B) \mapsto \begin{pmatrix} A & 0 \\ 0 & B \end{pmatrix} \tag{11.1}$$

ist stetig und sogar glatt. Also ist die folgenden Komposition stetig

$$W_{j_0,k_0} \cap W_{j_1,k_1} = (U_{j_0} \cap U_{j_1}) \cap (V_{k_0} \cap V_{k_1}) \xrightarrow{u_{j_0,j_1} \oplus v_{k_0,k_1}} GL_m(\mathbb{R}) \oplus GL_n(\mathbb{R}) \xrightarrow{S} GL_{m+n}(\mathbb{R}).$$

Dies ist die Übergangsfunktion zu dem Prävektorraumbündel zu den Indizes (j_0, k_0) und (j_1, k_1) in $I = J \times K$. Man nennt das so konstruierte Vektorraumbündel $\xi \oplus \eta$ die *direkte Summe* oder die *Whitney-Summe*.

Es erbt von der direkten Summe von Vektorräumen folgende universelle Eigenschaft. Seien $i_\xi\colon \xi \to \xi \oplus \eta$ und $i_\eta\colon \eta \to \xi \oplus \eta$ die offensichtlichen Inklusionen von Vektorraumbündeln über B. Sei μ ein Vektorraumbündel über B. Dann gibt es zu allen Abbildungen von Vektorraumbündeln $f_\xi\colon \xi \to \mu$ und $f_\eta\colon \eta \to \mu$ über B genau eine Abbildung von Vektorraumbündeln $f_\xi \oplus f_\eta\colon \xi \oplus \eta \to \mu$ über B mit $(f_\xi \oplus f_\eta) \circ i_\xi = f_\xi$ und $(f_\xi \oplus f_\eta) \circ i_\eta = f_\eta$.

Analog übertragen sich die anderen Konstruktionen. Man erhält also folgende Liste von neuen Vektorraumbündeln über B für gegebene Vektorraumbündel ξ und η über B, wobei man fasernweise die entsprechende Konstruktion aus der linearen Algebra anwendet:

- Direkte Summe $\xi \oplus \eta$,
- Homomorphismen-Bündel $\hom(\xi, \eta)$,
- Duales Vektorraumbündel ξ^*,
- Vektorraumbündel der p-multilinearen Abbildungen $\mathrm{Mult}^p(\xi)$,
- Vektorraumbündel der symmetrischen p-multilinearen Abbildungen $\mathrm{Sym}^p(\xi)$,
- Vektorraumbündel der alternierenden p-Formen $\mathrm{Alt}^p(\xi)$,
- Tensorprodukt $\xi \otimes \eta$,
- Äußeres Produkt $\bigwedge^p \xi$.

Die Konstruktion der zugehörigen Vektorraumbündel ist analog zu der für die direkte Summe beschriebenen. Der einzige Unterschied ist, dass man die Abbildung S aus (11.1) durch eine entsprechende andere ersetzen muss. Beispielsweise im Falle des Tensorproduktes $\xi \otimes \eta$ muss man die folgenden Abbildung

$$T\colon Gl_m(\mathbb{R}) \times GL_n(\mathbb{R}) \to GL_{mn}(\mathbb{R}) \tag{11.2}$$

betrachten. Sie ordnet (A, B) die invertierbare (mn, mn)-Matrix zu, die $a_{i,j} \cdot b_{k,l}$ als Eintrag an der Stelle $(i + m(j-1), k + m(l-1))$ für $i \in \{1, 2, \ldots, m\}$ und $j \in \{1, 2, \ldots, n\}$ hat. Die Abbildung T hat die folgende Eigenschaft. Seien $f\colon V \to V'$ und $g\colon W \to W'$ lineare Isomorphismen. Seien $\{b_1, \ldots, b_m\}$, $\{b'_1, \ldots, b'_m\}$, $\{c_1, \ldots, c_n\}$ und $\{c'_1, \ldots, c'_n\}$ Basen von V, V', W und W'. Seien A und B die zu f und g bezüglich dieser Basen gehörigen Matrizen. Versiehe $V \otimes W$ mit der Basis $\{b_{i(k)} \cdot c_{j(k)} \mid k \in \{1, 2, \ldots, mn\}\}$, wobei $i(k) \in \{1, 2, \ldots, m\}$ und $j(k) \in \{1, 2, \ldots, n\}$ durch $k = i(k) + m \cdot (j(k) - 1)$ bestimmt sind. Versiehe $V' \otimes W'$ mit der entsprechenden Basis. Dann ist die zu $f \otimes g\colon V \otimes W \to V' \otimes W'$ bezüglich dieser Basen gegebene Matrix gerade $T(A, B)$. Offensichtlich ist T stetig und sogar glatt.

Bemerkung 11.3 (Natürlichkeit). Alle diese Konstruktionen sind natürlich in dem Sinne, dass eine Abbildung zwischen den beteiligten Vektorraumbündeln über B eine Abbildung von Vektorraumbündeln über B auf dem Ergebnis der Konstruktion induziert. Man wendet fasernweise die Konstruktionen aus Kapitel 10 an. So liefert eine Abbildung $f\colon \xi \to \eta$ von Vektorraumbündeln über B eine Abbildung $\mathrm{Alt}^p(f)\colon \mathrm{Alt}^p(\eta) \to \mathrm{Alt}^p(\xi)$ von Vektorraumbündeln über B und es gilt $\mathrm{Alt}^p(f \circ g) = \mathrm{Alt}^p(g) \circ \mathrm{Alt}^p(f)$ und $\mathrm{Alt}^p(\mathrm{id}) = \mathrm{id}$.

Insbesondere übertragen sich alle kanonischen Isomorphismen aus Kapitel 10, d.h. man erhält Isomorphismen von Vektorraumbündeln über B

- $f_{\xi_1,\xi_2}\colon \xi_1 \oplus \xi_2 \xrightarrow{\cong} \xi_2 \oplus \xi_1$,
- $f_{\xi_1,\xi_2}\colon \xi_1 \otimes \xi_2 \xrightarrow{\cong} \xi_2 \otimes \xi_1$,
- $f_{\xi_1,\xi_2,\eta}\colon (\xi_1 \otimes \eta) \oplus (\xi_2 \otimes \eta) \xrightarrow{\cong} (\xi_1 \oplus \xi_2) \otimes \eta$,
- $f_{\xi_1,\xi_2}\colon \bigoplus_{p+q=n} \mathrm{Alt}^p(\xi_1) \otimes \mathrm{Alt}^q(\xi_2) \xrightarrow{\cong} \mathrm{Alt}^n(\xi_1 \oplus \xi_2)$,
- $f_\xi\colon \mathrm{Alt}^p(\xi) \xrightarrow{\cong} (\bigwedge^p \xi)^*$,
- $f_\xi\colon \mathrm{Alt}^p(\xi^*) \xrightarrow{\cong} (\mathrm{Alt}^p(\xi))^*$,
- $f_\xi\colon \xi \xrightarrow{\cong} (\xi^*)^*$,
- $f_{\xi_1,\xi_2}\colon \xi_1^* \otimes \xi_2 \xrightarrow{\cong} \hom(\xi_1, \xi_2)$,
- $f_{\xi_1,\xi_2,\xi_3}\colon \hom(\xi_1, \hom(\xi_2, \xi_3)) \xrightarrow{\cong} \hom(\xi_1 \otimes \xi_2, \xi_3)$.

Bemerkung 11.4 (Glatte Strukturen). Falls die Basis B eine glatte Mannigfaltigkeit ist und die beteiligten Vektorraumbündel glatt sind, so liefern alle obigen Konstruktionen glatte Vektorraumbündel und glatte Isomorphismen von Vektorraumbündeln. Das folgt im Wesentlichen daraus, dass die Konstruktionen aus der linearen Algebra glatt sind. Beispielsweise sind die Abbildungen S aus (11.1) und T aus (11.2) glatt.

Definition 11.5 (Untervektorraumbündel und Quotientenvektorraumbündel). *Sei ξ ein durch $p\colon E \to B$ gegebenes n-dimensionales Vektorraumbündel und sei $k \in \{0, 1, \ldots n\}$. Sei $F \subseteq E$ ein Teilraum derart, dass es zu jedem $b \in B$ eine Bündelkarte $h\colon p^{-1}(U) \to U \times \mathbb{R}^n$ mit $b \in U$ gibt, so dass $h^{-1}(U \times \mathbb{R}^k \times \{0\}) = p^{-1}(U) \cap F$ gilt.*

*Dann erbt $p|_F\colon F \to B$ in kanonischer Weise die Struktur eines k-dimensionalen Vektorraumbündels η von ξ: die Vektorraumstruktur auf F_b wird von der von E_b für $b \in B$ induziert und die Karte h induziert eine Bündelkarte um $b \in B$ für $p|_F\colon F \to B$. Wir nennen η ein k-*dimensionales Untervektorraumbündel *von ξ.*

Das $(n-k)$-dimensionale Quotientenvektorraumbündel *ξ/η ist durch folgendes Prävektorraumbündel definiert. Es ist durch die offensichtliche Abbildung $q\colon \coprod_{b\in B} E_b/F_b \to B$ und die Menge der Abbildungen $\overline{h}\colon q^{-1}(U) \to U \times \mathbb{R}^{n-k}$, die $[v] \in E_b/F_b$ für $v \in E_b$ das Element $(b, \mathrm{pr} \circ h_u(v))$ für $\mathrm{pr}\colon \mathbb{R}^n \to \mathbb{R}^{n-k}$ die Projektion auf die letzen $(n-k)$ Koordinaten zuordnet, gegeben, wobei $h\colon p^{-1}(U) \to U \times \mathbb{R}^n$ die Menge der Karten der von ξ mit $h^{-1}(U \times \mathbb{R}^k \times \{0\}) = U \cap F$ durchläuft.*

Definition 11.6 (Pullback). *Sei $p\colon E \to B$ ein Vektorraumbündel und $f\colon A \to B$ eine Abbildung. Definiere das* Pullback *$f^*\xi$ als das Vektorraumbündel über A mit $f^*E := \{(e, a) \mid e \in E, a \in A, p(e) = f(a)\}$ als Totalraum. Die Bündelprojektion $f^*p\colon f^*E \to A$ ist durch $(e, a) \mapsto a$ gegeben.*

Die Abbildung $\overline{f}\colon p^*E \to E$, $(e, a) \mapsto e$ ist eine Abbildung von Vektorraumbündeln über f.

11.2 Riemannsche Metriken und Orientierungen

Folgende Definition verallgemeinert den Begriff des Elementes eines Vektorraums auf Vektorraumbündel.

Definition 11.7 (Schnitte und Vektorfelder). *Sei ξ ein durch $p\colon E \to B$ gegebenes Vektorraumbündel. Ein* Schnitt *s von ξ ist eine stetige Abbildung $s\colon B \to E$ mit $p \circ s = \mathrm{id}_B$.*

Falls B eine glatte Mannigfaltigkeit und ξ glatt ist, so nennt man s glatt, *falls die Abbildung s als Abbildung von glatten Mannigfaltigkeiten glatt ist.*

Der Schnitt s heißt nirgends verschwindend, *wenn $s(b) \neq 0$ für alle $b \in B$ gilt.*

Ein Vektorfeld *auf einer glatten Mannigfaltigkeit M ist ein Schnitt des Tangentialbündels TM.*

Ein Schnitt ist eine stetige Auswahl von jeweils einem Element $s(b)$ in dem Vektorraum $E_b = p^{-1}(b)$ für alle $b \in B$. Der *Nullschnitt* $s_0\colon B \to E$ ordnet $b \in B$ das Nullelement des Vektorraums E_b zu. Er ist automatisch glatt, falls ξ glatt ist.

Man kann nun Zusatzstrukturen von Vektorräumen auf Vektorraumbündel übertragen. Folgende Definition verallgemeinert den Begriff des Skalarprodukts für Vektorräume auf Vektorraumbündel, indem man eine stetige Auswahl von Skalarprodukten auf den einzelnen Fasern fordert.

Definition 11.8 (Riemannsche Metrik). *Eine* riemannsche Metrik *auf einem Vektorraumbündel ξ gegeben durch $p\colon E \to B$ ist ein Schnitt $g\colon B \to \mathrm{Sym}^2(E)$ mit der Eigenschaft, dass für jedes $b \in B$ die symmetrische bilineare Abbildung $g_b\colon E_b \times E_b \to \mathbb{R}$ ein Skalarprodukt auf dem Vektorraum E_b ist.*

Definition 11.9 (Partition der Eins). *Sei X ein topologischer Raum und $\mathcal{U} = \{U_i \mid i \in I\}$ eine offene Überdeckung von X. Eine $\mathcal{U}$-*untergeordnete Partition der Eins *$\{e_j \mid j \in J\}$ ist eine Familie von Funktionen $e_j\colon X \to [0,1]$ mit folgenden Eigenschaften. Sie ist* lokal endlich, *d.h. zu jedem $x \in X$ gibt es eine Umgebung U derart, dass für alle $j \in J$ bis auf endlich viele Ausnahmen $e_j(x) = 0$ ist. Es gilt $\sum_{j \in J} e_j = 1$. (Die Summe ist wegen der lokalen Endlichkeit wohldefiniert.) Zu jedem $j \in J$ gibt es ein $i \in I$ derart, dass der* Träger $\mathrm{Tr}(e_j)$, *d.h. der Abschluss der Menge $\{x \in M \mid e_j(x) \neq 0\}$, in U_i liegt.*

Falls X eine glatte Mannigfaltigkeit und jedes e_i glatt ist, so heißt die Partition der Eins glatt.

Lemma 11.10. *(a) Sei X ein parakompakter Raum. Dann gibt es zu jeder offenen Überdeckung eine untergeordnete Partition der Eins.*

(b) Jeder CW-Komplex und jede topologische Mannigfaltigkeit ist parakompakt.

(c) Sei M eine glatte Mannigfaltigkeit. Dann gibt es zu jeder offenen Überdeckung eine ihr untergeordnete glatte Partition der Eins.

Beweis: (a) Dies wird in [32, Satz 4 in I.8.7 auf Seite 88] bewiesen.

(b) Siehe [26] und [32, Satz 2 in I.8.7 auf Seite 90].

(c) Sei $\mathcal{U} = \{V_i \mid i \in I\}$ eine offene Überdeckung von M. Da M lokal kompakt ist und eine abzählbare Basis der Topologie hat, finden wir eine Folge kompakter Teilmengen $K_1 \subseteq K_2 \subseteq \ldots \subseteq M$ mit $\overline{K_i} \subseteq {K_{i+1}}^\circ$ und $M = \bigcup_{i=1}^{\infty} K_i$. Sei $B_r(0)$ die Menge der Punkte $x \in \mathbb{R}^n$ mit $||x|| < r$. Für jedes i wählen wir endlich viele Karten $k_j : W_j \to B_3(0)$ mit $W_j \subseteq {K_{i+2}}^\circ - K_{i-1}$ derart, dass die Mengen $k_j^{-1}(B_1(0))$ eine offene Überdeckung von $K_{i+1} - {K_i}^\circ$ bilden. Dies ist möglich, da ${K_{i+2}}^\circ - K_{i-1}$ eine offene Umgebung der kompakten Menge $K_{i+1} - {K_i}^\circ$ ist. Sei $\mathcal{A} = \{h_n : U_n \to B_3(0) \mid n = 1, 2, \ldots\}$, der von all diesen Karten k_j für alle i gebildete Atlas. Er hat die Eigenschaft, dass es zu jedem $i \in I$ ein n mit $U_n \subseteq K_i$ gibt, die Überdeckung $\{U_n \mid n = 1, 2, \ldots\}$ lokal endlich ist, d.h. zu jedem $x \in M$ gibt es eine offene Umgebung U, die mit nur endlich vielen Mengen U_n einen endlichen Durchschnitt hat, und die Mengen $h_n^{-1}(B_1(0))$ bilden eine offene Überdeckung von M.

Die Funktion $\lambda\colon \mathbb{R} \to \mathbb{R}$, die $t \leq 0$ auf 0 und $t > 0$ auf $\exp(-t^2)$ abbildet, ist glatt. Für $\varepsilon > 0$ sei $\mu_\varepsilon : \mathbb{R} \to \mathbb{R}$ die glatte Funktion, die t auf $\lambda(t) \cdot (\lambda(t) + \lambda(\varepsilon - t))^{-1}$ abbildet. Sie erfüllt $0 \leq \mu_\varepsilon(t) \leq 1$, $\mu_\varepsilon(t) = 0 \Leftrightarrow t \leq 0$ und $\mu_\varepsilon(t) = 1 \Leftrightarrow t \geq \varepsilon$. Definiere für $r, \varepsilon > 0$ die glatte Funktion

$$\psi_{r,\varepsilon} : \mathbb{R}^n \to \mathbb{R}, \quad x \mapsto 1 - \mu_\varepsilon(|x| - r).$$

Dies ist eine Glockenfunktion, sie erfüllt $0 \leq \psi_{r,\varepsilon}(x) \leq 1$ für jedes $x \in \mathbb{R}^n$, $\psi_{r,\varepsilon}(x) = 1$ für $||x|| \leq r$ und $\psi_{r,\varepsilon}(x) = 0$ für $||x|| \leq r + \varepsilon$.

Figur 11.11. (Glockenfunktion).

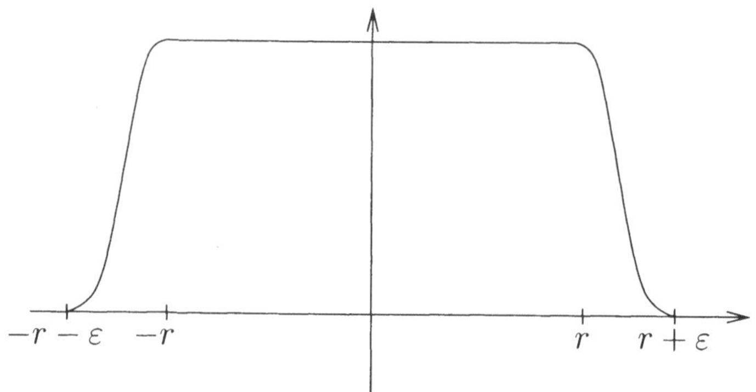

Definiere eine glatte Funktion auf M

$$f_n : M \to \mathbb{R}, \quad x \mapsto \begin{cases} \psi_{1,1} \circ h_n(x) & \text{falls } x \in U_n, \\ 0 & \text{sonst.} \end{cases}$$

Es gibt zu jedem $x \in M$ eine offene Umgebung U derart, dass nur endlich viele der Funktionen f_n auf U verschwinden. Also ist $f := \sum_{n=1}^{\infty} f_n$ eine wohldefinierte glatte Funktion auf M mit $f(x) > 0$ für alle $x \in M$. Definiere eine glatte Funktion

$$e_n : M \to \mathbb{R}, \quad x \mapsto \frac{f_n(x)}{f(x)}.$$

Dann ist $\{e_n \mid n = 1, 2 \ldots\}$ eine der offenen Überdeckung $\mathcal{U}$ untergeordente Partition der Eins. □

Lemma 11.12. *Sei $p\colon E \to B$ ein Vektorraumbündel ξ über dem parakompakten Raum B. Dann besitzt ξ eine riemannsche Metrik.*

Beweis: Sei $\mathcal{A}$ ein Bündelatlas. Wähle eine der offenen Überdeckung von B, die durch die Quellen der Karten in $\mathcal{A}$ gegeben ist, untergeordnete Partition der Eins $\{e_i \mid i \in I\}$. Zu $i \in I$ wähle eine Karte $h_i\colon p^{-1}(U_i) \to U_i \times \mathbb{R}^n$ derart, dass der Träger von e_i in U_i liegt. Das triviale Bündel $U_j \times \mathbb{R}^n$ besitzt offensichtlich eine riemannsche Metrik. Mittels des Isomorphismus von Vektorraumbündeln h_i erhalten wir eine riemannsche Metrik g_i auf $\xi|_{U_i}$. Definiere einen Schnitt $e_i g_i$ des Vektorraumbündels $\mathrm{Sym}^2(\xi)$ durch $e_i(x) \cdot g_i(x)$ für $x \in U_i$ und durch 0 für $x \notin U_i$. Definiere einen Schnitt g von $\mathrm{Sym}^2(\xi)$ durch $\sum_{i \in I} e_i g_i$. Dies ist eine riemannsche Metrik, da für Skalarprodukte $s_1, s_2, \ldots, s_n$ auf einem Vektorraum V und nicht-negative reelle Zahlen $r_1, r_2, \ldots, r_n$ mit $\sum_{i=1}^n r_i = 1$ die Summe $\sum_{i=1}^n r_i \cdot s_i$ wieder ein Skalarprodukt auf V ist. □

Folgende Definition verallgemeinert den Begriff der Orientierung für Vektorräume auf Vektorraumbündel, indem man eine stetige Auswahl von Orientierungen auf den einzelnen Fasern fordert.

Definition 11.13 (Orientierung eines Vektorraumbündels). *Ein n-dimensionales Vektorraumbündel ξ über B heißt* orientierbar, *wenn es einen nirgends verschwindenden Schnitt s des Vektorraumbündels* $\mathrm{Alt}^n(\xi)$ *gibt. Zwei nirgends verschwindende Schnitte s_1 und s_2 heißen* äquivalent, *wenn es eine Funktion $f\colon B \to (0, \infty)$ mit $f \cdot s_1 = s_2$ gibt. Eine* Orientierung $\mathcal{O}_\xi$ *auf ξ ist eine Auswahl einer Äquivalenzklasse von nirgends verschwindenden Schnitten von* $\mathrm{Alt}^n(\xi)$. *Ein* orientiertes Vektorraumbündel *ist ein Vektorraumbündel mit einer Auswahl einer Orientierung.*

Lemma 11.14. *Sei ξ ein n-dimensionales Vektorraumbündel $p\colon E \to B$. Eine Orientierung $\mathcal{O}_\xi$ ist dassselbe wie eine Familie von Orientierungen $\{\mathcal{O}_{E_b} \mid b \in B\}$ der Fasern E_b mit der Eigenschaft, dass es zu jedem $b \in B$ eine Umgebung U von b und eine Bündelkarte $h\colon p^{-1}(U) \to U \times \mathbb{R}^n$ derart gibt, dass für jedes $u \in U$ der lineare Isomorphismus $h_u\colon E_u \xrightarrow{\cong} \{u\} \times \mathbb{R}^n = \mathbb{R}^n$ mit der Orientierung $\mathcal{O}_{E_u}$ und der Standardorientierung auf $\mathbb{R}^n$ verträglich ist.*

Beweis: Sei eine Orientierung $\mathcal{O}_\xi$ gegeben. Wähle einen nirgends verschwindenden Schnitt s von $\mathrm{Alt}^n(E)$, der die Orientierung repräsentiert. Dann definiert $s(b)$ eine Orientierung $\mathcal{O}_{E_b}$ auf der Faser E_b für jedes $b \in B$. Es bleibt die lokale Verträglichkeit zu zeigen. Wähle eine Bündelkarte $h\colon p^{-1}(U) \to U \times \mathbb{R}^n$ für eine offene Umgebung U von $b \in B$. Sie induziert eine Bündekarte $\mathrm{Alt}^n(h)\colon q^{-1}(U) \to U \times \mathbb{R}$, falls $q\colon \mathrm{Alt}^n(E) \to B$ die Projektion ist und wir einen Isomorphismus $\mathrm{Alt}^n(\mathbb{R}^n) \cong \mathbb{R}$ wählen. Indem wir diese Bündelkarte eventuell mit $\mathrm{id}_U \times (-\mathrm{id}_{\mathbb{R}})$ komponieren, erhalten wir eine Bündelkarte $g\colon q^{-1}(U) \to U \times \mathbb{R}$ derart, dass die Komposition

$$U \xrightarrow{s|_U} q^{-1}(U) \xrightarrow{g} U \times \mathbb{R} \xrightarrow{\mathrm{pr}_{\mathbb{R}}} \mathbb{R}$$

b auf eine positive reelle Zahl abbildet. Da 0 nicht in dem Bild dieser Komposition liegt, gibt es eine offene Umgebung $V \subseteq U$ von b derart, dass das Bild der Einschränkung dieser Komposition auf V in $(0, \infty)$ liegt. Daraus folgt, dass für jedes $v \in V$ der lineare Isomorphismus $g_v\colon E_v \xrightarrow{\cong} \{v\} \times \mathbb{R}^n = \mathbb{R}^n$ mit der Orientierung $\mathcal{O}_{E_v}$ und der Standardorientierung auf $\mathbb{R}^n$ verträglich ist.

Sei nun umgekehrt eine Familie von Orientierungen $\{\mathcal{O}_{E_b} \mid b \in B\}$ der Fasern E_b mit der Eigenschaft gegeben, dass es zu jedem $b \in B$ eine Umgebung U_b von b und eine Bündelkarte $h_b\colon p^{-1}(U_b) \to U_b \times \mathbb{R}^n$ derart gibt, dass für jedes $u \in U$ der lineare Isomorphismus $(h_b)_u\colon E_u \xrightarrow{\cong} \{u\} \times \mathbb{R}^n = \mathbb{R}^n$ mit der Orientierung $\mathcal{O}_{E_u}$ und der Standardorientierung auf $\mathbb{R}^n$ verträglich ist. Sei $s_b\colon U_b \to \operatorname{Alt}^n(E)|_{U_b}$ der Schnitt, der durch die von h induzierte Karte $\operatorname{Alt}^n(h_b)\colon \operatorname{Alt}^n(E)|_{U_b} \to U_b \times \operatorname{Alt}^n(\mathbb{R}^n)$ und den Schnitt

$$U_b \to U_b \times \operatorname{Alt}^n(\mathbb{R}^n), \quad u \mapsto (u, e_1^* \wedge \ldots \wedge e_n^*)$$

für die Standardbasis $\{e_1, e_2, \ldots e_n\}$ des $\mathbb{R}^n$ gegeben ist. Sei $\{\varphi_b \mid b \in M\}$ eine der offenen Überdeckung $\{U_b \mid b \in M\}$ untergeordnete Partition der Eins. Definiere einen Schnitt s von $\operatorname{Alt}^n(E)$ durch $s = \sum_{b \in M} \varphi_b \cdot s_b$. Man überprüft leicht, dass dies ein wohldefinierter Schnitt ist, der nirgends verschwindet und damit eine Orientierung $\mathcal{O}_\xi$ induziert, die nicht von den Wahlen von h_b und der Partition der Eins abhängt, sondern nur von der Familie $\{\mathcal{O}_{E_b} \mid b \in B\}$. □

Beispiel 11.15. (Orientierungen auf 1-dimensionalen Vektorraumbündeln). Ein 1-dimensionales Vektorraumbündel ist genau dann isomorph zum trivialen Bündel, wenn es orientierbar ist. Das tautologische Vektorraumbündel τ_1 ist ein 1-dimensionales Vektorraumbündel, das nicht trivial ist (siehe Beispiel 9.50). Also ist τ_1 nicht orientierbar.

Bemerkung 11.16 (Anzahl von Orientierungen). Sei ξ ein orientierbares n-dimensionales Vektorraumbündel über einem zusammenhängenden Raum B. Dann gibt es genau zwei Orientierungen auf ξ. Seien s_1 und s_2 zwei nirgends verschwindende Schnitte auf $\operatorname{Alt}^n(\xi)$. Dann gibt es genau eine Funktion $f\colon B \to \mathbb{R} - \{0\}$ mit $s_1 = f \cdot s_2$. Da B zusammenhängend ist, gilt entweder $f(x) > 0$ für alle $x \in B$ oder $f(x) < 0$ für alle $x \in B$.

11.3 Orientierungen auf Mannigfaltigkeiten

Sei $f\colon U \to V$ ein Diffeomorphismus von offenen Teilmengen des $\mathbb{R}^n$. Er heißt *orientierungserhaltend*, falls $\det(J_x f) > 0$ für alle $x \in U$ gilt.

Definition 11.17 (Orientierung auf einer glatten Mannigfaltigkeit). *Sei M eine glatte Mannigfaltigkeit. Ein glatter Atlas heißt* orientiert, *falls jeder Kartenwechsel ein orientierungserhaltender Diffeomorphismus von offenen Teilmengen des $\mathbb{R}^n$ ist. Es heißt M* orientierbar, *falls M einen orientierten Atlas besitzt. Eine* Orientierung $\mathcal{O}_M$ *auf M ist eine Auswahl eines (unter den orientierten Atlanten) maximalen orientierten Atlanten.*

Insbesondere legt ein orientierter Atlas $\mathcal{A}$ eine Orientierung auf M fest, nämlich den maximalen orientierten Atlanten $\mathcal{A}_{\max}$, der aus den Karten von M besteht, deren Kartenwechsel mit jeder Karte von $\mathcal{A}$ glatt und orientierungserhaltend sind.

Lemma 11.18. *Sei M eine glatte Mannigfaltigkeit. Sie ist genau dann im Sinne von Definition 11.17 orientierbar, wenn ihr Tangentialbündel TM im Sinne von Definition 11.13 orientierbar ist. Eine Auswahl einer Orientierung im Sinne von Definition 11.17 ist dasselbe wie eine Auswahl einer Orientierung von TM im Sinne von Definition 11.13.*

Beweis: Sei eine Orientierung $\mathcal{O}_M$ von M gegeben. Wähle irgendeinen orientierten Atlas $\mathcal{A} = \{h_i : U_i \to V_i \mid i \in I\}$, der die gegebene Orientierung induziert. Sei $x \in M$ gegeben. Wähle $i \in I$ mit $x \in U_i$. Versiehe $T_{h_i(x)}V_i$ mit der Orientierung $\mathcal{O}_{T_{h_i(x)}V_i}$, die durch die Basis von $T_{h_i(x)}V_i$ aus Lemma 9.33 gegeben ist. Sei $\mathcal{O}_{T_xM}$ die Orientierung, für die der Isomorphismus $T_xh_i : T_xM \xrightarrow{\cong} T_{h_i(x)}V_i$ orientierungserhaltend ist. Da der Atlas $\mathcal{A}$ orientiert ist, ist $\mathcal{O}_{T_xM}$ unabhängig von der Wahl von $i \in I$. Man überlegt sich leicht, dass die Familie $\{\mathcal{O}_{T_xM} \mid x \in M\}$ die Bedingungen des Lemmas 11.14 erfüllt und damit eine Orientierung $\mathcal{O}_{TM}$ auf dem Tangentialbündel definiert, die nur von der Auswahl der gegebenen Orientierung $\mathcal{O}_M$ auf M abhängt.

Umgekehrt sei nun eine Orientierung $\mathcal{O}_{TM}$ des Tangentialbündels TM gegeben. Sei $\mathcal{A} = \{h_i : U_i \to V_i \mid i \in I\}$ ein glatter Atlas derart, dass jede Menge V_i gleich $\mathbb{R}^n$ ist. Die Orientierung auf TM induziert eine Orientierung auf TU_i. Die Basen für $T_x\mathbb{R}^n$ für $x \in \mathbb{R}^n$ aus Lemma 9.33 legen eine Orientierung auf $T_x\mathbb{R}^n$ fest. Sei $u : \mathbb{R}^n \to \mathbb{R}^n$ ein linearer Isomorphismus mit negativer Determinante. Definiere $\overline{h_i} : U_i \to \mathbb{R}^n$ als h_i, falls $Th_i : TU_i \to T\mathbb{R}^n$ ein orientierungserhaltender Isomorphismus von orientierten Vektorraumbündeln ist, und als $u \circ h_i$ andernfalls. Dann ist $\overline{\mathcal{A}} = \{\overline{h_i} : U_i \to \mathbb{R}^n \mid i \in I\}$ ein orientierter Atlas und legt eine Orientierung auf M fest. Man überprüft leicht, dass sie nur von der gegebenen Orientierung von TM abhängt, aber nicht von der Wahl von $\mathcal{A}$ und u.

Es ist leicht zu beweisen, dass diese beiden Konstruktionen eine Bijektion zwischen den Orientierungen von TM und den Orientierungen von M induzieren. □

Wir haben bereits im Ausblick 8.20 erklärt, dass eine Orientierung des Tangentialbündels TM dasselbe ist wie eine algebraisch topologische Orientierung im Sinne von Definition 8.2.

Satz 11.19 (Urbilder regulärer Werte und Orientierungen). *Sei $f : M \to N$ eine glatte Abbildung von glatten Mannigfaltigkeiten und $y \in N$ ein regulärer Wert. Dann ist sein Urbild $f^{-1}(y)$ eine glatte Untermannigfaltigkeit von M, deren Kodimension gleich der Dimension von N ist. Insbesondere ist $f^{-1}(y)$ eine glatte Mannigfaltigkeit der Dimension* $\dim(M) - \dim(N)$.

Fixiere eine Orientierung auf dem Vektorraum T_yN. Dann induziert eine Orientierung der Mannigfaltigkeit M in eindeutiger Weise eine Orientierung auf $f^{-1}(y)$.

Beweis: Bis auf die Aussage über die Orientierung auf $f^{-1}(y)$ sind die Aussagen dieses Satzes bereits in Satz 9.41 bewiesen worden.

Figur 11.20. (Urbild eines regulären Wertes).

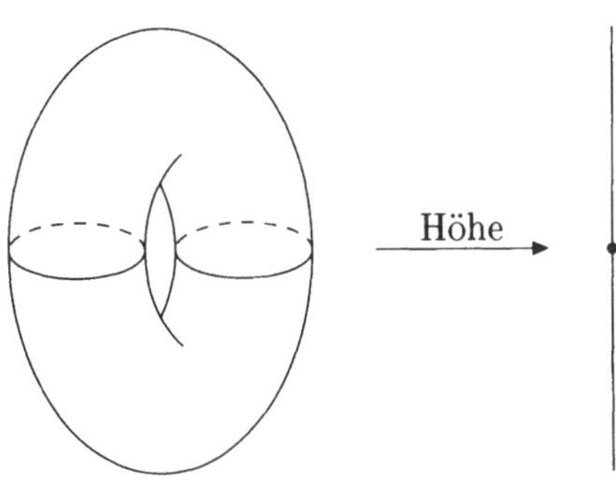

Sei nun $x \in f^{-1}(y)$ gegeben. Sei $i\colon f^{-1}(x) \to M$ die Inklusion. Dann erhalten wir die kurze exakte Sequenz von reellen Vektorräumen

$$0 \to T_x f^{-1}(y) \xrightarrow{T_x i} T_x M \xrightarrow{T_x f} T_y N \to 0.$$

Die auf $T_y N$ und $T_x M$ gegebenen Orientierungen legen eine Orientierung $\mathcal{O}_{T_x f^{-1}(y)}$ auf $T_x f^{-1}(y)$ fest (siehe Bemerkung 10.13). Man überlegt sich leicht, dass die Familie $\{\mathcal{O}_{T_x f^{-1}(y)} \mid x \in f^{-1}(y)\}$ die Bedingungen des Lemmas 11.14 erfüllt und damit eine Orientierung $\mathcal{O}_{T f^{-1}(y)}$ auf dem Tangentialbündel von $f^{-1}(y)$ definiert. Das ist aufgrund von Lemma 11.18 dasselbe wie eine Orientierung $\mathcal{O}_{f^{-1}(y)}$ von $f^{-1}(y)$. □

Beispiel 11.21 (Standardorientierung auf $\mathbb{R}^n$). Die *Standardorientierung* auf $\mathbb{R}^n$ ist durch den (offensichtlich) orientierten Atlas mit genau einer Karte, nämlich $\mathrm{id}\colon \mathbb{R}^n \to \mathbb{R}^n$ gegeben.

Die Familie $\{\mathcal{O}_{T_x \mathbb{R}^n} \mid x \in \mathbb{R}^n\}$ von Orientierungen, die von der Basis $\{\partial_1, \partial_2, \ldots, \partial_n\}$ aus Lemma 9.33 bestimmt wird, definiert aufgrund von Lemma 11.14 eine Orientierung auf $T\mathbb{R}^n$. Die *Standardorientierung* auf $\mathbb{R}^n$ entspricht dieser Orientierung auf $T\mathbb{R}^n$ unter der Korrespondenz aus Lemma 11.18.

Sei $U \subseteq \mathbb{R}^n$ eine offene Teilmenge. Die Standardorientierung auf $\mathbb{R}^n$ induziert durch Einschränkung die *Standardorientierung* auf der glatten Mannigfaltigkeit U.

Beispiel 11.22 (Standardorientierung auf S^1). Die *Standardorientierung* auf S^1 ist diejenige, die entgegen dem Uhrzeigersinn verläuft. Dies ist die folgendermaßen definierte Orientierung. Betrachte das nirgends verschwindende Vektorfeld v, das (x,y) den Tangentialvektor $(x,y) + (-y,x)$ im Tangentialraum $T_{(x,y)}S^1$ im Sinne von Beispiel 9.25 zuordnet.

Figur 11.23. (Standardorientierung auf S^1).

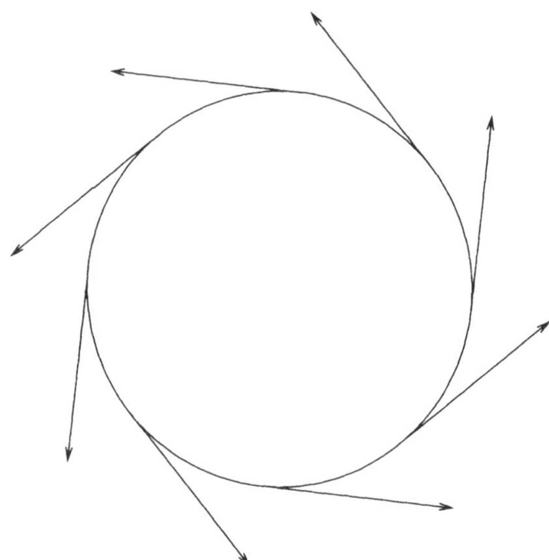

Versieht man TS^1 mit der riemannschen Metrik, die von der Einbettung $S^1 \subseteq \mathbb{R}^2$ und der Standard-riemannschen Metrik auf $\mathbb{R}^2$ induziert wird, so erhält man einen Isomorphismus $TS^1 \xrightarrow{\cong} \mathrm{Alt}^1(TS^1)$. Also kann man v als nirgends verschwindenden Schnitt von $\mathrm{Alt}^1(TS^1)$ und damit als Orientierung auf S^1 interpretieren.

Beispiel 11.24 (Standardorientierung auf S^d). Die d-dimensionale Sphäre S^d ist für $d \geq 0$ eine orientierbare Mannigfaltigkeit. Man rechnet leicht nach, dass man aus dem glatten Atlas aus Beispiel 9.5 einen orientierten Atlas erhält, wenn man die Karte $h_{j,k}$ mit dem Diffeomorphismus

$$D^{d^\circ} \xrightarrow{\cong} D^{d^\circ}, \quad (y_1, y_2, \ldots, y_d) \mapsto (j \cdot (-1)^{k+d} \cdot y_1, y_2, \ldots, y_d)$$

komponiert. Man erhält dieselbe Orientierung, wenn man Satz 11.19 auf die Abbildung

$$f \colon \mathbb{R}^{d+1} \to \mathbb{R}, \quad (x_1, x_2, \ldots, x_{d+1}) \mapsto \sum_{i=1}^{d+1} x_i^2,$$

und den regulären Wert 1, die Standardorientierung auf dem $\mathbb{R}^{d+1}$ und die auf $T_1\mathbb{R}$ durch $\{-\partial_1\}$ gegebene Orientierung anwendet. Dies ist die *Standardorientierung* auf S^d. Für $d = 1$ entspricht dies der Standardorientierung auf S^1 aus Beispiel 11.22.

Beispiel 11.25 (Möbius-Band). Das *Möbius-Band* M entsteht aus dem Raum $(-1,1) \times [0,1]$, indem man die beiden Enden $(-1,1) \times \{0\}$ und $(-1,1) \times \{1\}$ durch $(t,0) \simeq (-t,1)$ identifiziert. Sei $p\colon (-1,1) \times [0,1] \to M$ die Projektion. Das Möbius-Band ist eine glatte Mannigfaltigkeit: Ein Atlas ist durch die beiden folgenden Karten $h_i \colon U_i \to V_i$ für $i = 1,2$ gegeben. Sei $V_1 = (-1,1) \times (0,1)$ und $U_1 = p(V_1)$. Dann induziert p einen Homöomorphismus $p|_{V_1} \colon V_1 \to U_1$. Definiere h_1 als sein Inverses. Sei U_2 das Bild von $(-1,1) \times ([0,1/2) \amalg (1/2,1])$ unter p und $V_2 = (-1,1) \times (-1/2,1/2)$. Definiere $h_2 \colon U_2 \to V_2$, indem man $p(t,s)$ für $s \in [0,1/2)$ auf $(-t,s)$ und für $s \in (1/2,1]$ auf $(t,s-1)$ abbildet. Man überprüft leicht, dass h_2 ein wohldefinierter Homöomorphismus ist. Der Kartenwechsel von h_1 zu h_2 ist durch die Abbildung

$$k \colon (-1,1) \times ((0,1/2) \amalg (1/2,1)) \xrightarrow{\cong} (-1,1) \times ((-1/2,0) \amalg (0,1/2))$$

gegeben, die (t,s) auf $(-t,s)$ für $s \in (0,1/2)$ und auf $(t,s-1)$ für $s \in (1/2,1)$ abbildet. Offensichtlich ist k glatt.

Figur 11.26. (Möbius-Band).

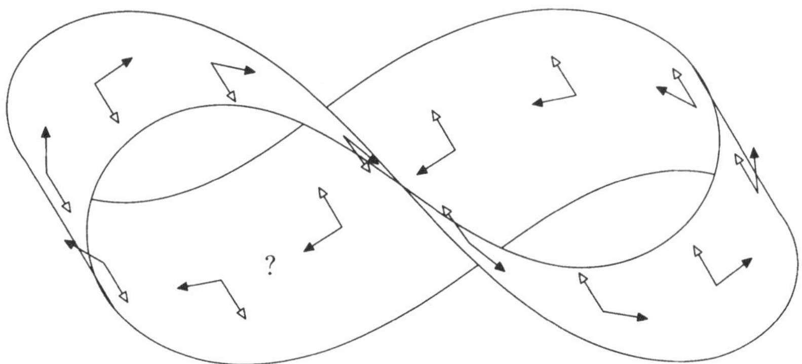

Das Möbius-Band ist nicht orientierbar: Nehmen wir an, es wäre orientierbar. Da die Kartengebiete U_1 und U_2 zusammenhängend sind und es daher auf U_1 und U_2 jeweils genau zwei Orientierungen gibt, würde die Orientierbarkeit vom Möbius-Band M implizieren, dass der Kartenwechsel k bezüglich der Standardorientierungen auf den offenen Teilmengen V_1 und V_2 des $\mathbb{R}^2$ entweder überall orientierungserhaltend oder überall orientierungsumkehrend ist. Das widerspricht der Tatsache, dass die Determinante des Kartenwechsels auf $(-1,1) \times (0,1/2)$ negativ und auf $(-1,1) \times (1/2,1)$ positiv ist.

Beispiel 11.27. (Der Tangentialraum von glatten Vektorraumbündeln). Sei ξ mit der Projektion $p\colon E \to M$ ein glattes Vektorraumbündel über der glatten Mannigfaltigkeit M. Sei $i\colon M \to E$ der Nullschnitt, der $x \in M$ das Element $0 \in E_x$ in der Faser $E_x = p^{-1}(x)$ zuordent. Sei TE das Tangentialbündel von E. Definiere die Abbildung von Vektorraumbündeln $a\colon \xi \to i^*TE$ dadurch, dass sie $v \in E_x$ für $x \in M$ den durch den Weg $(-1,1) \to E,\ t \mapsto t \cdot v$ gegebenen Tangentialvektor in T_xE zuordnet. Das Differential der Einbettung von glatten Mannigfaltigkeiten $i\colon M \to E$ induziert eine Abbildung von Vektorraumbündeln $Ti\colon TM \to i^*TE$. Man rechnet leicht nach, dass

$$Ti \oplus a\colon TM \oplus \xi \xrightarrow{\cong} i^*TE$$

ein Isomorphismus von Vektorraumbündeln ist.

Insbesondere ist i^*TE genau dann orientierbar, wenn TM und ξ orientierbar sind. Ohne Beweis sei erwähnt, dass es einen Isomorphismus von Vektorraumbündeln

$$b\colon TE \xrightarrow{\cong} p^*i^*TE$$

gibt, da $p \circ i = \mathrm{id}_M$ und $i \circ p$ homotop zu id_E ist. Also ist die Mannigfaltigkeit E genau dann orientierbar, wenn die Mannigfaltigkeit M und das Vektorraumbündel ξ orientierbar sind.

Das tautologische Geradenbündel τ_1 über $\mathbb{RP}^1$ (siehe Beispiel 9.50) ist nicht-orientierbar wie wir in Beispiel 11.15 gesehen haben. Also ist sein Totalraum E eine glatte nicht-orientierbare Mannigfaltigkeit. Er ist homöomorph zum Möbius-Band aus Beispiel 11.25.

Beispiel 11.28 (Orientierbarkeit von $\mathbb{RP}^d$). Wir wollen zeigen, dass der reelle projektive Raum $\mathbb{RR}^d$ genau dann orientierbar ist, wenn d ungerade ist.

Man rechnet leicht nach, dass der glatte Atlas aus Beispiel 9.13 für ungerade d zu einem orientierten Atlas wird, wenn man die Karte h_k mit dem Diffeomorphismus

$$D^{d^\circ} \xrightarrow{\cong} D^{d^\circ}, \quad (y_1, y_2, \ldots, y_d) \mapsto ((-1)^k \cdot y_1, y_2, \ldots, y_d)$$

komponiert.

Es bleibt zu zeigen, dass der $\mathbb{RP}^d$ nur dann orientierbar ist, wenn d ungerade ist. Nehmen wir an, dass $\mathbb{RP}^d$ orientierbar ist. Wähle einen nirgends verschwindenden Schnitt s von $\mathrm{Alt}^d(T\mathbb{RP}^d)$. Er induziert einen nirgends verschwindenden Schnitt t von $\mathrm{Alt}^d(TS^d)$, der dadurch festgelegt ist, dass $\mathrm{Alt}^d(Tp) \circ t = s \circ p$ für die Projektion $p\colon S^d \to \mathbb{RP}^d$ gilt. Sei $a\colon S^d \to S^d$ die antipodische Abbildung $x \mapsto -x$. Dann gilt $p \circ a = p$. Also erhält $a\colon S^d \to S^d$ die durch t gegebene Orientierung. Mit Hilfe des orientierten Atlanten aus Beispiel 11.24 zeigt man, dass das nur für ungerade d richtig ist. Das kann man auch zeigen, indem man sich überlegt, dass die antipodische Abbildung $-\mathrm{id}\colon \mathbb{R}^{d+1} \to \mathbb{R}^{d+1}$ genau dann orientierungserhaltend ist, wenn d ungerade ist, und $f \circ (-\mathrm{id}_{\mathbb{R}^{d+1}}) = f$ für die Abbildung f aus Beispiel 11.24 gilt.

Definition 11.29. (Riemannsche Metrik auf einer glatten Mannigfaltigkeit). *Eine* riemannsche Metrik *auf einer glatten Mannigfaltigkeit M ist eine glatte riemannsche Metrik auf ihrem Tangentialbündel.*

11.4 Aufgaben

11.1 Zeige, dass folgende Räume homöomorph sind:

(a) Das Möbius-Band aus Beispiel 11.25.

(b) Der Totalraum des tautologischen Vektorraumbündels τ_1 über $\mathbb{RP}^1$ aus Beispiel 9.50.

(c) $\mathbb{RP}^2 - \{x\}$ für irgendeinen Punkt $x \in \mathbb{RP}^2$.

11.2 Sei G eine Lie-Gruppe, d.h. eine glatte Mannigfaltigkeit mit einer Gruppenstruktur gegeben durch Abbildungen

$$\begin{aligned} m\colon G \times G &\to G, \quad (g_1, g_2) \mapsto g_1 \cdot g_2, \\ i\colon G &\to G, \quad g \mapsto g^{-1}, \end{aligned}$$

die glatt sind. Zeige, dass das Tangentialbündel TG trivial ist.

11.3 Sei ξ ein 1-dimensionales Vektorraumbündel über dem Raum B. Es sei vorausgestzt, dass es zu jeder offenen Überdeckung von B eine ihr untergeordnete glatte Partition der Eins gibt. Zeige, dass $\xi \otimes \xi$ trivial ist.

11.4 Sei ξ ein n-dimensionales Vektorraumbündel. Zeige, dass $\xi \oplus \xi$ orientierbar ist.

11.5 Zeige für $n \in \mathbb{Z}$, $n \geq 1$, dass es bis auf Isomorphie genau zwei n-dimensionale Vektorraumbündel über S^1 gibt.

11.6 Sei ξ ein Vektorraumbündel über einem CW-Komplex B. Zeige, dass ξ genau dann orientierbar ist, wenn für jede Abbildung $f\colon S^1 \to B$ das Pullback $f^*\xi$ orientierbar ist.

11.7 Zeige, dass die Whitney-Summe $TS^d \oplus (S^d \times \mathbb{R})$ des Tangentialbündels der d-dimensionalen Sphäre und des 1-dimensionalen trivialen Bündels trivial ist.

12 Differentialformen

In diesem Kapitel führen wir Differentialformen auf glatten Mannigfaltigkeiten ein. Wir erklären die äußere Ableitung, das Dach-Produkt und das Integral von Differentialformen auf glatten Mannigfaltigkeiten.

12.1 Definition einer Differentialform

Definition 12.1 (Glatte Differentialform). *Eine* glatte Differentialform vom Grad p *oder kurz eine* p-Form *auf einer glatten Mannigfaltigkeit* M *ist ein glatter Schnitt des Bündels* $\operatorname{Alt}^p(TM)$ *der alternierenden* p*-Formen des Tangentialbündels* TM *von* M*. Der* Raum der p-Formen *wird mit* $\Omega^p(M)$ *bezeichnet.*

Sei $f\colon M \to N$ eine glatte Abbildung von glatten Mannigfaltigkeiten. Sei $\omega \in \Omega^p(N)$ eine p-Form auf N. Sei $x \in M$ gegeben. Das Differential $T_x f\colon T_x M \to T_{f(x)}N$ ist eine $\mathbb{R}$-lineare Abbildung und induziert eine $\mathbb{R}$-lineare Abbildung $\operatorname{Alt}^p(T_{f(x)}f)\colon \operatorname{Alt}^p(T_{f(x)}N) \to \operatorname{Alt}^p(T_x M)$. Definiere die p-Form $f^*\omega$ auf M als den glatten Schnitt von $\operatorname{Alt}^p(TM)$, der x die alternierende p-Form $\operatorname{Alt}^p(T_x f)(\omega_{f(x)})$ zuordnet. Es ist zu zeigen, dass $f^*\omega$ glatt ist. Das folgt daraus, dass für eine glatte Abbildung $f\colon U \to V$ von offenen Teilmengen $U \subseteq \mathbb{R}^m$ und $V \subseteq \mathbb{R}^n$ die Jacobi-Matrix eine glatte Abbildung $Jf\colon U \to M_{m,n}(\mathbb{R})$ definiert, wenn man die Definition des Tangentialbündels TM und des zugehörigen Vektorraumbündels $\operatorname{Alt}^p(TM)$ als Prävektorraumbündel, Lemma 9.36 und die Basen aus Abschnitt 10.6 berücksichtigt.

Definition 12.2 (Zurückgezogene Form). *Es heißt* $f^*\omega$ *die* mit f zurückgezogene p-Form.

Es gilt $(f \circ g)^*\omega = g^* f^*\omega$ und $\operatorname{id}^*\omega = \omega$. Offensichtlich ist $\Omega^p(M)$ ein reeller Vektorraum und die Zuordnung $\omega \mapsto f^*\omega$ ist eine $\mathbb{R}$-lineare Abbildung. Also erhalten wir einen kontravarianten Funktor von der Kategorie der glatten Mannigfaltigkeiten in die Kategorie der reellen Vektorräume durch die Zuordnung $M \mapsto \Omega^p(M)$ und das Zurückziehen von p-Formen.

12.2 Das Dach-Produkt von Differentialformen

Sei ω eine p-Form und η eine q-Form auf der glatten Mannigfaltigkeit M. Definiere eine $(p+q)$-Form $\omega \wedge \eta$ auf M, indem man $x \in M$ die $(p+q)$-Multilinearform $\omega_x \wedge \eta_x$ zuordnet, die durch das Dach-Produkt von $\omega_x \in \operatorname{Alt}^p(T_x M)$ und $\eta_x \in \operatorname{Alt}^q(T_x M)$ gegeben ist (siehe Definition 10.3). Man überlegt sich leicht, dass der so definierte Schnitt des Vektorraumbündels $\operatorname{Alt}^{p+q}(TM)$ glatt ist.

Definition 12.3 (Dach-Produkt von Differentialformen). *Es heißt* $\omega \wedge \eta$ *das* Dach-Produkt *der Differentialformen* ω *und* η.

Man beachte, dass $\Omega^0(M)$ dasselbe wie der Raum $C^\infty(M)$ der glatten Funktionen $M \to \mathbb{R}$ ist. Sei im Folgenden $1 \in \Omega^0(M)$ die konstante Funktion mit Wert 1.

Lemma 12.4. *Es ist $\Omega^*(M) := \bigoplus_{p\geq 0} \Omega^p(M)$ zusammen mit dem Dach-Produkt eine graduiert kommutative graduierte Algebra. Insbesondere gilt*

$$\begin{aligned}(r_1 \cdot \omega_1 + r_2 \cdot \omega_2) \wedge \eta &= r_1 \cdot (\omega_1 \wedge \eta) + r_2 \cdot (\omega_2 \wedge \eta),\\ \omega \wedge \eta &= (-1)^{pq} \cdot \eta \wedge \omega,\\ 1 \wedge \eta &= \eta\end{aligned}$$

für p-Formen ω_1, ω_2, ω, eine q-Form η und reelle Zahlen r_1, r_2.

Sei $f\colon M \to N$ eine glatte Abbildung von glatten Mannigfaltigkeiten. Dann ist

$$f^*\colon \Omega^*(N) \to \Omega^*(M), \quad \omega \mapsto f^*\omega$$

eine Abbildung von graduierten Algebren. Insbesondere gilt

$$\begin{aligned}f^*(r_1 \cdot \omega_1 + r_2 \cdot \omega_2) &= r_1 \cdot f^*(\omega_1) + r_2 \cdot f^*(\omega_2),\\ f^*(\omega \wedge \eta) &= f^*(\omega) \wedge f^*(\eta)\end{aligned}$$

für p-Formen ω_1, ω_2, ω und eine q-Form η auf N und reelle Zahlen r_1, r_2.

12.3 Die äußere Ableitung

Für eine glatte Funktion $f\colon M \to \mathbb{R}$ auf einer glatten Mannigfaltigkeit M und $x \in M$ und $v \in T_xM$ bezeichnet $\frac{\partial f}{\partial v}$ *die partielle Ableitung von f in Richtung von v bei x*. Dies ist dasselbe wie $v(f)$, wenn man den Tangentialvektor v als Derivation $v\colon \mathcal{E}(M,x) \to \mathbb{R}$ im Sinne von Definition 9.31 auffasst, und dasselbe wie $(f \circ w)'(0)$, falls $w\colon (-\varepsilon,\varepsilon) \to M$ ein Weg in M mit $w(0) = x$ ist, der v repräsentiert. Das Differential von f ist eine lineare Abbildung $T_xf\colon T_xM \to T_{f(x)}\mathbb{R}$. Unter dem Standardisomorphismus $T_{f(x)}\mathbb{R} \cong \mathbb{R}$, der durch die Basis $\{\partial_1\}$ aus Lemma 9.33 gegeben ist, können wir T_xf als Element in $(T_xM)^* = \mathrm{Alt}^1(T_xM)$ auffassen. Das liefert eine Interpretation des Differentials Tf als eine 1-Form auf M.

Wir empfehlen dem Leser, den Beweis des folgenden Satzes zu studieren, um das Rechnen mit Differentialformen, insbesondere auf offenen Teilmengen des $\mathbb{R}^n$, zu lernen.

Satz 12.5 (Eigenschaften der äußeren Ableitung). *Sei M eine glatte Mannigfaltigkeit. Es gibt genau eine Folge von Abbildungen*

$$d^p\colon \Omega^p(M) \to \Omega^{p+1}(M)$$

für $p = 0, 1, 2, \ldots$ mit folgenden Eigenschaften:

(a) Jede der Abbildungen d^p ist $\mathbb{R}$-linear.

(b) Für $f \in \Omega^0(M) = C^\infty(M)$, $x \in M$ und $v \in T_xM$ ist die $\mathbb{R}$-lineare Abbildung $d^0(f)_x\colon T_xM \to \mathbb{R}$ durch $v \mapsto \frac{\partial f}{\partial v}$ gegeben. Das ist dazu äquivalent, dass $d^0(f)$ dasselbe wie die durch das Differential Tf gegebene 1-Form ist.

(c) Für $\omega \in \Omega^p(M)$ und $\eta \in \Omega^q(M)$ gilt

$$d^{p+q}(\omega \wedge \eta) \;=\; d^p(\omega) \wedge \eta + (-1)^p \cdot \omega \wedge d^q(\eta).$$

(d) Für alle p gilt $d^{p+1} \circ d^p = 0$.

Es gilt darüber hinaus

(e) Sei $f\colon M \to N$ eine glatte Abbildung von glatten Mannigfaltigkeiten. Dann gilt für $\omega \in \Omega^p(M)$

$$f^* \circ d^p(\omega) \;=\; d^p \circ f^*(\omega).$$

Beweis: Wir betrachten zunächst den Fall, dass $M = U$ für eine offene Teilmenge $U \subseteq \mathbb{R}^n$ gilt. Im Folgenden definieren wir d^0 durch die Eigenschaft (b). Sei $x_i\colon U \to \mathbb{R}$ die i-te Koordinatenfunktion. Dann gilt

$$d^0(x_i)_x(\partial_j) \;=\; \delta_{i,j},$$

wobei $\{\partial_1, \partial_2, \ldots, \partial_n\}$ die Basis von $T_x\mathbb{R}^n$ für $x \in U$ aus Lemma 9.33 und $\delta_{i,j}$ das Kronecker-Symbol ist. Also ist $\{d^0(x_1)_x, d^0(x_2)_x, \ldots, d^0(x_n)_x\}$ eine Basis des Vektorraums $\mathrm{Alt}^1(T_xM) = (T_xM)^*$. Aufgrund von Abschnitt 10.6 folgern wir, dass sich jede p-Form $\omega \in \mathrm{Alt}^p(M)$ eindeutig darstellen läßt als eine Summe

$$\omega \;=\; \sum_{1 \le i_1 < i_2 < \ldots i_p \le n} f_{i_1,i_2,\ldots,i_p} \cdot d^0(x_{i_1}) \wedge d^0(x_{i_2}) \wedge \ldots \wedge d^0(x_{i_p}) \qquad (12.6)$$

für glatte Funktionen $f_{i_1,i_2,\ldots,i_p}\colon U \to \mathbb{R}$.

Nehmen wir an, dass es die Folge von Abbildungen d^p mit den Eigenschaften (a), (b), (c) und (d) gibt. Es folgt aus (a), (c) und (d) durch Induktion über p

$$d^p\left(d^0(x_{i_1}) \wedge d^0(x_{i_2}) \wedge \ldots \wedge d^0(x_{i_p})\right) \;=\; 0.$$

Nun folgt aus den Eigenschaften (a), (b) und (c)

$$\begin{aligned} d^p(\omega) \;&=\; d^p\left(\sum_{1 \le i_1 < i_2 < \ldots i_p \le n} f_{i_1,i_2,\ldots,i_p} \cdot d^0(x_{i_1}) \wedge d^0(x_{i_2}) \wedge \ldots \wedge d^0(x_{i_p})\right) \\ &=\; \sum_{1 \le i_1 < i_2 < \ldots i_p \le n} d^0(f_{i_1,i_2,\ldots,i_p}) \wedge d^0(x_{i_1}) \wedge d^0(x_{i_2}) \wedge \ldots \wedge d^0(x_{i_p}). \qquad (12.7) \end{aligned}$$

Da d^0 durch die Eigenschaft (b) festgelegt ist, folgt die Eindeutigkeit der Folge der Abbildungen $d^p\colon \Omega^p(U) \to \Omega^{p+1}(U)$. Es bleibt zu zeigen, dass durch die Formel (12.7) wirklich eine Folge von Abbildungen d^p definiert wird, die die Eigenschaften (a), (b), (c) und (d) hat. Dies ist offensichtlich für (a) und (b). Zum Nachweis von (c) genügt es

$$\begin{aligned} \omega \;&=\; f \cdot d^0(x_{i_1}) \wedge d^0(x_{i_2}) \wedge \ldots \wedge d^0(x_{i_p}), \\ \eta \;&=\; g \cdot d^0(x_{j_1}) \wedge d^0(x_{j_2}) \wedge \ldots \wedge d^0(x_{j_q}) \end{aligned}$$

für glatte Funktionen $f, g\colon U \to \mathbb{R}$ zu betrachten. Es gilt

$$\begin{aligned} d^{p+q}(\omega \wedge \eta) &= d^{p+q}\left(f \cdot d^0(x_{i_1}) \wedge \ldots \wedge d^0(x_{i_p}) \wedge g \cdot d^0(x_{j_1}) \wedge \ldots \wedge d^0(x_{j_q})\right) \\ &= d^{p+q}\left(f \wedge g \wedge d^0(x_{i_1}) \wedge \ldots \wedge d^0(x_{i_p}) \wedge d^0(x_{j_1}) \wedge \ldots \wedge d^0(x_{j_q})\right) \\ &= d^0(f) \wedge g \wedge d^0(x_{i_1}) \wedge \ldots \wedge d^0(x_{i_p}) \wedge d^0(x_{j_1}) \wedge \ldots \wedge d^0(x_{j_q}) \\ &\quad + f \wedge d^0(g) \wedge d^0(x_{i_1}) \wedge \ldots \wedge d^0(x_{i_p}) \wedge d^0(x_{j_1}) \wedge \ldots \wedge d^0(x_{j_q}) \\ &\quad + f \wedge g \wedge d^{p+q}\left(d^0(x_{i_1}) \wedge \ldots \wedge d^0(x_{i_p}) \wedge d^0(x_{j_1}) \wedge \ldots \wedge d^0(x_{j_q})\right) \\ &= d^0(f) \wedge d^0(x_{i_1}) \wedge \ldots \wedge d^0(x_{i_p}) \wedge g \wedge d^0(x_{j_1}) \wedge \ldots \wedge d^0(x_{j_q}) \\ &\quad + (-1)^p \cdot f \wedge d^0(x_{i_1}) \wedge \ldots \wedge d^0(x_{i_p}) \wedge d^0(g) \wedge d^0(x_{j_1}) \wedge \ldots \wedge d^0(x_{j_q}) \\ &= d^p(\omega) \wedge \eta + (-1)^p \cdot \omega \wedge d^q(\eta). \end{aligned}$$

Es bleibt (d) zu beweisen. Für eine glatte Funktion $f\colon M \to \mathbb{R}$ gilt

$$\frac{\partial^2 f}{\partial x_i \partial x_j} = \frac{\partial^2 f}{\partial x_j \partial x_i}.$$

Daraus folgt

$$\begin{aligned} d^1 \circ d^0(f) &= d^1\left(\sum_{i=1}^n \frac{\partial f}{\partial x_i} \cdot dx_i\right) \\ &= \sum_{i=1}^n d^0\left(\frac{\partial f}{\partial x_i}\right) \wedge dx_i \\ &= \sum_{i=1}^n \sum_{j=1}^n \frac{\partial^2 f}{\partial x_j \partial x_i} dx_j \wedge dx_i \\ &= \sum_{1 \le i < j \le n} \frac{\partial^2 f}{\partial x_j \partial x_i} \cdot (dx_i \wedge dx_j + dx_j \wedge dx_i) \\ &= 0. \end{aligned}$$

Das impliziert für $\omega = f \cdot d^0(x_{i_1}) \wedge d^0(x_{i_2}) \wedge \ldots \wedge d^0(x_{i_p})$

$$\begin{aligned} d^{p+1} \circ d^p(\omega) &= d^{p+1}\left(d^0(f) \wedge d^0(x_{i_1}) \wedge d^0(x_{i_2}) \wedge \ldots \wedge d^0(x_{i_p})\right) \\ &= \left(d^1 \circ d^0(f)\right) \wedge d^0(x_{i_1}) \wedge d^0(x_{i_2}) \wedge \ldots \wedge d^0(x_{i_p}) \\ &\quad - d^0(f) \wedge d^p\left(d^0(x_{i_1}) \wedge d^0(x_{i_2}) \wedge \ldots \wedge d^0(x_{i_p})\right) \\ &= 0. \end{aligned}$$

Damit ist die Existenz und Eindeutigkeit der Folge von Abbildungen d^p mit den Eigenschaften (a), (b), (c) und (d) im Spezialfall $M = U$ für eine offene Teilmenge $U \subseteq \mathbb{R}^n$ bewiesen.

Als nächstes beweisen wir Eigenschaft (e) im Fall einer glatten Abbildung $f\colon U \to V$ von offenen Teilmengen $U \subseteq \mathbb{R}^m$ und $V \subseteq \mathbb{R}^n$ per Induktion über p. Der Induktionsbeginn folgt aus der nachstehenden Rechnung für eine glatte Funktion $\varphi\colon V \to \mathbb{R}$, wobei wir die Differentiale $T\varphi$ und $T(\varphi \circ f)$ als 1-Formen auffassen und die Kettenregel verwenden

$$\begin{aligned} d^0 \circ f(\varphi) &= d^0(\varphi \circ f) \\ &= T(\varphi \circ f) \\ &= T\varphi \circ Tf \\ &= f^*(T\varphi) \\ &= f^* \circ d^0(\varphi). \end{aligned}$$

Der Induktionsschritt verläuft folgendermaßen: Es genügt eine p-Form der Gestalt

$$\omega = \varphi \cdot d^0(x_{i_1}) \wedge d^0(x_{i_2}) \wedge \ldots \wedge d^0(x_{i_p})$$

für eine glatte Funktion $\varphi\colon V \to \mathbb{R}$ zu betrachten. Insbesondere ist $\omega = \psi \wedge d^0(\mu)$ für eine $(p-1)$-Form ψ und eine glatte Funktion $\mu\colon V \to \mathbb{R}$. Es gilt

$$\begin{aligned}
d^p \circ f^*(\omega) &= d^p(f^*\psi \wedge f^*d^0(\mu)) \\
&= d^{p-1}(f^*\psi) \wedge f^*d^0(\mu) + (-1)^{p-1} \cdot f^*\psi \wedge d^1\left(f^*d^0(\mu)\right) \\
&= f^*d^{p-1}(\psi) \wedge f^*d^0(\mu) + (-1)^{p-1} \cdot f^*\psi \wedge d^1\left(d^0(f^*\mu)\right) \\
&= f^*d^{p-1}(\psi) \wedge f^*d^0(\mu) \\
&= f^*\left(d^{p-1}(\psi) \wedge d^0(\mu)\right) \\
&= f^*\left(d^{p-1}(\psi) \wedge d^0(\mu) + (-1)^{p-1}\psi \wedge d^1 \circ d^0(\mu)\right) \\
&= f^*\left(d^p(\psi \wedge d^0(\mu)\right) \\
&= f^* \circ d^p(\omega).
\end{aligned}$$

Damit ist Satz 12.5 für offene Teilmengen des $\mathbb{R}^n$ bewiesen.

Sei M eine glatte Mannigfaltigkeit. Wir nehmen nun an, dass es eine Folge von Abbildungen $d^p\colon \Omega^p(M) \to \Omega^{p+1}(M)$ mit den Eigenschaften (a), (b), (c) und (d) gibt. Wir zeigen zunächst, dass jede Abbildung d^p *lokal* ist, d.h. für zwei p-Formen ω und η, die auf einer Umgebung U von x übereinstimmen, stimmen auch $d^p(\omega)$ und $d^p(\eta)$ auf U überein. Im Folgenden bezeichnet $\omega|_U$ die Einschränkung von ω auf U. Offensichtlich genügt es für jede offene Teilmenge $U \subseteq M$ und jede p-Form $\omega \in \Omega^p(M)$ zu zeigen, dass $d^p(\omega)|_U = 0$ aus $\omega|_U = 0$ folgt. Sei $x \in U$. Dann gibt es eine offene Umgebung V von x, deren Abschluss $\overline{V}$ in U liegt. Da es eine der offenen Überdeckung $\{U, M - \overline{V}\}$ untergeordente Partition der Eins gibt (siehe Lemma 11.10), gibt es eine glatte Funktion $\varphi\colon M \to \mathbb{R}$, die auf V verschwindet und außerhalb von U konstant mit Wert 1 ist. Da $\omega|_U = 0$ gilt, folgt $\varphi \cdot \omega = \omega$ auf M. Das impliziert

$$d^p(\omega) \;=\; d^p(\varphi \cdot \omega) \;=\; d^0(\varphi) \wedge \omega + \varphi \wedge d^p(\omega).$$

Da $\varphi|_V = 0$ und $\omega|_V = 0$ gilt, folgt $d^p(\omega)|_V = 0$. Da V eine Umgebung von x und $x \in U$ beliebig ist, folgt $d^p(\omega)|_U = 0$.

Aus den Abbildungen $d^p\colon \Omega^p(M) \to \Omega^{p+1}(M)$ kann man für jede offene Teilmenge $U \subseteq M$ Abbildungen

$$d^p_U\colon \Omega^p(U) \to \Omega^{p+1}(U)$$

auf folgende Weise konstruieren: Sei $\omega \in \Omega^p(U)$ gegeben. Zu $x \in U$ wähle eine offene Umgebung V_x von x mit $\overline{V_x} \subseteq U$ und eine glatte Funktion $\varphi\colon M \to \mathbb{R}$, die auf V_x konstant mit Wert 1 ist und deren Träger in U liegt. Definiere $\omega(V_x) \in \mathrm{Alt}^p(M)$ als die p-Form, die auf U mit $\varphi \cdot \omega$ übereinstimmt und außerhalb von U verschwindet. Sie ist wohldefiniert, da der Träger von φ in U liegt. Die Form $d^p(\omega(V_x))|_{V_x}$ hängt wegen der Lokalität von d^p nicht von der Wahl von φ ab, denn auf V_x stimmt $\omega(V_x)$ mit $\omega|_{V_x}$ überein. Für $x, y \in U$ und offene Umgebungen V_x von x und V_y von y mit $\overline{V_x} \subseteq U$ und $\overline{V_y} \subseteq U$ folgt aus der Lokalität von d^p, dass $d^p(\omega(V_x))|_{V_x \cap V_y} = d^p(\omega(V_y))|_{V_x \cap V_y}$ gilt. Also können wir $d^p_U(\omega)$ durch

$$d^p_U(\omega)_x \;:=\; d^p(\omega(V_x))_x$$

definieren. Die Abbildung d_U^p erfüllt die Eigenschaften (a), (b), (c) und (d), da die Abbildung d^p dies tut. Außerdem gilt für jedes $\omega \in \Omega^p(M)$

$$d_U^p(\omega|_U) = d^p(\omega)|_U. \tag{12.8}$$

Sei $h\colon U \to V$ eine Karte von M für offene Teilmengen $U \subseteq M$ und $V \subseteq \mathbb{R}^n$. Wir erhalten Isomorphismen $h^p\colon \Omega^p(V) \xrightarrow{\cong} \Omega^p(U)$. Die Folge von Abbildungen $(h^p)^{-1} \circ d_U^p \circ h^p\colon \Omega^p(V) \to \Omega^{p+1}(V)$ hat die Eigenschaften (a), (b), (c) und (d) und ist daher nach dem bereits Bewiesenen eindeutig. Das impliziert, dass die Folge von Abbildungen $d^p\colon \Omega^p(U) \to \Omega^{p+1}(U)$ eindeutig ist. Aus (12.8) folgt die Eindeutigkeit der Folge von Abbildungen $d^p\colon \Omega^p(M) \to \Omega^{p+1}(M)$.

Als nächstes konstruieren wir die Abbildungen $d^p\colon \Omega^p(M) \to \Omega^{p+1}(M)$ mit den Eigenschaften (a), (b), (c) und (d). Sei $h\colon U \to V$ eine Karte von M für offene Teilmengen $U \subseteq M$ und $V \subseteq \mathbb{R}^n$. Definiere

$$d_U^p\colon \Omega^p(U) \to \Omega^{p+1}(U)$$

durch $h^p \circ d_V^p \circ (h^p)^{-1}$, wobei d_V^p die bereits konstruierte Abbildung ist. Die Abbildung d_U^p hängt nicht von der Wahl von h ab, da wir bereits die Eigenschaft (e) für offene Teilmengen $V \subseteq \mathbb{R}^n$ bewiesen haben. Für zwei Kartengebiete U_1 und U_2 und jede p-Form $\omega \in \Omega^p(U_1)$ gilt

$$d_{U_1}^p(\omega)|_{U_1\cap U_2} = d_{U_1\cap U_2}^p(\omega|_{U_1\cap U_2}).$$

Also können wir $d^p\colon \Omega^p(M) \to \Omega^{p+1}(M)$ dadurch definieren, dass für jede p-Form $\omega \in \Omega^p(M)$ und jedes Kartengebiet U

$$d^p(\omega)|_U = d_U^p(\omega|_U)$$

gilt. Da die Folge der Abbildungen d_V^p für offene Teilmengen $V \subseteq \mathbb{R}^n$ die Eigenschaften (a), (b), (c) und (d) hat, gilt dasselbe für die Folge $d^p\colon \Omega^p(M) \to \Omega^{p+1}(M)$.

Es bleibt zu zeigen, dass die Folge der Abbildungen d^p die Eigenschaft (e) hat. Sei $f\colon M \to N$ eine glatte Abbildung von glatten Mannigfaltigkeiten. Sei $\omega \in \Omega^p(N)$ und $x \in M$ gegeben. Wir wollen zeigen, dass $f^* \circ d^p(\omega)_x = d^p \circ f^*(\omega)_x$ gilt. Wähle Karten $h\colon U_x \to U_x'$ und $g\colon V_{f(x)} \to V_{f(x)}'$ für offene Umgebungen $U_x \subseteq M$ von x und $V_{f(x)} \subseteq N$ von $f(x)$ und offene Teilmengen $U_x' \subseteq \mathbb{R}^m$ und $V_{f(x)}' \subseteq \mathbb{R}^n$ derart, dass $f(U_x) \subseteq V_{f(x)}$ gilt. Nach dem bereits Bewiesenen gilt für die glatte Abbildung $g \circ f|_{U_x} \circ h^{-1}$

$$(g \circ f|_{U_x} \circ h^{-1})^* \circ d_{U_x'}^p = d_{V_{f(x)}'}^p \circ (g \circ f|_{U_x} \circ h^{-1})^*.$$

Das impliziert

$$f|_{U_x}^* \circ d_{U_x}^p = d_{V_{f(x)}}^p \circ f|_{U_x}^*.$$

Aus den Definitionen folgt $f^* \circ d^p(\omega)_x = d^p \circ f^*(\omega)_x$. Also ist die Eigenschaft (e) erfüllt. Damit ist Satz 12.5 bewiesen. □

Definition 12.9 (Äußere Ableitung). *Die Abbildung $d^p\colon \Omega^p(M) \to \Omega^{p+1}(M)$ aus Satz 12.5 heißt* p-te äußere Ableitung. *Im Folgenden schreiben wir kurz $d\omega$ anstelle von $d^p(\omega)$ für $\omega \in \Omega^p(M)$.*

Eine p-Form ω heißt geschlossen, *wenn $d\omega = 0$ gilt. Eine p-Form ω heißt* exakt, *wenn $\omega = d\eta$ für eine geeignete $(p-1)$-Form η gilt.*

12.4 Integration von Differentialformen

Sei M eine glatte n-dimensionale Mannigfaltigkeit. Wir wissen, wie man auf einer offenen Teilmenge $U \subseteq \mathbb{R}^n$ des $\mathbb{R}^n$ eine glatte Funktion mit kompakten Träger integriert, d.h. für eine glatte Funktion $f\colon \mathbb{R}^n \to \mathbb{R}$ ist ihr *riemannsches Integral* oder allgemeiner ihr *Lebesgue-Integral* definiert, das in den meisten Lehrbüchern mit

$$\int_{\mathbb{R}^n} f\, d\mu \;=\; \int_{\mathbb{R}^n} f\, dx_1 \dots dx_n \tag{12.10}$$

bezeichnet wird. Wir setzen voraus, dass der Leser mit diesem Integralbegriff vertraut ist. Wir wollen ihn auf glatte Mannigfaltigkeiten übertragen.

Bemerkung 12.11. (Vergleich der Integration von Funktionen und Differentialformen). Wir werden die Integration von n-Formen auf orientierten glatten n-dimensionalen Mannigfaltigkeiten erklären und studieren, obwohl es auf den ersten Blick naheliegender und einfacher erscheint, Funktionen auf orientierten glatten n-dimensionalen Mannigfaltigkeiten zu integrieren. Bevor wir die eigentlichen Definitionen geben, wollen wir erläutern, warum man dies nicht tut, und die folgenden Definitionen motivieren und vorbereiten.

Es liegt nahe, Integration auf glatten Mannigfaltigkeiten mit Hilfe von Karten auf den Fall von offenen Teilmengen des $\mathbb{R}^n$ zurückzuspielen. Das ist aber nur möglich, wenn wir einen Integralbegriff definieren können, der unter Diffeomorphismen invariant ist. Sei nun $k\colon U \to V$ ein Diffeomorphismus von offenen Teilmengen des $\mathbb{R}^n$ und $f\colon V \to \mathbb{R}$ eine glatte Funktion mit kompaktem Träger. Dann ist $f \circ k$ eine glatte Funktion mit kompaktem Träger auf U und die sogenannte *Transformationsformel* besagt

$$\int_V f\, dx_1 \dots dx_n \;=\; \int_U f \circ k \cdot |\det(Jf)|\, dx_1 \dots dx_n, \tag{12.12}$$

wobei $|\det(Jf)|$ die glatte Funktion auf U ist, die $u \in U$ den Betrag der Determinante der Jacobi-Matrix des Diffeomorphismus f bei u zuordnet. Das bedeutet aber, dass die Größe $\int_V f\, dx_1 \dots dx_n$ nicht invariant unter Diffeomorphismen ist, es sei denn, $|\det(J_x f)| = 1$ für alle $x \in U$. Man könnte das Integral einer glatten Funktion auf einer Mannigfaltigkeit M definieren, wenn man einen Atlas hätte, dessen Kartenwechsel überall Jacobi-Matrizen mit Determinante gleich 1 hätten. Diese Bedingung ist aber zu restriktiv und man möchte eine Theorie haben, die mit einer schwächeren Bedingung auskommt, die man besser handhaben kann.

Nun kommen n-Formen ins Spiel. Ihr Transformationsverhalten ist nämlich viel näher an dem, was in der Transformationsformel 12.12 auftaucht. Sei $f\colon U \to V$ ein Diffeomorphismus von offenen Teilmengen des $\mathbb{R}^n$ und ω eine n-Form auf V. Sei $x_i\colon V \to \mathbb{R}$ die i-te Koordinatenfunktion und dx_i ihre äußere Ableitung. Dann ist

$$\{(dx_1)_v, \dots, (dx_n)_v\} \subseteq \operatorname{Alt}^1(T_vV) = (T_vV)^*$$

die duale Basis zu der Basis von T_vV aus Lemma 9.33 für jedes $v \in V$. Daraus folgt, dass $\{(dx_1 \wedge \dots \wedge dx_n)_v\}$ eine Basis des 1-dimensionalen Vektorraums $\operatorname{Alt}^n(T_vV)$ für jedes $v \in V$ ist (siehe Abschnitt 10.6). Daher gibt es genau eine glatte Funktion $\varphi_\omega\colon V \to \mathbb{R}$ mit

$$\omega \;=\; \varphi_\omega \cdot dx_1 \wedge \dots \wedge dx_n,$$

Sei $f^*\omega$ die mit f zurückgezogene n-Form auf U. Es gibt genau eine glatte Funktion $\varphi_{f^*\omega}\colon U \to \mathbb{R}$ mit

$$f^*\omega \;=\; \varphi_{f^*\omega} \cdot dx_1 \wedge \ldots \wedge dx_n.$$

Sei $\det(Jf)$ die glatte Funktion auf U, die $u \in U$ die Determinante der Jacobi-Matrix des Diffeomorphismus f bei u zuordnet. Dann gilt (siehe Definion 10.6)

$$\varphi_{f^*\omega} \;=\; \det(Jf) \cdot \varphi_\omega \circ f. \tag{12.13}$$

Das legt nahe, das *Integral der n-Form ω über der offenen Teilmenge $V \subseteq \mathbb{R}^n$* als das Integral der zugehörigen Funktion φ_ω im Sinne von 12.10

$$\int_U \omega \;=\; \int_U \varphi_\omega \, dx_1 \ldots dx_n \tag{12.14}$$

zu definieren, vorausgesetzt, dass ω und damit φ_ω kompakten Träger haben. Insbesondere führen diese Definitionen und Notationen dazu, dass für jede glatte Funktion $\psi\colon V \to \mathbb{R}$ die suggestive Formel

$$\int_U \psi \cdot dx_1 \wedge \ldots \wedge dx_n \;=\; \int_U \psi \, dx_1 \ldots dx_n$$

gilt.

Das Entscheidende ist nun die folgende Transformationsformel. Sei der Diffeomorphismus $f\colon U \to V$ als orientierungserhaltend vorausgesetzt, d.h. $\det(J_u f) > 0$ für alle $u \in U$. Dann gilt für jede n-Form ω auf U

$$\int_U f^*\omega \;=\; \int_V \omega. \tag{12.15}$$

Dies erklärt, warum wir im Folgenden orientierte Mannigfaltigkeiten betrachten werden, da für einen orientierten Atlas alle Übergangsfunktionen $f\colon U \to V$ die Eigenschaft $\det(J_u f) > 0$ für $u \in U$ haben, und warum wir n-Formen und nicht Funktionen integrieren wollen.

Definition 12.16 (Integration von Differentialformen). *Sei M eine glatte orientierte n-dimensionale Mannigfaltigkeit und ω eine n-Form auf M mit kompaktem Träger. Wähle einen der Orientierung entsprechenden orientierten Atlas $\mathcal{A} = \{h_i\colon U_i \to V_i \mid i \in I\}$ und eine der offenen Überdeckung $\{U_i \mid i \in I\}$ von M untergeordnete Partition der Eins $\{\varphi_i \mid i \in I\}$. Sei $\varphi_i \cdot \omega|_{U_i}$ die Einschränkung der n-Form $\varphi_i \cdot \omega$ auf U_i. Sei $(h_i^{-1})^*(\varphi_i \cdot \omega)|_{U_i}$ die mit h_i^{-1} zurückgezogene n-Form mit kompaktem Träger auf der offenen Teilmenge $V_i \subseteq \mathbb{R}^n$. Wir haben $\int_{V_i} (h_i^{-1})^*(\varphi_i \cdot \omega)|_{U_i}$ in 12.14 definiert.*

Dann definieren wir das Integral von ω über M *als die reelle Zahl*

$$\int_M \omega \;:=\; \sum_{i \in I} \int_{V_i} (h_i^{-1})^*(\varphi_i \cdot \omega)|_{U_i}.$$

Falls $M = \emptyset$ gilt, definieren wir $\int_M \omega \;:=\; 0$.

Wir müssen uns überlegen, dass die Summe $\sum_{i \in I} \int_{V_i} (h_i^{-1})^*(\varphi_i \cdot \omega)|_{U_i}$ Sinn ergibt und nicht von der Wahl des Atlanten und der Partition der Eins abhängt, sondern nur von M mit der gewählten Orientierung und von ω. Da ω kompakten Träger hat, sind nur endlich viele der n-Formen $(h_i^{-1})^*(\varphi_i \cdot \omega)|_{U_i}$ von Null verschieden. Daher ist diese Summe eine endliche Summe.

Sei nun $\mathcal{B} = \{k_j : T_j \to W_j \mid j \in J\}$ ein weiterer der Orientierung entsprechenden orientierter Atlas und $\{\psi_j \mid j \in J\}$ eine der offenen Überdeckung $\{T_j \mid j \in J\}$ von M untergeordnete Partition der Eins. Dann gilt

$$\begin{aligned}
&\sum_{i\in I}\int_{V_i}(h_i^{-1})^*(\varphi_i\cdot\omega)|_{U_i}\\
&\quad= \sum_{i\in I}\int_{V_i}(h_i^{-1})^*\left(\sum_{j\in J}\psi_j\cdot\varphi_i\cdot\omega\right)\Bigg|_{U_i}\\
&\quad= \sum_{i\in I}\sum_{j\in J}\int_{V_i}(h_i^{-1})^*(\psi_j\cdot\varphi_i\cdot\omega)|_{U_i}\\
&\quad= \sum_{i\in I}\sum_{j\in J}\int_{V_i\cap h_i(T_j)}((h_i|_{U_i\cap T_j})^{-1})^*(\psi_j\cdot\varphi_i\cdot\omega)|_{U_i\cap T_j}. \qquad (12.17)
\end{aligned}$$

Die obigen Operationen mit den Summen sind deshalb zulässig, weil jeweils nur endlich viele der Summanden von Null verschieden sind, was aus den Eigenschaften einer untergeordneten Partition der Eins und der Voraussetzung, dass ω kompakten Träger hat, folgt. Analog erhält man

$$\sum_{j\in J}\int_{W_j}(k_j^{-1})^*(\psi_j\cdot\omega)|_{V_i} = \sum_{j\in J}\sum_{i\in I}\int_{W_j\cap k_j(U_i)}((k_j|_{U_i\cap T_j})^{-1})^*(\psi_j\cdot\varphi_i\cdot\omega)|_{U_i\cap T_j}. \qquad (12.18)$$

Die Komposition $k_j|_{U_i\cap T_j}\circ(h_i|_{U_i\cap T_j})^{-1}$ ist ein orientierungserhaltender Diffeomorphismus von offenen Teilmengen des $\mathbb{R}^n$. Daraus folgt nach (12.15)

$$\int_{V_i\cap h_i(T_j)}((h_i|_{U_i\cap T_j})^{-1})^*(\psi_j\cdot\varphi_i\cdot\omega)|_{U_i\cap T_j} = \int_{W_j\cap k_j(U_i)}((k_j|_{U_i\cap T_j})^{-1})^*(\psi_j\cdot\varphi_i\cdot\omega)|_{U_i\cap T_j}.$$

Das impliziert

$$\begin{aligned}
&\sum_{i\in I}\sum_{j\in J}\int_{V_i\cap h_i(T_j)}((h_i|_{U_i\cap T_j})^{-1})^*(\psi_j\cdot\varphi_i\cdot\omega)|_{U_i\cap T_j}\\
&\qquad= \sum_{j\in J}\sum_{i\in I}\int_{W_j\cap k_j(U_i)}((k_j|_{U_i\cap T_j})^{-1})^*(\psi_j\cdot\varphi_i\cdot\omega)|_{U_i\cap T_j}. \qquad (12.19)
\end{aligned}$$

Aus (12.17), (12.18) und (12.19) folgt

$$\sum_{i\in I}\int_{V_i}(h_i^{-1})^*(\varphi_i\cdot\omega)|_{U_i} = \sum_{j\in J}\int_{W_j}(k_j^{-1})^*(\psi_j\cdot\omega)|_{V_i}. \qquad (12.20)$$

Das zeigt, dass die Definition 12.16 von $\int_M\omega$ Sinn ergibt. Die wichtigsten Eigenschaften des Integrals einer n-Form sind im folgenden Satz zusammengestellt.

Satz 12.21. (Eigenschaften des Integrals von Formen). *Sei N eine glatte orientierte n-dimensionale Mannigfaltigkeit. Seien ω und η zwei n-Formen auf N mit kompaktem Träger und r, s reelle Zahlen.*

(a) Sei $f\colon M \to N$ ein orientierungserhaltender Diffeomorphismus von glatten orientierten n-dimensionalen Mannigfaltigkeiten. Dann gilt

$$\int_M f^*\omega = \int_N \omega.$$

(b) Falls N^- aus N durch Umkehrung der Orientierung entsteht, gilt

$$\int_{N^-} \omega = -\int_N \omega.$$

(c) Sei $\{\varphi_i \mid i \in I\}$ eine Partition der Eins. Dann gilt

$$\int_N \omega = \sum_{i\in I} \int_N \varphi_i \cdot \omega.$$

(d) Sei $U \subseteq N$ eine offene Teilmenge, die den Träger von ω enthält. Dann gilt

$$\int_N \omega = \int_U \omega|_U.$$

(e) Es gilt

$$\int_N (r \cdot \omega + s \cdot \eta) = r \cdot \int_N \omega + s \cdot \int_N \eta.$$

Beweis: (a) Sei $\mathcal{A} = \{h_i\colon U_i \to V_i \mid i \in I\}$ ein der Orientierung entsprechender orientierter Atlas von N und $\{\varphi_i \mid i \in I\}$ eine der offenen Überdeckung $\{U_i \mid i \in I\}$ untergeordnete Partition der Eins. Dann ist $f^*\mathcal{A} = \{h_i \circ f|_{f^{-1}(U_i)}\colon f^{-1}(U_i) \to V_i \mid i \in I\}$ ein der Orientierung entsprechender orientierter Atlas von M und $\{\varphi_i \circ f \mid i \in I\}$ eine der offenen Überdeckung $\{f^{-1}(U_i) \mid i \in I\}$ untergeordnete Partition der Eins. Es folgt direkt aus den Definitionen

$$\begin{aligned}\int_M f^*\omega &= \sum_{i\in I} \int_{V_i} ((h_i \circ f|_{f^{-1}(U_i)})^{-1})^*(\varphi_i \circ f \cdot f^*\omega)|_{f^{-1}(U_i)} \\ &= \sum_{i\in I} \int_{V_i} (h_i^{-1})^*(\varphi_i \cdot \omega)|_{U_i} \\ &= \int_N \omega.\end{aligned}$$

(b) Sei $\mathcal{A} = \{h_i\colon U_i \to \mathbb{R}^n \mid i \in I\}$ ein der Orientierung auf N entsprechenden orientierter Atlas von N und $\{\varphi_i \mid i \in I\}$ eine der offenen Überdeckung $\{U_i \mid i \in I\}$ untergeordnete Partition der Eins. Sei $u\colon \mathbb{R}^n \to \mathbb{R}^n$ ein orientierungsumkehrender Diffeomorphismus. Dann ist $\mathcal{A}^- = \{u \circ h_i\colon U_i \to \mathbb{R}^n \mid i \in I\}$ ein der Orientierung auf N^- entsprechender orientierter Atlas von N und $\{\varphi_i \mid i \in I\}$ eine der offenen Überdeckung $\{U_i \mid i \in I\}$ untergeordnete Partition der Eins. Es folgt aus den Definitionen und (12.12)

$$\begin{aligned}\int_{N^-}\omega &= \sum_{i\in I}\int_{\mathbb{R}^n}((u\circ h_i)^{-1})^*(\varphi_i\cdot\omega)|_{U_i}\\ &= \sum_{i\in I}\int_{\mathbb{R}^n}(u^{-1})^*\left((h_i^{-1})^*(\varphi_i\cdot\omega)|_{U_i}\right)\\ &= -\sum_{i\in I}\int_{\mathbb{R}^n}(h_i^{-1})^*(\varphi_i\cdot\omega)|_{U_i}\\ &= -\int_N\omega.\end{aligned}$$

(c) Der Beweis ist analog zu dem der Wohldefiniertheit von Definition 12.16.

(d) Sei $\mathcal{A}=\{h_i\colon U_i\to V_i\}$ ein der Orientierung auf N entsprechender orientierter Atlas von N und $\{\varphi_i \mid i\in I\}$ eine der offenen Überdeckung $\{U_i\mid i\in I\}$ untergeordnete Partition der Eins. Dann ist $\mathcal{A}|_U=\{h_i|_{U\cap U_i}: U_i\cap U\to V_i\cap h_i(U)\}$ ein der Orientierung auf U entsprechender orientierter Atlas von U und $\{\varphi_i|_U \mid i\in I\}$ eine der offenen Überdeckung $\{U_i\cap U\mid i\in I\}$ untergeordnete Partition der Eins. Da der Träger von ω in U liegt, folgt aus den Definitionen

$$\begin{aligned}\int_N\omega &= \sum_{i\in I}\int_{V_i}(h_i^{-1})^*(\varphi_i\cdot\omega)|_{U_i}\\ &= \sum_{i\in I}\int_{V_i\cap h_i(U)}\left((h_i^{-1})^*(\varphi_i\cdot\omega)|_{U_i}\right)|_{V_i\cap h_i(U)}\\ &= \sum_{i\in I}\int_{V_i\cap h_i(U)}((h_i|_{U_i\cap U})^{-1})^*(\varphi_i|_U\cdot\omega|_U)|_{V_i\cap h_i(U)}\\ &= \int_U\omega|_U.\end{aligned}$$

(e) Dies folgt aus der entsprechenden Formel für das Integral von Funktionen auf offenen Teilmengen des $\mathbb{R}^n$. □

Bemerkung 12.22. Eindeutigkeit des Integrals von Differerentialformen). Es gibt nur eine mögliche Definition des Integrals $\int_M\omega$ für n-Formen ω mit kompaktem Träger über glatten orientierten n-dimensionalen Mannigfaltigkeiten M, die die Eigenschaften (a), (c) und (d) aus Satz 12.21 hat und für jede glatte Funktion $\psi\colon\mathbb{R}^n\to\mathbb{R}$ mit kompaktem Träger

$$\int_{\mathbb{R}^n}\psi\cdot dx_1\wedge\ldots\wedge dx_n = \int_{\mathbb{R}^n}\psi\, dx_1\ldots dx_n$$

erfüllt.

12.5 Die Volumenform

Eine *riemannsche Metrik* auf einer glatten Mannigfaltigkeit M ist eine glatte riemannsche Metrik auf ihrem Tangentialbündel. Eine glatte Mannigfaltigkeit zusammen mit einer riemannschen Metrik heißt *riemannsche Mannigfaltigkeit.*

Sei M eine n-dimensionale riemannsche Mannigfaltigkeit mit Orientierung. Dann erbt jeder Tangentialraum T_xM ein Skalarprodukt und eine Orientierung. Dadurch erhalten wir das Volumenelement $dvol_{T_xM} \in \mathrm{Alt}^n(T_xM)$ (siehe Definition 10.11). Das definiert einen Schnitt $dvol_M$ des Vektorraumbündels $\mathrm{Alt}^n(TM)$. Man überprüft leicht, dass er glatt ist und damit eine n-Form $dvol_M \in \Omega^n(M)$ definiert.

Definition 12.23 (Volumenform). *Es heißt $dvol_M \in \Omega^n(M)$ die* Volumenform *der n-dimensionalen riemannschen Mannigfaltigkeit M mit Orientierung.*

Bemerkung 12.24. (Integration von Funktionen auf riemannschen Mannigfaltigkeiten). Sei M eine orientierte riemannsche Mannigfaltigkeit. Dann kann man das Integral einer glatten Funktion $f\colon M \to \mathbb{R}$ mit kompaktem Träger definieren als $\int_M f \cdot dvol_M$. Wir sind letztlich an dem Satz von Stokes interessiert, der eine Aussage über das Integral von Differentialformen über orientierten Mannigfaltigkeiten ist. Für ihn braucht man keine riemannsche Metrik, wohl aber eine Orientierung.

Wir wollen aber nicht verschweigen, dass für die Integration von Funktionen nur eine riemannsche Metrik notwendig ist und man keine Orientierung braucht. Da M ein topologischer Raum ist, kann man die dazu gehörige Borel-σ-Algebra betrachten. Mittels der riemannschen Metrik kann man auf folgende Weise ein Maß $d\mu$ erklären und dann die übliche Maßtheorie betreiben. Das Maß $d\mu$ ist dadurch eindeutig festgelegt, dass für jede messbare Menge A, für die es eine Karte $h\colon U \to V$ mit $A \subseteq U$ und zusammenhängendem U gibt, das Maß von A als das Integral

$$d\mu(A) \;=\; \int_V \chi_{h(A)} \cdot \psi \; dx_1 \dots dx_n$$

definiert wird, wobei $\chi_{h(A)}$ die charakteristische Funktion von $h(A)$ ist und die Funktion $\psi\colon V \to (0,\infty)$ dadurch gegeben ist, dass nach Wahl einer Orientierung auf U die Volumenform $dvol_U$ bezüglich dieser Orientierung und der gegebenen riemannschen Metrik die Gleichung

$$dvol_U \;=\; \pm\psi \cdot h^*(dx_1 \wedge dx_2 \dots, dx_n)$$

für ein geeignetes Vorzeichen $\pm$ erfüllt.

Definition 12.25. (Volumen einer orientierbaren riemannschen Mannigfaltigkeit). *Sei M eine orientierbare riemannsche Mannigfaltigkeit. Definiere ihr* Volumen *als*

$$\mathrm{Vol}(M) \;=\; \int_M dvol_M.$$

Dies ist wegen Satz 12.21 (b) und $dvol_{M^-} = -dvol_M$ unabhängig von der Wahl der Orientierung. Man überlegt sich leicht, dass das Volumen $\mathrm{Vol}(M)$ immer eine positive reelle Zahl ist.

12.6 Aufgaben

12.1 Berechne $d\omega$ für die folgende 2-Form ω auf $\mathbb{R}^3$

$$\begin{aligned}\omega \;=\;& \sin(x_1 \cdot x_2 \cdot x_3) \cdot dx_1 \wedge dx_2 + \exp(x_2^2) \cdot dx_1 \wedge dx_3\\ &+ \ln(x_1^2 + x_2^3 + x_3^2 + 1) \cdot dx_2 \wedge dx_3.\end{aligned}$$

12.2 Zeige für die 1-Form $\omega = \frac{-y}{x^2+y^2} \cdot dx + \frac{x}{x^2+y^2} \cdot dy$ auf $\mathbb{R}^2 - \{(0,0)\}$, dass $d\omega = 0$ gilt.

12.3 Sei $i\colon S^1 \to \mathbb{R}^2$ die offensichtliche Inklusion. Berechne

$$\int_{S^1} i^* \left(\frac{-y}{x^2+y^2} \cdot dx + \frac{x}{x^2+y^2} \cdot dy \right).$$

12.4 Seien ω eine geschlossene und η eine exakte Form auf einer glatten Mannigfaltigkeit. Zeige, dass $\omega \wedge \eta$ exakt ist.

12.5 Sei $U \subseteq \mathbb{R}^n$ offen und sei $f\colon U \to \mathbb{R}$ eine glatte Funktion. Definiere

$$F\colon U \to U \times \mathbb{R}, \quad (x,t) \mapsto (x, f(x)).$$

Zeige

$$F^* dvol_{\mathrm{Graph}(f)} = \sqrt{1 + \sum_{i=1}^{n} \left(\frac{\partial f}{\partial x_i} \right)^2} \cdot dx_1 \wedge dx_2 \wedge \ldots \wedge dx_n.$$

12.6 Sei M eine glatte Mannigfaltigkeit und sei $h\colon M \to \mathbb{R}^n$ ein Diffeomorphismus. Definiere $(\partial h_i)_p = (T_p h_i)^{-1}(\partial_i) \in T_p M$ für $p \in M$. Sei s eine riemannsche Metrik auf M. Definiere eine glatte Funktion

$$g\colon M \to \mathbb{R}, \quad x \mapsto \det\left(\left(s\left((\partial h_i)_p, (\partial h_j)_p\right)\right)_{i,j} \right).$$

Zeige, dass $g(x)$ positiv für alle $x \in M$ ist und für die die Volumenform auf M gilt

$$dvol_M = \sqrt{g} \cdot dh_1 \wedge dh_2 \wedge \ldots \wedge dh_n.$$

12.7 Berechne für $p\colon S^n \to \mathbb{R}^n$, $(x_1, x_2, \ldots, x_{n+1}) \mapsto (x_1, x_2, \ldots, x_n)$ das Integral

$$\int_{S^n} p^* (dx_1 \wedge dx_2 \wedge \ldots \wedge dx_n).$$

13 Der Satz von Stokes

In diesem Kapitel formulieren und beweisen wir einen der wichtigsten Sätze in der Analysis auf Mannigfaltigkeiten, den Satz von Stokes.

13.1 Mannigfaltigkeiten mit Rand

Der *euklidische n-dimensionale Halbraum* ist definiert als

$$\mathbb{R}^n_- \;=\; \{(x_1, x_2, \ldots, x_n) \in \mathbb{R}^n \mid x_1 \leq 0\}. \tag{13.1}$$

Sein *Rand* ist der Teilraum

$$\partial\mathbb{R}^n_- \;=\; \{(x_1, x_2, \ldots, x_n) \in \mathbb{R}^n \mid x_1 = 0\} \;=\; \{0\} \times \mathbb{R}^{n-1} \cong \mathbb{R}^{n-1}. \tag{13.2}$$

Figur 13.3. (Euklidischer Halbraum).

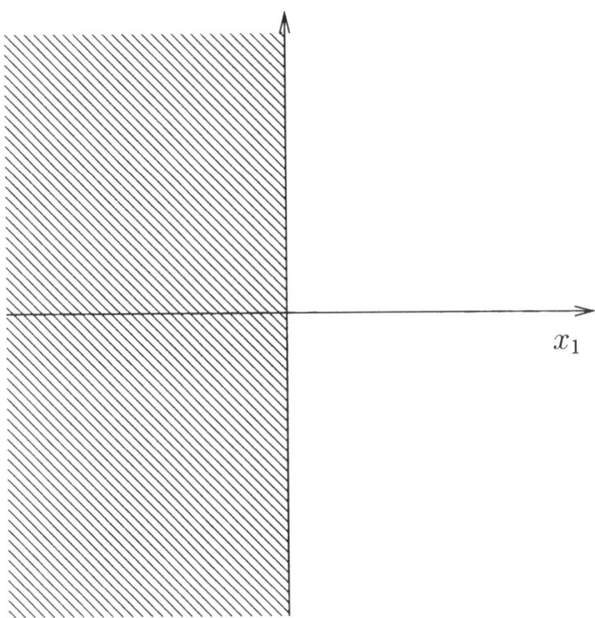

Definition 13.4 (Topologische Mannigfaltigkeit mit Rand). *Eine* n-dimensionale topologische Mannigfaltigkeit M mit Rand ∂M *ist ein Hausdorff-Raum mit abzählbarer Basis der Topologie und einem* Atlas $\mathcal{A} = \{h_i \colon U_i \to V_i \mid i \in I\}$, *d.h. Homöomorphismen* $h_i \colon U_i \to V_i$ *für offene Teilmengen* $U_i \subseteq M$ *und* $V_i \subseteq \mathbb{R}^n_-$ *mit* $M = \bigcup_{i \in I} U_i$. *Ein Punkt* $x \in M$ *heißt* Randpunkt, *falls es einen Homöomorphismus* $h \colon U \to V$ *für offene Teilmengen* $U \subseteq M$ *und* $V \subseteq \mathbb{R}^n_-$ *mit* $x \in U$ *und* $h(x) \in \partial\mathbb{R}^n_-$ *gibt. Die Teilmenge* ∂M *der Randpunkte von* M *heißt* Rand von M.

Bemerkung 13.5 (Rand einer topologischen Mannigfaltigkeit). Eine topologische Mannigfaltigkeit M mit Rand ∂M im Sinne von Definition 13.4 ist genau dann eine topologische Mannigfaltigkeit M im Sinne von Definition 1.31, wenn ∂M leer ist.

Ein Punkt $x \in M$ in einer topologischen Mannigfaltigkeit mit Rand ∂M ist genau dann ein Randpunkt im Sinne von Definition 13.4, wenn für jeden Homöomorphismus $h\colon U \to V$ für offene Teilmengen $U \subseteq M$ mit $x \in U$ und $V \subseteq \mathbb{R}^n_-$ das Bild $h(x)$ in $\partial\mathbb{R}^n_-$ liegt. Das folgt aus dem sogenannten Satz über die Invarianz des Gebietes (siehe Satz 8.49). Falls man nur an dem glatten Fall interessiert ist, genügt es sich Lemma 13.7 anzuschauen.

Der Rand ∂M einer n-dimensionalen topologischen Mannigfaltigkeit M erbt von M die Struktur einer $(n-1)$-dimensionalen Mannigfaltigkeit ohne Rand. Falls $\mathcal{A} = \{h_i\colon U_i \to V_i \mid i \in I\}$ ein Atlas von M im Sinne von Definition 13.4 ist, dann ist

$$\partial\mathcal{A} = \{h_i|_{U_i\cap\partial M}\colon U_i \cap \partial M \to V_i \cap \partial\mathbb{R}^n_-\}$$

ein Atlas von ∂M.

Definition 13.6 (Geschlossene Mannigfaltigkeit). *Eine Mannigfaltigkeit heißt* geschlossen *wenn sie kompakt ist und $\partial M = \emptyset$ gilt.*

Sei $U \subseteq \mathbb{R}^n_-$ eine offene Teilmenge des $\mathbb{R}^n_-$. Eine Funktion $f\colon U \to N$ in eine glatte Mannigfaltigkeit N heißt *glatt*, falls es eine offene Teilmenge $V \subseteq \mathbb{R}^n$ und eine glatte Abbildung $g\colon V \to N$ derart gibt, dass $U = V \cap \mathbb{R}^n_-$ und $f = g|_U$ gilt. Falls $N = \mathbb{R}^m$ ist, macht die Definition der partiellen Ableitungen $\frac{\partial f_i}{\partial x_j}$ auf ganz U, also auch auf $U \cap \partial\mathbb{R}^n_-$ Sinn, nämlich als die Einschränkung der partiellen Ableitungen von g auf U, da die partiellen Ableitungen von g auf U aus Stetigkeitsgründen nur von den Werten auf $U - (\partial\mathbb{R}^n_- \cap U)$ abhängen.

Seien $U \subseteq \mathbb{R}^m_-$ und $V \subseteq \mathbb{R}^n_-$ offene Teilmengen. Dann heißt eine Abbildung $f\colon U \to V$ *glatt*, wenn die Komposition $i \circ f\colon U \to \mathbb{R}^n$ für die Inklusion $i\colon V \to \mathbb{R}^n$ glatt ist. Es heißt f *Diffeomorphismus*, falls es eine glatte Abbildung $g\colon V \to U$ mit $g \circ f = \mathrm{id}_U$ und $f \circ g = \mathrm{id}_V$ gibt.

Lemma 13.7. *Sei $f\colon U \to V$ ein Diffeomorphismus von offenen Teilmengen $U, V \subseteq \mathbb{R}^n_-$. Dann gilt $f(x) \in V \cap \partial\mathbb{R}^n_-$ für alle $x \in U \cap \partial\mathbb{R}^n_-$.*

Beweis: Sei $x \in U$ mit $x \notin \partial\mathbb{R}^n_-$. Da f glatt ist, gibt es eine offene Teilmenge $U' \subseteq \mathbb{R}^n$ und eine glatte Abbildung $g\colon U' \to \mathbb{R}^n$ mit $x \in U'$ und $U' \cap \mathbb{R}^n_- \subseteq U$ derart, dass $g|_{U'\cap\mathbb{R}^n_-} = f|_{U'\cap\mathbb{R}^n_-}$ gilt. Da f ein Diffeomorphismus ist, ist T_xf invertierbar. Also ist T_xg invertierbar. Demnach ist g ein lokaler Diffeomorphismus. Das impliziert, dass es eine offene Teilmenge $U'' \subseteq U'$ derart gibt, dass $g(U'')$ eine offene Teilmenge des $\mathbb{R}^n$ ist und g einen Diffeomorphismus $U'' \to g(U'')$ von offenen Teilmengen des $\mathbb{R}^n$ induziert . Da $x \in \mathbb{R}^n_-$ nicht im Rand $\partial\mathbb{R}^n_-$ liegt, können wir $U'' \subseteq \mathbb{R}^n_- - \partial\mathbb{R}^n_-$ wählen. Dann ist $g(U'') = f(U'')$ eine in $\mathbb{R}^n$ offene Umgebung von $f(x)$. Da $f(U'') \subseteq \mathbb{R}^n_-$ gilt, impliziert dies $f(x) \notin \partial\mathbb{R}^n_-$. □

Ein Atlas $\mathcal{A}$ einer n-dimensionalen topologischen Mannigfaltigkeit mit Rand heißt *glatt*, wenn alle Kartenwechsel glatt sind. Ein Karte $h\colon U \to V$ heißt *glatt* bezüglich eines gegebenen glatten Atlanten $\mathcal{A}$, wenn für jede Karte $h'\colon U' \to V'$ aus $\mathcal{A}$ der zu h und h' gehörige Kartenwechsel glatt ist. Ein glatter Atlas $\mathcal{A}$ heißt *maximal*, falls jede Karte, die bezüglich $\mathcal{A}$ glatt ist, bereits zu $\mathcal{A}$ gehört.

Definition 13.8. (Glatte Mannigfaltigkeit mit Rand). *Eine* glatte Struktur *auf einer n-dimensionalen topologischen Mannigfaltigkeit M mit Rand ∂M ist eine Auswahl eines maximalen Atlanten auf M. Eine n-dimensionale topologische Mannigfaltigkeit M mit Rand ∂M zusammen mit einer glatten Struktur heißt* n-dimensionale glatte Mannigfaltigkeit mit Rand ∂M.

Bemerkung 13.9. Der Rand ∂M einer n-dimensionalen glatten Mannigfaltigkeit M erbt von M die Struktur einer $(n-1)$-dimensionalen glatten Mannigfaltigkeit ohne Rand. Falls $\mathcal{A} = \{h_i \colon U_i \to V_i \mid i \in I\}$ ein glatter Atlas von M ist, dann ist

$$\partial\mathcal{A} = \{h_i|_{U \cap \partial M} \colon U_i \cap \partial M \to V_i \cap \partial \mathbb{R}^n_- \mid i \in I\}$$

ein glatter Atlas von ∂M.

Beispiel 13.10 (Offene Teilmengen des $\mathbb{R}^n_-$). Jede offene Teilmenge $U \subseteq \mathbb{R}^n_-$ besitzt eine kanonische Struktur einer glatten n-dimensionalen Mannigfaltigkeit mit Rand $\partial U = U \cap \partial\mathbb{R}^n_-$. Die glatte Struktur wird durch den Atlas mit genau einer Karte, nämlich $\mathrm{id} \colon U \to U$, bestimmt.

Beispiel 13.11 (Die abgeschlossene Einheitskugel D^n). Die abgeschlossene Einheitskugel $D^n = \{(x_1, x_2, \ldots, x_n) \in \mathbb{R}^n \mid \sum_{i=1}^n x_i^2 \leq 1\}$ ist eine glatte n-dimensionale Mannigfaltigkeit mit Rand $\partial D^n = S^{n-1}$. Für $x \in D^n - S^{n-1}$ gibt es eine offene Umgebung U von x in $\mathbb{R}^n$ mit $U \subseteq D^n - S^{n-1}$ und man erhält eine glatte Karte, indem man den Diffeomorphismus $\mathbb{R}^n \to \mathbb{R}^n$, $(x_1, \ldots, x_n) \mapsto (x_1 - 2, x_2, \ldots, x_n)$ auf U einschränkt.

Eine Karte um $(y_1, y_2, \ldots y_n) \in S^{n-1}$ für $y_1 > 0$ ist durch $h \colon U \to V$ gegeben, wobei

$$U = \left\{(x_1, x_2, \ldots, x_n) \in \mathbb{R}^n \;\middle|\; \sum_{i=1}^n x_i^2 \leq 1,\ x_1 > 0\right\},$$

$$V = \left\{(x_1, x_2, \ldots, x_n) \in \mathbb{R}^n \;\middle|\; \sum_{i=2}^n x_i^2 < 1,\ -\sum_{i=2}^n x_i^2 < x_1 \leq 0\right\},$$

und

$$h(x_1, x_2, \ldots, x_n) = \left(x_1 - \left(1 - \sum_{i=2}^n x_i^2\right)^{1/2}, x_2, \ldots, x_n\right).$$

Entsprechend konstruiert man die Karten um andere Punkte aus S^{n-1}.

Beispiel 13.12 (Reguläre Werte). Sei M eine glatte Mannigfaltigkeit und $f \colon M \to \mathbb{R}$ glatt. Dann ist für einen regulären Wert $r \in \mathbb{R}$ das Urbild $f^-((-\infty, r])$ eine glatte Mannigfaltigkeit mit Rand $f^{-1}(r)$. Dies folgt aus Satz 9.39. (Siehe auch Figur 11.20.)

Insbesondere zeigt dies auch noch einmal, dass D^n eine Mannigfaltigkeit mit Rand S^{n-1} ist, indem man

$$\mathbb{R}^n \to \mathbb{R}, \quad (x_1, x_2, \ldots, x_n) \mapsto \sum_{i=1}^n x_i^2$$

und den regulären Wert 1 betrachtet.

Bemerkung 13.13 (Tangentialbündel einer Mannigfaltigkeit mit Rand). Der Begriff des Tangentialraums T_xM aus Definition 9.31 macht auch Sinn für alle Punkte $x \in M$ für eine n-dimensionale glatte Mannigfaltigkeit M mit Rand ∂M. Auch in Punkten $x \in \partial M$ ist T_xM ein reeller Vektorraum und nicht nur ein Halbraum. Für $\mathbb{R}^n_-$ als n-dimensionale glatte Mannigfaltigkeit mit Rand $\partial\mathbb{R}^n_-$ und $x \in \partial\mathbb{R}^n_-$ ist $\{\partial_1, \partial_2, \ldots, \partial_n\}$ eine Basis (vergleiche Lemma 9.33). Eine glatte Abbildung $f\colon M \to N$ von glatten Mannigfaltigkeiten mit Rand induziert eine lineare Abbildung $T_xf\colon T_xM \to T_{f(x)}N$ für alle $x \in M$ (siehe Definition 9.34). Falls $M = \mathbb{R}^m_-$ und $N = \mathbb{R}^n_-$ ist, so ist T_xf bezüglich der obigen Basen durch die Jacobi Matrix J_xf gegeben (siehe Lemma 9.36). Die Definition des Tangentialraums durch einen Physiker aus Bemerkung 9.38 überträgt sich direkt auf Mannigfaltigkeiten mit Rand. Die Konstruktion des Tangentialbündels TM überträgt sich auf Mannigfaltigkeiten mit Rand (siehe Definition 9.52). Das gilt auch für den Begriff des Differentials $Tf\colon TM \to TN$ einer glatten Abbildung von glatten Mannigfaltigkeiten (siehe Definition 9.57). Der Begriff der Orientierung aus Definition 11.17 macht auch Sinn für eine glatte Mannigfaltigkeiten mit Rand und ist äquivalent zu einer Orientierung auf dem Tangentialbündel (vergleiche Lemma 11.18).

Wir empfehlen dem Leser, die Details der obigen Behauptungen auszuarbeiten.

Definition 13.14 (Orientierung des Randes). *Sei M eine n-dimensionale glatte Mannigfaltigkeit mit Rand ∂M. Sei die Orientierung $\mathcal{O}_M$ durch den orientierten Atlas $\mathcal{A} = \{h_i\colon U_i \to V_i \mid i \in I\}$ gegeben. Dann ist $\partial\mathcal{A} = \{h_i|_{U_i \cap \partial M}\colon U_i \cap \partial M \to V_i \cap \partial\mathbb{R}^n_- \mid i \in I\}$ ein orientierter Atlas auf ∂M und definiert eine Orientierung $\mathcal{O}_{\partial M}$ auf ∂M.*

Wir müssen zeigen, dass die obige Definition Sinn macht. Dazu müssen wir uns überlegen, dass der Atlas $\partial\mathcal{A}$ orientiert ist. Sei $h\colon U \to V$ ein Kartenwechsel bezüglich $\mathcal{A}$, d.h. ein Diffeomorphismus von offenen Teilmengen $U, V \subseteq \mathbb{R}^n_-$ mit $\det(T_xh) > 0$. Aufgrund von Lemma 13.7 induziert h einen Diffeomorphismus $\partial h\colon U \cap \partial\mathbb{R}^n_- \to V \cap \mathbb{R}^n_-$ von offenen Teilmgenen des $\partial\mathbb{R}^n_- = \mathbb{R}^{n-1}$ und wir müssen zeigen, dass $\det(J_x\partial h) > 0$ für alle $x \in U \cap \partial\mathbb{R}^n_-$ gilt. Es hat J_xh die Gestalt einer Blockmatrix

$$J_xh = \begin{pmatrix} \frac{\partial h_1}{\partial x_1}|_x & 0 \\ ? & J_x\partial h \end{pmatrix}$$

Das impliziert $\det(J_xh) = \frac{\partial h_1}{\partial x_1}|_x \cdot \det(J_x\partial h)$. Also müssen wir zeigen, dass $\frac{\partial h_1}{\partial x_1}|_x$ positiv ist. Da für $x = (0, x_2, \ldots, x_n)$

$$\left.\frac{\partial h_1}{\partial x_1}\right|_x = \lim_{t \to 0, t<0} \frac{h_1(t, x_2, \ldots, x_n)}{t}$$

und $h_1(t, x_2, \ldots, x_n) < 0$ für alle $t \leq 0$ gilt, folgt die Behauptung. Man überlegt sich leicht, dass die Orientierung $\mathcal{O}_{\partial M}$ nur von $\mathcal{O}_M$ abhängt, aber nicht von der Wahl des orientierten Atlanten $\mathcal{A}$.

Bemerkung 13.15. (Orientierung des Randes mit Hilfe des Tangentialbündels). Sei M eine n-dimensionale glatte Mannigfaltigkeit mit Rand ∂M. Seien $\mathcal{O}_M$ eine Orientierung auf M und $\mathcal{O}_{\partial M}$ die induzierte Orientierung auf ∂M (siehe Definition 13.14). Seien $\mathcal{O}_{TM}$ und $\mathcal{O}_{T\partial M}$ die zugehörigen Orientierungen auf TM und $T\partial M$ unter der Korrespondenz aus Lemma 11.18. Sei $w\colon (0, \varepsilon] \to M$ ein glatter Weg für $\varepsilon > 0$ mit $w(0) = x$ und der Eigenschaft, dass $T_0w(\partial_1)$ nicht im Bild von T_xi für die Inklusion $i\colon \partial M \to M$ liegt. Dann induziert $T_0w(\partial_1)$ eine Orientierung $\mathcal{O}_{\text{Kokern}(T_xi)}$ auf dem

Kokern von $T_x i$. Dann passen die Orientierungen $\mathcal{O}_{T_x \partial M}$, $\mathcal{O}_{T_x M}$ und $\mathcal{O}_{\text{Kokern}(T_x i)}$ mit der exakten Sequenz $0 \to T_x\partial M \xrightarrow{T_x i} T_x M \to \text{Kokern}(T_x i) \to 0$ im Sinne von Bemerkung 10.13 zusammen.

Bemerkung 13.16. (Integration von Differentialformen für Mannigfaltigkeiten mit Rand). Die Definition 12.16 des Integrals $\int_M \omega$ einer n-Form über einer n-dimensionalen glatten Mannigfaltigkeit macht auch für Mannigfaltigkeiten mit Rand Sinn. Das gilt auch für Satz 12.21.

Beispiel 13.17 (Produkt von Mannigfaltigkeiten mit Rand). Seien M eine m-dimensionale und N eine n-dimensionale glatte Mannigfaltigkeit, eventuell mit Rändern ∂M und ∂N. In Beispiel 9.6 haben wir gesehen, dass $M \times N$ eine glatte $(m+n)$-dimensionale Mannigfaltigkeit ohne Rand ist, falls $\partial M = \partial N = \emptyset$ gilt. Falls $\partial M = \emptyset$ gilt, liefert dieselbe Konstruktion die Struktur einer glatten $(m+n)$-dimensionalen Mannigfaltigkeit mit Rand $\partial(M \times N) = M \times \partial N$. Orientierungen auf M und N induzieren in diesem Fall Orientierungen auf $M \times N$.

Falls ∂M und ∂N nicht leer sind, erbt $M \times N$ die Struktur einer topologischen $(m+n)$-dimensionalen Mannigfaltigkeit mit Rand $\partial(M \times N) = \partial M \times N \cup M \times \partial N$. Es gibt allerdings Probleme, eine glatte Struktur zu definieren, die an den Ecken, d.h. Punkten (x, y) für $x \in \partial M$ und $y \in \partial N$, auftreten, wie das Beispiel $M = N = [0,1]$ veranschaulicht. Wie man dieses Problem behandelt, werden wir nicht erläutern, da wir diesen Fall in diesem Buch nicht betrachten werden.

13.2 Der Satz von Stokes

In diesem Abschnitt formulieren und beweisen wir den Satz von Stokes. Der Hauptsatz der Integral- und Differentialrechnung ist äquivalent zum Satz von Stokes im Spezialfall $M = [a, b]$ (siehe Beispiel 13.21). Der Satz von Stokes für Quader folgt aus dem Hauptsatz der Integral- und Differentialrechnung und dem Satz von Fubini. Mit Hilfe von Partitionen der Eins führt man den Fall einer Mannigfaltigkeit auf den eines Quaders zurück.

Satz 13.18 (Satz von Stokes). *Sei M eine n-dimensionale glatte Mannigfaltigkeit mit Rand ∂M. Es sei eine Orientierung auf M gegeben. Versiehe ∂M mit der induzierten Orientierung (siehe Definition 13.14). Sei ω eine $(n-1)$-Form auf M mit kompaktem Träger und $d\omega$ ihre äußere Ableitung (siehe Definition 12.9). Dann gilt*

$$\int_M d\omega = \int_{\partial M} \omega|_{\partial M},$$

wobei die Integrale in Definition 12.16 erklärt worden sind.

Beweis: Sei $I_k = (a_k, b_k)$ ein offenes Intervall für $k = 1, 2, \ldots, n$. Setze

$$\begin{aligned}
\widetilde{I}_1 &= I_1 \cap (-\infty, 0], \\
Q &= \prod_{k=1}^{n} I_k, \\
\widetilde{Q} &= Q \cap \mathbb{R}^n_- = \widetilde{I}_1 \times I_2 \times \ldots \times I_n, \\
\partial Q &= Q \cap \partial\mathbb{R}^n_- = (I_1 \cap \{0\}) \times I_2 \times \ldots \times I_n.
\end{aligned}$$

Dann ist $\widetilde{Q}$ eine orientierte n-dimensionale glatte Mannigfaltigkeit mit Rand ∂Q. Wir wollen für eine n-Form ω auf Q mit kompaktem Träger den Satz von Stokes beweisen. Wir beginnen mit dem Fall $a_1 < 0 < b_1$. Dann können wir ω schreiben als

$$\omega = \sum_{i=1}^{n} f_i \cdot dx_1 \wedge \ldots \wedge \widehat{dx_i} \wedge \ldots \wedge dx_n,$$

wobei f_i eine glatte Funktion auf Q ist und die $(n-1)$-Form $dx_1 \wedge \ldots \wedge \widehat{dx_i} \wedge \ldots \wedge dx_n$ aus $dx_1 \wedge dx_2 \ldots \wedge dx_n$ durch Weglassen des Gliedes dx_i ensteht. Dann ist

$$d\omega = \left(\sum_{i=1}^{n} (-1)^{i+1} \cdot \frac{\partial f_i}{\partial x_i} \right) \cdot dx_1 \wedge dx_2 \wedge \ldots \wedge dx_n.$$

Wir verwenden auf $\widetilde{Q}$ die von der Standdardorientierung auf $\mathbb{R}^n_-$ induzierte Orientierung. Sie wird von der nirgends verschwindenden n-Form $dx_1 \wedge dx_2 \ldots \wedge dx_n$ repräsentiert. Die auf den Rand ∂Q im Sinne von Definition 13.14 induzierte Orientierung wird von der $(n-1)$-Form $dx_2 \wedge dx_3 \wedge \ldots \wedge dx_n$ auf $\partial \mathbb{R}^n_-$ repräsentiert. Mittels des Satzes von Fubini und des Hauptsatzes der Differential- und Integralrechnung folgert man

$$\begin{aligned}
\int_{\widetilde{Q}} d\omega &= \sum_{i=1}^{n} (-1)^{i+1} \cdot \int_{\widetilde{I}_1 \times I_2 \times \ldots \times I_n} \frac{\partial f_i}{\partial x_i} dx_1 dx_2 \ldots dx_n \\
&= \int_{I_2 \times \ldots \times I_n} \left(\int_{a_1}^{0} \frac{\partial f_1}{\partial x_1} dx_1 \right) dx_2 \ldots dx_n \\
&\quad + \sum_{i=2}^{n} (-1)^{i+1} \cdot \int_{\widetilde{I}_1 \times I_2 \times \ldots I_{i-1} \times I_{i+1} \times \ldots \times I_n} \left(\int_{I_i} \frac{\partial f_i}{\partial x_i} dx_i \right) dx_1 \ldots \widehat{dx_i} \ldots dx_n \\
&= \int_{I_2 \times \ldots \times I_n} (f_1(0, x_2, \ldots, x_n) - f_1(a_1, x_2, \ldots, x_n))\, dx_2 \ldots dx_n \\
&\quad + \sum_{i=2}^{n} (-1)^{i+1} \cdot \int_{\widetilde{I}_1 \times I_2 \times \ldots I_{i-1} \times I_{i+1} \ldots \times I_n} (f_i(x_1, \ldots, x_{i-1}, b_i, x_{i+1}, \ldots, x_n) \\
&\qquad - f_i(x_1, \ldots, x_{i-1}, a_i, x_{i+1}, \ldots, x_n))\, dx_1 \ldots \widehat{dx_i} \ldots dx_n.
\end{aligned}$$

Da der Träger von ω kompakt ist, gilt

$$f_1(a_1, x_2, \ldots, x_n) = 0$$

und für alle $i \geq 2$

$$f_i(x_1, \ldots, x_{i-1}, b_i, x_{i+1}, \ldots, x_n) = f_i(x_1, \ldots, x_{i-1}, a_i, x_{i+1}, \ldots, x_n) = 0.$$

Daraus folgt

$$\int_{\widetilde{Q}} d\omega = \int_{I_2 \times \ldots \times I_n} f_1(0, x_2, \ldots, x_n) \cdot dx_2 \ldots dx_n = \int_{\partial \widetilde{Q}} \omega.$$

Damit ist der Fall $a_1 < 0 < b_1$ erledigt. Im Fall $0 \leq a_1$ sind $\widetilde{Q}$ und $\partial \widetilde{Q}$ leer und die Behauptung ist trivial. Im Fall $b_1 \leq 0$ tritt in den obigen Ausdrücken b_1 an die Stelle von 0, weil $\widetilde{Q} = Q$ ist, d.h. es gilt

$$\int_{\widetilde{Q}} d\omega = \int_{I_2\times\ldots\times I_n} f_1(b_1, x_2, \ldots, x_n) dx_2 \ldots dx_n.$$

Die rechte Seite verschwindet, da $f_1(b_1, x_2, \ldots, x_n) = 0$ wegen der Kompaktheit des Trägers von ω gilt. Da $\partial\widetilde{Q}$ leer ist, folgt die Behauptung. Damit haben wir den Satz von Stokes im Falle $M = \widetilde{Q}$ bewiesen.

Betrachten wir nun den allgemeinen Fall einer n-dimensionalen glatten orientierten Mannigfaltigkeit M mit Rand ∂M und einer $(n-1)$-Form ω mit kompaktem Träger. Wähle einen der Orientierung entsprechenden orientierten Atlas $\mathcal{A} = \{h_i \colon U_i \to V_i \mid i \in I\}$ mit der Eigenschaft, dass alle V_i von der Gestalt $\widetilde{Q_i}$ für einen geeigneten offenen Quader $Q \subseteq \mathbb{R}^n$ sind. Sei $\{e_i \mid i \in I\}$ eine der offenen Überdeckung $\{U_i \mid i \in I\}$ untergeordnete Partition der Eins. Es ist $\partial\mathcal{A} = \{h_i|_{U_i\cap\partial M} \colon U_i \cap \partial M \to V_i \cap \partial\mathbb{R}^n_- \}$ ein der auf ∂M induzierten Orientierung entsprechender orientierter Atlas für ∂M, und $\{e_i|_{\partial M} \mid i \in I\}$ ist eine der offenen Überdeckung $\{U_i \cap \partial M \mid i \in I\}$ untergeordnete Partition der Eins auf ∂M. Folgende Rechnung folgt aus den Definitionen und den Tatsachen, dass wir den Satz von Stokes bereits für V_i bewiesen haben, nur endlich viele der Summanden in den durch I induzierten Summen nicht verschwinden und Satz 12.21 auch auf Mannigfaltigkeiten mit Rand angewendet werden kann.

$$\begin{aligned}
\int_M d\omega &= \int_M d\left(\sum_{i\in I} e_i \cdot \omega\right) \\
&= \sum_{i\in I} \int_M d(e_i \cdot \omega) \\
&= \sum_{i\in I} \int_{U_i} d(e_i \cdot \omega)|_{U_i} \\
&= \sum_{i\in I} \int_{V_i} (h_i^{-1})^* d(e_i \cdot \omega)|_{U_i} \\
&= \sum_{i\in I} \int_{V_i} d\left((h_i^{-1})^*(e_i \cdot \omega)|_{U_i}\right) \\
&= \sum_{i\in I} \int_{\partial V_i} \left((h_i^{-1})^*(e_i \cdot \omega)|_{U_i}\right)|_{\partial V_i} \\
&= \sum_{i\in I} \int_{\partial V_i} \left((h_i|_{U_i\cap\partial M})^{-1}\right)^* (e_i|_{U_i\cap\partial M} \cdot \omega|_{U_i\cap\partial M}) \\
&= \sum_{i\in I} \int_{U_i\cap\partial M} e_i|_{U_i\cap\partial M} \cdot \omega|_{U_i\cap\partial M} \\
&= \sum_{i\in I} \int_{\partial M} e_i|_{\partial M} \cdot \omega|_{\partial M} \\
&= \int_{\partial M} \left(\sum_{i\in I} e_i|_{\partial M} \cdot \omega|_{\partial M}\right) \\
&= \int_{\partial M} \omega|_{\partial M}.
\end{aligned}$$

Damit ist der Satz von Stokes 13.18 bewiesen. □

Bemerkung 13.19. Man kann sich den Satz von Stokes als den Satz vom „rutschenden“ d merken. Das d vor ω fällt fast runter und bleibt vor dem totalen Absturz bei M als ∂ hängen.

Figur 13.20. (Satz vom rutschenden d).

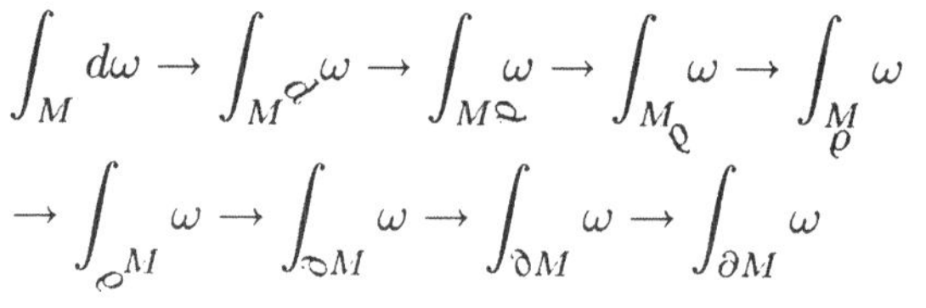

$$\int_M d\omega \to \int_{M^{d}} \omega \to \int_{M d} \omega \to \int_{M_{d}} \omega \to \int_{\substack{M\\ d}} \omega$$

$$\to \int_{{}_{d}M} \omega \to \int_{dM} \omega \to \int_{\partial M} \omega \to \int_{\partial M} \omega$$

13.3 Anwendungen des Satzes von Stokes

Beispiel 13.21. (Der Satz von Stokes und der Hauptsatz der Integral- und Differentialrechung). Der Beweis des Satzes von Stokes 13.18 beruht neben dem Satz von Fubini im Wesentlichen auf dem Hauptsatz der Differential- und Integralrechnung. Man kann den Satz von Stokes als Verallgemeinerung des Hauptsatzes auffassen. Natürlich kann man den Hauptsatz der Differential- und Integralrechnung wieder aus dem Satz von Stokes gewinnen.

Sei $f\colon [a,b] \to \mathbb{R}$ eine glatte Funktion auf dem abgeschlossenen Intervall. Die hier verwendete Definition von glatt, dass es ein offenes Intervall I mit $[a,b] \subseteq I$ und eine glatte Funktion $g\colon I \to \mathbb{R}$ mit $g|_{[a,b]} = f$ gibt, stimmt mit der Definition von „glatt“ oder „unendlich oft differenzierbar“ aus der Anfänger-Vorlesung überein. Fassen wir f als 1-Form auf der 1-dimensionalen orientierten glatten Mannigfaltigkeit $[a,b]$ mit Rand $\{a,b\}$ auf, so besagt der Satz von Stokes

$$\int_{[a,b]} df = \int_{\partial[a,b]} f.$$

Da $df = f'(x)dx$ gilt, ist die linke Seite nach Definition das Integral $\int_a^b f'(x)dx$. Eine zusammenhängende 0-dimensionale glatte orientierte Mannigfaltigkeit ist dasselbe wie eine einelementige Menge $\{y\}$ mit einer Orientierung auf $\mathrm{Alt}^0(T\{y\}) = \mathrm{Alt}^0(\{0\}) = \mathbb{R}$. Im Folgenden spezifizieren wir diese Orientierung mit $+$ oder $-$, je nachdem, ob sie durch die Basis $\{1\}$ oder $\{-1\}$ repräsentiert wird. Falls $g\colon \{y\} \to \mathbb{R}$ eine glatte Funktion ist, so gilt $\int_{\{y\}} g = \pm g(y)$ je nachdem, ob wir $\{y\}$ mit der Orientierung $+$ oder $-$ versehen. Falls wir $[a,b]$ mit der Standardorientierung versehen, so erbt die Randkomponente $\{a\}$ die Orientierung $-$ und die Randkomponente $\{b\}$ die Orientierung $+$. Also gilt per Definition

$$\int_{\partial[a,b]} f = -\int_{\{a\}} f + \int_{\{b\}} f = f(b) - f(a).$$

Das impliziert

$$\int_a^b f'(x)dx = f(b) - f(a).$$

Wir wissen, dass der Hauptsatz auch für stetig differenzierbare Funktionen f gilt und es nicht notwendig ist, dass f glatt ist. Analog kann man den Satz von Stokes auch für stetig differenzierbare Formen zeigen, es sind nur kleinere Modifikationen am Beweis notwendig.

Folgender Spezialfall vom Satz von Stokes 13.18 ist von großer Bedeutung. Man beachte, dass das Integral einer Form über die leere Menge als Null definiert ist.

Satz 13.22. (Der Satz von Stokes für Mannigfaltigkeiten ohne Rand). *Sei M eine n-dimensionale orientierte glatte Mannigfaltigkeit ohne Rand, d.h. $\partial M = \emptyset$. Sei ω eine glatte $(n-1)$-Form mit kompaktem Träger. Dann gilt*

$$\int_M d\omega = 0.$$

Satz 13.23. *Sei M eine nicht-leere kompakte orientierte glatte Mannigfaltigkeit mit Rand ∂M. Dann gibt es keine glatte Retraktion $r\colon M \to \partial M$, d.h. keine glatte Abbildung $r\colon M \to \partial M$ mit $r|_{\partial M} = \mathrm{id}$.*

Beweis: Es existiert eine glatte $(n-1)$-Form auf ∂M mit $\int_{\partial M} \omega \neq 0$. Zum Beispiel kann man nach Wahl einer riemannschen Metrik auf ∂M die Volumenform nehmen. Es gilt $\partial\partial M = \emptyset$ und $d\omega = 0$ auf ∂M aus Dimensionsgründen. Falls eine glatte Retraktion r existierte, ergäbe sich folgender Widerspruch aufgrund von Satz 13.18 und Satz 13.22:

$$0 \neq \int_{\partial M} \omega = \int_{\partial M} r^*\omega|_{\partial M} = \int_M dr^*\omega = \int_M r^*d\omega = \int_M r^*0 = 0. \quad \square$$

Der obige Satz 13.23 gilt auch für kompakte topologische Mannigfaltigkeiten und stetige Retraktionen und man kann auch noch auf die Bedingung der Orientierbarkeit verzichten. Dies folgt mit Hilfe der algebraischen Topologie. Man muss nur wissen, dass $H_d(M;\mathbb{F}_2) = 0$ und $H_d(\partial M;\mathbb{F}_2) \neq \{0\}$ für eine kompakte topologische d-dimensionale Mannigfaltigkeit M mit nicht-leerem Rand ∂M gilt. Die glatte Version des Brouwerschen Fixpunktsatzes 1.28 kann man auch aus Satz 13.23 herleiten, ganz analog zum Beweis von Satz 1.28.

Satz 13.24 (Homotopieinvarianz des Integrals). *Sei M eine geschlossene orientierte glatte Mannigfaltigkeit der Dimension m und sei N eine geschlossene orientierte glatte Mannigfaltigkeit. Sei $h\colon M\times[0,1] \to N$ eine glatte Homotopie zwischen den glatten Abbildungen $f_0, f_1\colon M \to N$, d.h. h ist eine glatte Abbildung, deren Einschränkung auf $M \times \{i\}$ gleich f_i für $i = 0,1$ ist. Sei ω eine m-Form auf N mit $d\omega = 0$. Dann gilt*

$$\int_M f_0^*\omega = \int_M f_1^*\omega.$$

Beweis: Es ist $M \times [0,1]$ eine kompakte $(m+1)$-dimensionale Mannigfaltigkeit mit Rand $\partial M = M \times \{0,1\}$. Sie erbt von M und von $[0,1]$ mit der Standardorientierung eine Orientierung. Aus dem Satz von Stokes 13.18 folgt

$$\begin{aligned}\int_M f_1^*\omega - \int_M f_0^*\omega &= \int_{\partial(M\times[0,1])} h^*\omega|_{\partial(M\times[0,1])} = \int_{M\times[0,1]} dh^*\omega \\ &= \int_{M\times[0,1]} h^*d\omega = \int_{M\times[0,1]} h^*0 = 0. \quad \square\end{aligned}$$

Lemma 13.25. *Sei M eine glatte orientierte geschlossene n-dimensionale Mannigfaltigkeit mit $n \geq 1$. Dann gibt es keine glatte Homotopie zwischen* $\mathrm{id}\colon M \to M$ *und einer konstanten Abbildung $c_{x_0}\colon M \to M,\ x \mapsto x_0$ für ein $x_0 \in M$.*

Beweis: Wähle einen n-Form ω auf M mit $\int_M \omega \neq 0$, zum Beispiel die Volumenform nach Wahl einer riemannschen Metrik. Falls id und c_{x_0} glatt homotop wären, ergäbe sich folgender Widerspruch aus Satz 13.24

$$0 \neq \int_M \omega = \int_M \mathrm{id}^* \omega = \int_M c_{x_0}^* \omega = \int_M 0 = 0. \quad \square$$

Bemerkung 13.26. (Satz von Stokes und der Fundamentalsatz der Algebra). Satz 13.24 genügt, um den Fundamentalsatz der Algebra 1.25 herzuleiten. Man zeigt direkt anhand der Definitionen für die Abbildung $f_n\colon S^1 \to S^1,\ z \mapsto z^n$ und $n \in \mathbb{Z}$, dass für jede 1-Form ω auf S^1 gilt

$$\int_{S^1} f_n^* \omega = n \cdot \int_{S^1} \omega,$$

indem man benutzt, dass f_n für $n \geq 1$ einen orientierungserhaltenden Diffeomorphismus

$$\{\exp(2\pi i k t/n) \mid t \in (0,1)\} \xrightarrow{\cong} S^1 - \{\exp(0)\}$$

für $k = 1, 2, \ldots n$ induziert. Dann verfährt man analog zu dem Beweis von Satz 1.25.

Bemerkung 13.27. (Der Satz von Stokes und nirgends verschwindende Vektorfelder auf Sphären). Man kann den Satz über nirgends verschwindende Vektorfelder auf Sphären 1.29 auch mit Hilfe des Satzes von Stokes beweisen. Der Beweis ist analog zum Beweis von Satz 1.29 sobald man weiß, dass die antipodische Abbildung

$$a\colon S^n \to S^n, \quad (x_1, x_2, \ldots, x_{n+1}) \mapsto (-x_1, -x_2, \ldots, -x_{n+1})$$

nur für ungerade n homotop zur Identität ist. Falls $dvol_{S^n}$ die Volumenform auf S^n zu der Standard-riemannschen Metrik und Standardorientierung auf $\mathbb{R}^{n+1}$ ist, so gilt $a^* dvol_{S^n} = (-1)^{n+1} \cdot dvol_{S^n}$. Falls a homotop zur Identität ist, so folgt aus Satz 13.24

$$0 \neq \int_{S^n} dvol_{S^n} = \int_{S^n} \mathrm{id}^*\, dvol_{S^n} = \int_{S^n} a^* dvol_{S^n} = (-1)^{n+1} \cdot \int_{S^n} dvol_{S^n}.$$

Sei M eine glatte orientierte n-dimensionale riemannsche Mannigfaltigkeit mit Rand ∂M. Sei $dvol_M$ die zugehörige Volumenform. Sei v ein Vektorfeld auf M. Definiere eine $(n-1)$-Form $dvol_M \lrcorner\, v$ durch

$$(dvol_M \lrcorner\, v)_x(w_1, w_2, \ldots, w_{n-1}) = (dvol_M)_x(v(x), w_1, w_2, \ldots, w_{n-1}) \qquad (13.28)$$

für $x \in M$.

Definition 13.29 (Divergenz). *Definiere die* Divergenz *eines Vektorfeldes v auf einer glatten orientierten n-dimensionalen riemannschen Mannigfaltigkeit M als die glatte Funktion* $\mathrm{div}(v)\colon M \to \mathbb{R}$, *die*

$$d(dvol_M \lrcorner\, v) = \mathrm{div}(v) \cdot dvol_M$$

erfüllt.

Beispiel 13.30 (Die Divergenz auf offenen Teilmengen des $\mathbb{R}^n$). Sei $U \subseteq \mathbb{R}^n$ eine offene Teilmenge des $\mathbb{R}^n$ und v ein Vektorfeld auf U. Unter der Identifikation $T_xU = \mathbb{R}^n$ aus Lemma 9.33 ist v dasselbe wie eine glatte Abbildung $v\colon U \to \mathbb{R}^n$. Dann ist die Divergenz $\operatorname{div}(v)$ die glatte Funktion

$$\operatorname{div}(v)\colon U \to \mathbb{R}, \quad u \mapsto \sum_{i=1}^{n} \left.\frac{\partial v_i}{\partial x_i}\right|_u .$$

Der Satz von Stokes 13.18 impliziert

Satz 13.31 (Divergenzsatz). *Sei v ein Vektorfeld auf einer glatten orientierten n-dimensionalen riemannschen Mannigfaltigkeit M mit Rand ∂M. Falls v kompakten Träger hat, so gilt*

$$\int_M \operatorname{div}(v) \cdot dvol_M \;=\; \int_{\partial M} (dvol_M \lrcorner\, v)|_{\partial M}.$$

Seien M eine glatte riemannsche Mannigfaltigkeit und $p \in \partial M$. Der *Normalenvektor*

$$n_p \;\in\; T_pM \tag{13.32}$$

ist der durch folgende Eigenschaften eindeutig definierte Vektor:

(a) $\langle n_p, T_pi(v)\rangle_p \;=\; 0$ für alle $v \in T_p\partial M$,

(b) $\langle n_p, n_p\rangle_p \;=\; 1$,

(c) n_p zeigt nach außen, d.h. es gibt einen glatten Weg $w\colon (-\varepsilon, 0] \to M$ mit $w(0) = p$ derart, dass T_0w das Basiselement $\partial_1 \in T_0(-\varepsilon, 0]$ auf n_p abbildet,

wobei $i\colon \partial M \to M$ die Inklusion und $\langle -, -\rangle_p$ das durch die riemannsche Metrik gegebene Skalarprodukt auf T_pM ist.

Lemma 13.33. *Sei M eine glatte orientierte n-dimensionale riemannsche Mannigfaltigkeit mit Rand ∂M. Seien $dvol_M$ und $dvol_{\partial M}$ die zugehörigen Volumenformen. Sei v ein glattes Vektorfeld auf M. Sei $\langle v, n\rangle$ die glatte Funktion auf M, die einem $p \in M$ die reelle Zahl $\langle v(p), n_p\rangle_p$ zuordnet. Dann gilt*

$$(dvol_M \lrcorner\, v)|_{\partial M} \;=\; \langle v, n\rangle \cdot dvol_{\partial M}.$$

Beweis: Sei $\{w_1, w_2, \ldots, w_{n-1}\}$ eine der Orientierung und der riemannschen Metrik entsprechende Basis auf $T_p\partial M$. Dann ist $\{n_p, w_1, w_2, \ldots, w_{n-1}\}$ eine der Orientierung und der riemannschen Metrik entsprechende Basis auf T_pM. Wir schreiben

$$v(p) \;=\; \langle v(p), n_p\rangle_p \cdot n_p + \sum_{i=1}^{n-1} \lambda_i \cdot w_i$$

für geeignete $\lambda_i \in \mathbb{R}$. Daraus folgt

$$\begin{aligned}
&(dvol_m \lrcorner\, v)_p(w_1, \ldots w_{n-1})\\
&= dvol_M(v(p), w_1, \ldots w_{n-1})\\
&= \langle v(p), n_p\rangle_p \cdot dvol_M(n_p, w_1, \ldots w_{n-1}) + \sum_{i=1}^{n-1} \lambda_i \cdot dvol_M(w_i, w_1, \ldots w_{n-1})\\
&= \langle v(p), n_p\rangle_p \cdot dvol_{\partial M}(w_1, \ldots, w_{n-1}). \quad \square
\end{aligned}$$

Aus Satz 13.31 und Lemma 13.33 folgt

Satz 13.34. (Divergenzsatz von Gauß). *Sei v ein Vektorfeld auf einer glatten orientierten n-dimensionalen riemannschen Mannigfaltigkeit M mit Rand ∂M. Sei $\langle v, n\rangle$ die durch $p \mapsto \langle v(p), n_p\rangle_p$ gegebene glatte Funktion auf ∂M.*

Falls v kompakten Träger hat, so gilt

$$\int_M \operatorname{div}(v) \cdot dvol_M \;=\; \int_{\partial M} \langle v, n\rangle \cdot dvol_{\partial M}.$$

Der obige Divergenzsatz von Gauß hat zahlreiche Anwendungen in der Analysis und der Physik. Wir geben ein Beispiel.

Beispiel 13.35 (Volumen der Sphäre). Auf D^{n+1} erhalten wir ein glattes Vektorfeld

$$v\colon D^{n+1} \to \mathbb{R}^{n+1}, \quad x \mapsto x,$$

wenn wir die Identifikation $T_pD^{n+1} = \mathbb{R}^{n+1}$ aus Lemma 9.33 berücksichtigen. Beispiel 13.30 zeigt, dass die Divergenz $\operatorname{div}(v)$ von v die konstante Funktion mit Wert $(n+1)$ ist. Aus dem Divergenzsatz von Gauß 13.34 folgt

$$\operatorname{Vol}(S^n) \;=\; (n+1) \cdot \operatorname{Vol}(D^{n+1}).$$

Es gilt

$$\begin{aligned} \operatorname{Vol}(D^{2k}) &= \frac{\pi^k}{k!}, \\ \operatorname{Vol}(D^{2k+1}) &= \frac{2^{k+1}\pi^k}{1 \cdot 3 \cdot \ldots \cdot (2k+1)}. \end{aligned}$$

Im Folgenden verwenden wir den Begriff der Untermannigfaltigkeit mit Rand und überlassen es dem Leser, die Definition 9.11 für glatte Untermannigfaltigkeiten ohne Rand auf den Fall mit Rand zu übertragen.

Bemerkung 13.36 (Der cauchysche Integralsatz). Wir wollen kurz erläutern, wie der cauchysche Integralsatz aus dem Satz von Stokes 13.18 folgt. Wir setzen voraus, dass der Leser die elementaren Definitionen aus der Funktionentheorie kennt. Sei $f\colon U \to \mathbb{C}$ eine holomorphe Funktion auf der offenen Teilmenge $U \subseteq \mathbb{C}$. Sei $M \subseteq U$ eine kompakte glatte Untermannigfaltigkeit mit Rand. Der *cauchysche Integralsatz* besagt

$$\int_{\partial M} f(z)dz \;=\; 0.$$

Wir schreiben $f(z) = u(x,y) + i \cdot v(x,y)$ für zwei glatte Funktionen $u, v\colon U \to \mathbb{R}$ und $z = x + iy$. Wir definieren zwei 1-Formen

$$\begin{aligned} \omega &= u \cdot dx - v \cdot dy, \\ \eta &= v \cdot dx + u \cdot dy. \end{aligned}$$

Die Differentialgleichungen von Cauchy-Riemann besagen, dass dies geschlossene Formen sind. Wegen des Satzes von Stokes 13.18 gilt

$$\int_{\partial M} \omega \;=\; \int_{\partial M} \eta \;= 0.$$

Aus den Definitionen folgt

$$\int_{\partial M} f(z)dz \;=\; \int_{\partial M} \omega + i \cdot \int_{\partial M} \eta \;= 0.$$

13.4 Aufgaben

13.1 Sei ω eine glatte $(n-1)$-Form auf D^n, die auf dem Rand S^{n-1} verschwindet. Zeige

$$\int_{D^n} d^{n-1}\omega = 0.$$

13.2 Sei $U \subseteq \mathbb{R}^2$ eine offene Teilmenge und seien $f, g \colon U \to \mathbb{R}$ glatte Funktionen. Sei $M \subseteq U$ eine kompakte glatte n-dimensionale Untermannigfaltigkeit mit Rand ∂M. Beweise

$$\int_{\partial M} f \cdot dx + g \cdot dy = \int_M \left(\frac{\partial g}{\partial x} - \frac{\partial f}{\partial y}\right) \cdot dx \wedge dy.$$

13.3 Sei $M \subseteq \mathbb{R}^n$ eine kompakte n-dimensionale glatte Untermannigfaltigkeit mit Rand ∂M des $\mathbb{R}^n$. Beweise

$$\operatorname{Vol}(M) = \frac{1}{n} \cdot \int_{\partial M} \sum_{i=1}^{n} (-1)^{i-1} \cdot dx_1 \wedge \ldots \wedge dx_{i-1} \wedge dx_{i+1} \wedge \ldots dx_n.$$

13.4 Sei $U \subseteq \mathbb{R}^n$ offen und $x \in U$. Sei ω eine geschlossene $(n-1)$-Form auf $U - \{x\}$. Seien $M, N \subseteq U$ glatte kompakte n-dimensionale Untermannigfaltigkeiten mit Rand derart, dass x sowohl im Inneren $M - \partial M$ von M als auch im Inneren $N - \partial N$ von N liegt. Beweise

$$\int_{\partial M} \omega = \int_{\partial N} \omega.$$

13.5 Sei $r \colon \mathbb{R}^3 \to \mathbb{R}$ die Funktion $r(x) = ||x|| = \sqrt{x_1^2 + x_2^2 + x_3^2}$. Sei $B_R(0) \subseteq \mathbb{R}^3$ für $R > 0$ die abgeschlossene Kugel mit Radius R um den Nullpunkt. Sei v das auf $\mathbb{R}^3$ durch $v(x) = r(x) \cdot x$ gegebene Vektorfeld. Berechne seine Divergenz und beweise

$$\int_{B_R(0)} r = \pi \cdot R^4.$$

14 De Rham-Kohomologie

Das Ziel dieses Kapitels ist es, die de Rham-Kohomologie einer glatten Mannigfaltigkeit zu definieren und zu zeigen, dass sie eine Kohomologietheorie auf glatten Mannigfaltigkeiten definiert. Im folgenden Kapitel werden wir zeigen, dass sie natürlich isomorph zur singulären Kohomologie mit Koeffizienten in $\mathbb{R}$ ist.

Wir setzen im Folgenden voraus, dass der Leser mit den elementaren Begriffen der Theorie von (Ko-)Kettenkomplexen wie zum Beispiel (Ko-)Kettenabbildungen, (Ko-)Kettenhomotopie und (Ko-)Homologie vertraut ist, die wir in Abschnitt 2.1 erläutert haben.

14.1 Definition der de Rham-Kohomologie

Definition 14.1 (de Rham Kohomologie). *Sei M eine glatte Mannigfaltigkeit der Dimension n. Der* de Rham-Kokettenkomplex $C^*_{dR}(M)$ *ist der $\mathbb{R}$-Kokettenkomplex, dessen p-ter $\mathbb{R}$-Modul der Vektorraum $\Omega^p(M)$ der p-Formen ist und dessen Differentiale durch die äußere Ableitung gegeben sind.*

$$\ldots \to 0 \to \Omega^0(M) \xrightarrow{d^0} \Omega^1(M) \xrightarrow{d^1} \ldots \xrightarrow{d^{n-1}} \Omega^n(M) \to 0 \to \ldots .$$

Definiere die de Rham-Kohomologie

$$H^n_{dR}(M) = H^*(C^*_{dR}(M))$$

als die Kohomologie des de Rham-Kokettenkomplexes.

Eine glatte Abbildung $f\colon M \to N$ induziert eine Abbildung von Kokettenkomplexen $C^*_{dR}(f)\colon C^*_{dR}(N) \to C^*_{dR}(M)$ und damit $\mathbb{R}$-lineare Abbildungen $H^n_{dR}(f)\colon H^n_{dR}(N) \to H^n_{dR}(M)$ für alle $n \in \mathbb{Z}$. Offensichtlich gilt $H^n_{dR}(g) \circ H^n_{dR}(f) = H^n_{dR}(f \circ g)$ und $H^n_{dR}(\mathrm{id}) = \mathrm{id}$.

14.2 Homotopieinvarianz der de Rham-Kohomologie

In diesem Abschnitt wollen wir folgenden Satz beweisen:

Satz 14.2. (Homotopieinvarianz der de Rham Kohomologie). *Seien M und N glatte Mannigfaltigkeiten. Sei $h\colon M \times [0,1] \to N$ eine glatte Homotopie zwischen den glatten Abbildungen $f_0, f_1\colon M \to N$. Dann gilt für alle $n \in \mathbb{Z}$*

$$H^n_{dR}(f_0) = H^n_{dR}(f_1).$$

Beweis: Es genügt für eine glatte n-dimensionale Mannigfaltigkeit M und die Abbildungen $i_k\colon M \to M \times [0,1],\quad x \mapsto (x,k)$ für $k = 0,1$ zu zeigen, dass $H^n_{dR}(i_0) = H^n_{dR}(i_1)$ für alle $n \in \mathbb{Z}$ gilt, denn aus der Natürlichkeit folgt

$$H^n_{dR}(f_0) = H^n_{dR}(h) \circ H^n_{dR}(i_0) = H^n_{dR}(h) \circ H^n_{dR}(i_1) = H^n_{dR}(f_1).$$

Dazu konstruieren wir eine Kokettenhomotopie $h^*\colon C^*_{dR}(M) \to C^{*-1}_{dR}(M)$ von $C^*_{dR}(i_0)$ nach $C^*_{dR}(i_1)$.

Der Tangentialraum $T_{(x,t)}(M \times [0,1])$ zerlegt sich als $T_xM \oplus T_t[0,1]$ für $(x,t) \in M \times [0,1]$. Sei $\frac{\partial}{\partial t}$ der Tangentialvektor in $T_t[0,1]$, der durch die Derivation, die durch Ableitung nach t gegeben ist, bestimmt ist. Jeder Vektor $v \in T_xM$ definiert durch $(v,0)$ einen Vektor in $T_{(x,t)}M \times [0,1]$, den wir oft auch wieder kurz mit v bezeichnen, und entsprechend für Vektoren in $T_t[0,1]$. Sei $\omega \in \Omega^p(M \times [0,1])$ gegeben. Definiere $h^p(\omega)$ für $1 \leq p \leq n$ durch

$$h^p(\omega)_x(v_1, v_2, \ldots, v_{p-1}) = (-1)^{p+1} \cdot \int_0^1 \omega_{(x,t)}\left((v_1,0),(v_2,0),\ldots,(v_{p-1},0),\left(0,\frac{\partial}{\partial t}\right)\right) dt$$

für $x \in M$. Setze $h^p = 0$ andernfalls. Man überprüft leicht, dass $h^p(\omega)$ wirklich eine $(p-1)$-Form auf M und $h^p\colon \Omega^p(M) \to \Omega^{p-1}(M)$ eine $\mathbb{R}$-lineare Abbildung ist. Es bleibt für alle $p \in \mathbb{Z}$ zu zeigen

$$d^{p-1} \circ h^p + h^{p+1} \circ d^p = C^p_{dR}(i_1) - C^p_{dR}(i_0). \tag{14.3}$$

Die obige Gleichung (14.3) ist eine Gleichung von lokalen Operatoren, d.h. es genügt die Gleichung auf der glatten Mannigfaltigkeit U_i für jedes Element U_i einer offenen Überdeckung $\{U_i \mid i \in I\}$ von M zu beweisen. Ebenso ist die obige Gleichung (14.3) natürlich bezüglich glatter Abbildungen $f\colon M \to N$. Da man für M einen glatten Atlas der Gestalt $\{h_i\colon U_i \to \mathbb{R}^n \mid i \in I\}$ finden kann, genügt es, die Gleichung (14.3) im Fall $M = \mathbb{R}^n$ zu beweisen.

Wir beginnen mit dem Fall $p \geq 1$. Für $p \geq 1$ ist eine p-Form ω auf $\mathbb{R}^n \times [0,1]$ eine $\mathbb{R}$-Linearkombination von Differentialformen der Gestalt $\eta = \varphi \cdot dx_{i_1} \wedge \ldots \wedge dx_{i_p}$ oder $\mu = \psi \cdot dx_{i_1} \wedge \ldots \wedge dx_{i_{p-1}} \wedge dt$ für glatte Funktionen $\varphi, \mu\colon \mathbb{R}^n \times [0,1] \to \mathbb{R}$. Da die Gleichung (14.3) $\mathbb{R}$-linear ist, genügt es, sie für Differentialformen der Gestalt η oder μ zu beweisen. Man erhält für die Homotopien h^p für $1 \leq p \leq n$

$$\begin{aligned} h^p(\eta) &= 0. \\ h^p(\mu) &= (-1)^p \cdot \left(\int_0^1 \varphi(x_1, \ldots x_n, t)\, dt\right) \cdot dx_{i_1} \wedge \ldots \wedge dx_{i_{p-1}}. \end{aligned}$$

Daraus folgt $d^{p-1} \circ h^p(\eta) = 0$ und

$$\begin{aligned} h^{p+1} \circ d^p(\eta) &= h^{p+1}\left(d^0(\varphi) \wedge dx_{i_1} \wedge \ldots \wedge dx_{i_p}\right) \\ &= h^{p+1}\left(\left(\sum_{i=1}^p \frac{\partial \varphi}{\partial x_i} \cdot dx_i + \frac{\partial \varphi}{\partial t} dt\right) \wedge dx_{i_1} \wedge \ldots \wedge dx_{i_p}\right) \\ &= (-1)^p \cdot h^{p+1}\left(\frac{\partial \varphi}{\partial t} \wedge dx_{i_1} \wedge \ldots \wedge dx_{i_p} \wedge dt\right) \\ &= \left(\int_0^1 \frac{\partial \varphi}{\partial t}\, dt\right) \cdot dx_{i_1} \wedge \ldots \wedge dx_{i_p} = C^p_{dR}(i_1)(\eta) - C^p_{dR}(i_0)(\eta). \end{aligned}$$

Damit folgt (14.3) für η. Es gilt

$$C^p_{dR}(i_k)(\mu) = 0$$

für $k = 0, 1$, da $i_k^*(dt) = 0$ ist. Wir erhalten

$$\begin{aligned} d^{p-1} \circ h^p(\mu) &= (-1)^p \cdot \sum_{i=1}^{n} \left(\int_0^1 \frac{\partial \psi}{\partial x_i}\, dt \right) dx_i \wedge dx_{i_1} \wedge \ldots \wedge dx_{i_{p-1}}, \\ h^{p+1} \circ d^p(\mu) &= (-1)^{p+1} \cdot \sum_{i=1}^{n} \left(\int_0^1 \frac{\partial \psi}{\partial x_i}\, dt \right) dx_i \wedge dx_{i_1} \wedge \ldots \wedge dx_{i_{p-1}}. \end{aligned}$$

Also gilt (14.3) für μ. Es bleibt noch zu zeigen, dass (14.3) für $p = 0$ gilt. Das folgt aus der Rechnung für eine glatte Funktion $\varphi\colon M \times [0,1] \to \mathbb{R}$

$$\begin{aligned} d^{-1} \circ h^0(\varphi) + h^1 \circ d^0(\varphi) &= 0 + h^1 \left(\sum_{i=1}^{n} \frac{\partial \varphi}{\partial x_i} \cdot dx_i + \frac{\partial \varphi}{\partial t} \cdot dt \right) \\ &= \int_0^1 \frac{\partial \varphi}{\partial t}\, dt \\ &= C_{dr}^0(i_1)(\varphi) - C_{dr}^0(i_0)(\varphi). \end{aligned}$$

Damit ist Satz 14.2 bewiesen. □

Lemma 14.4 (Poincarésches Lemma). *Sei M eine n-dimensionale glatte Mannigfaltigkeit. Sei M glatt zusammenziehbar, d.h. es gibt eine glatte Homotopie $h\colon M \times [0,1] \to M$ mit $h_0 = \mathrm{id}$ und $h_1 = c_x$, wobei $c_x\colon M \to M$ die konstante Abbildung mit Wert x ist. Dann gilt*

(a) $H_{dR}^p(M) = 0$ für $p \geq 1$. Es ist $H_{dR}^0(M) \cong \mathbb{R}$,

(b) Für $p \geq 1$ ist jede geschlossene p-Form exakt. Eine 0-Form ist genau dann geschlossen, wenn sie eine konstante Funktion ist.

Beweis: (a) Sei $p\colon M \to \{x\}$ die Projektion und $i\colon \{x\} \to M$ die Inklusion. Dann ist $p \circ i = \mathrm{id}_{\{x\}}$ und $i \circ p \simeq \mathrm{id}_M$, da M glatt zusammenziehbar ist. Aus Satz 14.2 folgt, dass $H_{dR}^p(i)\colon H_{dR}^p(M) \to H_{dr}^p(\{x\})$ für alle $p \in \mathbb{Z}$ bijektiv ist. Offensichtlich ist $C_{dr}^*(\{x\})$ in Dimension 0 konzentriert und hat dort als Kettenmodul $\mathbb{R}$.

(b) Dies folgt aus (a) und der Definition der de Rham-Kohomologie. □

Beispiel 14.5 (Sternförmige offene Teilmengen). Sei $U \subseteq \mathbb{R}^n$ eine offene Teilmenge. Sie heißt *sternförmig bezüglich* $x \in U$, falls für alle $u \in U$ und $t \in [0,1]$ auch $tu + (1-t)x$ in U liegt. Dann ist U glatt zusammenziehbar: die gewünschte glatte Homotopie ist durch $h\colon U \times [0,1] \to U, \quad (u,t) \mapsto tu + (1-t)x$ gegeben.

Figur 14.6. (Sternförmige Menge).

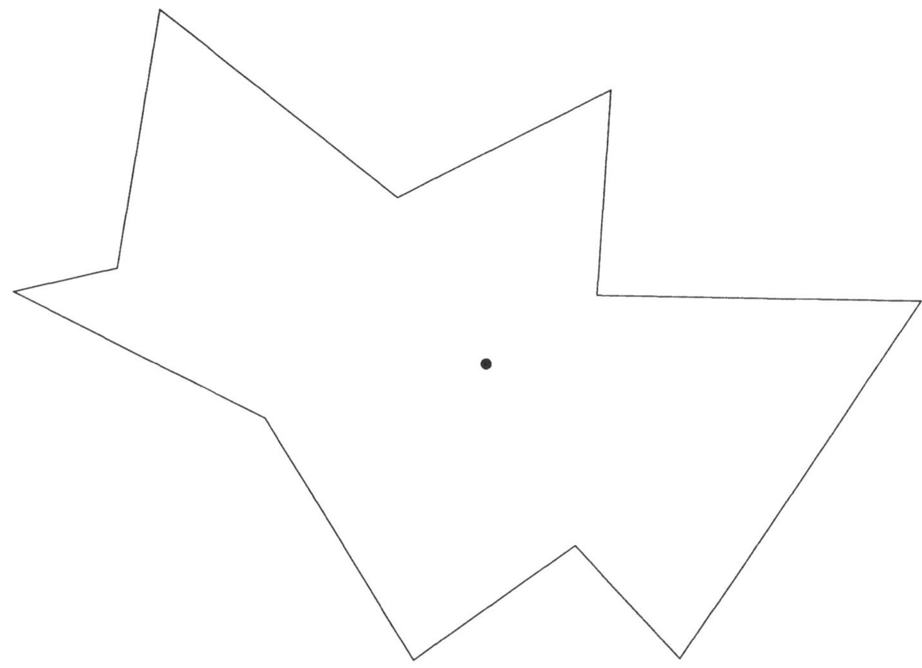

Beispiel 14.7 (Gradient und Rotation). Sei $U \subseteq \mathbb{R}^n$ eine offene Teilmenge. Sei $f\colon U \to \mathbb{R}$ eine glatte Funktion. Ihr *Gradient in* $x \in U$ ist definiert als

$$\operatorname{grad}_x(f) = \left(\frac{\partial f}{\partial x_1}, \frac{\partial f}{\partial x_2}, \dots, \frac{\partial f}{\partial x_n}\right).$$

Die glatte Funktion

$$\operatorname{grad}(f)\colon U \to \mathbb{R}^n, \quad x \mapsto \operatorname{grad}_x(f)$$

heißt *Gradient von* f.

Ein Vektorfeld v auf U ist unter der Identifikation $T_x\mathbb{R}^n \cong \mathbb{R}^n$ aus Lemma 9.33 dasselbe wie ein Element in $C^\infty(U, \mathbb{R}^n)$, d.h. eine glatte Funktion $v\colon U \to \mathbb{R}^n$. Insofern ist $\operatorname{grad}(f)$ ein Vektorfeld auf U.

Falls $n = 3$ ist, definieren wir die *Rotation* eines Vektorfeldes v als das Vektorfeld

$$\operatorname{rot}(v)\colon U \to \mathbb{R}^3, \quad x \mapsto \left(\frac{\partial v_3}{\partial x_2} - \frac{\partial v_2}{\partial x_3}, \frac{\partial v_1}{\partial x_3} - \frac{\partial v_3}{\partial x_1}, \frac{\partial v_2}{\partial x_1} - \frac{\partial v_1}{\partial x_2}\right).$$

Die Divergenz eines Vektorfeldes v haben wir bereits definiert als die glatte Funktion (siehe Beispiel 13.30)

$$\operatorname{div}(v)\colon U \to \mathbb{R}, \quad x \mapsto \sum_{i=1}^{n} \frac{\partial v_i}{\partial x_i}.$$

Im Folgenden sei nun $n = 3$. Definiere $\mathbb{R}$-lineare Isomorphismen

$$\begin{array}{llll}\alpha^0\colon & C^\infty(U) & \xrightarrow{\cong} \Omega^0(U), & f \mapsto f, \\ \alpha^1\colon & C^\infty(U,\mathbb{R}^3) & \xrightarrow{\cong} \Omega^1(U), & f \mapsto f_1 \cdot dx_1 + f_2 \cdot dx_2 + f_3 \cdot dx_3, \\ \alpha^2\colon & C^\infty(U,\mathbb{R}^3) & \xrightarrow{\cong} \Omega^2(U), & f \mapsto f_1 \cdot dx_2 \wedge dx_3 + f_2 \cdot dx_1 \wedge dx_3 + f_3 \cdot dx_1 \wedge dx_2, \\ \alpha^3\colon & C^\infty(U) & \xrightarrow{\cong} \Omega^3(U), & f \mapsto f \cdot dx_1 \wedge dx_2 \wedge dx_3.\end{array}$$

Dann kommutiert das folgende Diagramm

$$\begin{array}{ccccccccccc} 0 & \longrightarrow & \mathbb{R} & \xrightarrow{c} & C^\infty(U) & \xrightarrow{\text{grad}} & C^\infty(U,\mathbb{R}^3) & \xrightarrow{\text{rot}} & C^\infty(U,\mathbb{R}^3) & \xrightarrow{\text{div}} & C^\infty(U) \\ & & {\scriptstyle \text{id}}\downarrow\cong & & {\scriptstyle \alpha^0}\downarrow\cong & & {\scriptstyle \alpha^1}\downarrow\cong & & {\scriptstyle \alpha^2}\downarrow\cong & & {\scriptstyle \alpha^3}\downarrow\cong \\ 0 & \longrightarrow & \mathbb{R} & \xrightarrow{c'} & \Omega^0(U) & \xrightarrow{d^0} & \Omega^1(U) & \xrightarrow{d^1} & \Omega^2(U) & \xrightarrow{d^2} & \Omega^3(U) \end{array}$$

wobei die Abbildungen c und c' einer reellen Zahl r jeweils die konstante Funktion auf U mit Wert r zuordnen. Da $d^0 \circ c' = d^1 \circ d^0 = d^2 \circ d^1 = 0$ gilt, folgt

$$\begin{aligned} \text{grad} \circ c &= 0, \\ \text{rot} \circ \text{grad} &= 0, \\ \text{div} \circ \text{rot} &= 0. \end{aligned}$$

Falls nun $U \subseteq \mathbb{R}^3$ eine offene Teilmenge ist, die glatt zusammenziehbar ist, dann ist die untere Zeile exakt (siehe Lemma 14.4 (a)). Also ist auch die obere Zeile exakt. Das bedeutet, dass der Gradient $\text{grad}(f)$ einer glatten Funktion auf U genau dann verschwindet, wenn f konstant ist, dass die Rotation $\text{rot}(v)$ eines Vektorfeldes v genau dann verschwindet, wenn sich v als Gradient $\text{grad}(f)$ einer glatten Funktion auf U schreiben lässt und dass die Divergenz $\text{div}(v)$ eines Vektorfeldes v genau dann verschwindet, wenn sich v als die Rotation $\text{rot}(w)$ eines Vektorfeldes w schreiben lässt.

14.3 Die Mayer-Vietoris-Sequenz für die de Rham-Kohomologie

Satz 14.8. (Mayer-Vietoris-Sequenz für de Rham-Kohomologie). *Sei M eine glatte Mannigfaltigkeit. Seien $U, V \subseteq M$ offene Teilmengen mit $M = U \cup V$. Seien $j_U\colon U \to M$, $j_V\colon V \to M$, $i_U\colon U \cap V \to U$ und $i_V\colon U \cap V \to V$ die Inklusionen. Dann gilt:*

(a) Die folgende Sequenz von Kokettenkomplexen ist exakt

$$0 \to C^*_{dR}(M) \xrightarrow{C^*_{dR}(j_U)\oplus C^*_{dR}(j_V)} C^*_{dR}(U)\oplus C^*_{dR}(V) \xrightarrow{C^*_{dR}(i_U)-C^*_{dR}(i_V)} C^*_{dR}(U\cap V) \to 0.$$

(b) Es gibt eine lange exakte Sequenz

$$\begin{aligned} \ldots \xrightarrow{\delta^{p-1}} H^p_{dR}(M) &\xrightarrow{H^p_{dR}(j_U)\oplus H^p_{dR}(j_V)} H^p_{dR}(U)\oplus H^p_{dR}(V) \xrightarrow{H^p_{dR}(i_U)-H^p_{dR}(i_V)} H^p_{dR}(U\cap V) \\ \xrightarrow{\delta^p} H^{p+1}_{dR}(M) &\xrightarrow{H^{p+1}_{dR}(j_U)\oplus H^{p+1}_{dR}(j_V)} H^{p+1}_{dR}(U) \oplus H^{p+1}_{dR}(V) \xrightarrow{H^{p+1}_{dR}(i_U)-H^{p+1}_{dR}(i_V)} \ldots \end{aligned}$$

Beweis: (a) Die Exaktheit der Sequenz ist offensichtlich bis auf die Surjektivität der Abbildung

$$C^*_{dR}(i_U) - C^*_{dR}(i_V) \colon C^*_{dR}(U) \oplus C^*_{dR}(V) \to C^*_{dR}(U \cap V).$$

Sei $\omega^p \in C^p_{dR}(U \cap V) = \Omega^p(U \cap V)$ gegeben. Sei $\{\varphi_U, \varphi_V\}$ eine der Überdeckung $\{U, V\}$ untergeordnete Partition der Eins. Dann ist $\varphi_V|_{U\cap V} \cdot \omega$ eine p-Form auf $U \cap V$, die man zu einer p-Form η_U auf U fortsetzen kann, indem man sie auf $U - (U \cap V)$ als trivial definiert. Ebenso ist $-\varphi_U|_{U\cap V} \cdot \omega$ eine p-Form auf $U \cap V$, die man zu einer p-Form η_V auf V fortsetzen kann, indem man sie auf $V - (U \cap V)$ als trivial definiert. Dann gilt

$$C^*_{dR}(i_U)(\eta_U) - C^*_{dR}(i_V)(\eta_V) \;=\; \varphi_V|_{U\cap V} \cdot \omega + \varphi_U|_{U\cap V} \cdot \omega \;=\; \omega.$$

(b) Dies folgt aus (a) und Satz 2.6. □

Die Berechnung von Kohomologiegruppen aus Abschnitt 1.3 und die Anwendungen aus Abschnitt 1.4 lassen sich auch mit Hilfe der de Rham-Kohomologie durchführen. Die einzigen benötigten Hilfsmittel sind die Homotopieinvarianz und die Mayer-Vietoris-Sequenz, die wir auch für die de Rham-Kohomologie zur Verfügung haben. Falls der Leser oder der Dozent diese Berechnungen und Anwendungen noch nicht gelesen oder präsentiert hat, da er eventuell direkt mit Kapitel 9 begonnen hat, ist es empfehlenswert, diese Berechnungen und Anwendung an dieser Stelle im Zusammenhang mit der de Rham Kohomologie zu studieren.

Beispiel 14.9 (de Rham-Kohomologie von S^n). Wir wollen für $n \geq 1$ beweisen, dass folgende Abbildungen

$$H^0_{dR}(S^n) \xrightarrow{\cong} \mathbb{R}, \quad [\omega] \mapsto \omega(1, 0, \ldots, 0)$$

und

$$H^n_{dR}(S^n) \xrightarrow{\cong} \mathbb{R}, \quad [\omega] \mapsto \int_{S^n} \omega$$

$\mathbb{R}$-Isomorphismen sind und $H^p_{dR}(S^n) = \{0\}$ für $p \neq 0, n$ gilt.

Da eine Funktion $f \colon S^d \to \mathbb{R}$ genau dann konstant ist, wenn $df = 0$ gilt, ist die erste Abbildung ein Isomorphismus.

Aus dem Satz von Stokes 13.22 folgt, dass die zweite Abbildung wohldefiniert ist. Da nach Wahl einer riemannschen Metrik und Orientierung von M das Integral $\int_M dvol_M$ eine positive reelle Zahl ist, ist die zweite Abbildung surjektiv. Es bleibt zu beweisen, dass $H^n_{dR}(S^n)$ für $n \geq 1$ die Dimension 1 hat.

Es seien die offenen Teilmengen U_- bzw U_+ in S^n dadurch gegeben, dass man aus S^n den Punkt $(0, 0, \ldots, 1)$ bzw $(0, 0, \ldots, -1)$ entfernt. Offensichtlich sind U_+ und U_- glatt zusammenziehbar. Also haben sie die de Rham-Kohomologie vom Punkt, d.h. $H^p_{dR}(U_\pm) = \{0\}$ für $p \neq 0$ und die Abbildung $\Omega^0(U_\pm) \to \mathbb{R}, \quad \omega \mapsto \omega(1, 0, \ldots, 0)$ induziert einen Isomorphismus. Der Durchschnitt $U_+ \cap U_-$ ist homotopieäquivalent zu S^{n-1}. Damit erhält man aus der Mayer-Vietoris-Sequenz im Fall $n = 1$ die exakte Sequenz

$$\mathbb{R} \oplus \mathbb{R} \xrightarrow{\begin{pmatrix} 1 & -1 \\ 1 & -1 \end{pmatrix}} \mathbb{R} \oplus \mathbb{R} \to H^1(S^1) \to 0.$$

und damit die Behauptung für $n = 1$. Der Induktionsschluss von $(n-1) \geq 1$ auf n folgt aus dem Isomorphismus $H^{n-1}(S^{n-1}) \xrightarrow{\cong} H^n(S^n)$, den die Mayer-Vietoris-Sequenz liefert.

14.4 Die multiplikative Struktur auf der de Rham-Kohomologie

Wir haben in Definition 12.3 einer p-Form ω und einer q-Form η auf einer glatten Mannigfaltigkeit M eine $(p+q)$-Form, ihr Dach-Produkt $\omega \wedge \eta$, zugeordnet. Das Dach-Produkt ist bilinear und graduiert kommutativ (siehe Lemma 12.4). Letzteres bedeutet $\omega\wedge\eta = (-1)^{pq}\cdot\eta\wedge\omega$. Zudem ist es im folgende Sinne mit der äußeren Ableitung verträglich (siehe Satz 12.5)

$$d^{p+q}(\omega \wedge \eta) \;=\; d^p(\omega) \wedge \eta + (-1)^p \cdot \omega \wedge d^q(\eta).$$

Daraus folgt, dass man auf der de Rham-Kohomologie eine multiplikative Struktur definieren kann: Für Kohomologieklassen $u \in H^p_{dR}(M)$ und $v \in H^q_{dR}(M)$ wählt man sich repräsentierende Kozykel $\omega \in C^p_{dR}(M) = \Omega^p(M)$ und $\eta \in C^q_{dR}(M) = \Omega^q(M)$ und definiert

$$u \wedge v \;=\; [\omega \wedge \eta] \in H^{p+q}_{dR}(M) \tag{14.10}$$

als die vom Kozykel $\omega \wedge \eta$ repräsentierte Kohomologieklasse. Aufgrund der folgenden Rechnung ist $\omega \wedge \eta$ wirklich ein Kozykel und die Definition von der Wahl der Repräsentanten unabhängig:

$$d^{p+q}(\omega \wedge \eta) \;=\; d^p(\omega) \wedge \eta + (-1)^p \cdot \omega \wedge d^q(\eta) \;=\; 0 \wedge \eta + \omega \wedge 0 \;=\; 0.$$

und

$$\begin{aligned}(\omega + d^{p-1}(\mu)) \wedge \eta - \omega \wedge \eta &= \omega \wedge \eta + d^{p-1}(\mu) \wedge \eta - \omega \wedge \eta\\ &= d^{p-1}(\mu) \wedge \eta\\ &= d^{p-1}(\mu) \wedge \eta + (-1)^{p-1} \cdot \mu \wedge d^{q-1}(\eta)\\ &= d^{p+q-1}(\mu \wedge \eta).\end{aligned}$$

Offensichtlich induziert $\wedge$ auf der de Rham Kohomologie $H^*_{dR}(M)$ die Struktur einer graduiert kommutativen graduierten $\mathbb{R}$-Algebra. Da das Dach-Produkt bereits auf dem Niveau der Differentialformen natürlich ist, gilt dasselbe auf dem Niveau der Kohomologie, d.h. für eine glatte Abbildung $f\colon M \to N$ von glatten Mannigfaltigkeiten gilt

$$H^{p+q}_{dR}(f)(u \wedge v) \;=\; H^p_{dR}(f)(u) \wedge H^q_{dR}(g)(v).$$

Die Konstruktion und die wesentlichen Eigenschaften des Dach-Produktes auf der de Rham-Kohomologie sind völlig analog zu denen des Cup-Produkts

$$\cup\colon H^p(M;\mathbb{R}) \times H^q(M;\mathbb{R}) \to H^{p+q}(M;\mathbb{R})$$

auf der singulären oder zellulären Kohomologie wie wir sie in Abschnitt 5.3, Abschnitt 5.5 und Kapitel 7 untersucht haben.

14.5 Aufgaben

14.1 Sei ω eine n-Form auf $\mathbb{R}^n$ mit kompaktem Träger. Zeige, dass es genau dann eine $(p-1)$-Form η mit $d^{p-1}(\eta) = \omega$ gibt, wenn $\int_{\mathbb{R}^n} \omega = 0$ gilt.

14.2 Sei M eine n-dimensionale geschlossene orientierbare zusammenhängende glatte Mannigfaltigkeit der Dimension n. Zeige, dass die Abbildung

$$\Omega^n(M) \to \mathbb{R}, \qquad \omega \mapsto \int_M \omega$$

einen Isomorphismus $H^n_{dR}(M) \xrightarrow{\cong} \mathbb{R}$ induziert.

14.3 Sei M eine glatte Mannigfaltigkeit. Zeige, dass das Dach-Produkt einen $\mathbb{R}$-Isomorphismus

$$\bigoplus_{p+q=n} H^p_{dR}(S^k) \otimes_{\mathbb{R}} H^q_{dR}(M) \xrightarrow{\cong} H^n_{dR}(S^k \times M)$$

induziert.

14.4 Sei ω eine geschlossene 1-Form auf $S^1 \times S^1$. Sei $i_1 : S^1 \to S^1 \times S^1$ die Abbildung $z \mapsto (z, 1)$ und $i_2 : S^1 \to S^1 \times S^1$ die Abbildung $z \mapsto (1, z)$. Zeige, dass ω genau dann exakt ist, wenn gilt

$$\int_{S^1} i_1^* \omega = \int_{S^1} i_2^* \omega \ = \ 0.$$

14.5 Sei M eine glatte Mannigfaltigkeit. Sei

$$U_0 \subseteq U_1 \subseteq \ldots \subseteq U_n \subseteq U_{n+1} \subseteq \ldots \subseteq M$$

eine Folge von offenen Teilmengen derart, dass der Abschluss jedes U_n in M kompakt ist und $M = \bigcup_{n=0}^{\infty} U_n$ gilt. Dann gibt es für alle $m \geq 0$ die natürliche exakte Sequenz

$$0 \to \operatorname*{invlim}_{n\to\infty}{}^1 H^{m-1}_{dR}(U_n) \to H^m_{dR}(M) \to \operatorname*{invlim}_{n\to\infty} H^m_{dR}(U_n) \to 0.$$

15 Der Satz von de Rham

In diesem Kapitel formulieren und beweisen wir eines der Hauptergebnisse dieses Buches, den Satz von de Rham. Er besagt, dass die singuläre Kohomologie einer glatten Mannigfaltigkeit mit $\mathbb{R}$-Koeffizienten natürlich isomorph zur de Rham Kohomologie ist. Dies liefert eine fundamentale Beziehung zwischen der Topologie und der Analysis.

15.1 Glatte singuläre Koketten

Es sei daran erinnert, dass ein singuläres n-Simplex in einen topologischen Raum X eine stetige Abbildung $\sigma\colon \Delta_n \to X$ vom Standard-n-Simplex $\Delta_n \subseteq \mathbb{R}^{n+1}$ nach X ist. Bisher haben wir das Standard-n-Simplex als Teilmenge des $\mathbb{R}^{n+1}$ aufgefasst. Man kann es aber auch als Teilmenge des $\mathbb{R}^n$ interpretieren, nämlich als die Menge aller Punkte $\{(x_1, x_2, \ldots, x_n) \in \mathbb{R}^n \mid 0 \leq x_i \leq 1, \sum_{i=1}^n x_i \leq 1\}$. Diese beiden Definitionen sind äquivalent, es gibt einen affinen Homöomorphismus zwischen diesem Modell und dem früheren. Die Interpretation von Δ_n als Teilmenge von $\mathbb{R}^n$ hat den Vorteil, dass man nun den Begriff eines *glatten singulären Simplices* $\sigma\colon \Delta_n \to M$ in eine glatte Mannigfaltigkeit M definieren kann, nämlich als ein singuläres n-Simplex $\sigma\colon \Delta_n \to M$, für das es eine offene Umgebung $\Delta_n \subseteq U \subseteq \mathbb{R}^n$ von Δ_n und eine glatte Abbildung $\sigma'\colon U \to M$ mit $\sigma'|_{\Delta_n} = \sigma$ gibt.

Sei $S_n^{C^\infty}(M)$ die Menge der glatten singulären n-Simplices $\sigma\colon \Delta_n \to M$ für $n \in \mathbb{Z}$, $n \geq 0$. Sei $C_n^{\text{sing},C^\infty}(M;R)$ der freie R-Modul mit der Menge $S_n^{C^\infty}(M)$ als Basis für $n \in \mathbb{Z}$, $n \geq 0$ und der triviale Modul $\{0\}$ für $n \in \mathbb{Z}$, $n < 0$. Ein Element in $C_n^{\text{sing},C^\infty}(M;R)$ ist also eine formale Summe $\sum_{\sigma \in S_n^{C^\infty}(M)} r_\sigma \cdot \sigma$, in der nur endlich viele der Koeffizienten $r_\sigma \in R$ von Null verschieden sind, und heißt *glatte singuläre Kette*. Man überlegt sich leicht, dass man einen Unter-R-Kettenkomplex

$$C_*^{\text{sing},C^\infty}(M;R) \subseteq C_*^{\text{sing}}(M;R) \tag{15.1}$$

erhält. Sei

$$i(M)_*\colon C_*^{\text{sing},C^\infty}(M;R) \quad \to \quad C_*^{\text{sing}}(M;R) \tag{15.2}$$

die Inklusion. Wir haben den singulären Kokettenkomplex $C^*_{\text{sing}}(M;R)$ definiert durch

$$C^*_{\text{sing}}(M;R) := \hom_R(C_*^{\text{sing}}(M;R), R) = \hom_{\mathbb{Z}}(C_*^{\text{sing}}(M;\mathbb{Z}), R).$$

Entsprechend definiert man den *glatten singulärer Kokettenkomplex* durch

$$C^*_{\text{sing},C^\infty}(M;R) \quad := \quad \hom_R(C_*^{\text{sing},C^\infty}(M;R), R) = \hom_{\mathbb{Z}}(C_*^{\text{sing},C^\infty}(M;\mathbb{Z}), R). \tag{15.3}$$

Die singuläre Kohomologie $H^*_{\text{sing}}(M;R)$ haben wir als die Kohomologie von $C^*_{\text{sing}}(M;R)$ eingeführt. Entsprechend definiert man die *glatte singuläre Kohomologie* als

$$H^n_{\text{sing},C^\infty}(M;R) \quad := \quad H^n\left(C^*_{\text{sing},C^\infty}(M;R)\right). \tag{15.4}$$

Die R-Kettenabbildung $i(M)_*$ aus (15.2) induziert eine R-Kokettenabbildung

$$i(M)^*\colon C^*_{\text{sing}}(M;R) \;\to\; C^*_{\text{sing},C^\infty}(M;R). \tag{15.5}$$

Wir wollen beweisen:

Satz 15.6. *Die R-Kettenabbildung $i(M)_*$ aus* (15.2) *und die R-Kokettenabbildung $i(M)^*$ aus* (15.5) *induzieren R-Isomorphismen*

$$H_n(i(M)_*)\colon H_n^{\text{sing},C^\infty}(M;R) \xrightarrow{\cong} H_n^{\text{sing}}(M;R),$$
$$H^n(i(M)^*)\colon H^n_{\text{sing}}(M;R) \xrightarrow{\cong} H^n_{\text{sing},C^\infty}(M;R).$$

Wir benötigen den Übergang zu glatten singulären Simplices, um später die de Rham-Abbildung definieren zu können. Falls Satz 15.6 richtig ist, muss $H^*_{\text{sing},C^\infty}(M;R)$ die typischen Eigenschaften einer Kohomologietheorie von der singulären Kohomologie erben, wenn man berücksichtigt, dass $H^*_{\text{sing},C^\infty}(M;R)$ nur für glatte Abbildungen und glatte Mannigfaltigkeiten definiert ist. Um Satz 15.6 zu beweisen, zeigen wir zunächst, dass dies für $H^*_{\text{sing},C^\infty}(M;R)$ zutrifft und wenden dann einen Vergleichssatz für glatte Kohomologietheorien an.

15.2 Glatte Kohomologietheorien

Sei GLATTE-MFKT die Kategorie der glatten Mannigfaltigkeiten (ohne Rand) mit glatten Abbildungen als Morphismen. Zwei glatte Abbildungen heißen *glatt homotop,* wenn es eine glatte Homotopie zwischen ihnen gibt.

Definition 15.7 (Glatte Kohomologietheorie). *Eine* glatte Kohomologietheorie $\mathcal{H}^*$ *mit Werten in R-Moduln ist ein kontravarianter Funktor*

$$\mathcal{H}^*\colon \text{GLATTE-MFKT} \to \mathbb{Z}\text{-grad.-}R\text{-MODULN},$$

der folgende Axiome erfüllt:

- *Homotopieinvarianz*

  Seien $f, g\colon M \to N$ glatte Abbildungen von glatten Mannigfaltigkeiten. Seien f und g glatt homotop. Dann gilt für alle $n \in \mathbb{Z}$

  $$\mathcal{H}^n(f) = \mathcal{H}^n(g)\colon \mathcal{H}^n(N) \to \mathcal{H}^n(M).$$

- *Mayer-Vietoris-Sequenz*

  Seien U und V offene Teilmengen der glatten Mannigfaltigkeit M mit $M = U \cup V$. Dann gibt es eine natürliche lange exakte Sequenz

  $$\ldots \xrightarrow{\mathcal{H}^{n-1}(j_1)\times\mathcal{H}^{n-1}(j_2)} \mathcal{H}^{n-1}(U) \times \mathcal{H}^{n-1}(V) \xrightarrow{\mathcal{H}^{n-1}(i_1)-\mathcal{H}^{n-1}(i_2)} \mathcal{H}^{n-1}(U \cap V)$$
  $$\xrightarrow{\delta^{n-1}} \mathcal{H}^n(M) \xrightarrow{\mathcal{H}^n(j_1)\times\mathcal{H}^n(j_2)} \mathcal{H}^n(U) \times \mathcal{H}^n(V)$$
  $$\xrightarrow{\mathcal{H}^n(i_1)-\mathcal{H}^n(i_2)} \mathcal{H}^n(U \cap V) \xrightarrow{\delta^n} \ldots,$$

  wobei i_1, i_2, j_1 und j_2 die offensichtlichen Inklusionen sind.

- *Ausschöpfungsaxiom*

  Sei $U_0 \subseteq U_1 \subseteq U_2 \subseteq \ldots \subseteq M$ eine aufsteigenden Folge von offenen Teilmengen der glatten Mannigfaltigkeit M derart, dass $M = \bigcup_{n=0}^{\infty} U_n$ und $\overline{U_n}$ für alle n kompakt ist. Dann gibt es eine natürliche kurze exakte Sequenz

$$0 \to \operatorname*{invlim}_{n\to\infty}{}^1 \mathcal{H}^{m-1}(U_n) \xrightarrow{\tau^m} \mathcal{H}^m(M) \xrightarrow{\operatorname{invlim}_{n\to\infty} \mathcal{H}^m(i_n)} \operatorname*{invlim}_{n\to\infty} \mathcal{H}^m(U_n) \to 0,$$

  wobei $i_n \colon U_n \to M$ die Inklusion ist.

Lemma 15.8. *Wir erhalten glatte Kohomologietheorien mit Koeffizienten in $\mathbb{R}$ durch die singuläre Kohomologie H^*_{sing}, die glatte singuläre Kohomologie $H^*_{\text{sing},C^\infty}$ und die de Rham-Kohomologie H^*_{dr}.*

Beweis: Für die singuläre Kohomologie H^*_{sing} folgt dies aus Satz 5.8 mit Ausnahme des Ausschöpfungsaxioms, das man folgendermaßen beweist: Sei $U_0 \subseteq U_1 \subseteq U_2 \subseteq \ldots \subseteq M$ eine aufsteigenden Folge von offenen Teilmengen der glatten Mannigfaltigkeit M mit $M = \bigcup_{n=0}^{\infty} U_n$ (Für die singuläre Kohomologie benötigen wir nicht, das $\overline{U_n}$ kompakt ist). Das inverse System von surjektiven R-Kokettenabbildungen von R-Kokettenkomplexen

$$C^*_{\text{sing}}(U_0) \leftarrow C^*_{\text{sing}}(U_1) \leftarrow C^*_{\text{sing}}(U_2) \leftarrow \ldots$$

erfüllt offensichtlich die Mittag-Leffler-Bedingung und

$$\operatorname*{invlim}_{n\to\infty} C^*_{\text{sing}}(M) = C^*_{\text{sing},C^\infty}(M).$$

Nun folgt das Ausschöpfungsaxiom aus Satz 6.51.

Der Beweis für die glatte singuläre Kohomologie $H^*_{\text{sing},C^\infty}$ ist völlig analog, alle Argumente und Konstruktionen funktionieren auch für glatte singuläre Simplices.

Für die de Rham-Kohomologie H^*_{dR} folgt dies aus Satz 14.2 und Satz 14.8 mit Ausnahme des Ausschöpfungsaxioms, das man folgendermaßen beweist. Sei $U_0 \subseteq U_1 \subseteq U_2 \subseteq \ldots \subseteq M$ eine aufsteigenden Folge von offenen Teilmengen der glatten Mannigfaltigkeit M mit $M = \bigcup_{n=0}^{\infty} U_n$ derart, dass der Abschluss $\overline{U_n}$ von U_n für alle $n \in \mathbb{Z}$, $n \geq 0$ kompakt ist. Das inverse System von R-Kokettenabbildungen von R-Kokettenkomplexen

$$C^*_{dR}(U_0) \leftarrow C^*_{dR}(U_1) \leftarrow C^*_{dR}(U_2) \leftarrow \ldots$$

erfüllt die Mittag-Leffler-Bedingung, da $\{U_{n+1}, M - \overline{U_n}\}$ eine offene Überdeckung von M ist, und man deswegen glatte Funktionen $\varphi_n \colon M \to [0,1]$ derart finden kann, dass $\varphi|_{\overline{U_n}} = 1$ und der Träger von φ_n in U_{n+1} liegt. Offensichtlich gilt

$$\operatorname*{invlim}_{n\to\infty} C^*_{dR}(U_n) = C^*_{dR}(M).$$

Nun folgt das Ausschöpfungsaxiom aus Satz 6.51. □

Lemma 15.9. *Seien $\mathcal{H}^*$ und $\mathcal{K}^*$ glatte Kohomologietheorien mit Werten in R-Moduln. Sei $t^* \colon \mathcal{H}^* \to \mathcal{K}^*$ eine Transformation von glatten Kohomologietheorien, d.h. eine Transformation von kontravarianten Funktoren* GLATTE-MFKT $\to \mathbb{Z}$-grad.-R-MODULN

$$t^* \colon \mathcal{H}^* \to \mathcal{K}^*,$$

die mit den Transformationen δ^* und τ^*, die in der Mayer-Vietoris-Sequenz und dem Ausschöpfungsaxiom auftauchen, verträglich ist. Falls

$$t^n(\{\bullet\})\colon \mathcal{H}^n(\{\bullet\}) \to \mathcal{K}^n(\{\bullet\})$$

für alle $n \in \mathbb{Z}$ bijektiv ist, dann ist t^* eine Äquivalenz von glatten Kohomologietheorien, d.h.

$$t^n(M)\colon \mathcal{H}^n(M) \to \mathcal{K}^n(M)$$

ist für alle glatten Mannigfaltigkeiten M und alle $n \in \mathbb{Z}$ ein R-Isomorphismus.

Beweis: Schritt 1: M ist eine konvexe offene Teilmenge des $\mathbb{R}^n$.

Offensichtlich ist M glatt homotopieäquivalent zu einem Punkt. Wegen der Homotopieinvarianz und der Natürlichkeit von t^* genügt es, den Fall $M = \{\bullet\}$ zu betrachten, in dem die Behauptung nach Voraussetzung richtig ist.

Schritt 2: Seien $U, V \subseteq M$ offene Teilmengen von M. Falls die Behauptung für U, V und $U \cap V$ gilt, dann auch für M.

Dies folgt aus der Mayer-Vietoris-Sequenz und dem Fünfer-Lemma (siehe Lemma 1.2).

Schritt 3: Falls es eine Sequenz von offenen Teilmengen $U_1 \subseteq U_2 \subseteq U_3 \subseteq \ldots M$ derart gibt, dass $M = \bigcup_{i=1}^{\infty} U_i$ gilt, $\overline{U_n}$ für alle n kompakt ist und die Aussage für jedes U_n gilt, dann ist sie auch für M wahr.

Dies folgt aus dem Ausschöpfungsaxiom und dem Fünfer-Lemma (siehe Lemma 1.2).

Schritt 4: Die Aussage gilt für offene Teilmengen $M \subseteq \mathbb{R}^n$.

Da $\mathbb{R}^n$ eine abzählbare Basis der Topologie mit offenen Kugeln als Elemente hat, ist $M = \bigcup_{i=1}^{\infty} B_i$ für geeignete offene Kugeln $B_i \subseteq \mathbb{R}^n$. Setze $U_k = \bigcup_{i=1}^{k} B_i$. Jede konvexe offene Teilmenge des $\mathbb{R}^n$ erfüllt die Aussage wegen Schritt 1. Da der Durchschnitt endlich vieler konvexer offener Teilmengen von $\mathbb{R}^d$ wieder eine konvexe offene Teilmenge ist, gilt die Aussage für jedes U_k wegen Schritt 2. Da $U_1 \subseteq U_2 \subseteq U_3 \subseteq \ldots$ eine Folge von offenen Teilmengen von M mit $M = \bigcup_{k=1}^{\infty} U_k$ und kompakten $\overline{U_k}$ ist, folgt aus Schritt 3, dass die Aussage für M gilt.

Schritt 5: Die Aussage gilt für alle glatten Mannigfaltigkeiten.

Jeder Punkt in M besitzt eine zu einer offenen Teilmenge des $\mathbb{R}^n$ diffeomorphe Umgebung, deren Abschluß in M kompakt ist. Da M als glatte Mannigfaltigkeit eine abzählbare Basis der Topologie besitzt, gibt es eine Folge V_1, V_2, V_3, ... von offenen Teilmengen derart, dass für jedes n die Menge V_n diffeomorph zu einer offenen Teilmenge des $\mathbb{R}^n$ und $\overline{V_n}$ kompakt ist. Setze $U_n = \bigcup_{k=0}^{n} V_k$. Wir erhalten eine Sequenz von offenen Teilmengen $U_1 \subseteq U_2 \subseteq U_3 \subseteq \ldots M$ derart, dass $M = \bigcup_{i=1}^{\infty} U_i$ gilt, $\overline{U_n}$ für alle n kompakt ist und die Aussage wegen Schritt 2 und Schritt 4 für jedes U_n gilt. Nun folgt die Aussage für M aus Schritt 3. Damit ist Lemma 15.9 bewiesen. □

Nun können wir Satz 15.6 beweisen.

Beweis: Man überlegt sich leicht, dass die von der natürlichen Kokettenabbildung $i(M)^*$ aus (15.5) induzierte Transformation von kontravarianten Funktoren

$$H^*(i(M)^*)\colon H^*_{\mathrm{sing}}(M;R) \to H^*_{\mathrm{sing},C^\infty}(M;R)$$

eine natürliche Transformation von glatten Kohomologietheorien ist. Da beide glatte Kohomologietheorien das Dimensionsaxiom erfüllen, ist $H^*(i(\{\bullet\})$ für alle $n \in \mathbb{Z}$ bijektiv.

Nun folgt Satz 15.6 für die Kohomologie aus Lemma 15.9. Der Beweis für die Homologie ist analog. □

15.3 Die de Rham-Abbildung

Sei M eine glatte Mannigfaltigkeit. Definiere eine $\mathbb{R}$-lineare Abbildung

$$A(M)^p\colon \Omega^p(M) \to C^p_{\mathrm{sing},C^\infty}(M;\mathbb{R}),$$

indem man einer p-Form die $\mathbb{R}$-lineare Abbildung

$$A^p(\omega)\colon S_p^{C^\infty}(M) \to \mathbb{R}, \quad (\sigma\colon \Delta_p \to M) \;\mapsto\; \int_{\Delta_p} \sigma^*\omega$$

zuordnet. Da σ ein glattes Simplex ist, ist $\sigma^*\omega$ eine auf einer offenen Umgebung von Δ_p definierte p-Form und das Integral über Δ_p von $\sigma^*\omega$ macht Sinn. Es ist Δ_p keine glatte Untermannigfaltigkeit des $\mathbb{R}^p$, da es Ecken gibt. Der Rand $\partial\Delta_p$ ist nur stückweise glatt. Trotzdem gibt es eine Version des Satzes von Stokes 13.18, deren Beweis eine einfache Variation des Beweises des Satzes von Stokes 13.18 ist, und die besagt

$$\int_{\Delta_p} \sigma^*(d^p\omega) \;=\; \sum_{k=1}^{p+1}(-1)^{k+1}\cdot \int_{\Delta_{p-1}} (\sigma\circ i_k^p)^*\omega.$$

Figur 15.10. (Rand vom Standard-2-Simplex).

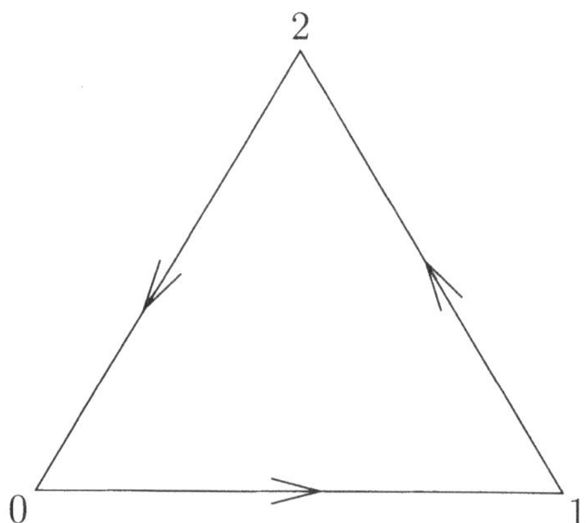

Das bedeutet aber gerade, dass wir eine Kokettenabbildung

$$a(M)^*\colon C^*_{dR}(M) \to C^*_{\mathrm{sing},C^\infty}(M) \tag{15.11}$$

die sogenannte *de Rham-Kokettenabbildung* erhalten.

Definition 15.12 (de Rham-Abbildung). *Die* de Rham-Abbildung *ist die von der Kokettenabbildung $a(M)^*$ aus* (15.11) *induzierte Abbildung*

$$A(M)^p = H^p(a(M)^*)\colon H^p_{dR}(M) \to H^p_{\mathrm{sing},C^\infty}(M;\mathbb{R}).$$

15.4 Der Beweis des Satzes von de Rham

Satz 15.13. (Bijektivität der de Rham-Abbildung). *Die de Rham-Abbildung A^* aus Definition 15.12 ist eine Äquivalenz von glatten Kohomologietheorien. Insbesondere ist für jede glatte Mannigfaltigkeit M und jedes $n \in \mathbb{Z}$ die Abbildung*

$$A(M)^n \colon H^n_{dR}(M) \to H^n_{\text{sing},C^\infty}(M;\mathbb{R})$$

ein $\mathbb{R}$-Isomorphismus.

Beweis: Da A^* von einer natürlichen Kokettenabbildung induziert ist, ist es leicht zu beweisen, dass A^* eine Transformation von glatten Kohomologietheorien ist. Da beide glatte Kohomologietheorien das Dimensionsaxiom erfüllen, ist $A(\{\bullet\})^n$ für alle $n \in \mathbb{Z}$ bijektiv. Nun folgt Satz 15.13 aus Lemma 15.9. □

Nun können wir das Hauptergebnis dieses Kapitels und eines der zentralen Resultate dieses Buches formulieren. Er folgt direkt aus Satz 15.6 und Satz 15.13.

Satz 15.14. (Der Satz von de Rham). *Es gibt eine natürliche Äquivalenz von glatten Kohomologietheorien*

$$\rho^* \colon H^*_{dR} \xrightarrow{\cong} H^*_{\text{sing}}(-;\mathbb{R}),$$

die durch die Komposition

$$\rho(M)^n \colon H^n_{dR}(M) \xrightarrow{A(M)^n} H^n_{\text{sing},C^\infty}(M;\mathbb{R}) \xrightarrow{H^n(i(M)^*)^{-1}} H^n_{\text{sing}}(M;\mathbb{R})$$

gegeben ist.

15.5 Verträglichkeit mit den multiplikativen Strukturen

Wir geben folgenden Satz ohne Beweis an (siehe [8, Theorem 2.4 auf Seite 20]).

Satz 15.15. (Der Satz von de Rham und multiplikative Strukturen). *Die in dem Satz von de Rham 15.14 beschriebene Äquivalenz von glatten Kohomologietheorien ist mit den durch das Dach-Produkt $\wedge$ und das Cup-Produkt $\cup$ gegebenen multiplikativen Strukturen verträglich, d.h. es gilt*

$$\rho(M)^{p+q}(u \wedge v) \;=\; \rho(M)^p(u) \cup \rho(M)^q(v)$$

für alle glatten Mannigfaltigkeiten M, alle $p, q \in \mathbb{Z}$ und alle $u \in H^p_{dR}(M)$ und $v \in H^q_{dR}(M)$.

15.6 Der Satz von Hodge-de Rham

Sei V ein n-dimensionaler reeller Vektorraum mit Orientierung und Skalarprodukt. Dann gibt es eine Folge von $\mathbb{R}$-linearen Abbildungen, die sogenannten *Stern-Operatoren*

$$*^p \colon \operatorname{Alt}^p(V) \to \operatorname{Alt}^{n-p}(V),$$

die dadurch eindeutig charakteristiert ist, dass für alle $\omega \in \mathrm{Alt}^p(V)$ und $\eta \in \mathrm{Alt}^{n-p}(V)$ gilt

$$\langle *^p(\omega), \eta \rangle_{\mathrm{Alt}^{n-p}(V)} = \langle \omega \wedge \eta, dvol_V \rangle_{\mathrm{Alt}^n(V)}.$$

Falls $\{b_1, b_2, \ldots, b_n\}$ eine der Orientierung entsprechende Orthonormalbasis ist, so gilt

$$*^p \left(b_{\sigma(1)} \wedge b_{\sigma(2)} \wedge \ldots \wedge b_{\sigma(p)} \right) = \mathrm{sign}(\sigma) \cdot b_{\sigma(p+1)} \wedge b_{\sigma(p+2)} \wedge \ldots \wedge b_{\sigma(n)}$$

für jede Permutation σ der n-elementigen Menge. Die Abbildung $*^p$ ist eine bijektive Isometrie und erfüllt

$$\begin{aligned} *^{n-p} \circ *^p &= (-1)^{(n-p)\cdot p} \cdot \mathrm{id}, \\ *^p(\omega) \wedge \eta &= *^p(\eta) \wedge \omega. \end{aligned}$$

Sei M eine glatte n-dimensionale Mannigfaltigkeit mit einer riemannschen Metrik und einer Orientierung. Dann liefert die Gesamtheit der Abbildungen $*^p$ auf den einzelnen Fasern des Tangentialbündels $\mathbb{R}$-lineare Abbildungen, die sogenannten *Stern-Operatoren*

$$*^p \colon \Omega^p(M) \to \Omega^{n-p}(M).$$

Definiere den *zu* d^{p-1} *adjungierten Operator* durch

$$\delta^p \colon \Omega^p(M) \to \Omega^{p-1}(M), \quad \omega \mapsto (-1)^{np+n} \cdot *^{n-p+1} \circ d^{n-p} \circ *^p.$$

Definition 15.16. (Laplace-Operator). *Der* Laplace-Operator

$$\Delta_p \colon \Omega^p(M) \to \Omega^p(M)$$

ist definiert als $\Delta_p := \delta^{p+1} \circ d^p + d^{p-1} \circ \delta^p$. *Definiere den* Raum der harmonischen p-Formen *auf* M *durch*

$$H^p_{\text{harm}}(M) := \mathrm{Kern}\left(\Delta_p \colon \Omega^p(M) \to \Omega^p(M)\right).$$

Wir erwähnen ohne Beweis (siehe z.B. [11]), [29]).

Satz 15.17. (Hodge-de Rham-Theorem). *Sei M eine geschlossene orientierbare glatte n-dimensionale Mannigfaltigkeit mit einer riemannschen Metrik. Dann ist jede harmonische p-Form geschlossen und die Inklusion*

$$H^p_{\text{harm}}(M) \to \mathrm{Kern}\left(d^p \colon \Omega^p(M) \to \Omega^{p+1}(M)\right)$$

induziert für alle $p \in \mathbb{Z}$ einen $\mathbb{R}$-Isomorphismus zwischen dem Raum der harmonischen p-Formen und der p-ten de Rham-Kohomologie

$$H^p_{\text{harm}}(M) \xrightarrow{\cong} H^p_{dR}(M).$$

Bemerkung 15.18. (Poincaré-Dualität und der Satz von Hodge-de Rham). Sei M eine geschlossene glatte n-dimensionale Mannigfaltigkeit mit einer riemannschen Metrik ud einer Orientierung. Dann erhalten wir folgendes kommutatives Diagramm aus $\mathbb{R}$-Isomorphismen

$$\begin{array}{ccccc} H^{n-p}_{\text{harm}}(M) & \xrightarrow[\cong]{*^{n-p}} & H^p_{\text{harm}}(M) & \xrightarrow[\cong]{\langle\,,\,\rangle} & \hom_{\mathbb{R}}(H^p_{\text{harm}}(M),\mathbb{R}) \\ {\scriptstyle \rho(M)^{n-p}}\downarrow\cong & & & & {\scriptstyle \hom_{\mathbb{F}}(\rho(M)^p,\mathrm{id}_{\mathbb{F}})}\uparrow\cong \\ H^p_{\text{sing}}(M;\mathbb{R}) & \xrightarrow[\cong]{-\cap[M]} & H^{\text{sing}}_p(M;\mathbb{R}) & \xrightarrow[\cong]{\langle\,,\,\rangle} & \hom_{\mathbb{R}}(H^p(M;\mathbb{R}),\mathbb{R}) \end{array}$$

wobei der rechte obere horizontale Pfeil vom Skalarprodukt $\langle\omega,\eta\rangle = \int_M \omega\wedge *^p(\eta)$ auf $H^p_{\text{harm}}(M)$, der rechte untere horizontale Pfeil vom Kronecker-Produkt und die vertikalen Pfeile vom Isomorphismus aus dem Satz von de Rham 15.14 induziert sind. Man sieht, dass die Poincaré-Dualitätsabbildung $-\cap[M]\colon H^{n-p}(M;\mathbb{R}) \to H_p(M;\mathbb{R})$ genau dann bijektiv ist, wenn die Abbildung $*^{n-p}\colon H^{n-p}_{\text{harm}}(M) \to H^p_{\text{harm}}(M)$ bijektiv ist. Insofern ist der Isomorphismus $*^{n-p}\colon H^{n-p}_{\text{harm}}(M) \to H^p_{\text{harm}}(M)$ die analytische Version der Poincaré-Dualität.

15.7 Aufgaben

15.1 Seien $\mathcal{H}_*$ und $\mathcal{K}_*$ zwei Homologietheorien mit Werten in R-Moduln auf der Kategorie CW-Komplexe[2], die das Axiom über disjunkte Vereinigungen erfüllen. Sei $t_*\colon \mathcal{H}_* \to \mathcal{K}_*$ eine Transformation von Homologietheorien. Sei

$$t_n(\{\bullet\})\colon \mathcal{H}_n(\{\bullet\}) \to \mathcal{K}_n(\{\bullet\})$$

für alle $n \in \mathbb{Z}$ bijektiv. Zeige, dass dann t^* eine Äquivalenz von Homologietheorien ist, d.h.

$$t_n(X,A)\colon \mathcal{H}_n(X,A) \to \mathcal{K}_n(X,A)$$

ist für alle CW-Paare (X,A) und alle $n \in \mathbb{Z}$ ein R-Isomorphismus. Beweise die entsprechende Aussage auch für Kohomologie.

15.2 Seien M und N orientierte kompakte zusammenhängende glatte Mannigfaltigkeiten und sei $f\colon M \to N$ eine glatte Abbildung. Beweise für jede n-Form ω auf N

$$\int_M f^*\omega = \operatorname{Grad}(f)\cdot\int_N \omega.$$

15.3 Sei $\omega \in \Omega^2(\mathbb{CP}^n)$ eine geschlossene 2-Form, die nicht exakt ist. Zeige, dass ihr k-faches Dach-Produkt $\omega\wedge\omega\wedge\ldots\wedge\omega$ genau dann exakt ist, wenn $k > n$ gilt.

15.4 Versiehe $\mathbb{RP}^{2n}$ mit einer riemannschen Metrik. Berechne den Raum der harmonischen Formen $H^p_{\text{harm}}(\mathbb{RP}^{2n})$ für alle p.

15.5 Sei M eine glatte geschlossene zusammenhängende orientierte n-dimensionale riemannsche Mannigfaltigkeit. Zeige, dass $H^0_{\text{harm}}(M)$ der von der konstanten Funktion $M \to \mathbb{R}$, $x \mapsto 1$ erzeugte 1-dimensionale Unterraum von $\Omega^0(M)$ und $H^n_{\text{harm}}(M)$ der von $dvol_M$ erzeugte 1-dimensionale Unterraum von $\Omega^n(M)$ ist.

16 Anhang

In diesem Abschnitt stellen wir kurz zusammen, was aus der mengentheoretischen Topologie und aus der Kategorientheorie für dieses Buch gebraucht wird. Mehr Informationen dazu findet man beispielsweise in [14], [21], [27], [30], [31], [32] und [38].

16.1 Topologische Räume

Definition 16.1. (Topologischer Raum). *Ein* topologischer Raum $X = (X, \mathcal{O})$ *besteht aus einer Menge X und einer Menge $\mathcal{O}$ von Teilmengen von X derart, dass gilt:*

(a) Beliebige Vereinigungen von Elementen aus $\mathcal{O}$ gehören wieder zu $\mathcal{O}$, d.h. für eine beliebige Indexmenge I und eine Menge $\{U_i \mid i \in I\}$ mit $U_i \in \mathcal{O}$ gilt $\bigcup_{i\in I} U_i \in \mathcal{O}$.

(b) Endliche Durchschnitte von Elementen aus $\mathcal{O}$ gehören wieder zu $\mathcal{O}$, d.h. für eine endliche Indexmenge I und eine Menge $\{U_i \mid i \in I\}$ mit $U_i \in \mathcal{O}$ gilt $\bigcap_{i\in I} U_i \in \mathcal{O}$.

(c) $\emptyset$ und X gehören zu $\mathcal{O}$.

Man nennt $\mathcal{O}$ die Topologie *auf X. Teilmengen von X, die in $\mathcal{O}$ liegen, heißen* offen. *Falls für eine Teilmenge $A \subseteq X$ ihr Komplement $X - A$ offen ist, so heißt A* abgeschlossen.

Beispiel 16.2. (Beispiele für topologische Räume).

- Sei X eine Menge. Dann definiert man die *Klumpentopologie* als $\mathcal{O} = \{\emptyset, X\}$ und die *diskrete Topologie* als $\mathcal{O} = \{U \mid U \subseteq X\}$.
- Sei X eine Menge. Dann definiert $\mathcal{O} = \{U \subseteq X \mid X - U \text{ endlich}\}$ eine Topologie.
- Sei $X = (X, d)$ ein metrischer Raum. Die *metrische Topologie* hat als offene Mengen die Teilmengen $U \subseteq X$, für die es zu jedem $x \in U$ ein ε mit $\{y \in X \mid d(x,y) < \varepsilon\} \subseteq U$ gibt.

Sei X ein topologischer Raum. Eine *offene Umgebung* U von $x \in X$ ist eine offene Teilmenge von X mit $x \in U$.

Definition 16.3. (Hausdorff-Raum). *Ein topologischer Raum ist ein* Hausdorff-Raum, *wenn es zu je zwei verschiedenen Punkten $x, y \in X$ offene Umgebungen U von x und V von y mit $U \cap V = \emptyset$ gibt.*

Falls die Topologie eines topologischen Raumes X von einer Metrik kommt, ist X ein Hausdorff-Raum.

Das *Innere* A° einer Teilmenge $A \subseteq X$ eines topologischen Raums X besteht aus den Punkten $x \in A$, für die es eine offene Umgebung U mit $U \subseteq A$ gibt. Der ***Abschluss*** $\overline{A}$ von A besteht aus den Punkten $x \in X$ mit der Eigenschaft, dass für jede offene Umgebung $U \subseteq X$ von x der Durchschnitt $U \cap A$ nicht-leer ist. Der ***Rand*** ∂A von A besteht aus den Punkten $x \in X$ mit der Eigenschaft, dass für jede offene Umgebung $U \subseteq X$ von x sowohl der Durchschnitt $U \cap A$ als auch der Durchschnitt $U \cap (X - A)$ nicht-leer sind. Es ist A° eine offene Teilmenge von X und zwar die größte offene Teilmenge von X, die in A enthalten ist. Es ist sind $\overline{A}$ und ∂A abgeschlossene Teilmengen von X, und $\overline{A}$ ist die kleinste abgeschlossene Teilmenge von X, die A enthält. Es gilt $\overline{A} = \partial A \amalg A^\circ$. Versiehe $\mathbb{R}$ mit der metrischen Topologie bezüglich der Standard-Metrik $d(x,y) = |x - y|$. Für das halboffene Interval $A = (0,1] \subseteq \mathbb{R}$ gilt $\overline{A} = [0,1]$, $\partial A = \{0,1\}$ und $A^\circ = (0,1)$. Für die Teilmenge der rationalen Zahlen $\mathbb{Q} \subseteq \mathbb{R}$ gilt $\overline{\mathbb{Q}} = \mathbb{R}$, $\partial A = \mathbb{R}$ und $\mathbb{Q}^\circ = \emptyset$.

16.2 Die Teilraumtopologie

Sei $X = (X; \mathcal{O})$ ein topologischer Raum. Sei $A \subseteq X$ eine Teilmenge. Die *Teilraumtopologie* $\mathcal{O}|_A$ auf A besteht aus den Teilmengen von A, die sich als $A \cap U$ für eine offene Teilmenge $U \subseteq X$ schreiben lassen. In diesem Buch versehen wir Teilmengen eines topologischen Raumes immer mit der Teilraumtopologie, wenn nichts anderes gesagt wird.

16.3 Stetige Abbildungen

Definition 16.4. (Stetige Abbildung). *Seien X und Y topologische Räume. Eine Abbildung $f\colon X \to Y$ heißt* stetig, *falls für jede offene Teilmenge $U \subseteq Y$ ihr Urbild $f^{-1}(U)$ eine offene Teilmenge von X ist. Sie heißt* Homöomorphismus, *falls f stetig ist und eine stetige Umkehrabbildung besitzt. Zwei topologische Räume X und Y sind* homöomorph, *wenn es einen Homöomorphismus $X \to Y$ gibt.*

Die Komposition von stetigen Abbildungen ist wieder stetig. Die Einschränkung einer stetigen Abbildung auf einen Unterraum ist stetig. Sei $f\colon (X_0, d_0) \to (X_1, d_1)$ eine Abbildung von metrischen Räumen. Dann ist die Abbildung von den mit der metrischen Topologie versehenen topologischen Räumen genau dann stetig, wenn f im Sinne der üblichen ε-δ-Definition stetig ist.

16.4 Kompaktheit

Definition 16.5. (Kompaktheit). *Ein topologischer Raum X heißt* kompakt, *wenn er ein Hausdorff-Raum ist und es zu jeder offenen Überdeckung $\{U_i \mid i \in I\}$, d.h. einer Menge von offenen Teilmengen $U_i \subseteq X$ mit $M = \bigcup_{i \in I} U_i$, eine endliche Teilüberdeckung gibt, d.h. für eine geeignete endliche Teilmenge $J \subseteq I$ gilt $M = \bigcup_{i \in J} U_i$.*

Den Beweis der folgenden Aussagen überlassen wir dem Leser:

- Eine kompakte Teilmenge $A \subseteq X$ eines metrischen Raumes ist abgeschlossen und beschränkt. Die Umkehrung gilt nicht für alle metrischen Räume.

- Eine Teilmenge $A \subseteq \mathbb{R}^n$ ist genau dann kompakt, wenn sie beschränkt und abgeschlossen ist.
- Sei X ein kompakter Raum. Dann sind alle abgeschlossenen Teilmengen kompakt.
- Eine kompakte Teilmenge eines Hausdorff-Raumes ist abgeschlossen.
- Seien $K, L \subseteq X$ disjunkte kompakte Teilmengen des Hausdorff-Raumes X. Dann gibt es offene Teilmengen $U, V \subseteq X$ mit $K \subseteq U$, $L \subseteq V$ und $U \cap V = \emptyset$.
- Sei $f\colon X \to Y$ eine stetige Abbildung von Hausdorff-Räumen. Dann sind die Bilder kompakter Teilmengen kompakt.
- Sei $f\colon X \to Y$ eine bijektive stetige Abbildung eines kompakten Raumes in einen Hausdorff-Raum. Dann ist f ein Homöomorphismus.

16.5 Zusammenhang

Definition 16.6. (Zusammenhang). *Ein topologischer Raum heißt* zusammenhängend, *falls es keine zwei nicht-leere offene Teilmengen $U, V \subseteq X$ mit $X = U \cup V$ und $U \cap V = \emptyset$ gibt. Er heißt* wegweise zusammenhängend, *falls man zwei beliebige Punkte x und y durch einen Weg verbinden kann, d.h. es gibt eine stetige Abbildung $w\colon [0,1] \to X$ mit $w(0) = x$ und $w(1) = y$. Er heißt* lokal wegweise zusammenhängend, *falls es zu jedem Punkt in X eine wegweise zusammenhängende Umgebung gibt.*

Wegweiser Zusammenhang impliziert Zusammenhang. Die Umkehrung gilt im Allgemeinen nicht, es sei denn, dass X lokal wegweise zusammenhängend ist.

16.6 Das 2. Abzählbarkeitsaxiom

Sei X ein topologischer Raum. Eine Teilmenge $\mathcal{B}$ von offene Teilmengen von X heißt *Basis,* wenn jede offene Teilmenge von X sich als Vereinigung von Elementen aus $\mathcal{B}$ schreiben lässt.

Definition 16.7. (2. Abzählbarkeitsaxiom). *Ein topologischer Raum erfüllt das* 2. Abzählbarkeitsaxiom, *falls er eine abzählbare Basis für seine Topologie besitzt.*

16.7 Die Summe von topologischen Räumen

Sei $\{(X_i, \mathcal{O}_i) \mid i \in I\}$ eine Familie von topologischen Räumen.

Definition 16.8. (Summe von topologischen Räumen). *Die* Summe $\coprod_{i \in I} X_i$ *ist der topologische Raum, der als zugrunde liegende Menge die disjunkte Vereinigung der Mengen X_i hat und dessen Topologie aus solchen Teilmengen $U \subseteq \coprod_{i \in I} X_i$ besteht, für die $U \cap X_i$ eine offene Teilmengen von X_i für alle $i \in I$ ist.*

Die Summe hat folgende universelle Eigenschaft: Sei $k_j\colon X_j \to \coprod_{i \in I} X_i$ für $j \in I$ die Inklusion. Dann ist eine Abbildung $f\colon \coprod_{i \in I} X_i \to Z$ in einen topologischen Raum Z genau dann stetig, wenn $f \circ k_j$ für jedes $j \in I$ stetig ist.

16.8 Das Produkt von topologischen Räumen

Sei $\{(X_i, \mathcal{O}_i) \mid i \in I\}$ eine Familie von topologischen Räumen.

Definition 16.9. (Produkt von topologischen Räumen). *Das* Produkt $\prod_{i \in I} X_i$ *ist der folgende topologische Raum. Die zugrunde liegende Menge ist das kartesische Produkt der Mengen X_i. Für $j \in I$ sei $\mathrm{pr}_j \colon \prod_{i \in I} X_i \to X_j$ die Projektion. Eine Teilmenge $U \subseteq \prod_{i \in I} X_i$ ist offen, wenn sich U als beliebige Vereinigung von Mengen schreiben lässt, die endliche Vereinigung von Mengen der Gestalt $\mathrm{pr}_j^{-1}(V)$ für $j \in I$ und offenen Teilmengen $V \subseteq X_j$ sind.*

Das Produkt hat folgende universelle Eigenschaft: Eine Abbildung $f \colon Z \to \prod_{i \in I} X_i$ eines topologischen Raumes Z in das Produkt ist genau dann stetig, wenn $\mathrm{pr}_j \circ f$ für jedes $j \in I$ stetig ist.

Das Produkt von kompakten Räumen ist wieder kompakt. Das kann man für endliche Indexmengen I relativ leicht zeigen. Für unendliche Indexmengen ist dies der Satz von Tychonoff. Er wird zum Beispiel in [27, Chapter 5] und [32, Seite 62] bewiesen.

16.9 Homotopie

Definition 16.10. (Homotopie). Zwei stetige Abbildungen $f_0, f_1 \colon X \to Y$ von topologischen Räumen heißen *homotop,* in Zeichen $f \simeq g$, wenn es eine *Homotopie* zwischen ihnen gibt, d.h. eine stetige Abbildung $h \colon X \times [0,1] \to Y$ mit $h(x,k) = f_k(x)$ für alle $x \in X$ und $k \in \{0,1\}$. Eine *Homotopieäquivalenz* $f \colon X \to Y$ von topologischen Räumen ist eine stetige Abbildung, zu der es eine stetige Abbildung $g \colon Y \to X$ derart gibt, das $g \circ f$ zu id_X und $f \circ g$ zu id_Y homotop sind. Ein topologischer Raum heißt *zusammenziehbar,* wenn er homotopieäquivalent zu dem Raum $\{\bullet\}$, der genau ein Element enthält, ist.

Dass zwei Abbildungen $f_0, f_1 \colon X \to Y$ homotop sind, bedeutet anschaulich, dass man einen Film von Abbildungen, die Homotopie $h \colon X \times [0,1] \to Y$, produzieren kann, der eine Sekunde dauert und am Beginn die Abbildung f_0 und am Ende die Abbildung f_1 zeigt. Zum Zeitpunkt t zeigt der Film die Abbildung $h(-,t) \colon X \to Y$.

Figur 16.11. (Homotopie von Abbildungen).

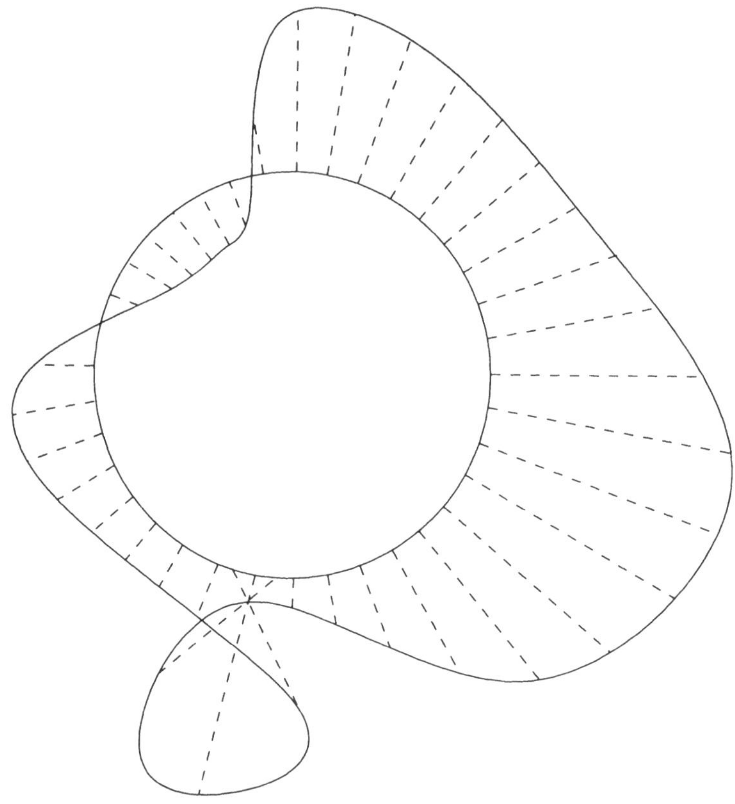

Beispiel 16.12. (Homotopieäquivalente Räume). Folgende Liste enthält unter jedem Eintrag Räume, von denen man direkt anhand der Definition zeigen kann, dass sie zueinander homotopieäquivalent sind. Keine zwei Räume aus verschiedenen Einträgen sind homotopieäquivalent, was man beispielsweise an ihrer Homologie sehen kann.

- $\mathbb{R}^n$, $[0,1]$, $(0,1]$, $S^n - \{(1,0,0\ldots,0)\}$, $\{\bullet\}$;
- S^2, $S^2 \times [0,1]$, $S^3 - \{(1,0,0,0),(-1,0,0,0)\}$, $D^3 - \{(0,0,0)\}$;
- $S^1 \times S^1$, $S^1 \times (\mathbb{R}^2 - \{(0,0)\})$.

Bemerkung 16.13. (Die Bedeutung des Homotopiebegriffs). Der Begriff der Homotopie und der Homotopieäquivalenz ist von fundamentaler Bedeutung, nicht nur für die Topologie. Die Bedingung, dass zwei Räume homotopieäquivalent sind, ist viel schwächer als die Bedingung, homöomorph zu sein. Aber es gibt viele Invarianten, die sich als Homotopieinvarianten herausstellen, obwohl dies a priori anhand ihrer Definition, die analytisch, differentialgeometrisch, differentialtopologisch oder kombinatorisch sein kann, nicht klar und auch nicht zu erwarten ist. Beispiele, die in diesem Buch behandelt werden, sind die Euler-Charakteristik eines kompakten CW-Komplexes und die Dimension des Raumes der harmonischen p-Formen auf einer geschlossenen glatten Mannigfaltigkeit.

16.10 Identifizierungen

Definition 16.14. (Identifizierung). *Sei X ein topologischer Raum, Y eine Menge und $p\colon X \to Y$ eine surjektive Abbildung. Die* Quotiententopologie *auf Y besteht aus den Teilmengen $U \subseteq Y$, für die $p^{-1}(U) \subseteq X$ offen ist. Falls Y die Quotiententopologie besitzt, so nennt man $p\colon X \to Y$ eine* Identifizierung.

Die Quotiententopologie ist die größte Topologie auf Y, für die p stetig ist. Eine Identifizierung ist durch folgende universelle Eigenschaft charakterisiert: Sei $f\colon Y \to Z$ eine Abbildung in einen topologischen Raum. Dann ist f genau dann stetig, wenn $f \circ p$ stetig ist.

Den Beweis der folgenden Aussagen überlassen wir dem Leser:

- Eine Komposition von Identifizierungen ist eine Identifizierung.
- Sei $p\colon X \to Y$ eine surjektive stetige Abbildung eines kompakten Raumes in einen Hausdorff-Raum. Dann ist p eine Identifizierung.
- Bijektive Identifizierungen sind Homöomorphismen.
- Sei Z *lokal kompakt* d.h. für jedes $z \in Z$ gibt es eine kompakte Teilmenge $K \subseteq U$ mit $z \in K^\circ$ und Z ist ein Hausdorff-Raum. Sei $p\colon X \to Y$ eine Identifizierung. Dann ist auch $p \times \mathrm{id}_Z\colon X \times Z \to Y \times Z$ eine Identifizierung.
- Sei $p\colon X \to Y$ eine Identifizierung. Sei $B \subseteq Y$ offen oder abgeschlossen. Dann induziert p eine Identifizierung $p|_{p^{-1}(B)}\colon p^{-1}(B) \to B$.

Beispiel 16.15. (Zusammenschlagen eines Teilraums zu einem Punkt). Sei $A \subseteq X$ ein Teilraum des topologischen Raums X. Definiere auf X die Äquivalenzrelation

$$x \sim y \;\Leftrightarrow\; x = y \text{ oder } x, y \in A.$$

Sei X/A die Menge der Äquivalenzklassen und $p\colon X \to X/A$ die kanonische Projektion. Versiehe X/A mit der Quotiententopologie. Man sagt, dass X/A aus X durch *Zusammenschlagen des Teilraums A zu einem Punkt* entsteht. Er hat die universelle Eigenschaft, dass es zu einer stetigen Abbildung $f\colon X \to Y$ in einen topologischen Raum Y genau dann eine stetige Abbildung $\overline{f}\colon X/A \to Y$ mit $\overline{f} \circ p = f$ gibt, wenn $f(A)$ ein Punkt ist.

Ein Beispiel hierfür ist der Kegel eines topologischen Raumes X, der durch das Zusammenschlagen des Unterraumes $X \times \{1\}$ aus $X \times [0,1]$ entsteht (siehe Abbildung 1.9).

16.11 Kategorien

In diesem Abschnitt erklären wir kurz den Begriff einer Kategorie. Mehr Informationen dazu findet man beispielsweise in [21], [30] und [31].

Definition 16.16 (Kategorie). *Eine* Kategorie $\mathcal{C}$ *besteht aus folgenden Daten:*

- *Eine Klasse* $\mathrm{ob}(\mathcal{C})$ *von mathematischen Objekten, die man* Objekte *der Kategorie nennt.*

- *Zu je zwei Objekten X, Y von $\mathcal{C}$ gibt es eine Menge* $\mathrm{mor}(X,Y)$, *deren Elemente* Morphismen *genannt werden. Man schreibt oftmals ein Element $f \in \mathrm{mor}(X,Y)$ als $f\colon X \to Y$.*

- *Zu je drei Objekten X, Y, Z gibt es eine Verknüpfung*

$$\mathrm{mor}(X,Y) \times \mathrm{mor}(Y,Z) \to \mathrm{mor}(X,Z), \quad (f,g) \mapsto g \circ f.$$

Diese Verknüpfung ist assoziativ, d.h. für Morphismen $X \xrightarrow{f} Y \xrightarrow{g} Z \xrightarrow{h} U$ gilt

$$(h \circ g) \circ f = h \circ (g \circ f).$$

Zu jedem Objekt Y gibt es ein ausgezeichnetes Element, die Identität $\mathrm{id}_Y\colon Y \to Y$, *in* $\mathrm{mor}(Y,Y)$ *derart, dass $\mathrm{id}_Y \circ f = f$ und $g \circ \mathrm{id}_Y = g$ für alle Morphismen $f\colon X \to Y$ und $g\colon Y \to Z$ gilt.*

Beispiel 16.17. (Beispiele für Kategorien). Hier sind einige Beispiele von Kategorien. Sofern die Morphismen Abbildungen sind und nichts über die Verknüpfung gesagt wird, ist die übliche Komposition von Abbildungen gemeint und die Identität ist durch die identische Abbildung gegeben. Sei R ein kommutativer Ring.

- Die Kategorie MENGEN der Mengen

  Objekte sind Mengen und Morphismen sind Abbildungen.

- Die Kategorie R-MODULN der R-Moduln

  Objekte sind R-Moduln und Morphismen sind R-lineare Abbildungen.

- Die Kategorie TOP der topologischen Räume

  Objekte sind topologische Räume und Morphismen sind stetige Abbildungen.

- Die Kategorie TOP^2 der topologischen Paare

  Objekte sind Paare (X,A) von topologischen Räumen, d.h. ein topologischer Raum X mit einer Teilmenge $A \subseteq X$, die mit der Teilraumtopologie versehen wird. Ein Morphismus $f\colon (X,A) \to (Y,B)$ ist eine stetige Abbildung $f\colon X \to Y$ mit $f(A) \subseteq B$.

- Die Kategorie TOP^+ der punktierten topologischen Räume

  Objekte sind topologische Räume X mit einem ausgezeichenten Grundpunkt $x \in X$ und Morphismen sind stetige Abbildungen, die die Grundpunkte aufeinander abbilden.

- Die Kategorie $\mathsf{CW\text{-}Komplexe}^2$ der Paare von CW-Komplexen

  Objekte sind Paare (X,A) von CW-Komplexen. Ein Morphismus $f\colon (X,A) \to (Y,B)$ ist eine stetige zelluläre Abbildung $f\colon X \to Y$ mit $f(A) \subseteq B$.

- Die Kategorie GLATTE-MFKT der glatten Mannigfaltigkeiten

  Objekte sind glatte Mannigfaltigkeiten und Morphismen sind glatte Abbildungen.

- Die Kategorie $\mathbb{Z}$-grad.-R-MODULN der $\mathbb{Z}$-graduierten R-Moduln.

  Objekte sind durch $\mathbb{Z}$ indizierte Folgen $\{M_n \mid n \in \mathbb{Z}\}$ von R-Moduln M_n. Ein Morphismus
$$\{f_n \mid n \in \mathbb{Z}\}\colon \{M_n \mid n \in \mathbb{Z}\} \to \{N_n \mid n \in \mathbb{Z}\}$$
  ist eine durch $n \in \mathbb{Z}$ indizierte Folge von R-linearen Abbildungen $f_n\colon M_n \to N_n$.

- Sei G eine Gruppe. Sie definiert eine Kategorie $\mathcal{G}$, die genau ein Objekt $*$ hat. Die Menge der Morphismen $\mathrm{mor}(*,*)$ ist die Menge G. Die Verknüpfung ist durch die Multiplikation in G gegeben.

- Die Homotopiekategorie der topologischen Räume

  Objekte sind topologische Räume. Die Menge $\mathrm{mor}(X,Y)$ der Morphismen von X nach Y ist die Menge der Homotopieklassen $[f]$ von stetigen Abbildungen $f\colon X \to Y$. Die Verknüpfung ist durch $[g] \circ [f] = [g \circ f]$ gegeben.

16.12 Funktoren und Transformationen

Definition 16.18 (Funktor). *Seien $\mathcal{C}$ und $\mathcal{D}$ Kategorien.*

Ein kovarianter Funktor *$F\colon \mathcal{C} \to \mathcal{D}$ ordnet jedem Objekt X in $\mathcal{C}$ ein Objekt $F(X)$ in $\mathcal{D}$ und jedem Morphismus $f\colon X \to Y$ in $\mathcal{C}$ einen Morphismus $F(f)\colon F(X) \to F(Y)$ in $\mathcal{D}$ zu. Es wird gefordert, dass $F(\mathrm{id}_X) = \mathrm{id}_{F(X)}$ für jedes Objekt X in $\mathcal{C}$ und $F(g \circ f) = F(g) \circ F(f)$ für alle Morphismen $X \xrightarrow{f} Y \xrightarrow{g} Z$ gilt.*

Ein kontravarianter Funktor *$F\colon \mathcal{C} \to \mathcal{D}$ ordnet jedem Objekt X in $\mathcal{C}$ ein Objekt $F(X)$ in $\mathcal{D}$ und jedem Morphismus $f\colon X \to Y$ in $\mathcal{C}$ einen Morphismus $F(f)\colon F(Y) \to F(X)$ in $\mathcal{D}$ zu. Es wird gefordert, dass $F(\mathrm{id}_X) = \mathrm{id}_{F(X)}$ für jedes Objekt X in $\mathcal{C}$ und $F(g \circ f) = F(f) \circ F(g)$ für alle Morphismen $X \xrightarrow{f} Y \xrightarrow{g} Z$ gilt.*

Beispiel 16.19. (Beispiele für Funktoren).

- Der Identitätsfunktor $\mathcal{C} \to \mathcal{C}$
- Sei N ein R-Modul. Dann erhalten wir durch $M \mapsto M \otimes_R N$, $M \mapsto M \oplus N$, $M \mapsto \hom_R(N,M)$, $M \mapsto \mathrm{Tor}_1^R(M,N)$ kovariante und durch $M \mapsto \hom_R(M,N)$, $M \mapsto \mathrm{Ext}_R^1(M,N)$ kontravariante Funktoren von R-MODULN nach R-MODULN.
- Man erhält einen kovarianten Funktor TOP $\to$ MENGEN, indem die topologischen Strukturen vergisst, d.h. man ordnet einem topologischen Raum X die zugrundeliegende Menge zu.
- Man erhält einen kovarianten Funktor MENGEN $\to$ R-MODULN, indem wir einer Menge den freien R-Modul $[M]$ mit dieser Menge als R-Basis zuordnen.

Definition 16.20. (Natürliche Transformation). *Seien F, G zwei kovariante Funktoren $\mathcal{C} \to \mathcal{D}$. Eine* natürliche Transformation *$T\colon F \to G$ ordnet jedem Objekt X in $\mathcal{C}$ einen Morphismus $T(X)\colon F(X) \to G(X)$ derart zu, dass für jeden Morphismus $f\colon X \to Y$ in $\mathcal{C}$ folgendes Diagramm kommutiert*

$$\begin{array}{ccc} F(X) & \xrightarrow{F(f)} & F(Y) \\ {\scriptstyle T(X)}\downarrow & & \downarrow{\scriptstyle T(Y)} \\ G(X) & \xrightarrow[G(f)]{} & G(Y) \end{array}$$

Man nennt die natürliche Transformation T eine natürliche Äquivalenz, *falls für jedes Objekt X der Morphismus $T(X)\colon F(X) \to G(X)$ ein Isomorphismus ist, d.h. es gibt einen Morphismus $g\colon G(X) \to F(X)$ mit $g \circ T(X) = \mathrm{id}_{F(X)}$ und $T(X) \circ g = \mathrm{id}_{G(X)}$.*

Entsprechend definiert man eine natürliche Transformation und Äquivalenz von kontravarianten Funktoren.

Sei $f\colon N_1 \to N_2$ eine R-lineare Abbildung. Betrachte den kontravarianten Funktor $\hom_R(-N_k)$ für $k = 1, 2$. Wir erhalten eine natürliche Transformation

$$\hom_R(-, f)\colon \hom_R(-, N_1) \;\to\; \hom_R(-, N_2), \tag{16.21}$$

indem wir einem Objekt M die R-lineare Abbildung $\hom_R(\mathrm{id}_M, f)\colon \hom_R(M, N_1) \to \hom_R(M, N_2)$ zuordnen.

16.13 Aufgaben

16.1 Seien $f\colon X \to Y$ und $g\colon Y \to Z$ surjektive stetige Abbildungen. Beweise oder widerlege:

(a) Falls $g \circ f$ und f Identifizierungen sind, dann ist auch g eine Identifizierung.

(b) Falls $g \circ f$ und g Identifizierungen sind, dann ist auch f eine Identifizierung.

16.2 Bestimme das Innere, den Abschluss und den Rand der folgenden Teilmengen des $\mathbb{R}^2$:

$\{(x,y) \in \mathbb{R}^2 \mid xy = 0\}$,
$\{(x,y) \in \mathbb{R}^2 \mid xy > 0\}$,
$\{(1/n, 1/n) \mid n \in \mathbb{Z}, n \geq 1\}$,
$\{(t, \sin(1/t)) \mid t \in (0,1)\} \cup \{(0,s) \mid s \in [-1,1]\}$,
$\{(x,0) \mid x \in \mathbb{Q}\} \cup \{(x, y \in \mathbb{R}^2 \mid x^2 + y^2 < 1\}$.

16.3 Ist der Raum, der aus $\mathbb{R}$ durch Zusammenschlagen des Teilraumes $[-1,1]$ entsteht, homöomorph zu $\mathbb{R}$?

16.4 Führe auf der Menge $\mathbb{R}^n - \{0\}$ die Äquivalenzrelation

$$x \sim y \Leftrightarrow y = \lambda x \text{ für ein } \lambda \in \mathbb{R}, \lambda > 0$$

ein. Zeige, dass die Menge der Äquivalenzklassen $\mathbb{R}^n - \{0\}/\sim$ mit der Quotiententopologie bezüglich der offensichtlichen Projektion homöomorph zur $(n-1)$-dimensionalen Sphäre S^{n-1} ist.

16.5 Welche der topologischen Räume $\mathbb{R}$, $[0,1]$, $[0,1)$ und $(0,1)$ sind zueinander homöomorph?

16.6 Seien $\mathcal{C}$ und $\mathcal{D}$ Kategorien. Zeige, dass es eine Kategorie $\mathcal{C} \times \mathcal{D}$ zusammen mit Funktoren $\mathrm{pr}_{\mathcal{C}} \colon \mathcal{C} \times \mathcal{D} \to \mathcal{C}$ und $\mathrm{pr}_{\mathcal{CD}} \colon \mathcal{C} \times \mathcal{D} \to \mathcal{D}$ derart gibt, dass für jede Kategorie $\mathcal{E}$ die Abbildung

$$\{\text{Funktoren } \mathcal{E} \to \mathcal{C} \times \mathcal{D}\} \;\to\; \{\text{Funktoren } \mathcal{E} \to \mathcal{C}\} \times \{\text{Funktoren } \mathcal{E} \to \mathcal{D}\},$$

die F auf $(\mathrm{pr}_{\mathcal{C}} \circ F, \mathrm{pr}_{\mathcal{D}} \circ F)$ abbildet, bijektiv ist.

16.7 Sei $\mathcal{C}$ eine Kategorie. Sei $[0,1]$ die Kategorie, die als Objekte 0 und 1 hat und außer den Identitäten auf 0 und 1 genau einen Morphismus $0 \to 1$ besitzt. Sei $j_k \colon \mathcal{C} \to \mathcal{C} \times [0,1]$ die Inklusion von Kategorien, die ein Objekt $c \in \mathcal{C}$ auf (c,k) abbildet und entsprechend für Morphismen in $\mathcal{C}$. Seien F_0, F_1 Funktoren $\mathcal{C} \to \mathcal{D}$. Zeige, dass eine natürliche Transformation T von F_0 nach F_1 dasselbe ist wie ein Funktor $T \colon \mathcal{C} \times [0,1] \to \mathcal{D}$ mit $T \circ F_k = j_k$ für $k = 0, 1$.

16.8 Zeige dass die natürliche Transformation $\hom_R(-, f)$ aus (16.21) genau dann eine natürliche Äquivalenz ist, wenn g bijektiv ist.

Literaturverzeichnis

[1] M. F. Atiyah. *K-theory.* W. A. Benjamin, Inc., New York-Amsterdam, 1967.

[2] G. E. Bredon. *Topology and geometry.* 3. Auflage des Orginals von 1993. Springer-Verlag, New York, 1997.

[3] E. Brieskorn. Beispiele zur Differentialtopologie von Singularitäten. *Invent. Math.*, 2:1–14, 1966.

[4] T. Bröcker and K. Jänich. *Einführung in die Differentialtopologie.* Heidelberger Taschenbücher, Band 143. Springer-Verlag, Berlin, 1973.

[5] R. F. Brown. *The Lefschetz fixed point theorem.* Scott, Foresman and Co., Glenview, Ill.-London, 1971.

[6] A. Dold. Relations between ordinary and extraordinary homology. Colloq. alg. topology, Aarhus 1962, 2-9, 1962.

[7] A. Dold. *Lectures on algebraic topology.* Springer-Verlag, Berlin, 2. Auflage, 1980.

[8] J. L. Dupont. *Curvature and characteristic classes.* Lecture Notes in Mathematics, Band 640. Springer-Verlag, Berlin, 1978.

[9] T. Farrell. The Borel conjecture. In T. Farrell, L. Göttsche, und W. Lück, Editoren, *High dimensional manifold theory*, ICTP Lecture Notes, Band 9, 225–298. Abdus Salam International Centre for Theoretical Physics, Trieste, 2002. Proceedings of the summer school "High dimensional manifold theory" in Trieste Mai/Juni 2001, Band 1. http://www.ictp.trieste.it/~pub_off/lectures/vol9.html.

[10] M. H. Freedman. The topology of four-dimensional manifolds. *J. Differential Geom.*, 17(3):357–453, 1982.

[11] P. B. Gilkey. *Invariance theory, the heat equation, and the Atiyah-Singer index theorem.* Publish or Perish Inc., Wilmington, DE, 1984.

[12] M. J. Greenberg. *Lectures on algebraic topology.* W. A. Benjamin, Inc., New York-Amsterdam, 1967.

[13] F. Hirzebruch. Singularities and exotic spheres. In *Séminaire Bourbaki*, Band 10, Exp. Nr. 314, 13–32. Soc. Math. France, Paris, 1995.

[14] K. Jänich. *Topologie.* Mit einem Kapitel von Th. Bröcker, Hochschultext. Springer-Verlag, Berlin, 1980.

[15] M. A. Kervaire and J. Milnor. Groups of homotopy spheres. I. *Ann. of Math. (2)*, 77:504–537, 1963.

[16] R. C. Kirby and L. C. Siebenmann. *Foundational essays on topological manifolds, smoothings, and triangulations.* Annals of Mathematics Studies, Band 88. Princeton University Press, Princeton, N.J., 1977.

[17] S. Klaus and M. Kreck. A quick proof of the rational Hurewicz theorem and a computation of the rational homotopy groups of spheres. *Math. Proc. Cambridge Philos. Soc.*, 136(3):617–623, 2004.

[18] T. Lance. Differentiable structures on manifolds. In *Surveys on surgery theory*, Band 1, 73–104. Princeton Univ. Press, Princeton, NJ, 2000.

[19] J. P. Levine. Lectures on groups of homotopy spheres. In *Algebraic and geometric topology (New Brunswick, N.J., 1983)*, 62–95. Springer, Berlin, 1985.

[20] W. Lück. A basic introduction to surgery theory. In T. Farrell, L. Göttsche, und W. Lück, Editoren , *High dimensional manifold theory*, ICTP Lecture Notes, Band 9, 1–224. Abdus Salam International Centre for Theoretical Physics, Trieste, 2002. Proceedings of the summer school "High dimensional manifold theory" in Trieste Mai/Juni 2001, Band 1. http://www.ictp.trieste.it/~pub_off/lectures/vol9.html.

[21] S. MacLane. *Categories for the working mathematician.* Graduate Texts in Mathematics, Band 5. Springer-Verlag, New York, 1971.

[22] W. S. Massey. *A basic course in algebraic topology.* Springer-Verlag, New York, 1991.

[23] J. Milnor. On manifolds homeomorphic to the 7-sphere. *Ann. of Math. (2)*, 64:399–405, 1956.

[24] J. Milnor. *Singular points of complex hypersurfaces.* Princeton University Press, Princeton, N.J., 1968.

[25] J. Milnor and J. D. Stasheff. *Characteristic classes.* Annals of Mathematics Studies, Band 76. Princeton University Press, Princeton, N. J., 1974.

[26] H. Miyazaki. The paracompactness of CW-complexes. *Tôhoku Math. J*, 4:309–313, 1952.

[27] J. R. Munkres. *Topology: a first course.* Prentice-Hall Inc., Englewood Cliffs, N.J., 1975.

[28] F. Quinn. Ends of maps. III. Dimensions 4 and 5. *J. Differential Geom.*, 17(3):503–521, 1982.

[29] J. Roe. *Elliptic operators, topology and asymptotic methods*, of Pitman research notes in mathematics, Band 179. Longman Scientific & Technical, 1988.

[30] H. Schubert. *Kategorien. I.* Springer-Verlag, Berlin, 1970.

[31] H. Schubert. *Kategorien. II.* Springer-Verlag, Berlin, 1970.

[32] H. Schubert. *Topologie.* Eine Einführung, Vierte Auflage, Mathematische Leitfäden. B. G. Teubner, Stuttgart, 1975.

[33] J.-P. Serre. Groupes d'homotopie et classes de groupes abéliens. *Ann. of Math. (2)*, 58:258–294, 1953.

[34] S. Smale. On the structure of 5-manifolds. *Ann. of Math. (2)*, 75:38–46, 1962.

[35] N. E. Steenrod. A convenient category of topological spaces. *Michigan Math. J.*, 14:133–152, 1967.

[36] R. M. Switzer. *Algebraic topology—homotopy and homology.* Die Grundlehren der mathematischen Wissenschaften, Band 212. Springer-Verlag, New York, 1975.

[37] C. H. Taubes. Exotic differentiable structures on Euclidean 4-space. In *Asymptotic behavior of mass and spacetime geometry (Corvallis, Ore., 1983)*, Lecture Notes in Phys., Band 202 41–43. Springer, Berlin, 1984.

[38] T. tom Dieck. *Topologie.* 2. Auflage. Walter de Gruyter & Co., Berlin, 2000.

[39] T. tom Dieck and T. Petrie. Contractible affine surfaces of Kodaira dimension one. *Japan. J. Math. (N.S.)*, 16(1):147–169, 1990.

[40] G. W. Whitehead. *Elements of homotopy theory.* Springer-Verlag, New York, 1978.

Index